Fundamente

|der Mathematik|

Nordrhein-Westfalen

Gymnasium G8 · Qualifikationsphase
Grundkurs

|Lösungen|

Cornelsen

Fundamente
|der Mathematik|

Redaktion: Torsten Gebauer, Sarah Pestkowski

Grafik: Christian Böhning

Technische Umsetzung: zweiband.media, Berlin

Umschlaggestaltung: hawemannundmosch GbR

Bildquellenverzeichnis: Shutterstock.com/Jule_Berlin (Titelbild); **2** PEFC Deutschland e. V.

Screenshots:
Cornelsen/Inhouse/© Texas Instruments. Nutzung mit Genehmigung von Texas Instruments: S. 57, 107

Weitere Materialien zu Fundamente der Mathematik:
- Schülerbuch   ISBN 978-3-06-040531-2
- Schülerbuch als E-Book   ISBN 978-3-06-040532-9

www.cornelsen.de

1. Auflage, 1. Druck 2021

© 2021 Cornelsen Verlag GmbH, Berlin

Druck: Esser printSolutions GmbH, Bretten

ISBN 978-3-06-040537-4

PEFC zertifiziert
Dieses Produkt stammt aus nachhaltig bewirtschafteten Wäldern und kontrollierten Quellen.
www.pefc.de
PEFC/04-31-2851

Inhaltsverzeichnis

1. Fortsetzung der Differenzialrechnung 5
1.1 Wiederholung: Ableitung und Funktionsuntersuchung 5
1.2 Krümmung 8
1.3 Wendepunkte 12
1.4 Extremalprobleme 15
1.5 Rekonstruktion von Funktionstermen 19
1.6 Rekonstruktion in Anwendungen 22
    Streifzug: Trassierung 25
1.7 Funktionenscharen 25
1.8 Abiturtraining 27

2. Exponentialfunktionen und Wachstum 29
2.1 Natürliche Exponentialfunktion 29
2.2 Lineare Kettenregel 30
    Streifzug: Allgemeine Kettenregel 32
2.3 Natürlicher Logarithmus 33
2.4 Exponentielles Wachstum 36
    Streifzug: Begrenztes Wachstum 38
2.5 Abiturtraining 39

3. Integralrechnung 41
3.1 Rekonstruktion aus Änderungsraten 41
3.2 Bestimmtes Integral 42
3.3 Stammfunktionen 46
3.4 Hauptsatz der Differenzial- und Integralrechnung 49
3.5 Bestandsänderungen, Bestandsfunktionen und Mittelwerte 51
3.6 Flächenberechnungen 54
    Streifzug: Rotationskörper 61
3.7 Abiturtraining 62

4. Zusammengesetzte Funktionen 64
4.1 Produktregel 64
4.2 Untersuchung zusammengesetzter Funktionen 67
4.3 Bestände und Änderungsraten bei zusammengesetzten Funktionen 70
4.4 Abiturtraining 72

5. Geraden und Ebenen 74
5.1 Wiederholung: Vektoren 74
5.2 Lineare Gleichungssysteme 78
5.3 Parametergleichung einer Geraden 82
5.4 Lagebeziehungen zwischen Geraden 86
5.5 Parametergleichung einer Ebene 89
5.6 Lagebeziehungen zwischen Ebene und Gerade 92
5.7 Skalarprodukt und orthogonale Vektoren 94
5.8 Winkel zwischen Vektoren und Geraden 96
    Streifzug: Vektorprodukt 99
5.9 Abiturtraining 100

6.   Grundbegriffe der Wahrscheinlichkeitsrechnung 103

6.1   Lage- und Streumaße einer Stichprobe 103

6.2   Simulation von Zufallsexperimenten 106

6.3   Zufallsgrößen und Wahrscheinlichkeitsverteilungen 107

6.4   Erwartungswert 110

6.5   Varianz und Standardabweichung 112

6.6   Abiturtraining 114

7.   Binomialverteilung 116

7.1   Binomialkoeffizienten 116

        Streifzug: Lottomodell 117

7.2   Bernoulli-Ketten 118

7.3   Binomialverteilung 120

7.4   Parameter der Binomialverteilung 124

7.5   Prognosen 127

        Streifzug: Geometrische Verteilung 130

7.6   Abiturtraining 131

8.   Abiturvorbereitung 132

8.2   Aufgaben ohne Hilfsmittel 132

8.3   Aufgaben mit Hilfsmitteln 136

1. Fortsetzung der Differenzialrechnung

1.1 Wiederholung: Ableitung und Funktionsuntersuchungen

Seite 8 | Einstieg

a)

Zeit in min	0	10	20	30	40
Strecke in km	0	10	51	75	95
Durchschnittsgeschwindigkeit in km/h	0	60	246	144	120

b) Man kann die Durchschnittsgeschwindigkeit in einem möglichst kleinen Streckenabschnitt am Bahnübergang als Näherung verwenden. Alternativ könnte man eine Funktion f aus gegebenen Zeit-Weg-Punkten modellieren, den Zeitpunkt t bei 70 km ermitteln und für die momentane Geschwindigkeit die Ableitung f'(t) bestimmen.

Seite 10 | Aufgabe 1

a) $\lim\limits_{h \to 0} \frac{(2(x_0+h)-3)-(2x_0-3)}{h} = \lim\limits_{h \to 0} \frac{2h}{h} = 2; \ f'(x) = 2$

b) $\lim\limits_{h \to 0} \frac{3(x_0+h)^2-3x_0^2}{h} = \lim\limits_{h \to 0} \frac{6x_0h+3h^2}{h} = \lim\limits_{h \to 0}(6x_0 + 3h) = 6x_0; \ f'(x) = 6x$

c) $\lim\limits_{h \to 0} \frac{-4(x_0+h)^2-(-4x_0^2)}{h} = \lim\limits_{h \to 0} \frac{-8x_0h-4h^2}{h} = \lim\limits_{h \to 0}(-8x_0 - 4h) = -8x_0; \ f'(x) = -8x$

d) $\lim\limits_{h \to 0} \frac{(-(x_0+h)^2+5(x_0+h))-(-x_0^2+5x_0)}{h} = \lim\limits_{h \to 0} \frac{-2x_0h-h^2+5h}{h} = \lim\limits_{h \to 0}(-2x_0 - h + 5) = -2x_0 + 5; \ f'(x) = -2x + 5$

Seite 10 | Aufgabe 2

a) $f'(x) = 6x; f'(2) = 12$ b) $f'(x) = 2x - 2; f'(1) = 0$ c) $f'(x) = 5; f'(6) = 5$

d) $f'(x) = 3x^2 - 10x + 7; f'(0) = 7$ e) $f'(x) = 0; f'(27) = 0$ f) $f'(x) = 8x - 5; f'(-2) = -21$

Seite 10 | Aufgabe 3

a) $f'(x) = 12x^2 - 8$ b) $f'(x) = -4x - 8$ c) $f'(x) = 3\cos(x)$

d) $f'(x) = -8x^{-5}$ e) $f'(x) = \frac{5}{3}x^{-\frac{2}{3}}$ f) $f'(x) = -3\sin(x) + \frac{1}{2}x^{-3}$

g) $f'(x) = 2 + \frac{1}{x^2}$ h) $f'(x) = 2x + 2$

Seite 10 | Aufgabe 4

a)

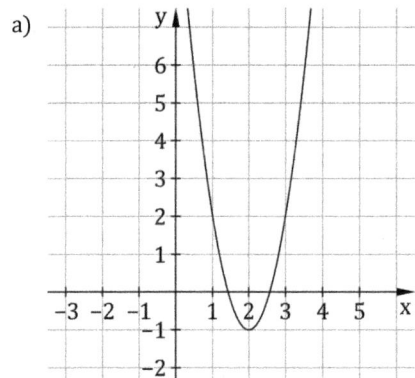
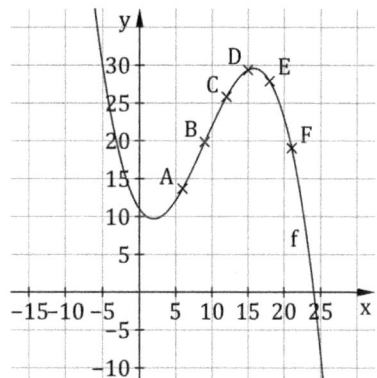

Scheitelpunktform: $f(x) = 3x^2 - 12x + 11$

$f(x) = 3\left(x^2 - 4x + 4 - 4 + \frac{11}{3}\right)$

$f(x) = 3\left((x - 2)^2 - \frac{1}{3}\right)$

$f(x) = 3(x - 2)^2 - 1$

b) P und Q: $m = \frac{f(3) - f(2)}{3 - 2} = \frac{2 - (-1)}{1} = 3$

Q und R: $m = \frac{f(4) - f(3)}{4 - 3} = \frac{11 - 2}{1} = 9$

R und S: $m = \frac{f(5) - f(4)}{5 - 4} = \frac{26 - 11}{1} = 15$

c) $f'(x) = 6x - 12$

P und Q: $f'(x) = 3 = 6x - 12 \Leftrightarrow x = \frac{5}{2}; f\left(\frac{5}{2}\right) = -\frac{1}{4} \Rightarrow P_1\left(\frac{5}{2}\Big| -\frac{1}{4}\right)$

Q und R: $f'(x) = 9 = 6x - 12 \Leftrightarrow x = \frac{7}{2}; f\left(\frac{7}{2}\right) = 5\frac{3}{4} \Rightarrow P_1\left(\frac{7}{2}\Big| 5\frac{3}{4}\right)$

R und S: $f'(x) = 15 = 6x - 12 \Leftrightarrow x = \frac{9}{2}; f\left(\frac{9}{2}\right) = 17\frac{3}{4} \Rightarrow P_1\left(\frac{9}{2}\Big| 17\frac{3}{4}\right)$

Seite 10 | Aufgabe 5

a) $P(1|1)$ $f'(x) = -x; m = f'(1) = -1$ $t(x) = -x + 2$ $S_x(2|0); S_y(0|2)$

b) $P(0|1)$ $f'(x) = 2x - 2; m = f'(0) = -2$ $t(x) = -2x + 1$ $S_x(0,5|0); S_y(0|1)$

c) $P(1|-3)$ $f'(x) = 3x^2 - 4; m = f'(1) = -1$ $t(x) = -x - 2$ $S_x(-2|0); S_y(0|-2)$

d) $P(-5|9)$ $f'(x) = 2x + 4; m = f'(-5) = -6$ $t(x) = -6x - 21$ $S_x(-3,5|0); S_y(0|-21)$

Seite 10 | Aufgabe 6

a) $P(-2|-14)$ $f'(x) = 3x^2 + 3$; $m = f'(-2) = 15$ $t(x) = 15x + 16$

b) $f'(x) = 15$ hat als zweite Lösung $x = 2$; $f(2) = 14$ $t_2(x) = 15x - 16$ (gilt auch aus Symmetriegründen)

Seite 13 | Aufgabe 7

a) $f'(x) = 6x$ hat bei $x = 0$ eine Nullstelle.

Für $x > 0$ gilt $f'(1) = 6 > 0$, also ist f streng monoton steigend; für $x < 0$ gilt $f'(-1) = -6 < 0$, also ist f streng monoton fallend.

b) $f'(x) = 3x^2 - 6x - 24$ hat bei $x = 4$ und $x = -2$ Nullstellen.

Für $x < -2$ gilt $f'(-3) = 27 + 18 - 24 > 0$, also ist f streng monoton steigend.

Für $-2 < x < 4$ gilt $f'(1) = 3 - 6 - 24 < 0$, also ist f streng monoton fallend.

Für $x > 4$ gilt $f'(5) = 75 - 30 - 24 > 0$, also ist f streng monoton steigend.

c) $f'(x) = 3x^2 + 2$ hat keine Nullstelle, also gibt es nur ein Monotonieintervall.

$f'(0) = 2 > 0$: Die Funktion ist streng monoton steigend für alle x aus $\mathbb{R}$.

d) $f'(x) = -5$ hat keine Nullstelle, also gibt es nur ein Monotonieintervall.

$f'(x) = -5 < 0$: Die Funktion ist streng monoton fallend für alle x aus $\mathbb{R}$.

e) $f'(x) = -3x^2 + 6$ hat Nullstellen bei $x = \sqrt{2}$ und $x = -\sqrt{2}$.

Für $x < -\sqrt{2}$ gilt $f'(-2) = -12 + 6 < 0$, also ist f streng monoton fallend.

Für $-\sqrt{2} < x < \sqrt{2}$ gilt $f'(1) = -3 + 6 > 0$, also ist f streng monoton steigend.

Für $x > \sqrt{2}$ gilt $f'(2) = -12 + 6 < 0$, also ist f streng monoton fallend.

f) $f'(x) = \frac{1}{3}x^2 - \frac{2}{3}x - \frac{8}{3}$ hat Nullstellen bei $x = 4$ und bei $x = -2$.

Für $x < -2$ gilt $f'(-3) = 3 + 2 - \frac{8}{3} > 0$, also ist f streng monoton steigend.

Für $-2 < x < 4$ gilt $f'(1) = \frac{1}{3} - \frac{2}{3} - \frac{8}{3} < 0$, also ist f streng monoton fallend.

Für $x > 4$ gilt $f'(5) = \frac{25}{3} - \frac{10}{3} - \frac{8}{3} > 0$, also ist f streng monoton steigend.

Seite 13 | Aufgabe 8

a) Die Ableitungsfunktion schneidet die x-Achse in $(1|0)$, wechselt also dort ihr Vorzeichen von positiv in negativ. Also besitzt f einen Hochpunkt in $x = 1$. Außerdem ist die Ableitung eine Gerade, der Graph f also eine nach unten geöffnete Parabel. f hat damit den Grad 2.

b) Nullstellen der Ableitungsfunktion bei $x = -2$ (Minus nach Plus) und $x = 2$ (Plus nach Minus). Das bedeutet: Die Funktion f hat einen Tiefpunkt bei $x = -2$ und einen Hochpunkt bei $x = 2$. Der Graph von f ist für $x < -2$ monoton fallend, für $-2 < x < 2$ monoton steigend und für $x > 2$ monoton fallend.

Der Graph f' besitzt einen Hochpunkt bei $(0|2)$, also besitzt der Graph f an diesem Punkt eine Wendestelle.

Der Graph der Ableitung ist eine Parabel, also hat die Funktion f den Grad 3.

c) Der Graph von f' hat eine einfache Nullstelle bei $x = -1$ (Minus nach Plus) und eine doppelte Nullstelle bei $x = 2$, außerdem einen Hochpunkt bei $(0|3)$ und einen Tiefpunkt bei $(2|0)$. Das bedeutet: Der Graph von f besitzt ein Tiefpunkt bei $x = -1$, einen Sattelpunkt bei $x = 2$ und einen Wendepunkt bei $x = 0$. Er ist für $x < -1$ monoton fallend und für $x > -1$ monoton steigend.

Seite 13 | Aufgabe 9

a) Falsch, da f' mit $f'(x) = 3x^2$ nur die Nullstelle 0 hat und kein Vorzeichenwechsel stattfindet. Der Graph von f hat bei $x = 0$ einen Sattelpunkt.

b) Richtig, da f' mit $f'(x) = -2x$ auf dem Intervall I negativ ist.

c) Falsch, da f' mit $f'(x) = 2x - 4$ auf dem Intervall $[0; 1]$ negativ ist. Der Graph von f ist auf dem Intervall $[0; 1]$ streng monoton fallend, sodass sich dort das globale Minimum bei $x = 1$ befindet.

d) Richtig; Für $f(x) = ax^2 + bx + c$ mit $a \neq 0$ gilt $f'(x) = 2ax + b$. Also ist f' ist eine lineare Funktion, die an ihrer Nullstelle einen Vorzeichenwechsel hat.

Seite 13 | Aufgabe 10

a) $f'(x) = x^4 - 4x^2 = x^2(x + 2)(x - 2)$; $H\left(-2|\frac{94}{15}\right)$; $T\left(2|-\frac{34}{15}\right)$; $S(0|2)$

b) $f'(x) = 6x^2 - 12x + 6 = 6(x - 1)^2$; $S(1|6)$

c) $f'(x) = 3x^2 - 12x + 9 = 3(x - 1)(x - 3)$; $H(1|0)$; $T(3|-4)$

d) $f'(x) = 20x^3 - 80x = 20x(x + 2)(x - 2)$; $T_{1,2}(\mp2| - 65)$; $H(0|15)$

e) $f'(x) = 0{,}75x^2 + 15$; keine Extrempunkte, keine Sattelpunkte

f) $f'(x) = -\frac{1}{4}x^4 + \frac{9}{4}x^2 = -\frac{1}{4}x^2(x + 3)(x - 3)$; $T(-3|-15{,}1)$; $S(0|-7)$; $H(3|1{,}1)$

Seite 13 | Aufgabe 11

a) $H_1(5|4)$, $H_2(0|3)$, $T_1(3|1)$, $T_2(-2|-1)$

globales Maximum $y_{max} = 4$ an der Stelle $x = 5$, globales Minimum $y_{min} = -1$ an der Stelle $x = -2$

b) $H_1(-4{,}2|3)$, $H_2(-1|2)$, $H_3(3|1)$, $T_1(-3|1)$, $T_2(2| - 1{,}1)$

Globales Maximum ist Randmaximum $y_{max} = 3$ an der Stelle $x = -4{,}2$; globales Minimum ist $y_{min} = -1{,}1$ an der Stelle $x = 2$.

c) $H_1(-5|4)$, $H_2(-2|2)$, $H_3(1|4)$, $T_1(-4|-2)$, $T_2(0|-2)$

Globales Maximum ist Randmaximum und wird an beiden Rändern angenommen $y_{max} = 4$ an den Stellen $x_1 = -5$ und $x_2 = 1$; globales Minimum ist $y_{min} = -2$ an den Stellen $x_1 = -4$ und $x_2 = 0$.

Seite 13 | Aufgabe 12

a) globales Maximum: $f(3) = 5$; globales Minimum: $f(1) = 1$
b) globales Maximum: $f(2) = 2$; globales Minimum: $f(1) = 1$
c) globales Maximum: $f(2) = -3$; globales Minimum: $f(4) = -7$
d) globales Maximum: $f(3) = -4$; globales Minimum: $f(5) = -12$
e) globales Maximum: $f(-1) = 11$; globales Minimum: $f(2) = -16$
f) globales Maximum: $f(-2) = 16$; globales Minimum: $f(-4) = f(2) = -16$

Seite 14 | Aufgabe 13

Skizze zu e)

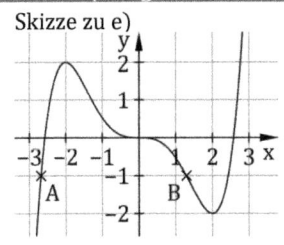

Intervalle:
a) $[-3; 3]$
b) $[x_A; x_B]$
c) $[-2,5; 2,5]$
d) $[0; 3]$

Seite 14 | Aufgabe 14

a) Falsch, es kann sich auch um einen Sattelpunkt handeln. Gegenbeispiel: $f(x) = x^3$ an der Stelle $x = 0$.
b) Wahr, da dort die Steigung null ist.
c) Wahr, da dort die Steigung null ist.
d) Falsch, die Ableitung ist auch an Sattelpunkten null. Gegenbeispiel: $f(x) = x^3, f'(x) = 3x^2, f'(0) = 0$,aber f besitzt keine Extremstellen.
e) Falsch, der Graph hat dort Extrem- oder Sattelpunkte. Ein Extrempunkt liegt nur bei Vorzeichenwechsel der Ableitung vor. Gegenbeispiel: Der Graph zu $f(x) = x^2$ hat im Punkt T $(0|0)$ eine waagerechte Tangente, aber T ist kein Sattelpunkt.
f) Wahr für eine differenzierbare Funktion, dies ist die notwendige Bedingung.
g) Wahr, bei Vorzeichenwechsel liegt ein Hoch- oder Tiefpunkt vor.

Seite 14 | Aufgabe 15

a) $D_k = [0; 9]$; Gewinn = Erlös – Kosten; Erlös bei x Paletten: $E(x) = 240x$
Gewinnfunktion: $G(x) = E(x) - k(x) = 240x - 25x^3 + 300x^2 - 765x - 950 = -25x^3 + 300x^2 - 525x - 900$
b) $G'(x) = -75x^2 + 600x - 525$; $G'(x) = 0$ bei $x_1 = 1$ und $x_2 = 7$
$G'(0) = -525$; $G'(4) = 675$ und $G'(8) = -525$, also bei $x_1 = 1$ Vorzeichenwechsel von – nach + bei G' und Tiefpunkt von G sowie bei $x_2 = 7$ Vorzeichenwechsel von + nach – bei G' und Hochpunkt von G.
$G(7) = 1550$; Randwerte $G(0) = -900$ und $G(9) = 450$
Den größten Gewinn von 1550 € erzielt die Firma, wenn sie 7 Paletten produziert.

Seite 14 | Aufgabe 16

Abstand der Funktionen (Bachufer): $A(x) = f(x) - g(x) = \frac{1}{10}x^4 - \frac{1}{5}x^2 + 1$

$A'(x) = \frac{2}{5}x^3 - \frac{2}{5}x$: $A'(x) = 0$ bei $x_1 = -1$; $x_2 = 0$ und $x_3 = 1$
$A'(-2) = -2,4$; $A'(-0,5) = 0,15$; $A'(0,5) = -0,15$ und $A'(2) = 2,4$
bei $x_1 = -1$ Vorzeichenwechsel von – nach + bei A' und Tiefpunkt von A mit $A(-1) = 0,9$
bei $x_2 = 0$ Vorzeichenwechsel von + nach – bei A' und Hochpunkt von A mit $A(0) = 1$
bei $x_3 = 1$ Vorzeichenwechsel von – nach + bei A' und Tiefpunkt von A mit $A(1) = 0,9$
Abstand an den Randpunkten: $A(2) = A(-2) = 1,8$
Es muss also mindestens der Uferabstand 0,9 m überwunden werden (an den Stellen $x = -1$ und $x = 1$), maximal der Uferabstand 1,8 m an den Randpunkten des untersuchten Bereichs ($x = -2$ und $x = 2$).

Seite 15 | Aufgabe 17

a) Der Graph besitzt in $t = 0$ und $t = 1$ einen Tiefpunkt, in $t \approx 0,67$ einen Hochpunkt. Am steilsten ist der Graph für ca. $t > 0,26$.
b) Der Wanderer wird im Intervall $0 < t < 0,26$ schneller, für $0,26 < t < 0,67$ langsamer, bis er bei $t = 0,67$ die Richtung wechselt. Im Intervall $0,67 < t < 0,85$ wird er schneller, für $0,85 < t < 1$ langsamer, bis er bei $t = 1$ die Richtung wechselt. Ab $t > 1$ wird er schneller.
c) $v(t) = 0$ bei $t_1 = 0$, $t_2 = 1$, $t_3 = \frac{2}{3}$
Die Geschwindigkeit ist null bei $t = 0$, $t = 1$ und $t \approx 0,67$.
$v'(t) = 216t^2 - 240t + 48$
$v'(t) = 0$ bei $t_1 \approx 0,85$ und $t_1 \approx 0,26$
$v'(0) = 48 > 0$, also ist der Graph von v streng monoton steigend für ca. $t < 0,26$
$v'(0,5) = -18 < 0$, also ist der Graph von v streng monoton fallend für ca. $0,26 < t < 0,85$
$v'(1) = 24 > 0$, also ist der Graph von v streng monoton steigend für ca. $t > 0,85$
$v(t)$ ist folglich positiv für ca. $0 < t < 0,67$ und $t > 1$ sowie negativ für ca. $0,67 < t < 1$

Seite 15 | Aufgabe 18

a) $f'(x) = 6x, f'(2) = 12$

Normalensteigung: $m = -\frac{1}{12}$; $f(2) = 13 \Rightarrow 13 = -\frac{1}{12} \cdot 2 + b \Rightarrow b = 13\frac{1}{6}$

$n(x) = -\frac{1}{12}x + 13\frac{1}{6}$

b) $g'(x) = 2\cos(x), g'(\pi) = -2$

Normalensteigung: $m = \frac{-1}{-2} = \frac{1}{2}$, $g(\pi) = 0 \Rightarrow 0 = \frac{1}{2} \cdot \pi + b \Rightarrow b = -\frac{\pi}{2}$

$n(x) = \frac{1}{2}x - \frac{\pi}{2}$

c) Steigung der Tangente im Punkt a: $m = f'(a) = 2a$

Wenn die Tangenten in x_1 und x_2 senkrecht aufeinander stehen sollen, muss also gelten: $2x_1 = -\frac{1}{2x_2}$

Beispielpunkte: $x_1 = 1$, also $P_1(1|1)$, dann ist $x_2 = -0{,}25$, also $P_2(-0{,}25|0{,}125)$

$x_1 = 0{,}5$, also $P_1(0{,}5|0{,}25)$, dann ist $x_2 = -1$, also $P_2(-0{,}5|0{,}25)$

Seite 15 | Aufgabe 19

a) Beim Aufprall hat die Kugel die Strecke $s = H$ zurückgelegt: Aus $H = \frac{1}{2}gt^2$ folgt $t = \sqrt{\frac{2s}{g}}$.

b) Insgesamt wird ein Weg der Länge $H + h = H + H - (H - h) = 2H - (H - h)$ zurückgelegt.

Mit der Formel aus a) folgt also $t(H) = 2 \cdot \sqrt{\frac{2H}{g}} - \sqrt{\frac{2(H-h)}{g}}$.

c) Fehler im 1. Druck des Schülerbuchs: Es fehlt der Hinweis: Für $f(H) = \sqrt{H - 0{,}5}$ gilt $f'(H) = \frac{1}{2\sqrt{H-0{,}5}}$.

$t(H) = 2 \cdot \sqrt{\frac{2H}{g}} - \sqrt{\frac{2(H-0{,}5)}{g}}$

$t'(H) = 2 \cdot \sqrt{\frac{2}{g}} \cdot \frac{1}{2\sqrt{H}} - \sqrt{\frac{2}{g}} \cdot \frac{1}{2\sqrt{H-0{,}5}}$; $t'(H) = 0$ bei $H = \frac{2}{3}$

$t'(0{,}6) < 0$ und $t'(1) > 0$, also bei $H = \frac{2}{3}$ Vorzeichenwechsel von – nach + bei t' und Tiefpunkt von t

Die Kugel muss somit aus einer Höhe von ca. 0,67 m fallen, um in möglichst kurzer Zeit 0,5 m wieder zu erreichen.

Seite 15 | Aufgabe 20

a) $f'(x) = 3x^2 + 6x - b$

$f'(1) = 0$ bei $b = 9$

$f'(-3) = 0$ ebenfalls bei $b = 9$

Für $b = 9$ gilt: $f'(-4) = 15$; $f'(0) = -9$ und $f'(2) = 15$, also bei $x = -3$ Vorzeichenwechsel von + nach – bei f' und Hochpunkt von f sowie bei $x = 1$ Vorzeichenwechsel von – nach + bei f' und Tiefpunkt von f.

b) $f(1) = -8 \Rightarrow 1^3 + 3 \cdot (1)^2 - 9 \cdot 1 + c = -8 \Rightarrow c = -3$

c) $f'(x) = 3x^2 + 6x - b = 0 \Rightarrow x^2 + 2x - \frac{b}{3} = 0$ $\qquad\qquad x_{1,2} = -1 \pm \sqrt{1 + \frac{b}{3}}$

Für $b > -3$ hat f' zwei Nullstellen. Da f' eine quadratische Funktion ist, gibt es bei beiden Nullstellen einen Vorzeichenwechsel bei f' und somit zwei Extremstellen von f.

Für $b = -3$ hat f' eine doppelte Nullstelle bei $x = -1$. Da f' eine quadratische Funktion ist, liegt dort der Scheitelpunkt und es gibt bei $x = -1$ keinen Vorzeichenwechsel bei f' und somit eine Sattelstelle von f.

Für $b < -3$ hat f' keine Nullstelle und somit f keine Extremstelle.

f hat also genau für $b \leq -3$ keine Extremstellen.

1.2 Krümmung

Seite 16 | Einstieg

Aus der Zeichnung kann man entnehmen, dass der Wechsel von der Linkskurve zur Rechtskurve etwa bei $x = 3$ erfolgt.

x	0,00	0,50	1,00	1,50	2,00	2,50	2,75	3,00	3,25	3,50	4,00	4,50	5,00	5,50
f'(x)	−0,85	−0,44	−0,10	0,16	0,35	0,46	0,49	0,50	0,49	0,46	0,35	0,16	−0,10	−0,44

Aus den Beispielwerten der Tabelle wird ersichtlich, dass in der Linkskurve die Steigungen immer weiter anwachsen und in der Rechtskurve immer weiter abnehmen. Der Wechsel von der Linkskurve zur Rechtskurve erfolgt an der Stelle $x = 3$. Dies ist die Stelle mit der höchsten Steigung, die Ableitungsfunktion hat hier ein Maximum.

Seite 17 | Aufgabe 1

Unter der Annahme, dass sich das Krümmungsverhalten des Funktionsgraphen außerhalb des dargestellten Bereichs nicht ändert, gilt:

a) Der Graph von f ist rechtsgekrümmt auf $\mathbb{R}$.

b) Der Graph von f ist linksgekrümmt für $x < 4$, rechtsgekrümmt für $x > 4$.

c) Der Graph von f ist linksgekrümmt für $x < 1$, rechtsgekrümmt für $1 < x < 3$, linksgekrümmt für $x > 3$.

Seite 17 | Aufgabe 2
Beispiel:

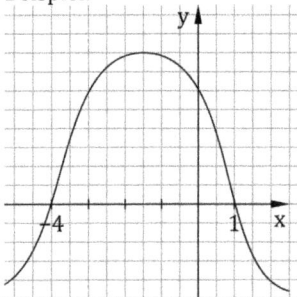

Seite 17 | Aufgabe 3
Unter der Annahme, dass sich das Krümmungsverhalten des Funktionsgraphen außerhalb des dargestellten Bereichs nicht ändert, gilt:
a) Der Graph von f ist linksgekrümmt für $x < 2$, rechtsgekrümmt für $x > 2$.
b) Der Graph von f ist rechtsgekrümmt für $x < -1$, linksgekrümmt für $-1 < x < 4$, rechtsgekrümmt für $x > 4$.
c) Der Graph von f ist rechtsgekrümmt für $x < -1$, linksgekrümmt für $-1 < x < 1$, rechtsgekrümmt für $1 < x < 3$ und linksgekrümmt für $x > 3$.

Seite 17 | Aufgabe 4
a) $f'(x) = 3x^2 - 4x - 5; f''(x) = 6x - 4$
b) $f'(x) = -4x^3 - 6x^2 + 8; f''(x) = -12x^2 - 12x$
c) $f'(x) = -\frac{1}{x^2}; f''(x) = \frac{2}{x^3}$

Seite 17 | Aufgabe 5
a) $f'(x) = 1{,}5x^2 - 6x + 3; f''(x) = 3x - 6$; Nullstelle: $f''(x) = 0$ für $x = 2$.
   $f''(1) = -3; f''(3) = 3$, also ist der Graph von f für $x < 2$ rechtsgekrümmt, für $x > 2$ linksgekrümmt.
b) $f'(x) = -x + 7; f''(x) = -1$; keine Nullstelle der Graph von f ist überall rechtsgekrümmt.
c) $f'(x) = \frac{4}{3}x^3 - 4x + 4; f''(x) = 4x^2 - 4$; Nullstellen: $f''(x) = 0$ für $x_1 = 1$ und für $x_2 = -1$.
   $f''(2) = f''(-2) = 12; f''(0) = -4$, also ist der Graph von f für $-1 < x < 1$ rechtsgekrümmt, für $x < -1$ und für $x > 1$ linksgekrümmt.
d) $f'(x) = 1{,}25x^4 + 10; f''(x) = 5x^3$; Nullstelle: $f''(x) = 0$ für $x = 0$.
   $f''(-1) = -5; f''(1) = 5$, also ist der Graph von f für $x < 0$ rechtsgekrümmt, für $x > 0$ linksgekrümmt.
e) $f'(x) = 4x^3 - 6; f''(x) = 12x^2$: Nullstelle: $f''(x) = 0$ für $x = 0$.
   $f''(1) = f''(-1) = 12$, also ist der Graph von f für $x < 0$ und für $x > 0$ linksgekrümmt.
f) $f'(x) = x^2 - 4x - 5; f''(x) = 2x - 4$; Nullstelle: $f''(x) = 0$ für $x = 2$.
   $f''(0) = -4, f''(3) = 2$, also ist der Graph von f für $x < 2$ rechtsgekrümmt, für $x > 2$ linksgekrümmt.

Seite 17 | Aufgabe 6
a) $f'(x) = -2x + 2; f''(x) = -2$: Der Graph von f ist immer rechtsgekrümmt.
b) $f'(x) = 3x^2 - 14x + 15; f''(x) = 6x - 14$; Nullstelle: $f''(x) = 0$ für $x = \frac{7}{3}$.
   $f''(2) = -2; f''(3) = 4$: Der Graph von f ist für $x < \frac{7}{3}$ rechtsgekrümmt und für $x > \frac{7}{3}$ linksgekrümmt.
c) $f'(x) = -\frac{1}{3}x^3 + x^2 + 1; f''(x) = -x^2 + 2x$; Nullstellen: $f''(x) = 0$ für $x_1 = 0$ und für $x_2 = 2$.
   $f''(-1) = -3; f''(1) = 1; f''(3) = -3$: Der Graph von f ist für $x < 0$ rechtsgekrümmt, für $0 < x < 2$ linksgekrümmt und für $x > 2$ rechtsgekrümmt.
d) $f'(x) = -\frac{1}{3}x^3 - x^2 - 2x; f''(x) = -x^2 - 2x - 2$: keine Nullstellen, $f''(x) < 0$: Der Graph von f ist überall rechtsgekrümmt.
e) $f'(x) = 4x^3 + 9x^2 + 6x + 1; f''(x) = 12x^2 + 10x + 6$, Nullstellen: $f''(x) = 0$ für $x_1 = -0{,}5$ und für $x_2 = -1$.
   $f''(-2) = 18; f''(-0{,}75) = -0{,}75; f''(0) = 6$: Der Graph von f ist für $x < -1$ linksgekrümmt, für $-1 < x < -0{,}5$ rechtsgekrümmt und für $x > -0{,}5$ linksgekrümmt.
f) $f'(x) = x^3 - 2x^2 + x; f''(x) = 3x^2 - 4x + 1$; Nullstellen: $f''(x) = 0$ für $x_1 = 1$ und für $x_2 = \frac{1}{3}$.
   $f''(0) = 1; f''(0{,}5) = -0{,}25; f''(2) = 5$: Der Graph von f ist für $x < \frac{1}{3}$ linksgekrümmt, für $\frac{1}{3} < x < 1$ rechtsgekrümmt und für $x > 1$ linksgekrümmt.

Seite 17 | Aufgabe 7
① – ⑥ – ⑦ gehören zusammen, ② – ④ – ⑧ gehören zusammen und ③ – ⑤ – ⑨ gehören zusammen.
In den Bereichen mit $f''(x) > 0$ ist f' monoton steigend und der Graph von f linksgekrümmt. In den Bereichen mit $f''(x) < 0$ ist f' monoton fallend und der Graph von f rechtsgekrümmt.

Seite 18 | Aufgabe 8
a) $f'(x) = -8x + 8; f''(x) = -8; f'(x) = 0$ gilt für $x = 1$.
   $f''(1) = -8 < 0 \Rightarrow$ Hochpunkt $H(1|4)$
b) $f'(x) = \frac{3}{8}x^2 - 1{,}5x; f''(x) = 0{,}75x - 1{,}5; f'(x) = 0$ gilt für $x_1 = 0$ und für $x_2 = 4$.
   $f''(0) = -1{,}5 < 0 \Rightarrow$ Hochpunkt $H(0|2)$
   $f'(4) = 1{,}5 > 0 \Rightarrow$ Tiefpunkt $T(4|-2)$

c) $f'(x) = 0{,}3x^2 - 0{,}6x$; $f''(x) = 0{,}6x - 0{,}6$; $f'(x) = 0$ gilt für $x_1 = 0$ und für $x_2 = 2$.
   $f''(0) = -0{,}6 < 0 \Rightarrow$ Hochpunkt $H(0|\frac{12}{5})$
   $f''(2) = 0{,}6 > 0 \Rightarrow$ Tiefpunkt $T(2|2)$

d) $f'(x) = \frac{3}{8}x^2 - 3x + 4{,}5$; $f''(x) = 0{,}75x - 3$; $f'(x) = 0$ gilt für $x_1 = 6$ und für $x_2 = 2$.
   $f''(2) = -1{,}5 < 0 \Rightarrow$ Hochpunkt $H(2|4)$
   $f''(6) = 1{,}5 > 0 \Rightarrow$ Tiefpunkt $T(6|0)$

e) $f'(x) = \frac{1}{3}x^2 - \frac{2}{3}x - \frac{8}{3}$; $f''(x) = \frac{2}{3}x - \frac{2}{3}$; $f'(x) = 0$ gilt für $x_1 = 4$ und für $x_2 = -2$.
   $f''(-2) = -2 < 0 \Rightarrow$ Hochpunkt $H(-2|6)$
   $f''(4) = 2 > 0 \Rightarrow$ Tiefpunkt $T(4|-6)$

f) $f'(x) = x^3 - 4x$; $f''(x) = 3x^2 - 4$; $f'(x) = 0$ gilt für $x_1 = 0$, für $x_2 = 2$ und für $x_3 = -2$.
   $f''(0) = -4 < 0 \Rightarrow$ Hochpunkt $H(0|0)$
   $f''(2) = f''(-2) = 8 > 0 \Rightarrow$ Tiefpunkte $T_1(2|-4)$; $T_2(-2|-4)$

Seite 18 | Aufgabe 9

a) $f'(x) = 2x^3 - 6x^2 + 8$; $f''(x) = 6x^2 - 12x$. Es gilt $f(-1) = -5{,}5$ und $f'(-1) = 0$; $f''(-1) = 18 > 0$
b) $f'(2) = 0$; $f''(2) = 0$
c) z.B. $f'(0) = 8$ und $f'(3) = 8$, kein Vorzeichenwechsel bei f' an der Stelle $x = 2$, also liegt dort ein Sattelunkt $S(2|8)$.

Seite 19 | Aufgabe 10

a) An den beiden Extremstellen der zum grünen Graphen gehörenden Funktion hat die zum roten Graphen gehörende Funktion Nullstellen, daher kann $(f_{(3)})' = f_{(2)}$ gelten. An den drei Extrempunkten des roten Graphen hat die zum blauen Graph gehörende Funktion Nullstellen, daher kann $(f_{(2)})' = f_{(1)}$ gelten. An der Stelle $x = 0$ hat der grüne Graph einen Sattelpunkt, der rote Graph einen Hochpunkt und der blaue Graph schneidet die x-Achse. Daher gilt:
   ③ grün $- f$ ② rot $- f'$ ① blau $- f''$

b) An der Extremstelle der zum grünen Graphen gehörenden Funktion hat die zum blauen Graphen gehörende Funktion eine Nullstelle, daher kann $(f_{(3)})' = f_{(1)}$ gelten. An den vier Extrempunkten des blauen Graphen hat die zum roten Graphen gehörende Funktion Nullstellen, daher kann $(f_{(1)})' = f_{(2)}$ gelten. Daher gilt:
   ③ grün $- f$ ① blau $- f'$ ② rot $- f''$

Seite 19 | Aufgabe 11

a)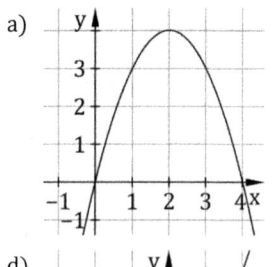

b)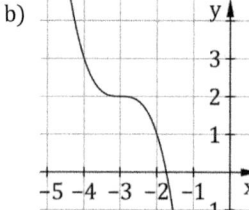

c)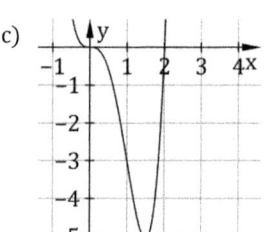

d)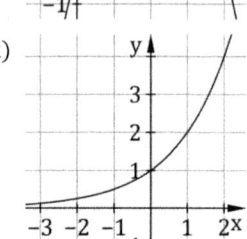

e)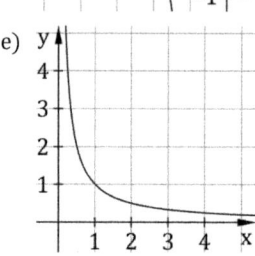

Seite 19 | Aufgabe 12

a) $h(5) = 22{,}75$ [cm]; $h(15) = 105{,}25$ [cm]
b) $h'(t) = -0{,}09t^2 + 1{,}8t$; $h''(t) = -0{,}18t + 1{,}8$
   $h''(0) = 1{,}8$; $h''(10) = 0$
   $h''(t)$ ist für $0 < x < 10$ positiv, damit nimmt die Wachstumsgeschwindigkeit $h'(t)$ zu.
c) Ab $t = 10$ verlangsamt sich die Wachstumsgeschwindigkeit; der Graph von h beschreibt eine Rechtskurve.
d) $h'(t) = 0 \Rightarrow -0{,}09t^2 + 1{,}8t = 0 \Rightarrow t(t - 20) = 0$, also $t_1 = 0$ und $t_2 = 20$
   $h''(0) = 1{,}8 > 0$; $h''(20) = -1{,}8 < 0$
   Die Extremstellen liegen also bei $t_1 = 0$ (Tiefpunkt) und $t_2 = 20$ (Hochpunkt), also zu Beginn und Ende des Beobachtungsintervalls.

Seite 19 | Aufgabe 13

a) Eine positive Beschleunigung bedeutet eine Geschwindigkeitszunahme und die Änderungsrate des Weges wird größer. Eine negative Beschleunigung bedeutet eine Geschwindigkeitsabnahme (z.B. Bremsung) und die Änderungsrate des Weges wird kleiner.
b) Der rote Graph beschreibt die momentane Auslenkung s aus der Ruhelage; bei maximaler Auslenkung ist die Geschwindigkeit 0 und bei Durchgang durch die Nulllage ist die Geschwindigkeit maximal. Der grüne Graph beschreibt die momentane Geschwindigkeit v; bei maximaler Auslenkung ist die Beschleunigung a ebenfalls maximal in entgegengesetzter Richtung. Der blaue Graph beschreibt die momentane Beschleunigung; es gilt $s'' = v' = a$.

Seite 19 | Aufgabe 14

Ist neben der ersten Ableitung auch die zweite Ableitung an einer Stelle null, so bedeutet dies nicht, dass es sich um keine Extremstelle handelt. Es bedeutet lediglich, dass man dies mit dem Kriterium der zweiten Ableitung nicht entscheiden kann. Da die erste Ableitung bei x = 2 das Vorzeichen wechselt, handelt es sich um eine Extremstelle (Tiefpunkt).

Seite 20 | Aufgabe 15

„Die notwendige Bedingung ist nicht hinreichend.":

Es gilt $g'(0) = 0$. Im Punkt $(0|0)$ hat der Graph von g aber keinen Extrempunkt.

Ist die notwendige Bedingung erfüllt, kann man nicht mit Sicherheit sagen, dass ein Extrempunkt vorliegt (sie ist nicht hinreichend).

„Die hinreichende Bedingung ist nicht notwendig.":

Der Punkt $(0|0)$ ist ein Extrempunkt des Graphen von h. Dennoch gilt $h''(0) = 0$.

Ist die hinreichende Bedingung erfüllt, kann man mit Sicherheit sagen, dass ein Extrempunkt vorliegt. Es gibt aber Extrempunkte, an denen die hinreichende Bedingung nicht erfüllt ist (sie ist also nicht notwendig).

Seite 20 | Aufgabe 16

a) $f'(x) = x^3 + 3x^2; f''(x) = 3x^2 + 6x$

$f'(x) = 0$ gilt für $x_1 = 0$ und für $x_2 = -3$.

$f''(0) = 0$, kein Vorzeichenwechsel von f' bei x = 0: Sattelpunkt $S(0|-2{,}75)$

$f''(-3) = 9 > 0$: Tiefpunkt $T(-3|-9{,}5)$

b) $f'(x) = 15x^4 - 15x^2; f''(x) = 60x^3 - 30x$

$f'(x) = 0$ gilt für $x_1 = 0$, für $x_2 = -1$ und für $x_3 = 1$.

$f''(0) = 0$, kein Vorzeichenwechsel von f' bei x = 0: Sattelpunkt $S(0|0)$

$f''(1) = 30$, Tiefpunkt $T(1|-2)$

$f''(-1) = -30$, Hochpunkt $H(-1|2)$

Seite 20 | Aufgabe 17

a) $f'(x) = 4x^3 - 12x^2 + 8x; f''(x) = 12x^2 - 24x + 8$

waagerechte Tangente bei $x_1 = 0; x_2 = 1; x_3 = 2$

$f''(0) = 8 > 0$: Tiefpunkt $T_1(0|0)$

$f''(1) = -4 < 0$: Hochpunkt $H(1|1)$

$f''(2) = 8 > 0$: Tiefpunkt $T_2(2|0)$

b) $f'(x) = \frac{3}{4}x^2 - 3x; f''(x) = \frac{3}{2}x - 3$

waagerechte Tangente bei $x_1 = 0; x_2 = 4$

$f''(0) = -3 < 0$: Hochpunkt $H(0|8)$

$f''(4) = 3 > 0$: Tiefpunkt $T(4|0)$

c) $f'(x) = -\frac{3}{8}x^2 + \frac{3}{2}; f''(x) = -\frac{3}{4}x$

waagrechte Tangente bei $x_1 = 2; x_2 = -2$

$f''(2) = -1{,}5 < 0$: Hochpunkt $H(2|2)$

$f''(-2) = 1{,}5 > 0$: Tiefpunkt $T(-2|-2)$

d) $f'(x) = 9x^2 - 54x + 81; f''(x) = 18x - 54$

waagerechte Tangente bei x = 3

$f''(3) = 0$: kein Vorzeichenwechsel von f' bei x = 3; Sattelpunkt $S(3|-3)$

e) $f'(x) = \frac{15}{8}x^4 - \frac{15}{4}x^2 + \frac{15}{8}; f''(x) = \frac{15}{2}x^3 - \frac{15}{2}x$

waagrechte Tangente bei $x_1 = 1; x_2 = -1$

$f''(1) = 0$: kein Vorzeichenwechsel von f' bei x = 1, Sattelpunkt $S_1(1|1)$

$f''(-1) = 0$: kein Vorzeichenwechsel von f' bei x = -1, Sattelpunkt $S_2(-1|-1)$

f) $f'(x) = -\frac{3}{2}x^3 + 6x^2 - 6x; f''(x) = -\frac{9}{2}x^2 + 12x - 6$

waagerechte Tangente bei $x_1 = 0; x_2 = 2$

$f''(0) = -6 < 0$: Hochpunkt $H(0|0)$

$f''(2) = 0$, kein Vorzeichenwechsel von f' bei x = 2: Sattelpunkt $S(2|-2)$

Seite 20 | Aufgabe 18

f: $H_1\left(-1|4\frac{1}{12}\right); H_2\left(4|-6\frac{1}{3}\right)$ g: keine Extrempunkte, aber Sattelpunkt $S\left(2|2\frac{2}{3}\right)$

h: $T_1(-1|-0{,}5); H(0|0); T_2(1|-0{,}5)$

Individuelle Lösungen beim Vergleich der Verfahren; Häufig ist es einfacher, das Kriterium mit der zweiten Ableitung zu verwenden. Es versagt aber, wenn die zweite Ableitung an der kritischen Stelle 0 ist.

Seite 20 | Aufgabe 19

a) An der Stelle x = 0 gilt bei der Geraden y = 2: Funktionswert 2; Steigung 0; Krümmung 0

An der Stelle x = 4 gilt bei der Geraden y = -2x + 9: Funktionswert 1; Steigung -2; Krümmung 0

$f'(x) = -\frac{9}{32}x^2 + \frac{5}{8}x; f''(x) = -\frac{9}{16}x + \frac{5}{8}$

Für $x \to 0$ gilt $f(x) \to 2$, $f'(0) \to 0$, also kein Knick, und $f''(0) \to \frac{5}{8} \neq 0$, also Änderung der Krümmung

Für $x \to 4$ gilt $f(x) \to 1$, $f'(4) \to -2$, also kein Knick, und $f''(4) \to -1\frac{5}{8} \neq 0$, also Änderung der Krümmung

b) $g'(x) = 5ax^4 - \frac{41}{64}x^3 + \frac{33}{32}x^2; g''(x) = 20ax^3 - \frac{123}{64}x^2 + \frac{33}{16}x$

Für $x \to 0$ gilt $g(x) \to 2, g'(0) \to 0$, also kein Knick, und $g''(0) \to 0$, also keine Änderung der Krümmung

Für $x \to 4$ gilt $g(x) \to 1024a - 17, g'(4) \to 1280a - 24{,}5$ und $g''(4) \to 1280a - 22{,}5$

gleicher Funktionswert: $1024a - 17 = 1 \Rightarrow a = \frac{9}{512}$

kein Knick: $1280a - 24{,}5 = -2 \Rightarrow a = \frac{9}{512}$

keine Änderung der Krümmung: $1280a - 22{,}5 = 0 \Rightarrow a = \frac{9}{512}$

Für $a = \frac{9}{512}$ erfüllt g alle geforderten Eigenschaften.

Seite 20 | Aufgabe 20

a)
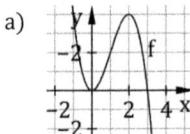

z.B. $f(x) = -x^3 + 3x^2$, siehe b)

b) $f(x) = ax^3 + bx^2 + cx + d$ mit $a, b, c, d \in \mathbb{R}$

$f(0) = 0 \Rightarrow d = 0$

$f'(x) = 3ax^2 + 2bx + c$

$f'(0) = 0 \Rightarrow c = 0$, also $f(x) = ax^3 + bx^2; f'(x) = 3ax^2 + 2bx; f''(x) = 6ax + 2b; f'''(x) = 6a$

In einer Linkskurve nimmt die Steigung stetig zu, nach dem Übergang in eine Rechtskurve nimmt sie stetig ab, an der Stelle $x = 1$ ist die Steigung also lokal maximal.

$f''(1) = 6a \cdot 1 + 2b = 0 \Rightarrow b = -3a$

Damit die Steigung maximal wird, muss ihre Ableitung negativ sein, also $f'''(1) < 0$ und damit $6a < 0$ bzw. $a < 0$.

Allgemeine Funktionsgleichung für alle Lösungen: $f(x) = ax^3 - 3ax^2$ für $a < 0$

1.3 Wendepunkte

Seite 21 | Einstieg

Die Stelle $x = 3$ ist im Höhenprofil die Stelle des steilsten Anstiegs und in der Draufsicht die Stelle, an der eine Linkskurve in eine Rechtskurve übergeht. Da die Stelle des größten Anstiegs eines Graphen von f eine Extremstelle von f' ist, muss sie eine Nullstelle der zweiten Ableitungsfunktion f'' sein.

Seite 22 | Aufgabe 1

a) $f''(x)$ ist an keiner Stelle null, es existieren keine Wendestellen. Der Graph von f ist wegen $f''(x) > 0$ überall linksgekrümmt.

b) $f''(x) = 0$ für $x = 2$ mit Vorzeichenwechsel von + nach −. Der Graph von f hat somit an der Stelle $x = 2$ einen Wendepunkt und ist vor dem Wendepunkt linksgekrümmt und nach dem Wendepunkt rechtsgekrümmt.

c) $f''(x)$ hat die Nullstellen $x = -2$ und $x = 6$. An der Stelle $x = -2$ wechselt das Vorzeichen von f'' von − nach + und an der Stelle $x = 6$ von + nach −. Der Graph von f hat somit an den Stellen $x = -2$ und $x = 6$ je einen Wendepunkt und ist für $-2 < x < 6$ linksgekrümmt und für $x < -2$ und für $x > 6$ rechtsgekrümmt.

d) $f''(x) = 0$ für $x = 2$, allerdings ohne Vorzeichenwechsel. Der Graph von f hat somit keine Wendestelle und ist wegen $f(x) < 0$ für $x < 2$ und für $x > 2$ rechtsgekrümmt.

Seite 23 | Aufgabe 2

a) $W(2|-1)$ mit lokal minimaler Steigung, kein Sattelpunkt

b) $W(2|3)$ mit lokal minimaler Steigung, kein Sattelpunkt; $S(4|2)$ mit lokal maximaler Steigung, Sattelpunkt

c) $W_1(0|0)$ mit lokal maximaler Steigung, kein Sattelpunkt; $S(\pi|\pi)$ mit lokal minimaler Steigung, Sattelpunkt; $W_2(2\pi|2\pi)$ mit lokal maximaler Steigung, kein Sattelpunkt

Seite 23 | Aufgabe 3

a) Wendestelle bei $x = 3$, Krümmungswechsel von links nach rechts.

b) Wendestelle bei $x = 2$, Krümmungswechsel von links nach rechts; Wendestelle bei $x = 4$, Krümmungswechsel von rechts nach links.

c) Wendestelle bei $x = 0$, Krümmungswechsel von links nach rechts, Wendestelle bei $x = \frac{\pi}{2}$, Krümmungswechsel von rechts nach links, Wendestelle bei $x = \pi$, Krümmungswechsel von links nach rechts.

Seite 23 | Aufgabe 4

a) $f''(x) = 6x - 6; x_{W} = 1$ mit Krümmungswechsel von rechts nach links

b) $f''(x) = 12x^2 - 48; x_{W1} = 2$ mit Krümmungswechsel von rechts nach links; $x_{W2} = -2$ mit Krümmungswechsel von links nach rechts

c) $f''(x) = 12x^2 + 48$; keine Wendestellen

d) $f''(x) = x^2 + x - 2; x_{W1} = 1$ mit Krümmungswechsel von rechts nach links; $x_{W2} = -2$ mit Krümmungswechsel von links nach rechts

e) $f''(x) = 12x^2 - 24; x_{W1} = \sqrt{2}$ mit Krümmungswechsel von rechts nach links; $x_{W2} = -\sqrt{2}$ mit Krümmungswechsel von links nach rechts

f) $f''(x) = 120x^3 - 180x^2 + 60x; x_{W1} = 0$ mit Krümmungswechsel von rechts nach links; $x_{W2} = 1$ mit Krümmungswechsel von rechts nach links; $x_{W3} = 0{,}5$ mit Krümmungswechsel von links nach rechts

Seite 23 | Aufgabe 5

	f	g	h			k
a)	(2|10)	(−1|−1)	(−0,5|0,5)	(0|0)	(1|−6)	keine Wendepunkte
	Steigung minimal	Steigung minimal	Steigung minimal	Steigung maximal	Steigung minimal	
b)	Sattelpunkt	kein Sattelpunkt	kein Sattelpunkt	Sattelpunkt	kein Sattelpunkt	

c) Individuelle Lösungen

Seite 23 | Aufgabe 6

a) $f'(t) = -0{,}96t^2 + 9{,}6t; f''(t) = -1{,}92t + 9{,}6$
Gesucht ist ein Wendepunkt mit lokal maximaler Steigung; $f''(t) = 0$ gilt für $t = 5$ und $f'''(5) = -1{,}92 < 0$
Die Temperatur ändert sich am stärksten nach 5 Minuten.

b) Die Temperatur beträgt nach 5 Minuten 98,4 °C und ändert sich mit 24 Grad pro Minute.

c) Bei $x = 5$ geht die Krümmung des Graphen von f von links nach rechts über. Bis zum Zeitpunkt von 5 min wird die Änderungsrate der Temperatur größer, nach 5 Minuten wird sie kleiner.

Seite 23 | Aufgabe 7

$f'(x) = 35x^6 - 35x^4; f''(x) = 210x^5 - 140x^3; f'''(x) = 1050x^4 - 420x^2$
$x = 0$ ist eine mögliche Wendestelle und es gilt $f''(0)$ und $f'''(0) = 0$. Somit ist hier nur mittels Untersuchung des Vorzeichenwechsels zu entscheiden, ob eine Wendestelle vorliegt. Es gilt $f''(x) = x^3(210x^2 - 140)$, bei $x = 0$ gibt es einen Vorzeichenwechsel von + nach −. $S(0|2)$ ist also ein Wendepunkt und wegen $f'(0) = 0$ auch ein Sattelpunkt.

Seite 24 | Aufgabe 8

a) Die 2. Ableitung ist eine ganzrationale Funktion 3. Grades, sie kann höchstens drei Nullstellen haben. Da das Verhalten der Funktionswerte der 2. Ableitung im Unendlichen entgegengesetzt ist, hat die die 2. Ableitung entweder eine oder drei Nullstellen mit Vorzeichenwechsel. Eine ganzrationale Funktion 5. Grades hat also entweder eine oder drei Wendepunkte.

b) Die Funktion hat vier Wendepunkte, daher hat die 2 Ableitung mindestens vier Nullstellen (notwendige Bedingung) und die Funktion hat mindestens den Grad 6.

Seite 24 | Aufgabe 9

a) $S_y(0|0); S_{x1}(-3|0); S_{x2}(0|0); H(-3|0); T(-1|-4); W(-2|-2)$
b) $S_y(0|0); S_x(0|0); T(0|0); W(1|11); S(3|27)$
c) $S_y(0|0); S_x(0|0); T(0|0); W\left(\frac{2}{3}\middle|\frac{176}{27}\right); S(2|16)$
d) $S_y(0|0); S_{x1}(-3|0); S_{x2}(0|0); H(-2|4); T(0|0); W(-1|2)$
e) $S_y(0|0); S_x(0|0); T(0|0); W\left(-1\middle|\frac{11}{4}\right); S\left(-3\middle|\frac{27}{4}\right)$
f) $S_y(0|0); S_x(0|0); H(0|0); W\left(\frac{2}{3}\middle|-\frac{22}{27}\right); S(2|-2)$

Seite 24 | Aufgabe 10

Farina und Yusuf haben recht. Die Vorgehensweise von Max ist zwar möglich, aber nicht nötig, da $f'''(5) \neq 0$ gilt.
An einer Stelle x mit $f'(x) = f''(x) = 0$ und $f'''(x) \neq 0$ liegt immer ein Sattelpunkt und somit kein lokaler Extrempunkt.

Seite 24 | Aufgabe 11

$B'(t) = \frac{3}{20\,480}t^4 - \frac{3}{256}t^3 + \frac{15}{64}t^2; B''(t) = \frac{3}{5120}t^3 - \frac{9}{256}t^2 + \frac{15}{32}t; B''(t) = 0$ für $t_1 = 0; t_2 = 20$; für $t_3 = 40$
$B'''(t) = \frac{9}{5120}t^2 - \frac{9}{128}t + \frac{15}{32}; B'''(20) < 0$, also Wendepunkt mit lokal maximaler Steigung bei $t = 20$
Die größte Zuwachsrate der Besucher bei $t = 20$ verursacht den größten Andrang 15 min vor Filmbeginn.

Seite 24 | Aufgabe 12

a) $W(0|0)$; Wendetangente: $t(x) = -3x$
b) $W(1|6)$; Wendetangente: $t(x) = 4x + 2$
c) $W(0|2)$; Wendetangente: $t(x) = 4x + 2$
d) $W(1|-4)$; Wendetangente: $t(x) = -4$

Seite 24 | Aufgabe 13

a) Sattelpunkt: $S(0|0)$ mit Wendetangente $t(x) = 0$
b) keine Wendepunkte
c) Wendepunkt: $W(2|-1)$ mit Wendetangente $t(x) = -4x + 7$; Sattelpunkt: $S(0|3)$ mit Wendetangente $t(x) = 3$
d) Sattelpunkt: $S_1(-2|-4)$ mit Wendetangente $t(x) = -4$; Wendepunkt: $W(-1|-2)$ mit Wendetangente $t(x) = 3{,}75x + 1{,}75$; Sattelpunkt: $S_2(0|0)$ mit Wendetangente $t(x) = 0$

Seite 24 | Aufgabe 14

a)

$f'(x) = \frac{1}{3}x^2 - x; f''(x) = \frac{2}{3}x - 1; f'''(x) = \frac{2}{3}$
$f''(x) = 0$ bei $x = 1{,}5; f'''(1{,}5) > 0$ also Wendepunkt mit lokal minimaler Steigung bei $x = 1{,}5$
Bei $x = 1{,}5$ ist das Gefälle maximal.

b) $\tan(\alpha) = f'(1{,}5) = -0{,}75 \Rightarrow \alpha \approx -36{,}9°$; Das maximale Gefälle entspricht einem Steigungswinkel von ca. $-36{,}9°$.

c) $f(1{,}5) = 0{,}75$: Tangente am Wendepunkt: $t(x) = -0{,}75\,x + 1{,}875$

$t(x) = 0$ für $x = 2{,}5$; Die Rutsche trifft am Punkt $(2{,}5|0)$ auf den Boden.

Seite 25 | Aufgabe 15

a) $r(2) = 2{,}5$; $r(4) = \dfrac{124}{15} \approx 8{,}27$; $r(8) = 22{,}4$

Bis 2 Uhr sind $2{,}5\,\frac{mm}{m^2}$ Regen gefallen, bis 4 Uhr ca. $8{,}27\,\frac{mm}{m^2}$ und bis 8 Uhr $22{,}4\,\frac{mm}{m^2}$.

b) $r'(x) = \frac{1}{120}x^3 - \frac{1}{5}x^2 + \frac{3}{2}x$; $r''(x) = \frac{1}{40}x^2 - \frac{2}{5}x + \frac{3}{2}$; $r'''(x) = \frac{1}{20}x - \frac{2}{5}$

$r''(x) = 0$ für $x_1 = 10$ (nicht im Definitionsbereich) und $x_2 = 6$

$r'''(6) = -0{,}1 < 0$, also Wendepunkt bei $x = 6$ mit lokal maximaler Steigung; Der Regen war um 6 Uhr am stärksten.

c) $r(1) \approx 0{,}685$; $r'(1) \approx 1{,}308$, damit gilt für die Tangente bei $x = 1$: $t(x) = 1{,}308x - 0{,}623$

$t(6) = 7{,}225$; Bis 6 Uhr wären dann ca. $7{,}2\,\frac{mm}{m^2}$ Regen gefallen.

Seite 25 | Aufgabe 16

a) $f(x) = ax^5 + bx^3 + cx$; $f'(x) = 5ax^4 + 3bx^2 + c$; $f''(x) = 20ax^3 + 6bx$; $f'''(x) = 60ax^2 + 6b$

Es ist $f''(0) = 0$ und es gilt $f'''(0) = 6b \neq 0$ für $b \neq 0$.

Für $b = 0$ gilt $f''(x) = 20ax^3$ mit einem Vorzeichenwechsel bei f'' an der Stelle $x = 0$

Der Graph von f hat also den Wendepunkt $W(0\,|\,0)$.

b) Da f ungerade ist, gilt $f(0) = 0$. Als punktsymmetrische Funktion ändert der Graph am Ursprung sein Krümmungsverhalten, (falls der Graph keine Gerade ist). Also hat der Graph von allen ungeraden ganzrationalen Funktionen n-ten Grades mit $n \geq 3$ den Wendepunkt $W(0|0)$. Für $n = 1$ ist f eine lineare Funktion und der Graph von f hat keinen Wendepunkt.

Seite 25 | Aufgabe 17

a) $f'(x) = \frac{1}{3}x^2 - 2x + \frac{8}{3}$; $f''(x) = \frac{2}{3}x - 2$; $f'(x) = 0$ gilt für $x_1 = 4$ und für $x_2 = 2$.

$f''(4) = \frac{2}{3} > 0$, also $T\left(4\,\middle|\,1\frac{7}{9}\right)$; $f''(2) = -\frac{2}{3} < 0$, also $H\left(2\,\middle|\,2\frac{2}{9}\right)$

Auf der 2 km langen zwischen dem Start bei $(0|0)$ und dem Hochpunkt $H(2|2{,}22)$ werden ca. 222 Höhenmeter überwunden, das ergibt eine durchschnittliche Steigung von ca. $0{,}111$.

b) $f''(x) = 0$ gilt für $x = 3$; $f'''(3) > 0$, die Steigung hat bei $x = 3$ einen Tiefpunkt.

Die größte Steigung im Intervall $[0;2]$ liegt daher am Rand bei $x = 0$.

$f'(0) = \frac{8}{3}$, die Steigung beträgt $\frac{800\,m}{3\,km} \approx 0{,}267$.

Es gilt $\frac{0{,}267}{0{,}111} \approx 2{,}4$, die größte Steigung ist um 140 % größer als die durchschnittliche Steigung.

c) Die Strecke verläuft zwischen Hoch- und Tiefpunkt bergab, also zwischen Kilometer 2 und 4, auf einer Strecke von 2 km.

d) $2\frac{2}{9} - 1\frac{7}{9} = \frac{4}{9}$, der Höhenunterschied beträgt ca. 44,44 m.

e) $W(3|2)$ ist Wendepunkt mit lokal minimaler Steigung, also geht es bei 3 km am steilsten bergab.

f) Die Steigung beschreibt eine nach oben geöffnete Parabel, sie ist also an den Rändern des Intervalls am größten, es gilt $f'(0) = f'(6) = \frac{8}{3}$.

Seite 25 | Aufgabe 18

a) $f'(x) = 5ax^4 + 3bx^2$; $f''(x) = 20ax^3 + 6bx$; $f'''(x) = 60ax^2 + 6b$

$f''(x) = x(20ax^2 + 6b) = 0$ für $x = 0$ oder $x^2 = -\frac{3b}{10a}$

$f'''(0) = 6b \neq 0$, also Wendepunkt bei $x = 0$

1. Fall: a und b haben gleiche Vorzeichen: f'' hat nur die Nullstelle $x = 0$, also gibt es insgesamt genau einen Wendepunkt.

2. Fall: a und b haben unterschiedliche Vorzeichen: f'' hat zusätzlich die Nullstellen $x = \sqrt{-\frac{3b}{10a}}$ und $x = -\sqrt{-\frac{3b}{10a}}$.

$f'''\left(\sqrt{-\frac{3b}{10a}}\right) = -12b \neq 0$, also Wendepunkt bei $x = \sqrt{-\frac{3b}{10a}}$

$f'''\left(-\sqrt{-\frac{3b}{10a}}\right) = -12b \neq 0$, also Wendepunkt bei $x = -\sqrt{-\frac{3b}{10a}}$

In 2. Fall gibt es insgesamt drei Wendepunkte.

b) Wenn a und b unterschiedliche Vorzeichen haben, gibt es drei Wendepunkte (siehe a).

Seite 25 | Aufgabe 19

a) $f_2(x) = -\frac{1}{4}x^3 + \frac{3}{2}x^2$ und $f_3(x) = -\frac{1}{9}x^3 + x^2$

b) $f_a(x) = x^2(-\frac{1}{a^2}x + \frac{3}{a}) = 0$ für $x_1 = 0$ und $x_2 = 3a$

c) Der Graph von f_2 hat die Nullstelle $x = 6$ und gehört zu ④.

① $a = 0{,}5$ ② $a = 1$ ③ $a = 1{,}5$

d) $f'(x) = -\frac{3}{a^2}x^2 + \frac{6}{a}x$; $f''(x) = -\frac{6}{a^2}x + \frac{6}{a}$; $f'''(x) = -\frac{6}{a^2}$

e) $T(0|0)$, $H(2a|4a)$, $W(a|2a)$

f) Die Punkte $W_a(a|2a)$ liegen auf der Geraden $y = 2x$.

1.4 Extremalprobleme

Seite 26 | Einstieg

a) $V(x) = x \cdot (21 - 2x) \cdot (29{,}7 - 2x) = 4x^3 - 101{,}4x^2 + 623{,}7x$

b) $V'(x) = 12x^2 - 202{,}8x + 623{,}7$; $V''(x) = 24x - 202{,}8$

$V'(x) = 0$ gilt für $x_1 \approx 4{,}04$ und für $x_2 \approx 12{,}86$.

$V''(4{,}04) < 0$, also lokales Maximum bei $x_1 \approx 4{,}04$; $V''(12{,}86) > 0$, also lokales Minimum bei $x_2 \approx 12{,}86$

lokales Maximum: $V(4{,}04) \approx 1128$

Bei einer Schachtelhöhe von ca. 4,04 cm wird das Volumen der Schachtel mit ca. 1128 cm³ maximal.

Seite 27 | Aufgabe 1

a) Für die Seitenlängen x und y (in cm), den Flächeninhalt A (in cm²) und den Umfang u (in cm) gilt: $A = x \cdot y$

Nebenbedingung: $u = 2x + 2y = 28 \Rightarrow y = 14 - x$

$A(x) = x \cdot (14 - x)$

b) Für die Seitenlängen x und y und den Flächeninhalt A gilt: $A = x \cdot y$

Nebenbedingung: $x = 2y \Rightarrow y = \frac{x}{2}$

$A(x) = x \cdot \frac{x}{2} = \frac{1}{2}x^2$

c) Volumen eines Würfels mit Kantenläge a: $V = a^3$

Nebenbedingung: $K = 12a \Rightarrow a = \frac{K}{12}$

$V(K) = \left(\frac{K}{12}\right)^3$ \qquad Umformen nach K ergibt: $K(V) = 12 \cdot \sqrt[3]{V}$

d) $V = a \cdot b \cdot c$

Nebenbedingungen: $a = 2b$; $b = 2c$

$V(a) = a \cdot \frac{a}{2} \cdot \frac{a}{4} = \frac{a^3}{8}$; $V(b) = 2b \cdot b \cdot \frac{b}{2} = b^3$; $V(c) = 4c \cdot 2c \cdot c = 8c^3$

Seite 27 | Aufgabe 2

a) $a \cdot b$

b) $a + b = 20$; $a = 20 - b$

c) $P(b) = (20 - b) \cdot b = 20b - b^2$; Definitionsbereich: $0 \le b \le 20$

d) $P'(b) = 20 - 2b$; $P'(b) = 0$ für $b = 10$; $P''(10) = -2 < 0$, also ist $P(10) = 100$ lokales Maximum von P.

e) $P(0) = 0$; $P(20) = 0$: Das lokale Maximum 100 ist auch das globale Maximum.

f) Beide gesuchten Zahlen haben den Wert 10, der Wert des maximalen Produkts ist 100.

Seite 27 | Aufgabe 3

Für den Flächeninhalt A des Rechtecks mit den Seitenlängen a und b (in m) gilt: $A = a \cdot b$

Nebenbedingung: $2a + 2b = 1 \Rightarrow a = 0{,}5 - b$

$A(b) = 0{,}5b - b^2$; Definitionsbereich: $0 \le b \le 0{,}5$

$A'(b) = -2b + 0{,}5$; $A'(b) = 0$ für $b = 0{,}25$; $A''(0{,}25) = -2 < 0$, also ist $A(0{,}25) = 0{,}0625$ lokales Maximum und wegen $A(0) = A(0{,}5) = 0$ ist dies auch das globale Maximum.

Den größten Flächeninhalt hat das Rechteck mit den Seitenlängen 0,25 m und 0,25 m.

Seite 27 | Aufgabe 4

Für den Flächeninhalt A des Rechtecks mit den Seitenlängen a und b (in m) gilt:

a) $A = a \cdot b$; Nebenbedingung der Zaunlänge, wenn die Seite b am Kanal liegt: $2a + b = 200 \Rightarrow b = 200 - 2a$

$A(a) = (200 - 2a) \cdot a = -2a^2 + 200a$; Definitionsbereich: $0 \le a \le 100$

b) $A'(a) = -4a + 200$; $A'(a) = 0$ für $a = 50$; $A''(50) = -4 < 0$, also ist $A(50) = 5000$ lokales Maximum und wegen $A(0) = A(100) = 0$ ist dies auch das globale Maximum.

c) A hat die Nullstellen 0 und 100, die nach unten geöffnete Parabel hat also den Scheitelpunkt $S(50 \,|\, 5000)$, dieser liefert auch das globale Maximum.

d) Individuelle Lösungen. Der Rechenaufwand ist bei dieser - recht einfachen - Zielfunktion in etwa gleich.

e) Die kurzen Zaunseiten senkrecht zum Ufer sind je 50 m lang und die lange Zaunseite parallel zum Ufer 100 m.

Seite 27 | Aufgabe 5

a) Mit $b = 2a - 4$ erhält man $G(a) = 2a^2(2a - 4) + 20 = 4a^3 - 8a^2 + 20$.

b) $G'(a) = 12a^2 - 16a$ hat die Nullstellen 0 und $\frac{4}{3}$.

$G''(a) = 24a - 16$ \qquad An der Stelle 0 liegt wegen $G''(0) = -16 < 0$ ein lokales Maximum vor mit $G(0) = 20$.

An der Stelle $\frac{4}{3}$ liegt wegen $G''\left(\frac{4}{3}\right) = 16 > 0$ ein lokales Minimum vor mit $G\left(\frac{4}{3}\right) \approx 15{,}26$.

c) Randwerte: $G(0) = 20$; $G(1) = 16$ \qquad Das lokale Minimum an der Stelle $\frac{4}{3}$ liegt nicht im Intervall $[0;1]$.

Im Intervall $[0;1]$ ist das globale Maximum 20 und das globale Minimum 16.

Seite 28 | Aufgabe 6

a) Flächeninhalt: $A = \frac{1}{2}g \cdot h$ \qquad Nebenbedingungen: $g = a - 0 = a$ und $h = f(a)$

Zielfunktion: $A(a) = \frac{1}{2}a \cdot f(a) = -0{,}25a^4 + a^2$

a liegt zwischen der y-Achse und der positiven Nullstelle von f.

$f(x) = -0{,}5x(x^2 - 4) = 0$ ergibt $x_1 = 0$; $x_2 = 2$ und $x_3 = -2$. \qquad Definitionsbereich von A: $0 \le a \le 2$

b) $A'(a) = -a^3 + 2a$ $A'(a) = -a(a^2 - 2) = 0$ ergibt $a_1 = 0$; $a_2 = \sqrt{2} \approx 1{,}41$ und $a_3 = -\sqrt{2}$.

$A''(a) = -3a^2 + 2$ $A''(0) = 2 > 0$, also lokales Minimum bei 0

$A''(\sqrt{2}) = -4 < 0$, also lokales Maximum bei $\sqrt{2}$; $A(2) = 1$

Randwerte: $A(0) = 0$ und $A(2) = 0$, also kein Randmaximum. Das lokale Maximum 1 bei $a = \sqrt{2}$ ist auch globales Maximum.
Der Flächeninhalt wird für $a = \sqrt{2} \approx 1{,}41$ mit 1 FE maximal.

Seite 29 | Aufgabe 7

Für den Flächeninhalt A des Dreiecks mit den Längen von Grundseite g und Höhe h gilt: $A = \frac{1}{2} \cdot g \cdot h$

Nebenbedingungen: $g = 2x$; $h = f(x) = -\frac{1}{2}x^2 + 6$

$A(x) = \frac{1}{2} \cdot 2x \cdot \left(-\frac{1}{2}x^2 + 6\right) = -\frac{1}{2}x^3 + 6x$; Die positive Nullstelle $2\sqrt{3}$ von f ergibt den Definitionsbereich: $0 \le x \le 2\sqrt{3}$

$A'(x) = -\frac{3}{2}x^2 + 6$ besitzt im Definitionsbereich nur die Nullstelle 2 mit $A(2) = 8$.

$A''(x) = -3x$; $A''(2) = -6 < 0$, also lokales Maximum

Die Randwerte sind $A(0) = A(2\sqrt{3}) = 0$.   Der maximale Flächeninhalt des Dreiecks beträgt 8 FE.

Seite 29 | Aufgabe 8

a) Für den Flächeninhalt A des Rechtecks mit den Längen g und h gilt: $A = g \cdot h$

Nebenbedingungen: $g = 2x$; $h = f(x) = -\frac{1}{2}x^2 + 6$

$A(x) = 2x \cdot \left(-\frac{1}{2}x^2 + 6\right) = -x^3 + 12x$; Die positive Nullstelle $2\sqrt{3}$ von f

ergibt den Definitionsbereich: $0 \le x \le 2\sqrt{3}$

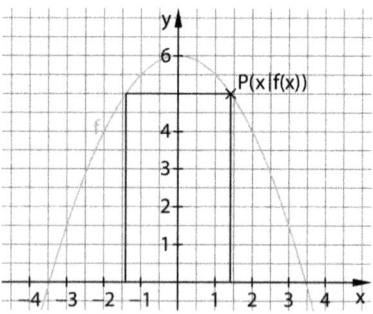

b) $A'(x) = -3x^2 + 12$ hat im Definitionsbereich nur die Nullstelle 2 mit $A(2) = 16$.

$A''(x) = -6x$; $A''(2) = -12 < 0$, also lokales Maximum

Die Randwerte sind $A(0) = A(2\sqrt{3}) = 0$.

Der maximale Flächeninhalt des Rechtecks beträgt 16 FE.

Seite 29 | Aufgabe 9

Für den Flächeninhalt A des Trapezes mit den Längen der parallelen Seiten a und c und der Höhe h gilt: $A = \frac{a + c}{2} \cdot h$

Nebenbedingungen: $a = 2x$; $c = 4$; $h = f(x) = -\frac{1}{2}x^2 + 2$

$A(x) = \frac{2x+4}{2} \cdot \left(-\frac{1}{2}x^2 + 2\right) = -\frac{1}{2}x^3 - x^2 + 2x + 4$; Definitionsbereich: $0 \le x \le 2$

$A'(x) = -\frac{3}{2}x^2 - 2x + 2$ hat im Definitionsbereich nur die Nullstelle $\frac{2}{3}$ mit $A\left(\frac{2}{3}\right) = \frac{128}{27} \approx 4{,}74$.

$A''(x) = -3x - 2$; $A''\left(\frac{2}{3}\right) = -4 < 0$, also lokales Maximum

Die Randwerte sind $A(0) = 4$ und $A(2) = 0$.   Das Trapez hat für $x = \frac{2}{3}$ den maximalen Flächeninhalt von $\frac{128}{27}$ FE.

Seite 29 | Aufgabe 10

Der Graph einer quadratischen Funktion ist eine nach oben oder nach unten geöffnete Parabel. Das lokale Maximum (Minimum) befindet sich am Scheitelpunkt und ist gleichzeitig auch globales Maximum (Minimum). Bei Einschränkung auf einen kleineren Definitionsbereich bleibt das so, falls die zugehörige Extremstelle im Definitionsbereich liegt.

Seite 29 | Aufgabe 11

a) Für den Umfang u des Rechtecks mit den Seitenlängen a und b (in m) gilt: $u = 2a + 2b$

Nebenbedingung: $A = a \cdot b = 1 \Rightarrow b = \frac{1}{a}$

$u(a) = 2a + \frac{2}{a}$; Definitionsbereich: $a > 0$

$u'(a) = 2 - \frac{2}{a^2}$ hat die nicht im Definitionsbereich liegende Nullstelle -1 und die Nullstelle 1.

$u''(a) = \frac{4}{a^3}$; $u''(1) = 4 > 0$, also lokales Minimum

Wegen $\lim\limits_{a \to 0} u(a) = \lim\limits_{a \to \infty} u(a) = \infty$ ist das lokale Minimum 4 bei $a = 1$ auch globales Minimum. Es folgt $b = \frac{1}{1} = 1$.

Das Rechteck mit dem kleinsten Umfang ein Quadrat mit der Seitenlänge 1 m und dem Umfang 4 m.

b) Da der Umfang für $a \to 0$ bzw. für $a \to \infty$ beliebig groß wird, gibt es kein solches Rechteck mit maximalem Umfang.

Seite 29 | Aufgabe 12

a) Für das Volumen V des Quaders mit den Kantenlängen a, a und b (in m) gilt: $V = a \cdot a \cdot b = a^2 b$

Nebenbedingung der Gesamtkantenlänge: $8a + 4b = 36 \Rightarrow b = 9 - 2a$

$V(a) = a^2(9 - 2a) = -2a^3 + 9a^2$; Definitionsbereich: $0 \le a \le 4{,}5$

$V'(a) = -6a^2 + 18a$; $V''(a) = -12a + 18$

$V'(a) = 0$ für $a_1 = 0$ und für $a_2 = 3$.

$V''(0) = 18 > 0$, also lokales Minimum; $V''(3) = -18 < 0$, also lokales Maximum mit $V(3) = 27$

$V(0) = V(4{,}5) = 0$ Das lokale Maximum 27 bei $a = 3$ ist auch globales Maximum. Es folgt $b = 9 - 2 \cdot 3 = 3$

Der Quader mit dem größten Volumen ist ein Würfel mit der Kantenlänge 3 m. (Sein Volumen beträgt 27 m^3.)

b) Die Einschränkung der Kantenlänge der Grundfläche auf 2,5 m liefert den neuen Definitionsbereich $0 \le a \le 2,5$. Da keine Nullstelle von V' in diesem Bereich liegt, kommen nur die Randwerte $V(0) = 0$ und $V(2,5) = 25$ in Betracht.
Der gesuchte Körper ist eine quadratische Säule, die quadratische Grundfläche hat die Kantenlänge 2,5 m, die Höhe beträgt 4 m und das Volumen $V = 25\ \mathrm{m}^3$.

c) Die Einschränkung der Höhe auf 2 m liefert den neuen Definitionsbereich $3,5 \le a \le 4,5$. Da keine Nullstelle von V' in diesem Bereich liegt, kommen nur die Randwerte $V(3,5) = 24,5$ und $V(4,5) = 0$ in Betracht.
Der gesuchte Körper ist eine quadratische Säule, die quadratische Grundfläche hat die Kantenlänge 3,5 m, die Höhe beträgt 2 m und das Volumen $V = 24,5\ \mathrm{m}^3$.

Seite 29 | Aufgabe 13

a) Für die Dosenhöhe h und den Grundflächenradius r (in cm) gilt: $O = 2\pi(hr + r^2)$
Nebenbedingung: $V = 750 = \pi r^2 h \Rightarrow h = \dfrac{750}{\pi r^2}$

$O(r) = 2\pi\left(\dfrac{750}{\pi r} + r^2\right) = \dfrac{1500}{r} + 2\pi r^2$ mit $r > 0$

$O'(r) = -\dfrac{1500}{r^2} + 4\pi r$ hat genau eine Nullstelle für $r = \sqrt[3]{\dfrac{1500}{4\pi}}$.

$O''(r) = \dfrac{3000}{r^3} + 4\pi$ $O''\left(\sqrt[3]{\dfrac{1500}{4\pi}}\right) = \dfrac{3000}{\left(\sqrt[3]{\dfrac{1500}{4\pi}}\right)^3} + 4\pi = 12\pi > 0$, also lokales Minimum

Wegen $\lim\limits_{r \to 0} O(r) = \lim\limits_{r \to \infty} O(r) = \infty$ ist das lokale Minimum bei $r = \sqrt[3]{\dfrac{1500}{4\pi}} \approx 4,92$ auch das globale Minimum. Es folgt $h \approx 9,85$.
Die gesuchte Dose hat einen Radius von ca. 4,92 cm und eine Höhe von ca. 9,85 cm.

b) Beispiele für mögliche Gründe: Maschinenbreiten, Größe der Bleche, aus denen die Dosen gestanzt werden, erhöhter Materialverbrauch für den Verschluss.

Seite 30 | Aufgabe 14

Liegt der Punkt B an der Stelle x = a, gilt für die Fläche des Dreiecks:

Linkes Dreieck: $A_f(a) = \frac{1}{2}a \cdot f(a) = -\frac{1}{6}a^4 + \frac{1}{2}a^3 + \frac{3}{2}a^2 + \frac{3}{2}a$ $A_f{}'(a) = -\frac{2}{3}a^3 + \frac{3}{2}a^2 + 3a + \frac{3}{2}$

Rechtes Dreieck: $A_g(a) = \frac{1}{2}a \cdot g(a) = -\frac{1}{6}a^4 + \frac{1}{2}a^3 + \frac{3}{2}a^2$ $A_g{}'(a) = -\frac{2}{3}a^3 + \frac{3}{2}a^2 + 3a$

An der Stelle a, an der Flächeninhalt des linken Dreiecks maximal ist, befindet sich ein lokales Maximum von A_g und es gilt $A_g{}'(a) = 0$. Wegen $A_f{}'(a) = \frac{3}{2} \ne 0$ befindet sich bei a kein lokales Maximum von A_f. Der Flächeninhalt des linken Dreiecks ist also an einer anderen Stelle maximal. Die Aussage von Max ist falsch. Er hat aber recht damit, dass der maximale Flächeninhalt beim linken Dreieck größer ist als beim rechten Dreieck. Dies gilt wegen $A_f(a) > A_g(a)$.

Seite 30 | Aufgabe 15

Für den Flächeninhalt A des Trapezes gilt: $A = \dfrac{\overline{AB} + \overline{DC}}{2} \cdot \overline{AD}$
Nebenbedingungen: $\overline{AB} = 2,5$; $\overline{DC} = f(a)$; $\overline{AD} = 4 - a$

$A(a) = \dfrac{2,5 + f(a)}{2} \cdot (4 - a) = 0,05a^3 - 0,1a^2 - 4,1a + 14,8$

a liegt zwischen der negativen Nullstelle von f und 4.
$f(x) = 0$ ergibt die Nullstellen $x_1 \approx 6,07$ und $x_2 \approx -8,07$.   Definitionsbereich von A: $-8,07 \le a \le 4$
$A'(a) = 0,15a^2 - 0,2a - 4,1$ hat im Definitionsbereich nur die Nullstelle $a \approx -4,6$.
$A''(a) = 0,3a - 0,2$; $A''(-4,6) = -1,58 < 0$, also lokales Maximum; $A(-4,6) \approx 26,68$
Randwerte: $A(-8,07) \approx 15,1$ und $A(4) = 0$.   Das lokale Maximum bei $a \approx -4,6$ ist auch globales Maximum.
Das Trapez hat für $a \approx -4,6$ den maximalen Flächeninhalt von ca. 26,68 FE.

Seite 30 | Aufgabe 16

a) $V = \pi r^2 h$; Tom setzt mit der Skizze für h (in cm) den Term $(20 - 2r)$ ein.
$V'(r) = -6\pi r^2 + 40\pi r$ hat die Nullstellen 0 und $\dfrac{20}{3}$.
$V''(r) = -12\pi r + 40\pi$ $V''\left(\dfrac{20}{3}\right) = -12\pi \cdot \dfrac{20}{3} + 40\pi < 0 \Rightarrow$ lokales Maximum an der Stelle $r = \dfrac{20}{3} \approx 6,67$.

b) Tom hat nicht beachtet, dass bei seinem Ansatz maximal 15 cm für den Umfang der Dose zur Verfügung stehen:
$2\pi r \le 15 \Rightarrow r \le \dfrac{15}{2\pi} \approx 2,39$

c) Mit der Einschränkung aus b) erhält man für $r = \dfrac{15}{2\pi}$ die Höhe $h = 20 - \dfrac{15}{\pi} \approx 15,23$ und ein maximales Volumen von ca. 272,6 cm³. Geht man allerdings davon aus, dass die Höhe 15 cm beträgt, also die gesamte kürzere der beiden Seiten des Blechstücks einnimmt, dann gilt für die 20 cm der anderen Seite: $20 = 2r + 2\pi r \Rightarrow r = \dfrac{10}{1+\pi} \approx 2,41$ und $V \approx 274,7$
Das Volumen wird bei dieser Anordnung mit ca. 274,7 cm³ maximal.

Seite 30 | Aufgabe 17

a) Für den Flächeninhalt A des gleichseitigen Dreiecks mit Seitenlänge a gilt: $A = \frac{1}{2} \cdot a \cdot \sqrt{a^2 - \left(\frac{a}{2}\right)^2} = \frac{\sqrt{3}}{4}a^2$

Oberflächeninhalt der prismenförmigen Schachtel mit Höhe h: $O = 2A + 3ah = \frac{\sqrt{3}}{2}a^2 + 3ah$

Nebenbedingung: $V = Ah = \frac{\sqrt{3}}{4}a^2 h = 400 \Rightarrow h = \frac{1600}{\sqrt{3}a^2}$

$O(a) = \frac{\sqrt{3}}{2}a^2 + \frac{1600\sqrt{3}}{a}$ mit $a > 0$

$O'(a) = \sqrt{3}a - \frac{1600\sqrt{3}}{a^2}$ hat genau eine Nullstelle bei $a = \sqrt[3]{1600}$.

$O''(a) = \sqrt{3} + \frac{3200\sqrt{3}}{a^3}$; $O''(\sqrt[3]{1600}) = 3\sqrt{3} > 0$, also lokales Minimum; $O(\sqrt[3]{1600}) \approx 355,4$

Wegen $\lim\limits_{a \to 0} O(a) = \lim\limits_{a \to \infty} O(a) = \infty$ ist das lokale Minimum bei $a = \sqrt[3]{1600} \approx 11,70$ auch das globale Minimum. Es folgt $h \approx 6,75$.

Der Materialverbrauch ist bei einer Grundkantenlänge von ca. 11,70 cm mit ca. 355,4 cm² minimal.

b) Volumen der Schachtel: $V = \frac{\sqrt{3}}{4}a^2 h$

Nebenbedingung: $O = \frac{\sqrt{3}}{2}a^2 + 3ah = 600 \Rightarrow h = \frac{200}{a} - \frac{\sqrt{3}}{6}a$

$V(a) = \frac{\sqrt{3}}{4}a^2 \cdot \left(\frac{200}{a} - \frac{\sqrt{3}}{6}a\right) = \sqrt{3} \cdot 50a - \frac{1}{8}a^3$ mit $a > 0$

$V'(a) = \sqrt{3} \cdot 50 - \frac{3}{8}a^2$ hat für $a > 0$ genau eine Nullstelle bei $a = \frac{20}{\sqrt[4]{3}}$.

$V''(a) = -\frac{3}{4}a$; $V''\left(\frac{20}{\sqrt[4]{3}}\right) < 0$, also lokales Maximum; $V\left(\frac{20}{\sqrt[4]{3}}\right) \approx 877,4$

Wegen $\lim\limits_{a \to 0} V(a) = 0$ und $\lim\limits_{a \to \infty} V(a) = -\infty$ ist das lokale Maximum bei $a = \frac{20}{\sqrt[4]{3}} \approx 15,20$ auch das globale Maximum. Es folgt $h \approx 8,77$.

Das Volumen der Schachtel ist bei einer Grundkantenlänge von ca. 15,20 cm und einer Höhe von ca. 8,77 cm mit ca. 877,4 cm³ maximal.

Ob tatsächlich eine solche Schachtel aus dem Pappstück hergestellt werden kann ist fraglich. Aufgrund von Verschnitt kann es sein, dass dies nicht möglich ist. In dem Fall müsste man das Netz der Verpackung genauer betrachten.

Seite 30 | Aufgabe 18

a) Für den Flächeninhalt A des Rechtecks mit den Seitenlängen a und b (in cm) gilt: $A = a \cdot b$

Für die Gerade s, auf der die rechte Dreiecksseite liegt, gilt $s(x) = -\frac{14}{3}x + 7$. Die untere Rechteckseite a liege auf der x-Achse zwischen den Stellen x und $-x$.

Nebenbedingungen: $a = 2x$; $b = s(x) = -\frac{14}{3}x + 7$

$A(x) = 2x \cdot \left(-\frac{14}{3}x + 7\right) = -\frac{28}{3}x^2 + 14x$; Definitionsbereich von A: $0 \leq x \leq 1,5$

$A'(x) = -\frac{56}{3}x + 14$ hat nur die Nullstelle $x = 0,75$.

$A''(x) = -\frac{56}{3}$; $A''(0,75) < 0$, also lokales Maximum; $A(0,75) = 5,25$

Randwerte: $A(0) = A(1,5) = 0$, das lokale Maximum bei $x = 0,75$ ist auch globales Maximum.

Für $x = 0,75$ gilt $a = 1,5$ und $b = 3,5$.

Der Flächeninhalt des Rechtecks ist bei einer Grundseitenlänge von 1,5 cm und einer Höhe von 3,5 cm mit 5,25 cm² maximal.

b) Da die Pyramide quadratisch ist, hat der gesuchte Quader eine quadratische Grundfläche. Für sein Volumen gilt: $V = a^2 c$.
Die linke Abbildung im Schülerbuch zeigt den Querschnitt durch die Pyramide und den Quader. Die Grundfläche des Quaders liegt zwischen den Stellen x und $-x$. Die Höhe c ist begrenzt durch die Gerade s aus a).

Nebenbedingungen: $a = 2x$; $c = s(x) = -\frac{14}{3}x + 7$

$V(x) = (2x)^2 \cdot \left(-\frac{14}{3}x + 7\right) = -\frac{56}{3}x^3 + 28x^2$; Definitionsbereich von V: $0 \leq x \leq 1,5$

$V'(x) = -56x^2 + 56x$ hat die Nullstellen $x_1 = 1$ und $x_2 = 0$ (Randwert).

$V''(x) = -112x + 56$; $V''(1) = -56 < 0$, also lokales Maximum; $V(1) = \frac{28}{3} \approx 9,33$

Randwerte: $V(0) = V(1,5) = 0$, das lokale Maximum bei $x = 1$ ist auch globales Maximum.

Für $x = 1$ gilt $a = 2$ und $b = \frac{7}{3} \approx 2,33$.

Das Volumen des Quaders ist bei den Grundkantenlängen von jeweils 2 cm und einer Höhe von $\frac{7}{3}$ cm mit $\frac{28}{3}$ cm³ maximal.

Seite 31 | Aufgabe 19

Den Zusammenhang zwischen b und h kann man mit dem Satz des Pythagoras aufstellen:
Der rechteckige Querschnitt liegt in einem Umkreis mit dem Durchmesser 30, daher gilt $b^2 + h^2 = 30^2 \Leftrightarrow h^2 = 900 - b^2$.
Zielfunktion: $T(b) = b \cdot (900 - b^2) = -b^3 + 900b$ mit $0 \leq b \leq 30$.

$T'(b) = -3b^2 + 900$ hat im Definitionsbereich nur die Nullstelle $\sqrt{300}$ mit $T(\sqrt{300}) \approx 10\,392$, die Randwerte sind $T(0) = T(30) = 0$.

$T''(b) = -6b$ $\qquad T''(\sqrt{300}) = -6\sqrt{300} < 0$, also lokales und damit globales Maximum bei $b = \sqrt{300} \approx 17,3$

Für die Höhe ergibt sich $h = \sqrt{600} \approx 24,5$.

Die optimalen Maße für den Querschnitt sind also eine Breite von ca. 17,3 cm und eine Höhe von ca. 24,5 cm.

Seite 31 | Aufgabe 20

a) $0,65 \cdot 3,50 \,€ + 0,35 \cdot 0,49 \,€ \approx 2,45 \,€$

b) $n(65) = 1400$ Umsatz: $1400 \cdot 2,45 \,€ = 3430 \,€$

c) Preis in € in Abhängigkeit von x: $\frac{x}{100} \cdot 3,50 + (1 - \frac{x}{100}) \cdot 0,49 = \frac{x}{100} \cdot 3,01 + 0,49$

Umsatz: $U(x) = n(x) \cdot (\frac{x}{100} \cdot 3,01 + 0,49) = \begin{cases} (-165x + 8000)(\frac{x}{100} \cdot 3,01 + 0,49), & 0 \le x < 40 \\ 1400\,(\frac{x}{100} \cdot 3,01 + 0,49), & 40 \le x \le 100 \end{cases}$

Definitionsbereich: $0 \le x \le 100$

Für $0 \le x < 40$ gilt: $U(x) = -4,9665x^2 + 159,95x + 3920$

$U'(x) = -9,933x + 159,95$ hat die Nullstelle $x \approx 16,1$. $U''(16,1) = -9,933 < 0$, also lokales Maximum; $U(16,1) \approx 5208$

Da $U(x)$ eine nach unten geöffnete Parabel beschreibt, ist das das lokale Maximum bei $x \approx 16,1$ auch globales Maximum von U im Intervall $0 \le x < 40$. Es ist auch das globale Maximum von U für $0 \le x \le 100$, da $U(x)$ für $x \ge 40$ linear steigt bis $U(100) = 4900$.

Der Umsatz der Firma wird bei einem Anteil von ca. 16,1 % Edelschokolade maximal.

Seite 31 | Aufgabe 21

Die Horizontale durch Punkt $A(0|1)$ und die Vertikale durch Punkt $B(b|f(b))$ bilden zusammen mit der Strecke $\overline{AB}$ ein rechtwinkliges Dreieck mit den Kathetenlängen $|b - 0|$ und $|f(b) - 1|$ sowie der Hypotenusenlänge $d(b) = d(A, B)$.

Nach den Satz des Pythagoras gilt: $(d(b))^2 = (b - 0)^2 + (f(b) - 1)^2$

Es ist einfacher, das Quadrat $D(b) = (d(b))^2$ des Abstands zwischen A und B zu untersuchen. Die Funktion $D(b)$ ist an den gleichen Stellen minimal wie die Funktion $d(b)$, da die Quadratfunktion für $x > 0$ streng monoton steigend ist.

$D(b) = b^2 + (-b^2 + 2)^2 = b^4 - 3b^2 + 4$

Die Nullstelle $\sqrt{3} \approx 1,73$ von f ergibt den Definitionsbereich von D: $0 \le b \le \sqrt{3}$

$D'(b) = 4b^3 - 6b = 4b(b^2 - 1,5)$ $D'(b) = 0$ ergibt $b_1 = 0$; $b_2 = \sqrt{1,5} \approx 1,22$ und $b_3 = -\sqrt{1,5} \approx -1,22$ (nicht im Definitionsbereich).

$D''(b) = 12b^2 - 6$ $D''(0) = -6 < 0$, also lokales Maximum bei 0

                                 $D''(\sqrt{1,5}) = 12 > 0$, also lokales Minimum bei $\sqrt{1,5}$; $D(\sqrt{1,5}) = 1,75$

Randwerte: $D(0) = D(\sqrt{3}) = 4$, also kein Randminimum. Das lokale Minimum bei $b = \sqrt{1,5}$ ist auch globales Minimum.

$f(\sqrt{1,5}) = 1,5$ $d(\sqrt{1,5}) = \sqrt{1,75} \approx 1,32$

Für den Punkt $B(\sqrt{1,5}|1,5)$ ist der Abstand zwischen A und B mit $\sqrt{1,75}$ LE minimal.

Anmerkung: Am Punkt B verläuft die Normale an den Graphen von f durch den Punkt A. Über diese Eigenschaft lässt sich der gesuchte Punkt B ebenfalls bestimmen.

Seite 31 | Aufgabe 22

a) Bei 100 Spielen werden durchschnittlich 1-mal 5 €, 10-mal 0,5 € und 89-mal 0 € ausgezahlt. Zieht man diese Auszahlungen jeweils von der Einnahme von 0,5 € ab, so ergibt das einen durchschnittlichen Gewinn in € von

$1 \cdot (-0,45) + 10 \cdot 0 + 89 \cdot 0,5 = 100 \cdot (-0,45 \cdot 0,01 + 0 \cdot 0,1 + 0,5 \cdot 0,89)$

Also kann bei 200 Spielen im Durchschnitt ein Gewinn in € von $200 \cdot (-4,5 \cdot 0,01 + 0 \cdot 0,1 + 0,5 \cdot 0,89) = 200 \cdot 0,4 = 80$ erwartet werden.

b) f gibt den zu erwartenden Tagesgewinn in Abhängigkeit von der Wahrscheinlichkeit p für die Erstattung des Einsatzes und der Anzahl durchgeführter Spiele x an.

c) Bei einer Wahrscheinlichkeit von $p = 10\%$ gilt $x = 200$. Mit jeder Erhöhung von p um ein Prozent, erhöht sich x um 15.

Bei einer Erhöhung von p um y % gilt $x = 200 + 15y$ und $p = \frac{1}{10} + \frac{y}{100}$ bzw. $y = 100p - 10$

Nebenbedingung: $x = 200 + 15(100p - 10) = 1500p + 50$

Zielfunktion: $f(p) = (1500p + 50) \cdot \left(-4,5 \cdot 0,01 + 0,5(0,99 - p)\right) = (1500p + 50) \cdot (0,45 - 0,5p) = -750p^2 + 650p + 22,5$

$f'(p) = -1500p + 650$ hat die Nullstelle $p = \frac{13}{30}$.

$f''(p) = -1500$; $f''\left(\frac{13}{30}\right) < 0$, also lokales Maximum bei $p = \frac{13}{30}$; $f(\frac{13}{30}) = \frac{490}{3}$

Das lokale Maximum ist auch globales Maximum, da der Graph von f eine nach unten geöffnete Parabel ist.

Der Tagesgewinn ist maximal bei $p = \frac{13}{30} \approx 0,43$ und beträgt dann im Schnitt $\frac{490}{3} \,€ \approx 163,33 \,€$.

1.5 Rekonstruktion von Funktionstermen

Seite 32 | Einstieg

a) Die Funktionsgleichung hat die drei Unbekannten a, b und c. Man benötigt mindestens drei Punkte oder weitere Informationen über einen gegebenen Punkt (z.B. Extremstelle etc.), um die Funktion eindeutig bestimmen zu können.

b) $f(0) = 0$; $f(4) = 4$; $B(4|4)$ ist der Scheitelpunkt, also $f'(4) = 0$. Für f ergibt sich $f(x) = -\frac{1}{4}x^2 + 2x$.

$f(x) = -\frac{1}{4}x(x - 8) = 0$ gilt für $x = 0$ und $x = 8$.   Der Ball kommt nach 8 Metern wieder auf dem Boden auf.

Seite 33 | Aufgabe 1

1. Grad: $f(x) = ax + b$; $f'(x) = a$; $f''(x) = 0$; $f'''(x) = 0$

2. Grad: $f(x) = ax^2 + bx + c$; $f'(x) = 2ax + b$; $f''(x) = 2a$; $f'''(x) = 0$

3. Grad: $f(x) = ax^3 + bx^2 + cx + d$; $f'(x) = 3ax^2 + 2bx + c$; $f''(x) = 6ax + 2b$; $f'''(x) = 6a$

4. Grad: $f(x) = ax^4 + bx^3 + cx^2 + dx + e$; $f'(x) = 4ax^3 + 3bx^2 + 2cx + d$; $f''(x) = 12ax^2 + 6bx + 2c$; $f'''(x) = 24ax + 6b$

Seite 33 | Aufgabe 2

a) $f(7) = 8$

b) $g(6) = -3$

c) $h'(2) = 0$

d) $i(4) = 0$

e) $j(4) = 0; j'(4) = 0$

f) $k(0) = 0; k'(0) = 0$

g) $m'(7) = 0; m''(7) = 0$

Seite 33 | Aufgabe 3

① Der Graph von f verläuft durch P(7|0).

② Der Graph von f verläuft durch P(−3|56).

③ Der Graph von f hat bei x = 5 die Steigung 3.

④ Der Graph von f hat eine waagerechte Tangente bei x = 8. Dort ist eine Extremstelle oder eine Sattelstelle.

⑤ Der Graph von f verläuft durch P(3|0) und hat eine waagerechte Tangente an diesem Punkt. Dort ist eine Extremstelle oder eine Sattelstelle.

⑥ Der Graph von f verläuft durch P(1|1) und die Steigung an diesem Punkt ist −1.

⑦ Der Graph von f verläuft durch P(0|0), hat eine waagerechte Tangente an diesem Punkt und die zweite Ableitung dort ist Null. Dort ist eine Sattelstelle oder eine Extremstelle.

⑧ Der Graph von f verläuft durch P(2|7), hat eine waagerechte Tangente an diesem Punkt und die zweite Ableitung dort ist Null. Dort ist eine Sattelstelle oder eine Extremstelle.

⑨ Der Graph von f verläuft durch P (2|8) und hat eine waagerechte Tangente an diesem Punkt. Dort ist eine Extremstelle oder eine Sattelstelle. Außerdem hat der Graph an Stelle x = 1 eine Steigung von 2.

Seite 33 | Aufgabe 4

Eigenschaft	Bedingung	Gleichung
Graph verläuft durch P(0|1)	$f(0) = -1$	$e = -1$
x = 2 ist Extremstelle	$f'(2) = 0$	$32a + 12b + 4c + d = 0$
Graph verläuft durch P(3|1)	$f(3) = 1$	$81a + 27b + 9c + 3d + e = 1$
Graph verläuft durch P(1|4)	$f(1) = 4$	$a + b + c + d + e = 4$
x = 3 ist Nullstelle	$f(3) = 0$	$81a + 27b + 9c + 3d + e = 0$
x = 3 ist Wendestelle	$f''(3) = 0$	$108a + 18b + 2c = 0$
x = 1 ist Wendestelle	$f''(1) = 0$	$12a + 6b + 2c = 0$
Steigung bei x = 1 beträgt 2	$f'(1) = 2$	$4a + 3b + 2c + d = 2$

Seite 33 | Aufgabe 5

a) $f(x) = ax^3 + bx^2 + cx + d$ $\quad$ $f(5) = 18 \Rightarrow 125a + 25b + 5c + d = 18$

b) $f(x) = ax^2 + bx + c$ $\quad$ $f(-3) = 4 \Rightarrow 9a - 3b + c = 4$

c) $f(x) = ax^4 + bx^3 + cx^2 + dx + e$ $\quad$ $f'(-3) = 0 \Rightarrow -108a + 27b - 6c + d = 0$

d) $f(x) = ax^3 + bx^2 + cx + d$ $\quad$ $f(0) = 0 \Rightarrow d = 0$ $\quad$ $f'(-7) = 0 \Rightarrow 147a - 14b + c = 0$

$\quad f'(7) = 0 \Rightarrow 147a + 14b + c = 0$

e) $f(x) = ax^4 + bx^3 + cx^2 + dx + e$ $\quad$ $f(-2) = 7 \Rightarrow 16a - 8b + 4c - 2d + e = 7$ $\quad$ $f'(-2) = 0 \Rightarrow -32a + 12b - 4c + d = 0$

f) $f(x) = ax^3 + bx^2 + cx + d$ $\quad$ $f(5) = 3 \Rightarrow 125a + 25b + 5c + d = 3$ $\quad$ Punktsymmetrie $\Rightarrow b = 0$ und $d = 0$

Seite 33 | Aufgabe 6

a) Fehler im 1. Druck des Schülerbuchs: Die korrekte letzte Gleichung lautet $12a + b = 0$.

$\quad$ Funktion 2. Grades $\quad$ Bedingungen: $f(1) = 8; f(2) = 12; f'(6) = 0$

b) Funktion 2. Grades $\quad$ Bedingungen: $f(1) = 0, f(3) = 0; f(5) = 4$

c) Funktion 3. Grades $\quad$ Bedingungen: $f(-5) = 4; f'(2) = 0; f''(3) = 0; f(0) = -17$

Seite 34 | Aufgabe 7

$f(x) = ax^2 + bx + c$ $\quad$ $f(0) = 2 \Rightarrow c = 2$

$\quad f(2) = 6 \Rightarrow 4a + 2b + c = 6$ $\quad$ Lösung: $a = -0,5; b = 3; c = 2$

$\quad f'(3) = 0 \Rightarrow 6a + b = 0$ $\quad$ $f(x) = -0,5x^2 + 3x + 2$

Seite 35 | Aufgabe 8

$f(x) = ax^3 + bx^2 + cx + d$ $\quad$ $f(0) = 0 \Rightarrow d = 0$

$\quad f''(-1) = 0 \Rightarrow -6a + 2b = 0$

$\quad f(-1) = -5 \cdot (-1) - 1 = 4 \Rightarrow -a + b - c + d = 4$ $\quad$ Lösung: $a = 1; b = 3; c = -2; d = 0$

$\quad f'(-1) = -5 \Rightarrow 3a - 2b + c = -5$ $\quad$ $f(x) = x^3 + 3x^2 - 2x$

Seite 35 | Aufgabe 9

a) $f(x) = ax^3 + bx^2 + cx + d$ $\quad$ $f(0) = 0 \Rightarrow d = 0$

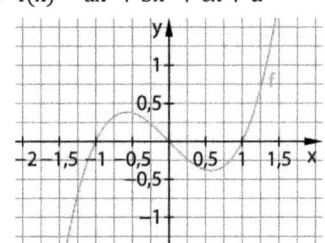

$\quad f'(0) = -1 \Rightarrow c = -1$

$\quad f(1) = 0 \Rightarrow a + b + c + d = 0$ $\quad$ Lösung: $a = 1; b = 0; c = -1; d = 0$

$\quad f'(1) = 2 \Rightarrow 3a + 2b + c = 2$ $\quad$ $f(x) = x^3 - x$

b) $f(x) = ax^3 + bx^2 + cx + d$

$f(0) = 4 \Rightarrow d = 4$
$f'(0) = 0 \Rightarrow c = 0$
$f'(1) = 2 \Rightarrow 3a + 2b + c = -24$ Lösung: a = 2; b = −15; c = 0; d = 4
$f''(2,5) = 0 \Rightarrow 15a + 2b = 0$ $f(x) = 2x^3 - 15x^2 + 4$

$f''(x) = 12x - 30$ $f''(0) = -30 < 0$, also bei x = 0 kein lokales Minimum, sondern lokales Maximum
Es gibt keine ganzrationale Funktion 3. Grades mit den angegebenen Eigenschaften.

c) $f(x) = ax^3 + bx^2 + cx + d$

$f(2) = 0 \Rightarrow 8a + 4b + 2c + d = 0$
$f'(2) = 0 \Rightarrow 12a + 4b + c = 0$
$f(0) = 4 \Rightarrow d = 4$ Lösung: a = 0,25; b = 0; c = −3; d = 4
$f''(0) = 0 \Rightarrow 2b = 0$ $f(x) = 0,25x^3 - 3x + 4$

$f'''(x) = 1,5 \neq 0$, also Wendestelle bei x = 0

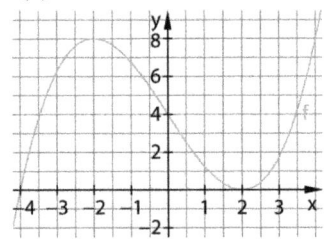

d) $f(x) = ax^3 + bx^2 + cx + d$

$f(1) = 1,5 \Rightarrow a + b + c + d = 1,5$
$f'(1) = -13,5 \Rightarrow 3a + 2b + c = -13,5$
$f'(0) = 0 \Rightarrow c = 0$ Lösung: a = 0,5; b = −7,5; c = 0; d = 8,5
$f''(5) = 0 \Rightarrow 30a + 2b = 0$ $f(x) = 0,5x^3 - 7,5x^2 + 8,5$

$f''(x) = 3x - 15$ $f''(0) = -15 < 0$, also bei x = 0 kein lokales Minimum, sondern lokales Maximum
Es gibt keine ganzrationale Funktion 3. Grades mit den angegebenen Eigenschaften.

Seite 35 | Aufgabe 10

a) Achsensymmetrie: $f(x) = ax^4 + bx^2 + c$

$f(0) = 0 \Rightarrow c = 0$
$f'(0) = 0 \Rightarrow 0 = 0$
Tiefpunkt bei x = 1; $f'(1) = 0 \Rightarrow 4a + 2b = 0$ Lösung: a = 1; b = −2; c = 0
T liegt auf y = −x ; $f(1) = -1 \Rightarrow a + b + c = -1$ $f(x) = x^4 - 2x^2$

b) $f'(x) = 4x^3 - 4x$; $f''(x) = 12x^2 - 4$

$W_1\left(\sqrt{\frac{1}{3}} \middle| -\frac{5}{9}\right)$ und $W_2\left(-\sqrt{\frac{1}{3}} \middle| -\frac{5}{9}\right)$

Seite 35 | Aufgabe 11

Punktsymmetrie: $f(x) = ax^5 + bx^3 + cx$

$f(-2) = 0 \Rightarrow -32a - 8b - 2c = 0$
$f(1) = 24 \Rightarrow a + b + c = 24$ Lösung: a = 1; b = −13; c = 36
$f'(0) = 36 \Rightarrow c = 0$ $f(x) = x^5 - 13x^3 + 36x$

Seite 35 | Aufgabe 12

a) $f(x) = ax^3 + bx^2 + cx + d$

$f(0) = -3,5 \Rightarrow d = -3,5$
$f(-1) = 0 \Rightarrow -a + b - c + d = 0$
$f''(-2) = 0 \Rightarrow -12a + 2b = 0$ Lösung: a = 0,7; b = 4,2; c = 0; d = −3,5
$f'(0) = 0 \Rightarrow c = 0$ $f(x) = 0,7x^3 + 4,2x^2 - 3,5$

b) $f'(x) = 2,1x^2 + 8,4x$ hat die Nullstellen $x_1 = 0$ und $x_2 = -4$.

$f''(x) = 4,2x + 8,4$ $f''(0) = 8,4 > 0$, also lokales Minimum; T(0|−3,5)
$f''(-4) = -8,4 > 0$, also lokales Maximum; H(−4|18,9)

Wenn der Maßstab auf x- und y-Achse gleich ist, passt die Skizze nicht zum Graphen. Auf der Skizze ist der Graph in y-Richtung gestaucht.

Seite 35 | Aufgabe 13

passende Gleichungen: $f(4) = -41,25$; $f'(0,5) = -12,125$; $f(-3) = \frac{88}{3}$; $f(1) = -12$; $f(0) = \frac{1}{12}$; $f''(0,5) = 0$

Da der Grad von f 3 ist, müssen 4 der passenden Gleichungen ausgewählt werden, um f zu bestimmen.
Lösung: $f(x) = \frac{1}{6}x^3 - \frac{1}{4}x^2 - 12x + \frac{1}{12}$

Seite 36 | Aufgabe 14

a) Der Graph der Funktion hat mindestens zwei Wendepunkte, also hat f″ mindestens zwei Nullstellen. Damit ist die zweite Ableitung mindestens vom Grad 2, die Funktion hat also mindestens den Grad 4.

b) Gesucht ist eine Funktion 4. Grades, deren Graph einen Tiefpunkt in (−1|−1) und einen Sattelpunkt in (0|0) hat.

c) $f(x) = ax^4 + bx^3 + cx^2 + dx + e$

$f(-1) = -1 \Rightarrow a - b + c - d + e = -1$
$f'(-1) = 0 \Rightarrow -4a + 3b - 2c + d = 0$
$f(0) = 0 \Rightarrow e = 0$
$f'(0) = 0 \Rightarrow d = 0$ Lösung: a = 3; b = 4; c = 0; d = 0; e = 0
$f''(0) = 0 \Rightarrow 2c = 0$ $f(x) = 3x^4 + 4x^3$

Seite 36 | Aufgabe 15

a) $f(x) = ax^4 + bx^3 + cx^2 + dx + e$

$f(2) = -8 \Rightarrow 16a + 8b + 4c + 2d + e = -8$
$f'(2) = 0 \Rightarrow 32a + 12b + 4c + d = 0$
$f(0) = 0 \Rightarrow e = 0$
$f'(0) = 0 \Rightarrow d = 0$ Lösung: a = 1,5; b = -4; c = 0; d = 0; e = 0
$f''(0) = 0 \Rightarrow 2c = 0$ $f(x) = 1{,}5x^4 - 4x^3$

b) Achsensymmetrie: $f(x) = ax^4 + bx^2 + c$

$f(0) = 5 \Rightarrow c = 5$
$f(2) = -15 \Rightarrow 16a + 4b + c = -15$ Lösung: a = 1,25; b = -10: c = 5
$f'(2) = 0 \Rightarrow 32a + 4b = 0$ $f(x) = 1{,}25x^4 - 10x^2 + 5$

c) Punktsymmetrie: $f(x) = ax^5 + bx^3 + cx$

$f'(0) = 0 \Rightarrow c = 0$
$f(1) = 0 \Rightarrow a + b + c = 0$ Lösung: a = 1; b = -1; c = 0
$f'(1) = 2 \Rightarrow 5a + 3b = 2$ $f(x) = x^5 - x^3$

Seite 36 | Aufgabe 16

a) Tina hat damit Recht, dass man vier Bedingungen braucht, um eine ganzrationale Funktion 3. Grades aufzustellen. Allerdings ergeben sich aus dem Wendepunkt zwei Bedingungen, da aus dieser Angabe sowohl $f(2) = 4$ und $f''(2) = 0$ folgt.

b) Joe hat die folgenden vier Bedingungen aufgestellt: $f(0) = 6$; $f(2) = 4$, $f''(2) = 0$ und $f'(3) = 0$.
Diese vier Bedingungen sind mit der angegebenen Gleichung erfüllt. Allerdings muss für einen Tiefpunkt bei x = 3 auch noch gelten $f''(3) > 0$, was hier nicht gilt. Es gibt also keine Funktion 3. Grades mit den angegebenen Eigenschaften.

Seite 36 | Aufgabe 17

a) Punktsymmetrisch zu Ursprung bedeutet $f(x) = ax^5 + bx^3 + cx$
waagrechte Tangente im Ursprung bedeutet $f'(0) = 0$, also c=0
Wendepunkt bei x = 3 bedeutet $f''(3) = 0$ Tiefpunkt bei $3\sqrt{2}$ bedeutet $f'(3\sqrt{2}) = 0$.
Symmetrie und c = 0: $f(x) = ax^5 + bx^3$ $f'(x) = 5ax^4 + 3bx^2$ $f''(x) = 20ax^3 + 6bx$
Wendepunkt bei x = 3: $f''(3) = 540a + 18b = 0$ Tiefpunkt bei $3\sqrt{2}$: $f'(3\sqrt{2}) = 1620a + 54b = 0$
Beide Gleichungen sind gleichwertig: Teilt man die zweite durch 3, erhält man die erste. a und b können also nicht eindeutig bestimmt werden.

b) Individuelle Lösungen

Seite 36 | Aufgabe 18

a) Individuelle Lösungen; Beispiel:
Gesucht ist eine Funktion vierten Grades, deren Graph durch den Punkt (0|0) geht und dort eine waagrechte Tangente hat. Er geht außerdem durch die Punkte A(1|11), B (2|24) und C (5|75).

b) $f'(x) = 4x^3 - 24x^2 + 36x$ $f''(x) = 12x^2 - 48x + 36$ $f''(x) = 0$ ergibt $x_1 = 1$ und $x_2 = 3$.
Wendetangente im Punkt $x_1 = 1$: $t_1(x) = 16x - 5$; Wendetangente im Punkt $x_2 = 3$: $t_2(x) = 27$
Möglicher Steckbrief: Gesucht ist eine ganzrationale Funktion f vierten Grades, die an den Stellen $x_1 = 1$ und $x_2 = 3$ Wendetangenten t_1 und t_2 hat mit den Gleichungen $t_1(x) = 16x - 5$ und $t_2(x) = 27$.

c) Individuelle Lösungen; Beispiel:
Nicht eindeutig bestimmt werden kann die Funktion, wenn man z.B. in a) einen Punkt weglässt. Dann gibt es 5 Unbekannte, aber nur 4 Bedingungen.
Nicht bestimmt werden kann die Funktion, wenn man zusätzlich einen Punkt angibt, der nicht auf dem Graphen liegt.

Seite 36 | Aufgabe 19

Individuelle Lösungen; Beispiele:
a) Tiefpunkt T(0|0) und $f(1) = 1$; Lösung: $f(x) = x^2$ b) Tiefpunkt T(0|0); Lösung: $f(x) = ax^2$ mit $a > 0$
c) $f(1) = 2$; $f(0) = 6$; $f'(3) = 0$; $f''(2) = 0$; Lösung: $f(x) = -x^3 + 6x^2 - 9x + 6$

Seite 36 | Aufgabe 20

$f(x) = ax^3 + bx^2 + cx + d$

$f(-6) = 0 \Rightarrow -216a + 36b - 6c + d = 0$
$f(-1) = 0 \Rightarrow -a + b - c + d = 0$
$f(2) = 0 \Rightarrow 8a + 4b + 2c + d = 0$ Lösung: a = 0,5; b = 2,5; c = −4; d = −6
$f(0) = -6 \Rightarrow d = -6$ $f(x) = 0{,}5x^3 + 2{,}5x^2 - 4x - 6$

1.6 Rekonstruktion in Anwendungen

Seite 37 | Einstieg

a) H_1: Geschwindigkeit ist maximal; W_1: Beschleunigung ist lokal minimal (Geschwindigkeit nimmt lokal maximal ab); T: Geschwindigkeit ist lokal minimal; W_1: Beschleunigung ist lokal maximal (Geschwindigkeit nimmt lokal maximal zu); H_2: Geschwindigkeit ist lokal maximal.

b) H_1: Kundenanzahl ist maximal; W_1: Änderungsrate der Kundenanzahl ist lokal minimal (Kundenanzahl nimmt lokal maximal ab); T: Kundenanzahl ist lokal minimal; W_1: Änderungsrate der Kundenanzahl ist lokal maximal (Kundenanzahl nimmt lokal maximal zu); H_2: Kundenanzahl ist lokal maximal.

Seite 38 | Aufgabe 1

t: seit 6 Uhr vergangene Zeit in Stunden; f(t): Temperatur in °C
Bedingungen: $f(0) = 22$; $f(10) = 32$; $f'(10) = 0$ Für f kommt eine ganzrationale Funktion 2. Grades in Frage.
Lösung: $f(t) = -0{,}1t^2 + 2t + 22$ Die Parabel ist nach unten geöffnet, sie hat also bei t = 10 ein globales Maximum.
22 h − 6 h = 16 h: $f(16) = 28{,}4$ 28,4 Grad Celsius beträgt die Temperatur beim Sonnenuntergang um 22 Uhr.

Seite 38 | Aufgabe 2

a) t: seit 6 Uhr vergangene Zeit in Stunden; f(t): seit 6 Uhr produzierte Menge an Sauerstoff in Liter

   Bedingungen: $f(0) = 0$; $f'(0) = 0$; $f'(8) = 64$; $f''(8) = 0$ Lösung: $f(t) = -\frac{1}{3}t^3 + 8t^2$

   $f'(t) = -t^2 + 16t$

b) $f(14) = 653\frac{1}{3}$ l

c) Produktionsrate unter 10 l/h bedeutet: $f'(t) < 10$

   $f'(t) = -t^2 + 16t = 10$ für $t_1 \approx 15{,}348$ und $t_2 \approx 0{,}652$; t_1 entspricht etwa 6:39 Uhr, t_2 etwa 21:21 Uhr.

   Vor 6:39 Uhr und nach 21:21 Uhr liegt die Produktionsrate unter 10 l/h.

Seite 38 | Aufgabe 3

Zugeordnete Größen	f(t)	f'	Hochpunkt/Tiefpunkt	Wendepunkt
Minute → Zurückgelegter Weg	Zurückgelegter Weg	Geschwindigkeit	Der zurückgelegte Weg ist maximal/minimal.	Die Geschwindigkeit ist maximal/minimal.
Minute → Geschwindigkeit	Geschwindigkeit	Beschleunigung	Die Geschwindigkeit ist maximal/minimal.	Die Beschleunigung ist maximal/minimal.
Jahr → Bevölkerung einer Stadt	Einwohnerzahl	Änderungsrate der Einwohnerzahl	Die Einwohnerzahl ist maximal/minimal.	Die Änderungsrate der Einwohnerzahl ist maximal/minimal.
Tag → Anzahl Grippekranker	Anzahl Grippekranker	Änderungsrate der Anzahl Grippekranker	Die Anzahl Grippekranker ist maximal/minimal.	Die Änderungsrate der Anzahl Grippekranker ist maximal/minimal.
Uhrzeit → Pegelstand eines Flusses	Pegelstand	Änderungsrate des Pegelstands	Der Pegelstand ist maximal/minimal.	Die Änderungsrate des Pegelstands ist maximal/minimal.

Seite 38 | Aufgabe 4

a) t: Zeit in Minuten; f(t): Geschwindigkeit in $\frac{km}{h}$

   Bedingungen: $f(0) = 0$; $f(1) = 9{,}8$; $f(5) = 11$; $f(8) = 5{,}6$ Lösung: $f(t) = -\frac{1}{3}t^3 + 8t^2$

b) Durchschnittliche Beschleunigung in $\frac{km}{h}$ pro Minute: $\frac{f(2)-f(0)}{2-0} = \frac{14{,}6}{2} = 7{,}3$

c) Wegen $\lim\limits_{t \to \infty} f(t) = \infty$ macht die Modellierung nur für einen kleinen Zeitraum (z.B. $0 \le t \le 11$) Sinn. Für $t \ge 12$ gilt bereits

   $f(t) \ge 51{,}6$.

Seite 38 | Aufgabe 5

a) t: Zeit in Minuten; f(t): Höhe in km

   Bedingungen: $f(0) = 4$; $f''(\frac{5}{3}) = 0$; $f'(4) = 0$ Lösung: $a = \frac{1}{40}$; $b = \frac{3}{2}$; $c = 4$ $f(t) = \frac{1}{40}t^4 - \frac{23}{60}t^3 + \frac{3}{2}t^2 + 4$

b) $f'(t) = \frac{1}{10}t^3 - \frac{23}{20}t^2 + 3t = 0$ ergibt $t_1 = 0$; $t_2 = 7{,}5$ und $t_3 = 4$.

   $f''(t) = \frac{3}{10}t^2 - \frac{23}{10}t + 3$ $f''(7{,}5) = 2{,}625 > 0$, also lokales Minimum bei $t = 7{,}5$ $f(7{,}5) \approx 5{,}76$

   Nach 7,5 Minuten befand sich das UFO noch in ca. 5,76 m Höhe, danach ist es wieder gestiegen. Es ist also nicht abgestürzt.

Seite 39 | Aufgabe 6

a) Bedingungen: $f(0) = 3$; $f'(0) = 0$; $f''(3) = 0$; $f(6) = 0$ Lösung: $f(x) = \frac{1}{36}x^3 - \frac{1}{4}x^2 + 3$

b) $f'(x) = \frac{1}{12}x^2 - \frac{1}{2}x$; $f'(6) = \frac{1}{12} \cdot 6^2 - \frac{1}{2} \cdot 6 = 0$

Seite 39 | Aufgabe 7

a) Ursprung unter dem höchsten Punkt der Rutsche ergibt die Bedingungen:

   $f(0) = 1$; $f'(0) = 0$; $f(-1{,}5) = 0$; $f'(-1{,}5) = 0$

   Lösung: $f(x) = -\frac{16}{27}x^3 - \frac{4}{3}x^2 + 1$

b) $f'(x) = -\frac{16}{9}x^2 - \frac{8}{3}x$; $f''(x) = -\frac{32}{9}x - \frac{8}{3}$; $f'''(x) = -\frac{32}{9}$

   $f''(x) = 0$ gilt für $x = -0{,}75$; $f'''(-0{,}75) < 0$, also lokales Maximum von f' bei $x = -0{,}75$

   Die Steigung ist in der Mitte der Rutsche bei $x = -0{,}75$ größten, sie beträgt dort $f'(-0{,}75) = 1$.

Seite 40 | Aufgabe 8

a) Bedingungen: g achsensymmetrisch zur y-Achse; $g(0) = 4$; $g(3) = 0$; $g'(3) = 0$ Lösung: $g(x) = \frac{4}{81}x^4 - \frac{8}{9}x^2 + 4$

b) $g''(x) = \frac{16}{27}x^2 - \frac{16}{9}$ $g''(x) = 0$ ergibt $x_1 = \sqrt{3}$ und $x_2 = -\sqrt{3}$.

   $g'''(x) = \frac{32}{27}x$ $g'''(\sqrt{3}) \neq 0$; $g'''(-\sqrt{3}) \neq 0$, also Wendepunkte bei $x_1 = \sqrt{3}$ und $x_2 = -\sqrt{3}$.

   Länge der waagerechten Strecke: $x_1 - x_2 = 2 \cdot \sqrt{3} \approx 3{,}46$ LE

Seite 40 | Aufgabe 9

Wurfweite 12 m: Bedingungen: $f(0) = 2$, $f'(0) = \tan(45°) = 1$, $f(12) = 0$ Lösung: $f(x) = -\frac{7}{72}x^2 + x + 2$

$f'(x) = -\frac{7}{36}x + 1$ Maximalstelle: $f'(x) = 0$ bei $x = \frac{36}{7} \approx 5{,}14$ maximale Höhe in Meter: $f(\frac{36}{7}) \approx 4{,}57$

Wurfweite 15 m: Bedingungen: $f(0) = 2, f'(0) = \tan(45°) = 1, f(15) = 0$ Lösung: $f(x) = -\frac{17}{225}x^2 + x + 2$

$f'(x) = -\frac{34}{225}x + 1$ Maximalstelle: $f'(x) = 0$ bei $x = \frac{225}{34} \approx 6{,}62$ maximale Höhe in Meter: $f(\frac{225}{34}) \approx 5{,}31$

Wurfweite 18 m: Bedingungen: $f(0) = 2, f'(0) = \tan(45°) = 1, f(18) = 0$ Lösung: $f(x) = -\frac{5}{81}x^2 + x + 2$

$f'(x) = -\frac{10}{81}x + 1$ Maximalstelle: $f'(x) = 0$ bei $x = 8{,}1$ maximale Höhe in Meter: $f(8{,}1) = 6{,}05$

Seite 40 | Aufgabe 10

Beide haben als Ansatz für die Pegelhöhe in Meter $f(t) = at^3 + bt^2 + ct + d$ verwendet. Marie hat für die Zeit t in Stunden den Zeitpunkt $t = 0$ clever gewählt und zwar für 10 Uhr. Dadurch erhält sie ein lineares Gleichungssystem, welches sich viel einfacher lösen lässt als das von Lucy, die 0 Uhr als Zeitpunkt $t = 0$ gewählt hat.

Bei Lucy ist zusätzlich der Wert 12,4 falsch, 12:40 Uhr entspricht $t = 12\frac{2}{3}$.

Seite 40 | Aufgabe 11

a) Ursprung am Erdboden unter dem Punkt D ergibt die Bedingungen: $f(-42) = 81{,}22; f(-25) = 70; f(0) = 85$
   Lösung: $f(x) = 0{,}03x^2 + 1{,}35x + 85$
b) Scheitelpunktform: $g(x) = a(x - d)^2 + e$ mit $0 < d < 39$
   Bedingungen: Die minimale Höhe befindet sich am Scheitelpunkt, also $e = 77$

$$g(0) = 85 \Rightarrow ad^2 + 77 = 85 \Rightarrow a = \frac{8}{d^2}$$

$$g(39) = 81{,}22 \Rightarrow a(39 - d)^2 + 77 = 81{,}22 \Rightarrow \frac{(39-d)^2}{d^2} = \frac{4{,}22}{8} \Rightarrow \frac{39}{d} - 1 = \sqrt{\frac{4{,}22}{8}} \Rightarrow d = \frac{39}{\sqrt{0{,}5275}+1} \approx 22{,}59$$

Es folgt: $a = \frac{8\left(\sqrt{0{,}5275}+1\right)^2}{1521} \approx 0{,}0157$

Näherungsweise gilt: $g(x) = 0{,}0157(x - 22{,}59)^2 + 77$ bzw. $g(x) = 0{,}0157x^2 - 0{,}7082x + 85$

Alternativ kann der Ansatz $g(x) = ax^2 + bx + c$ und die Tatsache genutzt werden, dass für die Extremstelle gilt: $x = -\frac{b}{2a}$

Dies ergibt dann folgende Bedingungen: $f(-\frac{b}{2a}) = 77; g(0) = 85; g(39) = 81{,}22$

Seite 41 | Aufgabe 12

a) Die Funktion hat einen Hochpunkt bei $(2|2{,}22)$ und einen Tiefpunkt bei $(4|1{,}78)$.
   Bedingungen: $f(2) = 2{,}22; f'(2) = 0; f(4) = 1{,}78; f'(4) = 0$
b) $f'(x) = 0{,}33x^2 - 1{,}98x + 2{,}64$
   $f(2) = 2{,}22; f'(2) = 0; f(4) = 1{,}78; f'(4) = 0$
   Die Funktion f erfüllt die Bedingungen aus a). Sie ergibt sich eindeutig aus dem linearen Gleichungssystem, da ihr Grad 3 ist und 4 Bedingungen vorgegeben sind.
c) $g'(x) = \frac{1}{3}x^2 - 2x + \frac{8}{3}; g''(x) = \frac{2}{3}x - 2$

   $g'(2) = 0$ und $g''(2) = -\frac{2}{3} < 0$, also lokales Maximum bei $x = 2$ $g(2) = 2{,}\overline{2} \approx 2{,}22$

   $g'(4) = 0$ und $g''(4) = \frac{2}{3} > 0$, also lokales Minimum bei $x = 4$ $g(4) = 1{,}\overline{7} \approx 1{,}78$

   Die Funktion g ist näherungsweise ebenfalls zur Beschreibung des Sachverhalts geeignet.
d) Intervall $[0;2]$: $m = \frac{g(2)-g(0)}{2-0} = \frac{10}{9}$ Intervall $[2;4]$: $m = \frac{g(4)-g(2)}{4-2} = -\frac{2}{9}$ Intervall $[4;6]$: $m = \frac{g(6)-g(4)}{6-4} = \frac{10}{9}$
   Die durchschnittlichen Steigungen haben im ersten und dritten Streckenabschnitt den größten Betrag, jeweils ca. 111 m pro Kilometer.
e) $g_a'(x) = 3ax^2 - 2x + \frac{8}{3}$ Für $a = 0$ hat g_a nur eine Extremstelle.

   Für $a \neq 0$ gilt: $g_a'(x) = 0$ für $x_{1,2} = \frac{1}{3a} \pm \sqrt{\frac{1}{9a^2} - \frac{8}{9a}}$

   Es gibt genau zwei Extremstellen, wenn der Term in der Wurzel größer als 0 ist, also für $a < \frac{1}{8}$ mit $a \neq 0$.

Seite 41 | Aufgabe 13

a) Bedingungen: $f(0) = 1260; f'(0) = 7{,}5; f(50) = 1400; f'(50) = 0$
   Lösung: $f(t) = \frac{1}{1000}(0{,}00076t^3 - 0{,}132t^2 + 7{,}5t + 1260)$
b) Etwa ab dem Jahr 2080 steigen die Funktionswerte von f immer stärker an und werden beliebig groß.
c) $f(t) = g(t) \Rightarrow -0{,}132t^2 + 7{,}5t + 1260 = -0{,}15t^2 + 16t + 1050 \Rightarrow 0{,}018t^2 - 8{,}5t + 210 = 0$
   Als Lösung im Bereich $0 \leq t \leq 55$ ergibt sich $t \approx 26{,}15$.
   Indiens Bevölkerung ist etwa ab dem Jahr 2027 größer als die von China.

Seite 41 | Aufgabe 14

a) t: Zeit in Wochen; $f(t)$: Pflanzenhöhe in cm   Bedingungen: $f(0) = \frac{101}{21}; f(3) = \frac{44}{3}; f(17) = \frac{386}{3}$
   Lösung: $f(t) = \frac{2}{7}t^2 + \frac{17}{7}t + \frac{101}{21}$
b) Eine Stelle mit maximaler Wachstumsgeschwindigkeit muss eine Wendestelle der Funktion sein. Quadratische Funktionen haben keine Wendestelle.
   Bedingungen: $g(0) = \frac{101}{21}; g(3) = \frac{44}{3}; g(17) = \frac{386}{3}; g''(\frac{26}{3}) = 0$

   4 Bedingungen, also wählt man für g Grad 3.   Lösung: $g(t) = -\frac{1}{21}t^3 + \frac{26}{21}t^2 + \frac{101}{21}$

   $g'''(t) = -\frac{2}{7} < 0$, also maximale Änderungsrate bei $t = \frac{26}{3}$

c) Pflanzenhöhe in cm: $f(26) = \frac{5483}{21} \approx 261{,}1$ $g(26) = \frac{101}{21} \approx 4{,}81$

d) Bei der Funktion f ist problematisch, dass die Pflanze unbegrenzt größer wird und die Wachstumsgeschwindigkeit, da der Graph linksgekrümmt ist, ebenfalls immer größer wird. Die Funktion g ist nicht sinnvoll, da die Höhe nach einem halben Jahr wieder stark abnimmt und die Funktionswerte langfristig negativ werden.

Streifzug: Trassierung

Seite 42 | Einstieg

a) $g'(x) = x^2; g''(x) = 2x; f'(x) = -x^3; f''(x) = -3x^2$

  $g'(0) = f'(0) = 0$; kein Knick bei $A(0|0)$

  $g''(0) = f''(0) = 0$; kein Krümmungsruck bei $A(0|0)$

b) $g(1) = \frac{1}{3}; g'(1) = 1; g''(1) = 2$

  Diese Bedingungen müssen auch für die quadratische Funktion h(x) gelten. $h(x) = x^2 - x + \frac{1}{3}$

c) Wenn an einem Übergangsfunktion die Funktionswerte gleich sind, dann geht die Straße bzw. Schiene nahtlos ineinander über, wenn die Ableitungswerte gleich sind, dann befindet sich am Übergang kein Knick und wenn auch die zweiten Ableitungswerte gleich sind, dann muss man am Übergangspunkt auch nicht ruckartig anders lenken,

Seite 43 | Aufgabe 1

a) Bundesstraße: $f(x) = -\frac{1}{2}x + 1$

  Umgehungsstraße: $g(x) = ax^3 + bx^2 + cx + d$ Bedingungen: $g(2) = 0; g(-2) = 2; g'(-2) = -\frac{1}{2}; g(1) = 2$

  Lösung: $g(x) = -\frac{1}{6}x^3 - \frac{1}{3}x^2 + \frac{1}{6}x + \frac{7}{3}$

b) $g'(x) = -\frac{1}{2}x^2 - \frac{2}{3}x + \frac{1}{6}$ $g'(x) = 0$ ergibt $x_1 = \frac{\sqrt{7}-2}{3} \approx 0{,}22$ und $x_2 = \frac{\sqrt{7}-2}{3} \approx -1{,}55$.

  $g''(x) = -2x - \frac{2}{3}$ $g''\left(\frac{\sqrt{7}-2}{3}\right) < 0$, also lokales Maximum bei $x_1 = \frac{\sqrt{7}-2}{3}$

  Der Kanal verläuft bei $y = 2{,}5$ Abstand Kanal - Umgehungsstraße: $2{,}5 - g\left(\frac{\sqrt{7}-2}{3}\right) \approx 2{,}5 - 2{,}35 = 0{,}15 > 0{,}1$

  Die Umgehungsstraße hat den geforderten Abstand vom Kanal.

Seite 43 | Aufgabe 2

a) Ursprung am Boden unter dem Punkt A ergibt die Bedingungen: $f(0) = 4; f(5) = 0; f'(0) = 0; f'(5) = 0$

  Lösung: $f(x) = \frac{8}{125}x^3 - \frac{12}{25}x^2 + 4$

b) Bedingungen: $g(0) = 4; g(-3) = 6; g'(0) = 0$ Lösung: $g(x) = \frac{2}{9}x^2 + 4$

Seite 43 | Aufgabe 3

a) Ursprung am rechten Schienenende des waagrechten Gleises ergibt die Bedingungen: $f(0) = 0; f'(0) = 0; f(15) = 8$

  Lösung: $f(x) = \frac{8}{225}x^2$

  Für die Gerade, die das obere Gleisstück beschreibt, gilt: $y = \frac{6}{5}x - 10$

  $f'(x) = \frac{16}{225}x$ $f'(15) = \frac{16}{15} \neq \frac{6}{5}$, also nicht knickfrei

b) Bedingungen: $f(0) = 0; f'(0) = 0; f'(15) = \frac{6}{5}$ Lösung: $f(x) = \frac{1}{25}x^2$

  Wegen $f(15) = 9$ muss der Punkt $(15|9)$ auf der Geraden des oberen Gleisstücks liegen. Für die Gerade gilt dann: $y = \frac{6}{5}x - 9$

  Das obere Gleis muss also um 1 cm nach oben verschoben werden.

c) Bedingungen: $g(0) = 0; g'(0) = 0; g(15) = 8; g'(15) = 0$ Lösung: $g(x) = \frac{2}{3375}x^3 + \frac{2}{75}x^2$

Seite 43 | Aufgabe 4

a) $f'(x) = 2x; g'(x) = 3x^2$

  Die Steigungen sind gleich bei $x_1 = 0$ und $x_2 = \frac{2}{3}$

  Aus $f\left(\frac{2}{3}\right) = g\left(\frac{2}{3}\right)$ folgt $a = \frac{4}{27}$ und $S\left(\frac{2}{3}\middle|\frac{4}{9}\right)$

b) ① $x = \frac{3}{4}; a = \frac{27}{256}; S\left(\frac{3}{4}\middle|\frac{27}{64}\right)$

  ② $x = \frac{n}{n+1}; a = \frac{n^n}{(n+1)^{n+1}}; S\left(\frac{n}{n+1}\middle|\frac{n^n}{(n+1)^n}\right)$

1.7 Funktionenscharen

Seite 44 | Einstieg

a) $f(x) = ax^2 + bx + c$ Bedingungen: $f(0) = 2; f(5) = 3$ Lösung: a beliebig; $b = \frac{1}{5} - 5a; c = 2$

  $f(x) = ax^2 + \left(\frac{1}{5} - 5a\right)x + 2$ Für $a = -1$ ergibt sich: $-x^2 + \frac{26}{5}x + 2$ Für $a = -2$ ergibt sich: $-2x^2 + \frac{51}{5}x + 2$

b) Da die Parabel nach oben geöffnet ist, muss $a < 0$ gelten. Da der Ball bei $x = 5$ im Fallen ist, muss $f'(5) < 0$ gelten.

  $f'(x) = 2ax + \left(\frac{1}{5} - 5a\right)$ $f'(5) = 5a + \frac{1}{5} < 0 \Rightarrow a < -\frac{1}{25}$

c) Mit der neuen Bedingung $f'(0) = \tan(45°) = 1$ ergibt sich $\frac{1}{5} - 5a = 1$, also $a = -\frac{4}{25}$, sowie $f(x) = -\frac{4}{25}x^2 + x + 2$.

Seite 45 | Aufgabe 1

a) $f_2(1) = -9$ b) $f_0(2) = 1$ c) $f_{-1}(1) = 0$ d) $f_3(-2) = 61$

Seite 45 | Aufgabe 2

a) $a = 1$ b) $a = 2$ c) $a = -\frac{3}{2}$ d) für kein a möglich

Seite 45 | Aufgabe 3

a) $t = \frac{1}{2}$ b) $t = -1$ c) $t = 0$

Seite 45 | Aufgabe 4

a) $f_a'(-1) = a$ b) $f_a'(3) = a^2 + 6a - 12$ c) $f_a'(-2) = -16a + a^2$ d) $f_a'(2) = 24a^2 + \frac{1}{a}$

Seite 46 | Aufgabe 5

a) Für $a \neq 0$: $N_1(0|0)$, $N_2(3a|0)$ $E_1(2a|-a^3)$, $E_2(0|0)$ $W(a|-\frac{1}{2}a^3)$ für $a = 0$: $N(0|0)$; $W(0|0)$

b) Für $a \neq 0$: $N_1(0|0)$, $N_2(\frac{3}{2}a|0)$ $E_1(a|-a^5)$, $E_2(0|0)$ $W(\frac{1}{2}a|-\frac{1}{2}a^5)$ für $a = 0$: $f_a(x) = 0$

c) Für $a \neq 0$: $N_1(0|0)$, $N_2(\sqrt{2a^2}|0)$, $N_3(-\sqrt{2a^2}|0)$ $T_1(a|-\frac{1}{4}a^4)$, $T_2(-a|-\frac{1}{4}a^4)$, $H(0|0)$ $W_1(\sqrt{\frac{1}{3}a^2}|-\frac{5}{36}a^4)$, $W_2(-\sqrt{\frac{1}{3}a^2}|-\frac{5}{36}a^4)$

   Für $a = 0$: $N(0|0)$; $T(0|0)$

d) $N_1(\frac{1}{a}|0)$, $N_2(-\frac{1}{a}|0)$ $T(0|-\frac{3}{a^2})$ keine Wendepunkte

Seite 46 | Aufgabe 6

a) $f_a'(x) = -4ax + a^2$ $f_a'(1) = -4a + a^2 = 5$ ergibt $a_1 = 5$ und $a_2 = -1$.

b) $f_a'(x) = 3x^2 + 12ax + 12a^2$ $f_a'(a) = 25a^2 = \frac{1}{3}$ ergibt $a_1 = \frac{1}{\sqrt{75}}$ und $a_2 = -\frac{1}{\sqrt{75}}$.

c) $f_a'(x) = -\frac{2a^2}{x^3}$ $f_a'(1) = -2a^2 = -\frac{1}{2}$ ergibt $a_1 = \frac{1}{2}$ und $a_2 = -\frac{1}{2}$.

Seite 46 | Aufgabe 7

a) $a_1 = 3$; $a_2 = 1$ b) $a = -3$ c) $a_1 = 1$; $a_2 = 7$

d) $a = 9$ e) $a = 0$ f) $a = 4$

Seite 46 | Aufgabe 8

Anabell: Dies ist nur eine notwendige Bedingung, keine hinreichende. Sie muss zusätzlich prüfen, ob die zweite Ableitung dort kleiner Null ist. Außerdem wird so nur der x-Wert des Extremums überprüft.

Paul überprüft zusätzlich den y-Wert des Extremums, aber ebenso nicht, ob es sich um einen Hochpunkt handelt.

Marie hat Recht. Es gilt: $f_a'(x) = 3x^2 - 2ax + 2$ und damit ist $f_a'(2) = 0$, wenn $12 - 4a + 2 = 0$, also $a = \frac{14}{4} = 3,5$

$f_{3,5}''(2) = 6 \cdot 2 - 7 = 5 > 0$, also hat der Graph zu a=3,5 in (2|2) einen Tiefpunkt.

Seite 46 | Aufgabe 9

a) Es muss gelten: $f(15) = 0$, dies ist der Fall bei $a = 5$

b) $f_a'(x) = -\frac{1}{144}(3x^2 - 6ax) = -\frac{x}{48}(x - 2a)$ Es muss gelten $f'(15) = -1$, dies ist der Fall für $a = 5,9$.

c) Extremum bei $f_a'(x) = 0$, also bei $x_1 = 0$ und $x_2 = 2a$

   $f_a(0) = 0$, also keine Deichhöhe

   $f_a(2a) = \frac{1}{36}a^3$ $f_a''(x) = -\frac{1}{24}(x - a)$; $f_a''(2a) = -\frac{a}{24} < 0$ für $a > 0$, dann Maximum $\frac{1}{36}a^3 = 6$ bei $a = 6$

d) Steilster Anstieg bei $f_a''(x) = 0$, also bei $x = a$ $f_a'''(x) = -\frac{1}{24} < 0$

   Die Steigung soll höchstens $\tan(30°) = \frac{\sqrt{3}}{3}$ betragen:

   $f_a'(a) = \frac{a^2}{48} = \frac{\sqrt{3}}{3}$ ergibt $a_1 \approx 5,264$ und $a_2 \approx -5,264$ (nicht sinnvoll, da $f_a(a) = \frac{a^3}{72} < 0$ für $a < 0$)

   Die Nullstellen von $f_a(x)$ liegen bei $x_1 = 0$ und $x_2 = 3a$ Die Breite des Deichs in Meter beträgt also $3a \approx 15,8$

e) Die Extremstellen von f_a sind bei $x_1 = 0$ und $x_2 = 2a$

   $f_a(2a) = -\frac{8a^3 - 12a^3}{144} = \frac{4a^3 \cdot 2}{144 \cdot 2} = \frac{8a^3}{288} = \frac{(2a)^3}{288}$ Substitution $2a = x$ ergibt: $g(x) = \frac{x^3}{288}$

Seite 46 | Aufgabe 10

An der Berührstelle x gilt $f(x) = mx$ und $f'(x) = m$.

$f'(x) = m \Rightarrow -\frac{1}{2}x + \frac{5}{2} = m$

$f(x) = mx \Rightarrow -\frac{1}{4}x^2 + \frac{5}{2}x - 4 = mx = -\frac{1}{2}x^2 + \frac{5}{2}x \Rightarrow \frac{1}{4}x^2 - 4 = 0 \Rightarrow x^2 = 16$

Es folgt: $x = 4$ oder $x = -4 \Rightarrow m = \frac{1}{2}$ oder $m = \frac{9}{2}$

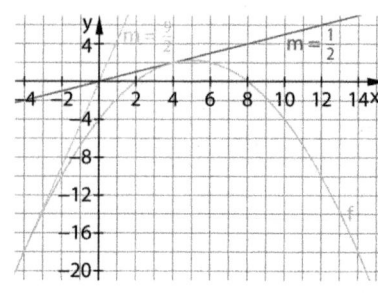

Seite 47 | Aufgabe 11

Nullstellen bei $x_1 = 0$ und $x_2 = 4a^4$

Extrempunkte: $f_a'(x) = 0$ bei $x_1 = 0$ und $x_2 = \frac{8}{3}a^4$

$f_a''(0) = -8a$ $\qquad$ bei $(0|0)$ Maximum für $a > 0$, Minimum für $a < 0$

$f_a''\left(\frac{8}{3}a^4\right) = 8a$ $\qquad$ bei $\left(\frac{8}{3}a^4\left|-9\frac{13}{27}a^9\right.\right)$ Minimum für $a > 0$, Maximum für $a < 0$

Wendepunkte: $f_a''(x) = 0$ bei $x = \frac{4}{3}a^4$ $\qquad\qquad$ Wendepunkt bei $\left(\frac{4}{3}a^4\left|-\frac{40}{27}a^9\right.\right)$

Seite 47 | Aufgabe 12

a) $f_{20}(x) = 2x^3 - 36x^2 + 162x + 35$

$\quad$ $f_{20}(2) = 231$ $\quad$ An einem Tag, an dem es 20 °C wird, befinden sich 231 Personen um 10 Uhr im Studio.

b) $f_a(2) = 16 - (24 + 0{,}6a) \cdot 4 + (90 + 3{,}6a) \cdot 2 + 35 = 135 + 4{,}8a$

c) $f_a'(x) = 6x^2 - (48 + 1{,}2a)x + (90 + 3{,}6a)$ $\qquad\qquad$ $f_a''(x) = 12x - (48 + 1{,}2a)$

$\quad$ $f_a'(3) = 54 - (48 + 1{,}2a) \cdot 3 + (90 + 3{,}6a) = 0$; $f_a''(3) = 36 - (48 + 1{,}2a) = -12 - 1{,}2a < 0$, da $a \geq 0$

$\quad$ Um 11 Uhr ist die Besucherzahl für jede Höchsttemperatur zwischen 0 °C und 20 °C lokal maximal.

d) Der Scheitelpunkt der Parabel von f_a' liegt an der Stelle x mit $f_a''(x) = 0$, also bei $x = 4 + 0{,}1a$. Da x der Mittelwert der beiden Nullstellen (nach c) ist, die erste 3) von f_a' ist, gilt für die zweite Nullstelle: $x_2 = 4 + 0{,}1a + (4 + 0{,}1a - 3) = 5 + 0{,}2a$

$\quad$ $f_a''(5 + 0{,}2a) = 12 + 1{,}2a > 0$, da $a \geq 0$, also lokales Minimum

$\quad$ $f_a(5 + 0{,}2a) = 2(5 + 0{,}2a)^3 - (24 + 0{,}6a)(5 + 0{,}2a)^2 + (90 + 3{,}6a)(5 + 0{,}2a) + 35 = -0{,}008a^3 - 0{,}24a^2 + 3a + 135$

$\quad$ Tiefpunkt: $T_a(5 + 0{,}2a|-0{,}008a^3 - 0{,}24a^2 + 3a + 135)$

e) $f_a(x) = 2x^3 - 24x^2 + 90x + 35 + (3{,}6 - 0{,}6x)xa$

$\quad$ Für $0 < x < 6$, also zwischen 8 Uhr und 14 Uhr, gilt $(3{,}6 - 0{,}6x)x > 0$ und die Besucherzahl steigt mit zunehmender Höchsttemperatur a. Für diese Zeit ist die Aussage falsch. Sie stimmt aber für die Zeit nach 14 Uhr, da $f_a(x)$ für $x > 6$ kleiner wird mit zunehmender Höchsttemperatur a (es gilt dann $(3{,}6 - 0{,}6x)x < 0$).

Seite 47 | Aufgabe 13

a) Gesucht ist eine Gerade g_k, die Tangente an den Graphen von f ist. An der Berührstelle x gilt $f(x) = g_k(x)$ und $f'(x) = g_k'(x)$.

$\quad$ $f'(x) = g_k'(x) \Rightarrow -\frac{1}{5}x = k$

$\quad$ $f(x) = g_k(x) \Rightarrow -\frac{1}{10}x^2 + 0{,}9 = kx - 5x = -\frac{1}{5}x^2 + x \Rightarrow \frac{1}{10}x^2 - x + 0{,}9 = 0$

$\quad$ Lösung: $x_1 = 9$ (nicht sinnvoll, da $x_1 > 3$) und $x_2 = 1$ $\qquad$ Aus $x = 1$ folgt $k = -\frac{1}{5}$.

b) $f(1) = 0{,}8$ $\qquad\qquad\qquad\qquad\qquad\qquad$ Der Auflagepunkt liegt bei $(1|0{,}8)$.

Seite 47 | Aufgabe 14

a) $f_a'(x) = x^3 - ax^2 + x = x(x^2 - ax + 1)$ $\qquad\qquad$ $f_a''(x) = 3x^2 - 2ax + 1$

$\quad$ $f_a'(x) = 0$ bei $x_1 = 0$ und $x_{2,3} = \frac{a}{2} \pm \sqrt{\left(\frac{a}{2}\right)^2 - 1}$ $\qquad$ Wegen $f_a''(0) = 1 \neq 0$ liegt für alle a bei $x = 0$ ein Extrempunkt.

$\quad$ Da f_a' höchstens 3 Nullstellen haben kann, gibt es 1 bis 3 Extrempunkte.

$\quad$ Für alle a gilt $f_a(x) \to \infty$ für $x \to \pm\infty$, daher muss die Anzahl der Tiefpunkte um 1 größer sein als die Anzahl der Hochpunkte. Also kann es nicht genau 2 Extrempunkte geben.

b) Die Diskriminante $D = \left(\frac{a}{2}\right)^2 - 1$ ist positiv für $a^2 > 4$. Für jeden Wert von a mit $a < -2$ oder $a > 2$ lässt sich zeigen,

$\quad$ dass an den Nullstellen von f_a' der Wert von f_a'' nicht 0 ist, sodass es insgesamt genau drei Extrempunkte gibt:

$\quad$ Ist $x \neq 0$ eine Nullstelle von f_a', so gilt $x^2 - ax + 1 = 0$. Annahme: $f_a''(x) = 0$

$\quad$ Dann folgt $0 = 3x^2 - 2ax + 1 - (x^2 - ax + 1) = 2x^2 - ax = x(2x - a)$, also $x = \frac{a}{2}$.

$\quad$ Aus $f_a'(x) = 0$ folgt aber auch $x = \frac{a}{2} \pm \sqrt{D} \neq \frac{a}{2}$ für alle a mit $a < -2$ oder $a > 2$.

$\quad$ Also ist die Annahme falsch und es gilt $f_a''(x) \neq 0$.

Seite 47 | Aufgabe 15

a) $N_1(0|0)$, $N_2(3t|0)$ $\qquad\qquad$ $f_t'(x) = -\frac{3}{t^2}x^2 + \frac{6}{t}x$; $f_t''(x) = -\frac{6}{t^2}x + \frac{6}{t}$; $f_t'''(x) = -\frac{6}{t^2}$

b) Extrempunkte: $E_1(0|0)$; $f_t''(0) = \frac{6}{t} > 0$, da $t > 0$, also Tiefpunkt

$\quad$ $E_2(2t|4t)$; $f_t''(2t) = -\frac{12}{t} + \frac{6}{t} = -\frac{6}{t} < 0$, da $t > 0$, also Hochpunkt

$\quad$ Wendepunkt: $W(t|2t)$

c) Für die Extrempunkte $E_2(2t|4t)$ gilt: Aus $x = 2t$ folgt $t = \frac{1}{2}x$ und $y = 4t = 4 \cdot \frac{1}{2}x$, also $y = 2x$.

$\quad$ Auch $E_1(0|0)$ liegt auf dieser Geraden.

$\quad$ Für die Wendepunkte $W(t|2t)$ gilt: Aus $x = t$ folgt $y = 2t = 2x$, also $y = 2x$

$\quad$ Alle Extrem- und Wendepunkte liegen auf der gleichen Geraden ($y = 2x$) durch den Ursprung.

1.8 Abiturtraining

Seite 48 | Aufgabe 1

a) Ansatz: $f(x) = ax^2 + bx + c$ $\qquad\qquad$ $f'(x) = 2ax + b$

$\quad$ Bedingungen: Der Graph von f geht durch den Punkt $(-1|2)$; $f(-1) = 2$ führt auf $a - b + c = 2$

$\quad$ $(-1|2)$ ist Hochpunkt; $f'(-1) = 0$ führt auf $-2a + b = 0$

$\quad$ Steigung bei $x = 2$ ist -6; $f'(2) = -6$; führt auf $4a + b = -6$

b) $a = -1$; $b = -2$; $c = 1$ $\qquad\qquad\qquad$ $f(x) = -x^2 - 2x + 1$

Seite 48 | Aufgabe 2

$f'(x) = 4ax^3 + 2bx; f''(x) = 12ax^2 + 2b$ $f''(2) = 0 \Rightarrow 48a + 2b = 0 \Rightarrow b = -24a$

Seite 48 | Aufgabe 3

a)

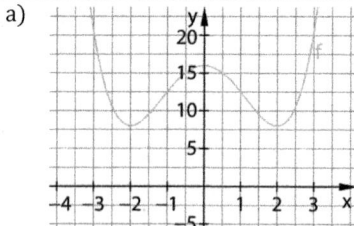

b) Achsensymmetrie: $f(x) = ax^4 + bx^2 + c$ $f(2) = 8 \Rightarrow 16a + 4b + c = 8$

Tiefpunkt bei $x = 2$; $f'(2) = 0 \Rightarrow 32a + 4b = 0$ Lösung: $a = \frac{1}{2}$; $b = -4$; $c = 16$

$f(0) = 16 \Rightarrow c = 16$ $f(x) = \frac{1}{2}x^4 - 4x^2 + 16$

c) Aus $f(x) = \frac{1}{2}x^4 - 4x^2 + 16 = 0$ ergibt sich mit der Substitution $u = x^2$ die Gleichung $u^2 - 8u + 32 = 0$.

$u_{1,2} = 4 \pm \sqrt{4^2 - 32}$ Da der Term in der Wurzel negativ ist, gibt es keine Lösung. Also hat f keine Nullstellen.

Seite 48 | Aufgabe 4

a) $f(x) = ax^2 + bx + c$ Bedingungen: $f(0) = 0$; $f(50) = 10$; $f'(50) = 0$ Lösung: $f(x) = -\frac{1}{250}x^2 + \frac{2}{5}x$

b) Das Modell ist für ein Passagierflugzeug ungeeignet, da die maximale Steigfähigkeit bereits beim Start überschritten wird: $f'(0) = \frac{2}{5} = 0{,}4 > 0{,}36$

Seite 48 | Aufgabe 5

a) Die Gleichung $f_a(x) = 0$ bzw. $x^2 - 4x + 4 - \frac{1}{a} = 0$ hat die zwei Lösungen $x_1 = 2 + \sqrt{\frac{1}{a}}$ und $x_2 = 2 - \sqrt{\frac{1}{a}}$.

b) $f_a'(x) = -2ax + 4a$ $f_a'(x) = 0$ für $x = 2$ und alle a $f_a''(x) = -2a < 0$ $f_a(2) = 1$, also Hochpunkt $(2|1)$

c) Steigung der Tangente: $f_a'(1) = 2a = 3$, also $a = \frac{3}{2}$

Seite 48 | Aufgabe 6

a) $f(x) = ax^3 + bx^2 + cx + d$ $f(0) = 0 \Rightarrow d = 0$

$f'(0) = 0 \Rightarrow c = 0$

$f(-5) = 250 \Rightarrow -125a + 25b - 5c = 250$ Lösung: $a = 1$; $b = 15$; $c = 0$; $d = 0$

$f''(-5) = 0 \Rightarrow -30a + 2b = 0$ $f(x) = x^3 + 15x^2$

b) $60 + 15a = 0 \Rightarrow a = -4$

c) $12 - 0{,}75a = 0 \Rightarrow a = 16$

d) $f_a'(x) = 3x^2 + (24 - 1{,}5a)x - 60 - 15a$ $f_a'(-10) = 0$

Seite 49 | Aufgabe 7

a) Bedingungen: $f(0) = 3$; $f'(2) = 0$; $f(3) = 1$; $f''(3) = 0$ $f(x) = -\frac{1}{9}x^3 + x^2 - \frac{8}{3}x + 3$

b) $f'(x) = -\frac{1}{3}x^2 + 2x - \frac{8}{3}$ $f'(x) = 0$ für $x_1 = 4$ und $x_2 = 2$

$f''(x) = -\frac{2}{3}x + 2$ $f''(4) = -\frac{2}{3} < 0$, also lokales Maximum; $f(4) = \frac{11}{9}$

$f''(2) = \frac{2}{3} > 0$, also lokales Minimum

Der höchste Punkt des Hügels liegt bei $\left(4\left|\frac{11}{9}\right.\right)$. Er ist ca. 12,22 cm hoch und horizontal 40 cm vom Punkt A entfernt.

c) $g(x) = ax^2 + bx + c$ Bedingungen: $g(3) = f(3) = 1$; $g'(3) = f'(3) = \frac{1}{3}$; $g'\left(\frac{19}{3}\right) = 0$

Lösung: $g(x) = -\frac{1}{20}x^2 + \frac{19}{30}x - \frac{9}{20}$

d) Nullstellen von g: $x_1 \approx 11{,}91$, $x_2 \approx 0{,}76$. Die Kugel trifft an der Stelle 11,91 cm wieder auf den Boden auf.

Seite 49 | Aufgabe 8

a) $2\pi r$ ist der Umfang des Kreises mit Radius r, der den Boden und den Deckel bildet.

b) Oberfläche einer Dose: $A(r, h) = 2\pi r^2 + 2\pi rh$

Nebenbedingung: $V = \pi r^2 h = 330$, also $h = \frac{330}{\pi r^2}$ Zielfunktion: $A(r) = 2\pi r^2 + \frac{660}{r}$, $D_A = \mathbb{R}^{>0}$

c) $A'(r) = 4\pi r - \frac{660}{r^2}$, $A''(r) = 4\pi + \frac{1320}{r^3}$

$A'(r) = 0$ für $r \approx 3{,}74$ $A''(3{,}74) > 0$, $A(3{,}74) \approx 264{,}36$ Tiefpunkt $(3{,}74|264{,}36)$

Randwerte: $A(r) \to \infty$ für $r \to 0$, $r > 0$ $A(r) \to \infty$ für $r \to \infty$

Der minimale Materialverbrauch beträgt 264,36 cm² für $r \approx 3{,}74$ cm und $h \approx 7{,}51$ cm.

d) Volumen einer Dose: $V(r, h) = \pi r^2 h$

Nebenbedingung: $A = 2\pi r^2 + 2\pi rh = 200$, also $h = \frac{100}{\pi r} - r$ Zielfunktion: $V(r) = 100r - \pi r^3$, $D_V = \mathbb{R}^{>0}$

$V'(r) = 100 - 3\pi r^2$, $V''(r) = -6\pi r$

$V'(r) = 0$ für $r \approx 3{,}26$ $V''(3{,}26) < 0$, $V(3{,}26) \approx 217{,}16$ Hochpunkt $(3{,}26|217{,}16)$

Randwerte: $V(r) \to 0$ für $r \to 0$, $r > 0$ $V(r) \to -\infty$ für $r \to \infty$

Das maximale Fassungsvermögen einer solchen Dose beträgt 217,16 ml.

2. Exponentialfunktionen und Wachstum

2.1 Natürliche Exponentialfunktion

a) $x = 1: \frac{f(1,1)-f(0,9)}{0,2} \approx 1,387$; $x = -3: \frac{f(-2,9)-f(-3,1)}{0,2} \approx 0,087$; $x = -2: \frac{f(-1,9)-f(-2,1)}{0,2} \approx 0,173$; $x = -1: \frac{f(-0,9)-f(-1,1)}{0,2} \approx 0,347$

$x = 0: \frac{f(0,1)-f(-0,1)}{0,2} \approx 0,694$; $x = 2: \frac{f(2,1)-f(1,9)}{0,2} \approx 2,775$; $x = 3: \frac{f(3,1)-f(2,9)}{0,2} \approx 5,550$

b) Der Graph von f′verläuft ähnlich wie der Graph von f. Er ist gegenüber dem Graphen von f etwas in y-Richtung gestaucht.

a)

x	−2	−1	0	1	2
e^x	0,135	0,368	1	2.718	7,389

b) Definitionsbereich: $\mathbb{D} = \mathbb{R}$; Wertebereich: $\mathbb{W} = \mathbb{R}^+$

Für $x \to -\infty$ gilt $f(x) \to 0$ und für $x \to \infty$ gilt $f(x) \to \infty$.

c) Der Graph ist streng monoton steigend und linksgekrümmt.

a) $f'(x) = e^x; f''(x) = e^x$

Die Funktionswerte von f′und f″ sind für alle x positiv. Somit ist der Graph von f streng monoton steigend und linksgekrümmt.

b) Die Funktionen f′ und f″ haben keine Nullstellen, somit kann die notwendige Bedingung für Extrempunkte und Wendepunkte nicht erfüllt werden.

a) $f'(x) = 5e^x, f''(x) = 5e^x$

b) $f'(x) = e^x, f''(x) = e^x$

c) $f'(t) = -3e^t, f''(t) = -3e^t$

d) $f'(x) = -e^x, f''(x) = -e^x$

e) $f'(x) = 5e^x - 16x - 4, f''(x) = 5e^x - 16$

f) $f'(x) = -\frac{1}{4}(e^x + \frac{3}{x^2}), f''(x) = -\frac{1}{4}(e^x - \frac{6}{x^3})$

a) Es gilt für $f'(x) = e^x = f(x)$.

Die Funktion und ihre Ableitung haben somit für jeden x-Wert die gleichen Funktionswerte. Die Steigung des Graphen, welche der Tangentensteigung entspricht, stimmt also in jedem Punkt mit ihrem Funktionswert überein.

b) $f'(0) = f(0) = 1$; Tangente: $t(x) = x + 1$

$f'(1) = f(1) = e \approx 2,72$; Tangente: $t(x) = ex \approx 2,72x$

c) Für eine Tangente mit der Steigung m hat die Normale an der gleichen Stelle die Steigung $-\frac{1}{m}$. Für $x = 1$ lautet die Normalengleichung demnach: $n(x) = -\frac{1}{e}x + e + \frac{1}{e} \approx -0,37x + 3,09$

$f(x) = e^x$

an der x-Achse gespiegelt: $g(x) = -e^x$

an der y-Achse gespiegelt: $h(x) = e^{-x} = \left(\frac{1}{e}\right)^x$

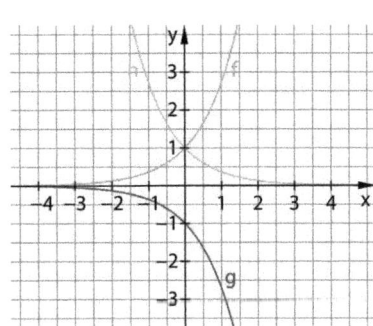

a)

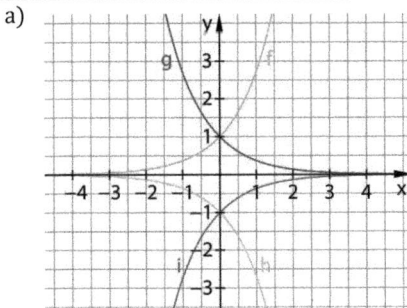

b) f und g: $S(0|1)$; $g(0) = e^{-0} = 1 = e^0 = f(0)$

h und j: $S(0|-1)$; $j(0) = -e^{-0} = -1 = -e^0 = h(0)$

c) Die x-Achse ist für alle Funktionen die Asymptote.

Seite 58 | Aufgabe 7

① $h(x) = 2e^{-x}$

② $f(x) = e^x$

③ $j(x) = -0,5e^{-x}$

④ $i(x) = -0,5e^{3x}$

⑤ $g(x) = -0,5e^{1,5x}$

Seite 58 | Aufgabe 8

Die Ableitung $f'(x) = -e^{-x}$ ist richtig. Da f streng monoton fallend ist, sind die Funktionswerte von f' negativ.

Seite 58 | Aufgabe 9

$g(x) = ax^2 + bx + c$

$g'(x) = 2ax + b$

$g(1) = f(1) = e \Rightarrow a + b + c = e$

$g'(1) = f'(1) = e \Rightarrow 2a + b = e$

$g'(4) = 0 \Rightarrow 8a + b = 0$

Lösung: $a = -\frac{1}{6}e$; $b = \frac{4}{3}e$; $c = -\frac{1}{6}e$

$g(x) = -\frac{1}{6}ex^2 + \frac{4}{3}ex - \frac{1}{6}e$

Seite 58 | Aufgabe 10

a) $f'(x) = e^x$; $f''(x) = e^x$; Die Funktionswerte von f, f' und f'' sind für alle x positiv. Deswegen hat f keine Nullstellen und es gibt keine Extrempunkte und keine Wendepunkte.

b) Alle Funktionen der Form $g(x) = c \cdot e^x$ (für $c \neq 0$) haben keine Nullstellen und es gibt keine Extrempunkte und keine Wendepunkte. Der Parameter c bewirkt lediglich eine Streckung/Stauchung in y-Richtung oder eine Spiegelung an der x-Achse, dies hat keinen Einfluss auf die Existenz von Nullstellen, Extrem- und Wendepunkten.

Seite 58 | Aufgabe 11

	$a < 0, c < 0$	$a > 0, c < 0$	$a < 0, c > 0$	$a > 0, c > 0$
Definitionsbereich	$\mathbb{D} = \mathbb{R}$	$\mathbb{D} = \mathbb{R}$	$\mathbb{D} = \mathbb{R}$	$\mathbb{D} = \mathbb{R}$
Wertebereich	$\mathbb{W} = \mathbb{R}^-$	$\mathbb{W} = \mathbb{R}^-$	$\mathbb{W} = \mathbb{R}^+$	$\mathbb{W} = \mathbb{R}^+$
Monotonieverhalten	streng monoton steigend	streng monoton fallend	streng monoton fallend	streng monoton steigend
$x \to \infty$	$f(x) \to 0$	$f(x) \to -\infty$	$f(x) \to 0$	$f(x) \to \infty$
$x \to -\infty$	$f(x) \to -\infty$	$f(x) \to 0$	$f(x) \to \infty$	$f(x) \to 0$

Seite 58 | Aufgabe 12

$f(x) = c \cdot e^{a \cdot \left(x - \left(-\frac{b}{a}\right)\right)} + d$

Der Graph von f geht aus den Graphen der natürlichen Exponentialfunktion hervor durch:

1. Strecken/Stauchen mit dem Faktor $|c|$ in y-Richtung und mit dem Faktor $\frac{1}{|a|}$ in x-Richtung, sowie zusätzliches Spiegeln an der x-Achse, falls $c < 0$, und an der y-Achse, falls $a < 0$

2. Verschieben um d Einheiten in y-Richtung und um $-\frac{b}{a}$ Einheiten in x-Richtung

Seite 58 | Aufgabe 13

a)

n	100	1000	10 000	100 000	1 000 000
$\left(1 + \frac{1}{n}\right)^n$	2,70481	2,71692	2,71815	2,71827	2,71828

b) $f'(x) = c \cdot e^x = f(x)$

c) $f(x) = -3e^x$

2.2 Lineare Kettenregel

Seite 59 | Einstieg

a) Lara hat die Klammer als Variable betrachtet und mit der Potenzregel abgeleitet.

b) $f(x) = 8 - 4x + 2x^2 - x^3$; also $f'(x) = -3x^2 + 4x - 4$

Dagegen ist Laras Ableitung ausmultipliziert gleich $3x^2 - 4x + 4$, es fehlt also ein Faktor -1.

Seite 60 | Aufgabe 1

$f(x) = g(ax + b)$	$z = ax + b$	$g(z)$	$g'(z)$	$f'(x) = a \cdot g'(ax + b)$
$(4x - 2)^3$	$4x - 2$	z^3	$3z^2$	$4 \cdot 3(4x - 2)^2 = 12(4x - 2)^2$
$(-7x + 5)^4$	$-7x + 5$	z^4	$4z^3$	$-7 \cdot 4(-7x + 5)^3 = -28(-7x + 5)^3$
$\sqrt{8x + 3}$	$8x + 3$	$z^{0,5}$	$0,5z^{-0,5}$	$8 \cdot 0,5(8x + 3)^{-0,5} = \frac{4}{\sqrt{8x+3}}$
e^{-x}	$-x$	e^z	e^z	$-1 \cdot e^{-x} = -e^{-x}$
$(2x + 3)^{-1}$	$2x + 3$	z^{-1}	$-z^{-2}$	$2 \cdot (-(2x + 3)^{-2}) = -\frac{2}{(2x+3)^2}$
$(9 - x)^5$	$9 - x$	z^5	$5z^4$	$(-1) \cdot 5(9 - x)^4 = -5(9 - x)^4$
$e^{5x} - 3$	$5x - 3$	e^z	e^z	$5 \cdot e^{5x-3}$
$(x + 3)^{-2}$	$x + 3$	z^{-2}	$-2z^{-3}$	$1 \cdot (-2(x + 3))^{-3} = -\frac{2}{(x+3)^3}$

Seite 60 | Aufgabe 2

a) $f'(x) = 6e^{6x}$

b) $f'(x) = 4 \cdot 0{,}5 \cdot (0{,}5x - 7)^3 = 2(0{,}5x - 7)^3$

c) $f'(x) = \frac{1}{2} \cdot 3(3x + 1)^{-\frac{1}{2}} = \frac{3}{2\sqrt{3x+1}}$

d) $f'(x) = 4e^{4x-1}$

e) $f'(x) = 7 \cdot (-5) \cdot (-5x + 12)^6 = -35(-5x + 12)^6$

f) $f'(x) = \frac{1}{2} \cdot (-2)(4 - 2x)^{-\frac{1}{2}} = -\frac{1}{\sqrt{4-2x}}$

g) $f'(x) = -2(x - 8)^{-3}$

h) $f'(x) = 4 \cdot \frac{1}{2}e^{3+4x} = 2e^{3+4x}$

i) $f'(x) = 1 - (-2) \cdot e^{-2x} = 1 + e^{-2x}$

Seite 60 | Aufgabe 3

a) $f(x) = (5x + 1)^{-2}$; $z = 5x+1$, $g(z) = z^{-2}$ $\qquad$ $f'(x) = -10(5x + 1)^{-3}$

b) $f(x) = (x - 3)^{-1}$; $z = x - 3$, $g(z) = z^{-1}$ $\qquad$ $f'(x) = -(x - 3)^{-2}$

c) $f(x) = (1 - x)^{-\frac{1}{2}}$; $z = 1 - x$, $g(z) = z^{-\frac{1}{2}}$ $\qquad$ $f'(x) = \frac{1}{2}(1 - x)^{-\frac{3}{2}}$

d) $f(x) = 2(-4x + 11)^{-6}$; $z = -4x + 11$, $g(z) = 2z^{-6}$ $\qquad$ $f'(x) = 48(-4x + 11)^{-7}$

e) $f(x) = (e^x)^{-1} = e^{-x}$; $z = -x$, $g(z) = e^z$ $\qquad$ $f'(x) = -e^{-x}$

f) $f(x) = -3 \cdot (e^{4x+5})^{-1} = -3e^{-4x-5}$; $z = -4x - 5$, $g(z) = -3e^z$ $\quad$ $f'(x) = 12e^{-4x-5}$

Seite 60 | Aufgabe 4

a) Kettenregel: $u(x) = x^2$; $v(x) = 6 - 5x$; $f'(x) = u'(v(x)) \cdot v'(x) = 2(6 - 5x) \cdot (-5) = -60 + 50x$

   Ausmultiplizieren: $f(x) = 6^2 + 2 \cdot 6 \cdot (-5x) + (5x)^2 = 36 - 60x + 25x^2$; $f'(x) = -60 + 50x$

b) Das Ausmultiplizieren des Terms mit dem Exponenten 4 ist sehr aufwändig. Die Methode mit der Kettenregel ist einfacher:

   $g'(x) = 4(6 - 5x)^3 \cdot (-5) = -20(6 - 5x)^3$

Seite 60 | Aufgabe 5

a) Die innere Ableitung fehlt: $f'(x) = 8(4x - 1)$

b) Die äußere Ableitung wurde vergessen: $f'(x) = \frac{3}{2}(3x - 2)^{-0{,}5} = \frac{3}{2} \cdot \frac{1}{\sqrt{3x-2}}$

c) Richtig ist: $f'(x) = -4(2x - 1)^{-3} = -\frac{4}{(2x-1)^3}$

Seite 60 | Aufgabe 6

$f'(x) = -12(-2x + 1)^5 = 0$ für $x = \frac{1}{2}$; $\qquad$ $f\left(\frac{1}{2}\right) = 0$

$f'(0) = -12 < 0, f'(1) = 12 > 0$ Vorzeichenwechsel von – auf +, also Tiefpunkt $\left(\frac{1}{2} \mid 0\right)$

Seite 60 | Aufgabe 7

$f(x) = e^{ax+b} \neq 0$ für alle x, also keine Nullstellen

$f'(x) = ae^{ax+b} \neq 0$ für alle x, also keine Extremstellen

$f''(x) = a^2 e^{ax+b} \neq 0$ für alle x, also keine Wendestellen

Seite 61 | Aufgabe 8

a) $z = 3x^2 - 2$, $g(z) = z^5$ $\qquad$ $f'(x) = 6x \cdot 5(3x^2 - 2)^4 = 30x \cdot (3x^2 - 2)^4$

b) $z = 2x - 5x^2$, $g(z) = z^{\frac{1}{2}}$ $\qquad$ $f'(x) = (2 - 10x) \cdot \frac{1}{2}(2x - 5x^2)^{-\frac{1}{2}} = \frac{1-5x}{\sqrt{2x-5x^2}}$

c) $z = -x^2$, $g(z) = e^z$ $\qquad$ $f'(x) = -2x \cdot e^{-x^2}$

d) $z = 2x^2 - 3x + 1$, $g(z) = e^z$ $\qquad$ $f'(x) = (4x - 3) \cdot e^{2x^2-3x+1}$

e) $z = x^2 - 6x + 4$, $g(z) = z^{-1}$ $\qquad$ $f'(x) = (2x - 6) \cdot (-1) \cdot (x^2 - 6x + 4)^{-2} = -\frac{2x-6}{(x^2-6x+4)^2}$

f) $z = 3x^2 - 1$, $g(z) = e^{-z}$ $\qquad$ $f'(x) = 6x \cdot \left(-e^{-(3x^2-1)}\right) = -\frac{6x}{e^{3x^2-1}}$

Seite 61 | Aufgabe 9

a) $f'(x) = \frac{3}{2}(0{,}5x - 1)^2$; $f'(4) = \frac{3}{2}$; $f(4) = 1$ $\qquad$ Tangentengleichung. $t(x) = \frac{3}{2}x - 5$

b) $f'(x) = \left(\frac{1}{4}x + 2\right)^3$; $f'(-12) = -1$; $f(-12) = 1$ $\qquad$ Tangentengleichung: $t(x) = -x - 11$

c) $f'(x) = \frac{3}{2\sqrt{x-2}}$; $f'(6) = \frac{3}{4}$; $f(6) = 6$ $\qquad$ Tangentengleichung: $t(x) = \frac{3}{4}x + \frac{3}{2}$

d) $f'(x) = 2xc^{x^2+1}$; $f'(-1) = -2e^2$; $f(-1) = e^2$ $\qquad$ Tangentengleichung: $t(x) = -2e^2 x - e^2$

Seite 61 | Aufgabe 10

$f'(x) = 8x \cdot e^{-4x^2} = 0$ für $x = 0$; $\qquad$ $f(0) = -1$

$f'(-1) = -8e^{-4} < 0, f'(1) = 8e^{-4} > 0$ Vorzeichenwechsel von – auf +, also Tiefpunkt $(0 \mid -1)$

Seite 61 | Aufgabe 11

a) $f'(t) = 4at(at^2 + 6)$ $\qquad$ b) $g'(a) = 2t^2(at^2 + 6)$ $\qquad$ c) $h'(t) = \omega e^{\omega t + \varphi}$

Seite 61 | Aufgabe 12

a) $g(T_F) = 1000 - 0{,}007 \cdot \left(\frac{5}{9}T_F - 21\frac{9}{7}\right)^2$

b) $f'(T_C) = 0{,}014(T_C - 4)$; $f'(T_C) = 0$ bei $T_C = 4\ °C$

   $g'(T_F) = -7\frac{7}{9}\left(\frac{5}{9}T_F - 21\frac{9}{7}\right)$; $g'(T_F) = 0$ bei $T_F = 39{,}2\ °F$

c) $f'(-5) = -0{,}126$; $g'(23) = 0{,}07$

d) $T_C = \frac{5}{9}(T_F - 32)$, Einsetzen von $T_F = 23\,°F$ ergibt: $T_C = \frac{5}{9}(23 - 32) = -5$

Die Werte sind unterschiedlich, da die Änderung von einem Grad Celsius nicht der von einem Grad Fahrenheit entspricht.

Seite 61 | Aufgabe 13

a) $f_a(0) = (a \cdot 0 - 1)^4 = 1$, unabhängig von a

b) $f'_a(x) = 4a(ax - 1)^3$; $f'_a(0) = -1$ (−1 ist die Steigung der Gerade g) gilt für $a = \frac{1}{4}$.

Seite 61 | Aufgabe 14

a) $S_y(0 \mid 1 - e^a)$

b) Für $a \neq 0$ gilt: $f_a\left(\frac{1}{a}\right) = e^{a^2 \cdot \frac{1}{a}} - e^a = e^a - e^a = 0$

c) $f'_a(x) = a^2 e^{a^2 x}$; $f''_a(x) = a^4 e^{a^2 x}$

d) Wegen $f'_a(x) \neq 0$ und $f''_a(x) \neq 0$ für alle x und $a \neq 0$, gibt es keine Extrem- oder Wendestellen

e) $f'_a\left(\frac{1}{a^2}\right) = a^2 e$; $f_a\left(\frac{1}{a^2}\right) = e - e^a$ \qquad Tangente: $t(x) = a^2 e \cdot x - e^a$

Streifzug: Allgemeine Kettenregel

Seite 62 | Einstieg

Ausmultiplizierter Term: $f(x) = 25x^6 + 10x^3 + 1$ \qquad $f'(x) = 150x^5 + 30x^2$

$u'(x) = 2x$; $u'(5x^3 + 1) = 10x^3 + 2$; $v'(x) = 15x^2$

Es gilt: $150x^5 + 30x^2 = (10x^3 + 2) \cdot 15x^2$, also $f'(x) = u'(v(x)) \cdot v'(x)$

Seite 63 | Aufgabe 1

a) $f(x) = x^2 - 4$; $g(x) = (x - 4)^2$

b) $f(x) = e^{x+9}$; $g(x) = e^x + 9$

c) $f(x) = \sqrt{3 - x^4}$; $g(x) = 3 - \sqrt{x}^4 = 3 - x^2$

d) $f(x) = (3x^2 + 7)^{-4}$; $g(x) = 3x^{-8} + 7$

e) $f(x) = \frac{1}{e^x}$; $g(x) = e^{\frac{1}{x}}$

f) $f(x) = e^{\frac{3}{x^2}}$; $g(x) = \frac{3}{(e^x)^2}$

Seite 63 | Aufgabe 2

a) $u(v(x_0)) = 10$; $v(u(x_0)) = 16$

b) $u(v(x_0)) = \frac{2}{3}$; $v(u(x_0)) = 3$

c) $u(v(x_0)) = 3$; $v(u(x_0)) = -3$

d) $u(v(x_0)) = -3e^{-71}$; $v(u(x_0)) = 27e^{-10} - 4$

Seite 63 | Aufgabe 3

a) z.B. $u(x) = x^3$; $v(x) = x + 5$

b) z.B. $u(x) = e^x$; $v(x) = x^2$

c) z.B. $u(x) = x^{-1}$; $v(x) = 4x - 1$

d) z.B. $u(x) = 2x$; $v(x) = \sqrt{x + 1}$

Seite 63 | Aufgabe 4

a) $u(v(x)) = 2 \cdot \left(\frac{1}{2}x + \frac{1}{2}\right) - 1 = x$

b) Die Eigenschaft gilt, wenn u und v Umkehrfunktionen sind. Beispiele:

$u(x) = 4x - 1$ und $v(x) = \frac{1}{4}x + \frac{1}{4}$; $u(x) = x$ und $v(x) = x$; $u(x) = x + 1$ und $v(x) = x - 1$; $u(x) = x^2$ und $v(x) = \sqrt{x}$ mit $x \geq 0$

c) Es gilt jeweils $v(u(x)) = x$.

Seite 64 | Aufgabe 5

$f(x) = u(v(x))$	$v(x)$	$u(x)$	$v'(x)$	$u'(x)$	$f'(x) = u'(v(x)) \cdot v'(x)$
$(4x^4 - 2)^3$	$4x^4 - 2$	x^3	$16x^3$	$3x^2$	$3(4x^4 - 2)^2 \cdot 16x^3$
$(-7x^3 + 5)^4$	$-7x^3 + 5$	x^4	$-21x^2$	$4x^3$	$4(-7x^3 + 5)^3 \cdot (-21x^2)$
$\sqrt{2x^5 - 4x}$	$2x^5 - 4x$	$\sqrt{x}$	$10x^4 - 4$	$\frac{1}{2\sqrt{x}}$	$\frac{1}{2\sqrt{2x^5 - 4x}} \cdot (10x^4 - 4)$
$e^{-x^3 + 2x^2}$	$-x^3 + 2x^2$	e^x	$-3x^2 + 4x$	e^x	$e^{-x^3 + 2x^2} \cdot (-3x^2 + 4x)$

Seite 64 | Aufgabe 6

Es sei u die äußere und v die innere Funktion, also $f(x) = u(v(x))$.

a) $u(x) = 2e^x$; $v(x) = \sqrt{x}$ \qquad $f'(x) = 2e^{\sqrt{x}} \cdot \frac{1}{2\sqrt{x}}$

b) $u(x) = \sqrt{x}$; $v(x) = 3x + x^4$ \qquad $f'(x) = \frac{1}{2\sqrt{3x+x^4}} \cdot (3 + 4x^3)$

c) $u(x) = x^4$; $v(x) = x^3 + x^2 + x$ \qquad $f'(x) = 4(x^3 + x^2 + x)^3 \cdot (3x^2 + 2x + 1)$

d) $u(t) = e^t$; $v(t) = 4t^6 - 5t^4 + t - 2$ \qquad $f'(t) = e^{4t^6 - 5t^4 + t - 2} \cdot (24t^5 - 20t^3 + 1)$

e) $u(x) = \sqrt{x}$; $v(x) = e^x$ \qquad $f'(x) = \frac{1}{2\sqrt{e^x}} \cdot e^x = \frac{1}{2}\sqrt{e^x}$

f) $u(x) = 5\sqrt{x}$; $v(x) = 2 - 3x^4$ \qquad $f'(x) = \frac{5}{2\sqrt{2-3x^4}} \cdot (-12x^3)$

Seite 64 | Aufgabe 7

Die richtige Ableitung lautet: $f'(x) = 3(x^4 + x^2)^2(4x^3 + 2x)$

① Es wurde die innere Ableitung vergessen.

② Es wurden die äußere und innere Ableitung vermischt.

③ Es wurde eine Klammer um die innere Ableitung vergessen.

Seite 64 | Aufgabe 8

a) $f'(x) = 5(3x^4 - x)^4 \cdot (12x^3 - 1) = (60x^3 - 5)(3x^4 - x)^4$

b) $f'(x) = \frac{1}{2\sqrt{3 - 2x^3}} \cdot (-6x^2) = -\frac{3x^2}{\sqrt{3 - 2x^3}}$

c) $f'(t) = \frac{1}{2\sqrt{2e^t + 1}} \cdot 2e^t = \frac{e^t}{\sqrt{2e^t + 1}}$

d) $f'(x) = 3(\frac{1}{2}x^3 - 2x^2 + 5x)^2 \cdot (\frac{3}{2}x^2 - 4x + 5) = (\frac{1}{2}x^3 - 2x^2 + 5x)^2 \cdot (\frac{9}{2}x^2 - 12x + 15)$

e) $f'(x) = 4(5x^2 - 3\sqrt{x})^3 \cdot (10x - \frac{3}{2\sqrt{x}}) = (5x^2 - 3\sqrt{x})^3 \cdot (40x - \frac{6}{\sqrt{x}})$

f) $f'(x) = 3(7 - \sqrt{x})^2 \cdot (-\frac{1}{2\sqrt{x}}) = (7 - \sqrt{x})^2 \cdot (-\frac{3}{2\sqrt{x}}) = -\frac{3(7-\sqrt{x})^2}{2\sqrt{x}}$

Seite 64 | Aufgabe 9

a) z.B. $u(x) = 7x^{-1}, v(x) = x^2 + 3$ oder $u(x) = 7(x + 3)^{-1}, v(x) = x^2$ $g'(x) = -14x(x^2 + 3)^{-2}$

b) z.B. $u(x) = 7x^{-1} + 3, v(x) = x^2$ oder $u(x) = x + 3, v(x) = 7x^{-2}$ $g'(x) = -14x^{-3}$

c) z.B. $u(x) = \sqrt[3]{x}, v(x) = x^2 + 5$ oder $u(x) = \sqrt[3]{x + 5}, v(x) = x^2$ $g'(x) = \frac{2}{3}x(x^2 + 5)^{-\frac{2}{3}}$

d) z.B. $u(x) = \sqrt[3]{x} + 5, v(x) = x^2$ oder $u(x) = x + 5, v(x) = \sqrt[3]{x^2}$ $g'(x) = \frac{2}{3}x^{-\frac{1}{3}}$

e) z.B. $u(x) = x^2, v(x) = 3e^{7x} + 7x$ oder $u(x) = (3e^x + x)^2, v(x) = 7x$ $g'(x) = 14(3e^{7x} + 1)(3e^{7x} + 7x)$

f) z.B. $u(x) = \frac{3}{2x} + 1, v(x) = e^x$ oder $u(x) = \frac{3}{2}x + 1, v(x) = e^{-x}$ $g'(x) = -\frac{3}{2e^x}$

Seite 64 | Aufgabe 10

a) Mit $u(x) = f(x)$ und $v(x) = ax + b$ gilt: $g(x) = u(v(x)) = f(ax + b)$.

   Wegen $v'(x) = a$ ergibt die Kettenregel: $g'(x) = u'(v(x)) \cdot v'(x) = f'(ax + b) \cdot a$.

b) Mit $u(x) = f(x)$ und $v(x) = ax^2 + bx + c$ gilt: $h(x) = u(v(x)) = f(ax^2 + bx + c)$.

   Wegen $v'(x) = 2ax + b$ ergibt die Kettenregel: $h'(x) = u'(v(x)) \cdot v'(x) = f'(ax^2 + bx + c) \cdot (2ax + b)$.

Seite 64 | Aufgabe 11

a) Mit $u(x) = \frac{1}{x}$ und $v(x) = k(x)$ gilt: $f(x) = u(v(x))$

   Wegen $u'(x) = -\frac{1}{x^2}$ ergibt die Kettenregel: $f'(x) = -\frac{1}{(k(x))^2} \cdot k'(x) = -\frac{k'(x)}{(k(x))^2}$

b) ① $f'(x) = -\frac{8x^3 - 4}{(2x^4 - 4x)^2}$ ② $f'(x) = -\frac{\frac{1}{2\sqrt{x}}}{x} = -\frac{1}{2x\sqrt{x}}$ ③ $f'(x) = -\frac{e^x + 2x}{(e^x + x^2)^2}$

Seite 64 | Aufgabe 12

a) $f'(x) = \frac{3x^2}{\sqrt{x^3 + 3}}$; $f(1) = 2$; $f'(1) = \frac{3}{2}$ $t(x) = \frac{3}{2}x + \frac{1}{2}$ $n(x) = -\frac{2}{3}x + \frac{8}{3}$

b) $f'(x) = 2e^{8x^3 + 3x} \cdot (24x^2 + 3)$; $f(0) = 2$; $f'(0) = 6$ $t(x) = 6x + 2$ $n(x) = -\frac{1}{6}x + 6$

c) $f'(x) = e^{-x^3} \cdot (-3x^2)$; $f(-1) = e$; $f'(-1) = -3e$ $t(x) = -3ex - 2e$ $n(x) = \frac{1}{3e}x + e + \frac{1}{3e}$

d) $f'(x) = 2\left(\frac{1}{8}x^2 + \frac{1}{2}x\right) \cdot \left(\frac{1}{4}x + \frac{1}{2}\right)$; $f(-2) = \frac{1}{4}$; $f'(-2) = 0$ $t(x) = \frac{1}{4}$ $n(x) = -2$

Seite 64 | Aufgabe 13

a) Sei $g(x) = v(w(x))$, dann gilt nach der Kettenregel: $g'(x) = v'(w(x)) \cdot w'(x)$

   Es gilt $f(x) = u(g(x))$. Mit der Kettenregel folgt: $f'(x) = u'(g(x))) \cdot g'(x) = u'(v(w(x))) \cdot v'(w(x)) \cdot w'(x)$

b) ① $u(x) = e^x, v(x) = \sqrt{x}, w(x) = x^3 + 1$ $f'(x) = \frac{3x^2 \cdot e^{\sqrt{x^3 + 1}}}{2\sqrt{x^3 + 1}}$

   ② $u(x) = \sqrt{x}, v(x) = x^2 - 4, w(x) = e^{x+1}$ $f'(x) = \frac{(e^{x+1})^2}{\sqrt{(e^{x+1})^2 - 4}}$

   ③ $u(x) = x^3, v(x) = \sqrt{x} + 1, w(x) = e^{2x}$ $f'(x) = \frac{3e^{2x}(\sqrt{e^{2x}} + 1)^2}{\sqrt{e^{2x}}}$

2.3 Natürlicher Logarithmus

Seite 65 | Einstieg

a) $2^x = 3 \Rightarrow x = \log_2 3 \approx 1{,}58$ $3^x = 3 \Rightarrow x = \log_3 3 = 1$

b) $e^x = 3 \Rightarrow x \approx 1{,}10$ Die Lösung entspricht der Schnittstelle der Graphen von g und f.

Seite 65 | Aufgabe 1

a) $\ln(2{,}718) \approx 1$ b) $\ln(1) = 0$ c) $\ln(0{,}37) \approx -1$ d) $\ln(0{,}82) \approx -0{,}2$ e) $\ln(2{,}12) \approx \frac{3}{4}$

Seite 65 | Aufgabe 2

a) $0{,}69$ b) nicht definiert   c) nicht definiert   d) $0{,}125$ e) $-\frac{1}{2}$

Seite 65 | Aufgabe 3

a) 1   b) 1   c) 5   d) 16   e) $\frac{3}{2}$

f) 5   g) −2   h) $\frac{1}{3}$ i) −6e   j) $\ln(5)$

Seite 66 | Aufgabe 4

a) $f'(x) = \ln(2) \cdot 2^x$

b) $f'(x) = -\ln(3) \cdot 3^x$

c) $f'(x) = -\ln(0{,}5) \cdot 0{,}5^x$

d) $f'(x) = -4 \cdot \ln(3{,}2) \cdot 3{,}2^x$

e) $f'(x) = \ln\left(\frac{1}{2}\right) \cdot \left(\frac{1}{2}\right)^x$

f) $f'(x) = 4 \cdot \ln\left(\frac{1}{3}\right) \cdot \left(\frac{1}{3}\right)^x$

g) $f'(x) = \frac{1}{7} \cdot \ln(3) \cdot 3^x$

h) $f'(x) = -\frac{6}{5} \cdot \ln(0{,}25) \cdot 0{,}25^x$

Seite 66 | Aufgabe 5

a) $f(x) = \left(e^{\ln(2)}\right)^x = e^{x \cdot \ln(2)}$ $f'(x) = \ln(2) \cdot e^{x \cdot \ln(2)} = \ln(2) \cdot 2^x$

b) $f(x) = 2 \cdot \left(e^{\ln(6)}\right)^x = 2 \cdot e^{x \cdot \ln(6)}$ $f'(x) = 2 \cdot \ln(6) \cdot e^{x \cdot \ln(6)} = 2 \cdot \ln(6) \cdot 6^x$

c) $f(x) = \left(e^{\ln(3)}\right)^{2x} = e^{2x \cdot \ln(3)}$ $f'(x) = 2 \cdot \ln(3) \cdot e^{2x \cdot \ln(3)} = 2 \cdot \ln(3) \cdot 3^{2x}$

d) $f(x) = 1{,}5 \cdot \left(e^{\ln(2)}\right)^{4x-3} = 1{,}5 \cdot \left(e^{\ln(2)}\right)^{4x} \cdot \left(e^{\ln(2)}\right)^{-3} = \frac{1{,}5}{8} \cdot e^{4x \cdot \ln(2)}$ $f'(x) = \frac{1{,}5}{8} \cdot 4 \cdot \ln(2) \cdot e^{4x \cdot \ln(2)} = \frac{3}{4} \cdot 2^{4x}$

Seite 66 | Aufgabe 6

$f'(x) = \ln(2{,}5) \cdot 2{,}5^x$

a) $t(x) = 0{,}023x + 0{,}119$ b) $t(x) = 2{,}29x + 0{,}21$ c) $t(x) = 35{,}79x - 104{,}11$ d) $t(x) = 0{,}15x + 0{,}45$

Seite 67 | Aufgabe 7

a) $x = \ln(7)$ b) $x = \ln(2)$ c) $x = \ln(3)$ d) $t = \ln(4) = 2 \cdot \ln(2)$

e) keine Lösung   f) $x = -\ln(3)$ g) $x = \ln(6) + 3$ h) $t = -5 \cdot \ln(0{,}5) = 5 \cdot \ln(2)$

i) $x = 0$ j) $x = \frac{1}{2} \cdot \ln(5) + 2$ k) $x = \frac{1}{2} \cdot (\ln(2) + 7)$ l) $x = \frac{1}{4} \cdot (\ln(3) + 5)$

m) $x = \frac{1}{3} \cdot (\ln(3) - 2)$ n) $x = \frac{1}{2} - \frac{1}{8} \cdot \ln(2)$ o) $x = \ln(142 - e^8)$ p) $x = 4$

Seite 67 | Aufgabe 8

a) lösbar   b) nicht lösbar   c) lösbar   d) nicht lösbar

Seite 67 | Aufgabe 9

a) $x = 0$ b) $x_1 = 3, x_2 = -3$ c) $x = -1$ d) $x_1 = 0; x_2 = \frac{1}{2} \cdot \ln(6)$

e) $x_1 = 0; x_2 = \frac{1}{3} \cdot \ln(5)$ f) $x = 1$ g) $x = 0$ h) $x_1 = -2; x_2 = 2$

Seite 67 | Aufgabe 10

a) $x = -4$ b) $x = \frac{1}{2} \cdot \ln(3)$ c) $x = -\frac{1}{3} \cdot \ln(4)$ d) $x_1 = -1, x_2 = 0, x_3 = 1$

e) $x = -\ln(2) - 1$ f) keine Lösung   g) keine Lösung   h) $x = \frac{1}{5} \cdot (\ln(4) + 3)$

Seite 67 | Aufgabe 11

a) z.B. $e^x = -1$ b) z.B. $e^x = 1$ c) z.B. $(x^2 - 1)(e^x - 1) = 0$

Seite 67 | Aufgabe 12

① (C)   ② (A)   ③ (B)

Seite 68 | Aufgabe 13

a) $x > 6 \cdot \ln(10) \approx 13{,}82$ b) $x < -6 \cdot \ln(10) \approx -13{,}82$

Seite 68 | Aufgabe 14

a) Durch das Darstellen von a und b als Potenzen lassen sich die Potenzgesetze anwenden.

b) $\ln\left(\frac{a}{b}\right) = \ln\left(\frac{e^{\ln(a)}}{e^{\ln(b)}}\right) = \ln\left(e^{\ln(a)-\ln(b)}\right) = \ln(a) - \ln(b)$ $\ln(a^r) = \ln\left((e^{\ln(a)})^r\right) = \ln\left(e^{r \cdot \ln(a)}\right) = r \cdot \ln(a)$

Seite 68 | Aufgabe 15

$f'(x) = \ln(e) \cdot e^x = e^x$

Es gibt keine weiteren Basen mit dieser Eigenschaft, abgesehen von der Nullfunktion mit $f(x) = 0^x$.

Seite 68 | Aufgabe 16

a) Diese Gleichung wird mithilfe der Rechenregeln für den Logarithmus gelöst.

b) ① $3^x = 8 \Rightarrow \ln(3^x) = \ln(8) \Rightarrow x \cdot \ln(3) = \ln(8) \Rightarrow x = \frac{\ln(8)}{\ln(3)} \approx 1{,}89$

② $0{,}9^x = 0{,}5 \Rightarrow \ln(0{,}9^x) = \ln(0{,}5) \Rightarrow x \cdot \ln(0{,}9) = \ln(0{,}5) \Rightarrow x = \frac{\ln(0{,}5)}{\ln(0{,}9)} \approx 6{,}58$

③ $2^t = \frac{3}{5} \Rightarrow \ln(2^t) = \ln\left(\frac{3}{5}\right) \Rightarrow t \cdot \ln(2) = \ln\left(\frac{3}{5}\right) \Rightarrow t = \frac{\ln\left(\frac{3}{5}\right)}{\ln(2)} \approx -0{,}74$

④ $6^{2x} = 3 \Rightarrow \ln(6^{2x}) = \ln(3) \Leftrightarrow 2x \cdot \ln(6) = \ln(3) \Rightarrow 2x = \frac{\ln(3)}{\ln(6)} \Rightarrow x = \frac{1}{2} \cdot \frac{\ln(3)}{\ln(6)} \approx 0{,}31$

c) Individuelle Lösungen, z.B. $x = \log_2(10)$

Seite 68 | Aufgabe 17

a) Zu zeigen: $f'(0) = \ln(b)$

Setzt man 0 für x in der Formel $f'(x) = \ln(b) \cdot b^x$ ein, erhält man $f'(0) = \ln(b) \cdot b^0 = \ln(b)$.

b) Mit der Formel $f'(x) = \ln(b) \cdot b^x$ aus a) kann man die Ableitung von f explizit angeben.

Für die Formel $f'(x) = f'(0) \cdot b^x$ wird stets ein Funktionswert benötigt und die Funktion auf diese Weise rekursiv definiert.

Seite 68 | Aufgabe 18

Amira hat den Logarithmus eines Produkts falsch gebildet. Richtig ist: $\ln(e^3 \cdot e^x) = \ln(e^3) + \ln(e^x) = 3 + x$

Bruno hat den Logarithmus der Summe falsch gebildet, er hätte zunächst die 5 subtrahieren müssen.

Richtig ist: $5 + e^x = 8 \Rightarrow e^x = 3 \Rightarrow \ln(e^x) = \ln(3) \Rightarrow x = \ln(3)$

Carla hat die falsche Regel beim Ableiten verwendet. Richtig ist: $f(x) = 5^x, f'(x) = \ln(5) \cdot 5^x$

Seite 68 | Aufgabe 19

a) $e^{4x} - 3e^{2x} - 4 = (e^{2x})^2 - 3e^{2x} - 4$

b) $z^2 - 3z - 4 = 0$ ergibt $z_1 = -1$; $z_2 = 4$.

c) $e^{2x} = -1$ ist nicht lösbar; $e^{2x} = 4 \Rightarrow x = \ln(2)$

d) $\mathbb{L} = \{\ln(2)\}$

Seite 68 | Aufgabe 20

a) $\mathbb{L} = \{\ln(4); \ln(5)\}$

b) $\mathbb{L} = \{\ln(3)\}$

c) $\mathbb{L} = \left\{\dfrac{\ln(3)}{2}\right\}$

d) $\mathbb{L} = \{0\}$

e) $\mathbb{L} = \{\ln(2)\}$

f) $\mathbb{L} = \{e^5 + 2\}$

g) $\mathbb{L} = \{0\}$

h) $\mathbb{L} = \{\}$

i) $\mathbb{L} = \{2\}$

Seite 68 | Aufgabe 21

a) Substitution $e^x = z$ ergibt $z^2 - 5z + 6 = 0$, also $z_1 = 3$; $z_2 = 2$.

Nullstellen von f: $x_1 = \ln(3) \approx 1{,}10$; $x_2 = \ln(2) \approx 0{,}69$

b) $f'(x) = 2e^{2x} - 5e^x = e^x(2e^x - 5)$; $f'(x) = 0$ gilt für $x = \ln(2{,}5) \approx 0{,}92$

$f''(x) = 4e^{2x} - 5e^x = e^x(4e^x - 5)$; $f''(\ln(2{,}5)) > 0$, also lokales Minimum; $T(\ln(2{,}5)| - 0{,}25)$

c)

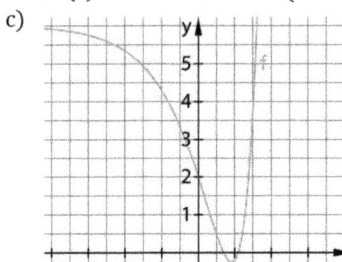

Seite 69 | Aufgabe 22

a) $f(34{,}65) \approx 5$: $P(34{,}65|5)$ Das Fahrwerk muss nach ca. 3465 m ausgefahren werden.

b) 3° entsprechen einer Steigung von $-0{,}0524$.

$f'(x) = -0{,}2e^{-0{,}02x}$; $f'(x) = -0{,}0524$ bei $x \approx 66{,}96$ Das Flugzeug sollte nach ca. 6696 m den Boden berühren.

c) $f(66{,}96) \approx 2{,}62$, also $a \approx 2{,}62$

Seite 69 | Aufgabe 23

a) Tangente an der Flugbahn des Helden:

$t(x) = f'(u) \cdot (x - u) + f(u)$ ergibt $t(x) = -3 \cdot e^{-0{,}1u} \cdot (x - u) + 30e^{-0{,}1u} + 52$.

b) Einsetzen des Punktes, an dem sich der Schurke befindet in die Tangentengleichung und Ermittlung von u:

$52 = -3 \cdot e^{-0{,}1u} \cdot (30 - u) + 30e^{-0{,}1u} + 52 \Rightarrow u = 20$

$f(20) \approx 56{,}06$; Der Held sollte seine Waffe in einer Höhe von ca. 56,06 betätigen.

c) Löst man das Gleichungssystem aus $g(40) = 52{,}55$ und $g(70) = 0$, erhält man $b = \sqrt[30]{\dfrac{-60}{52{,}55-60}} \approx 1{,}072$ und $a \approx -0{,}461$.

$g(x) = -0{,}461 \cdot 1{,}072^x + 60$

Seite 69 | Aufgabe 24

a) $f(t) = 100 \cdot 2^{3t}$

b) $g(t) = 100 \cdot (e^{\ln(8)})^t = 100 \cdot 8^t = 100 \cdot (2^3)^t = 100 \cdot 2^{3t} = f(t)$

c) $100 \cdot e^{\ln(8) \cdot t} = 100\,000\,000 \Rightarrow t = \dfrac{\ln(1\,000\,000)}{\ln(8)} \approx 6{,}64$ Nach ca. 6,64 Stunden sind es 100 000 000 Bakterien.

Seite 69 | Aufgabe 25

a) roter Graph: Aus den abgelesenen Punkten $(0|1)$ und $(4|2800)$ ergibt sich $c = 1$ und $a = \sqrt[4]{2800} \approx 7{,}3$, also $f(x) = 7{,}3^x$.

blauer Graph: Aus den abgelesenen Punkten $(0|2{,}9)$ und $(4|40)$ ergibt sich $c = 2{,}9$ und $a = \sqrt[4]{\dfrac{40}{2{,}9}} \approx 1{,}9$, also $f(x) = 2{,}9 \cdot 1{,}9^x$.

b) $\log(f(x)) = \log(c \cdot a^x) = \log(a) \cdot x + \log(c)$

Der Logarithmus der Funktionswerte (zu einer beliebigen Basis) hat die Gestalt der Funktionsgleichung einer Geraden.

2.4 Exponentielles Wachstum

① , ④ und ⑥ gehören zusammen, denn 2^t beschreibt die Verdopplung pro Woche und es gilt $e^{0,693} \approx 2$.

② , ⑤ und ⑨ gehören zusammen, denn $1,025^t$ beschreibt das Wachstum um 2,5 % im Jahr und es gilt $e^{0,0247} \approx 1,025$.

③ , ⑦ und ⑧ gehören zusammen, denn $1,25^t$ beschreibt das Wachstum von 25 % im Jahr und es gilt $e^{0,2,23} \approx 1,25$.

a) Exponentielle Zunahme mit einem Anfangsbestand von 3; $f(4) \approx 40,39$

b) Exponentielle Abnahme mit einem Anfangsbestand von 25; $f(3,5) \approx 12,41$

c) Kein exponentielles Wachstum; $f(0) = 0$ und $f(3) \approx 77,68$

d) Exponentielle Zunahme mit einem Anfangsbestand von 2,7; $f(0,5) \approx 4,92$

a) $f(t)$: ② $g(t)$: ④ $h(t)$: ① $i(t)$: ③

b) $f(t)$: $T_V = 8$ $g(t)$: $T_H = 3$ $h(t)$: $T_H = 6$ $i(t)$: $T_V = 5$

a) Menge in mg: $f(t) = 7,5 \cdot e^{\ln(0,86)t} \approx 7,5 \cdot e^{-0,151t}$

b) Menge nach 5 Stunden in mg: $f(5) \approx 3,53$ Menge nach 40 Minuten in mg: $f\left(\frac{2}{3}\right) \approx 6,78$

c) $f(t) = 1 \Rightarrow t = \frac{\ln\left(\frac{1}{7,5}\right)}{\ln(0,86)} \approx 13,36$. Die Menge an Narkosemittel fällt nach ca. 13,36 Stunden unter 1 mg.

d) $T_H = \frac{\ln\left(\frac{1}{2}\right)}{\ln(0,86)} \approx 4,60$; Nach ca. 4 Stunden und 36 Minuten hat sich die Menge des Narkosemittels im Blut halbiert.

a) $f(t) = 1,5 \cdot e^{0,0288t}$

b) $f(14) \approx 2,24$; Nach 14 Tagen ist die bewachsene Fläche ca. 2,24 m² groß.

c) $f(t) = 3$ bei $t \approx 24,1$; Nach ca. 24,1 Tagen ist die Fläche 3 m² groß.

d) Die Verdopplungszeit beträgt ebenfalls 24,1 Tage.
   Etwa alle 24 Tage verdoppelt sich die Fläche mit Unkraut, bis der ganze Garten bewachsen ist.

prozentuale Wachstumsrate r %	25 %	10 %	-3 %	2 %	-50 %
Wachstumsfaktor $b = 1 + \frac{r}{100}$	1,25	1,1	0,97	1,02	0,50
Wachstumskonstante $k = \ln(b)$	0,223	0,095	-0,030	0,020	-0,693

a) $f(t) = 100 \cdot e^{1,099t}$ b) $f(t) = 5 \cdot e^{0,148t}$ c) $f(t) = 20\,000 \cdot e^{-0,223t}$ d) $f(t) = 13 \cdot e^{0,059t}$

e) $f(t) = 4000 \cdot e^{-0,231t}$, t: Jahre seit 2010   f) $f(t) = 1 \cdot e^{0,231t}$, t: Stunden seit 12 Uhr

g) $f(t) = 200 \cdot e^{-0,347t}$

a) 68,60   b) 88 211   c) 1,39   d) 0,7

a) $f'(t) = 2,25e^{0,3t}$

   Wachstumsgeschwindigkeit in Millionen pro Woche nach fünf Wochen: $f'(5) \approx 10,08$

   Wachstumsgeschwindigkeit in Millionen pro Woche nach 3 Tagen: $f'\left(\frac{2}{3}\right) \approx 2,56$

b) $f'(t) = 0$ bei $t \approx 4,97$.

   Die Pilzkultur breitet sich nach ca. 4,97 Wochen mit einer Geschwindigkeit von 10 Millionen Pilzen pro Woche aus.

c) Die durchschnittliche Wachstumsgeschwindigkeit in der ersten Woche beträgt $\frac{f(1)-f(0)}{1-0} \approx 2,62$ Millionen Pilze pro Woche.

a) Sachsituation mit exponentieller Abnahme individuell; prozentuale Wachstumsrate: $\approx -22,1$ %; $T_H \approx 3,47$

b) Sachsituation mit exponentieller Zunahme individuell; prozentuale Wachstumsrate: $\approx 22,1$ %; $T_V \approx 3,47$

a) Für $f(t) = a \cdot e^{k \cdot t}$ gilt: $f(t + T_V) = a \cdot e^{k \cdot (t + T_V)} = e^{k \cdot t} \cdot a \cdot e^{k \cdot T_V} = e^{k \cdot t} \cdot f(T_V) = e^{k \cdot t} \cdot 2a = 2 \cdot f(t)$

   Innerhalb der Verdopplungszeit verdoppelt sich der Funktionswert, egal von welchem Zeitpunkt t man ausgeht.

b) $f(t + T_H) = \frac{1}{2} \cdot f(t)$

c) Diese Aussage ist wahr, es gilt: $f(T_V) = 2 \cdot f(0) \Leftrightarrow T_V = \frac{\ln(2)}{k}$. Setzt man dies in die Gleichung für die Geschwindigkeit

   $f'(t) = a \cdot k \cdot e^{k \cdot t}$ ein, erhält man: $f'(T_V) = a \cdot k \cdot e^{k \cdot T_V} = a \cdot k \cdot e^{k \frac{\ln(2)}{k}} = a \cdot k \cdot e^{\ln(2)} = 2 \cdot a \cdot k = 2 \cdot f'(0)$

Seite 74 | Aufgabe 11

Hakim geht nicht von einem exponentiellen, sondern von einem linearen Wachstum aus. Die Zunahme beträgt jeweils 10 % der aktuellen Höhe, sodass sich der Grundwert stets ändert. Außerdem entspricht eine Verdopplung einer Zunahme um 100 % und nicht um 50 %. Korrekte Verdopplungszeit in Tagen: $T_V = \frac{\ln(2)}{\ln(1,1)} \approx 7,27$.

Seite 74 | Aufgabe 12

a) ① Tim stellt die allgemeine Gleichung auf und setzt jeweils die beiden gegebenen Wertepaare ein.

  ② Tim dividiert die obere durch die untere Gleichung.

  ③ Tim löst die sich ergebende Gleichung nach k auf und berechnet k.

  ④ Tim setzt den Wert für k in die obere Gleichung aus ① ein und berechnet damit a.

  ⑤ Tim setzt die Werte von k und a in die allgemeine Gleichung ein und erhält die gesuchte Funktionsgleichung.

b) $30,1 = 4,1 \cdot e^{k \cdot (6-2)} = 4,1 \cdot e^{4k} \Rightarrow \frac{30,1}{4,1} = e^{4k} \Rightarrow \ln\left(\frac{30,1}{4,1}\right) = 4k$ $k = \frac{1}{4}\ln\left(\frac{30,1}{4,1}\right) \approx 0,498$

c) $f(t) = 4,1 \cdot e^{0,498 \cdot (t-2)} = 4,1 \cdot e^{-0,498 \cdot 2} \cdot e^{0,498t} \approx 1,514 \cdot e^{0,498t}$ (wegen Rundungen nicht exakt gleich)

d) $f(t) = 2,50 \cdot e^{0,750t}$ bzw. $f(t) = 4,01 \cdot e^{0,199t}$

Seite 74 | Aufgabe 13

a) Aus der Halbwertszeit $T_H = \frac{\ln\left(\frac{1}{2}\right)}{k}$ mit $T_H = 5730$ ergibt sich $k \approx -0,000121$; $f(t) = 1 \cdot e^{-0,000121t}$

   $f(t) = 0,5335$ gilt für $t \approx 5193$; $1991 - 5193 = -3202$, Ötzi starb etwa 3202 v. Chr.

b) $f(1\,000\,000) \approx 7,67 \cdot 10^{-53}$

Seite 74 | Aufgabe 14

a)

t in Stunden	0	1	2	3	4
f(t) in Liter	5000	4748	4512	4291	4073
$\frac{f(t)}{f(t-1)}$		0,950	0,950	0,951	0,949

   Da der Quotient näherungsweise konstant bleibt, kann von exponentiellem Wachstum ausgegangen werden.

b) Der durchschnittliche Wachstumsfaktor beträgt 0,95. Er gibt den Anteil an, auf den das Wasservolumen im Tank innerhalb einer Stunde sinkt.

   Es ist $k = \ln(0,95) \approx -0,0513$ und $a = 5000$; $f(t) = 5000 \cdot e^{-0,0513\,t}$

c) $f(10) = 2993,5$; Nach 10 Stunden sind noch etwa 2993,5 Liter im Tank.

   $f(t) = 1000$ bei $t \approx 31,4$; Nach etwa 31,4 Stunden sind weniger als 1000 Liter im Tank.

   $f'(t) = -256,5 \cdot e^{-0,0513\,t}, f'(t) = -100$ bei $t \approx 18,4$;

   Nach etwa 18,4 Stunden fällt die Abnahmegeschwindigkeit des Wassers unter 100 Liter pro Stunde.

Seite 75 | Aufgabe 15

a)

Jahr	2012	2014	2016	2018	2020
Geräte in Milliarden	8,7	14,2	22,9	34,8	50,1
$\frac{f(t)}{f(t-2)}$		1,63	1,61	1,52	1,44

   Der Quotient ist näherungsweise konstant, der Durchschnitt ist 1,55.

   $k = \frac{\ln(1,55)}{2} \approx 0,219$; $f(t) = 8,7 \cdot e^{0,219t}$ (mit t: Jahre seit 2012)

b) Individuelle Lösungen

Seite 75 | Aufgabe 16

a) Halbwertszeit in Tagen: $T_H = 730$; $k = \frac{\ln(0,5)}{T_H} = \frac{\ln(0,5)}{730}$

   Kapazität in % nach t Tagen: $f(t) = 100e^{\left(\frac{\ln(0,5)}{730}\right) \cdot t} \approx 100e^{-0,00095t}$

b) $f(t) = 30$ gilt für $t \approx 1268$ Nach ca. 1268 Tagen bzw. 3,47 Jahren sollte der Akku ausgetauscht werden.

c) Die Gleichungen ① und ③ beschreiben den Sachverhalt (für die Zeit t in Tagen), da zum Zeitpunkt, bei dem die Optimierung beginnt, die Kapazität 80 % beträgt. Für die Wachstumskonstante gilt: $k = \frac{\ln(0,5)}{T_H} = \frac{\ln(0,5)}{1095} \approx -0,000633$

d) Akku mit Anfangskapazität 100 %, der stets optimiert geladen wird: $h(t) = 100e^{\left(\frac{\ln(0,5)}{1095}\right) \cdot t}$

   $f(t) = h(t) \Rightarrow \frac{\ln(0,5)}{730} \cdot t = \frac{\ln(0,5)}{1095} \cdot t$, also $t = 0$

   Nur zu Beginn haben ein Akku, der immer vollständig aufgeladen wird, und ein Akku, der stets optimiert geladen wird, die gleiche Kapazität. Langfristig strebt aber bei beiden Akkus die Kapazität gegen 0.

   Betrachtet man den Akku aus a) (beschrieben durch f(t)) und den gebrauchten Akku aus c) (beschrieben durch ① g(t)), haben sie nach ca. 705 Tagen die gleiche Kapazität (51,2 %).

Seite 75 | Aufgabe 17

a) Der Graph von g entsteht durch Spiegelung von f an y-Achse und anschließender Verschiebung um 10 Einheiten nach rechts.

   $g(x) = 0,4e^{-0,5(x-10)} = 0,4e^{-0,5x+5}$

b) $h(x) = ax^2 + bx + c$ $h(1,5) = f(1,5) = 0,4e^{0,75} \Rightarrow 2,25a + 1,5b + c = 0,4e^{0,75}$

   $h'(x) = 2ax + b$ $h(5) = 0,5 \Rightarrow 25a + 5b + c = 0,5$ Lösung: $a \approx 0,0283$; $b \approx -0,283$; $c \approx 1,208$

                           $h'(5) = 0 \Rightarrow 10a + b = 0$ $h(x) = 0,0283x^2 - 0,283x + 1,208$

Seite 75 | Aufgabe 18
a) 1. Population: $f(t) = 1000 + 500t$ 2. Population: $f(t) = 1000 \cdot 1{,}05^t$
b) 1. Population: $f'(t) = 500$ 2. Population: $f'(t) = 1000 \cdot \ln(1{,}05) \cdot 1{,}05^t = \ln(1{,}05) \cdot f(t)$
   Nur die 2. Population erfüllt die Gleichung $f'(t) = k \cdot f(t)$ und zwar mit $k = \ln(1{,}05) \approx 0{,}049$.
c) Exponentialfunktionen vom Typ $f(t) = ce^{kt+b}$ mit $b, c \in \mathbb{R}$

Streifzug: Begrenztes Wachstum

Seite 76 | Einstieg
a) Individuelle Lösungen
   Beispiel: Der Absatz wächst über den gesamten Zeitraum, aber die Wachstumsgeschwindigkeit nimmt mit der Zeit ab. Das Wachstum scheint zu stagnieren.
b) Individuelle Lösungen
   Beispiel: Der Markt für Smartphones ist irgendwann gesättigt, sodass die Nachfrage immer weniger ansteigt.

Seite 78 | Aufgabe 1

	a)	b)	c)
Zu-/Abnahme	Zunahme	Abnahme	Zunahme
Grenze	10	5	7
Anfangsbestand	6	35	2
Bestand zum Zeitpunkt t	9,80	23,56	2,48

Seite 78 | Aufgabe 2
① h ② i ③ f ④ g

Seite 78 | Aufgabe 3
a) Grenze: 2000; Anfangsbestand: 900
   Zu Beginn sind es 900 Tiere, ihr Bestand nimmt mit der Zeit zu bis zu einer Grenze von 2000 Tieren.
b) Von 2000 wird ein Term abgezogen, dessen Wert mit der Zeit t abnimmt und für $t \to \infty$ gegen 0 strebt. Der Funktionswert nimmt also stetig zu und nähert sich asymptotisch der Grenze 2000.
c) ① $f(t) = 1500$ bei $t \approx 7{,}88$; Nach etwa 7,88 Wochen steigt der Bestand über 1500 Tiere.
   ② 50 Tiere pro Monat entsprechen bei einem Monat mit 30 Tagen $11\frac{2}{3}$ Tieren pro Woche
   $f'(t) = 110e^{-0{,}1t} = 11\frac{2}{3}$ bei $t \approx 22{,}44$; Nach etwa 22,44 Wochen beträgt die Änderungsrate 50 Tiere/Monat.

Seite 78 | Aufgabe 4
① $f(t) = 25 - (25 - 85) \cdot e^{-0{,}14t} = 25 + 60e^{-0{,}14t}$
② $f(t) = 25 - (25 - 8) \cdot e^{-0{,}21t} = 25 - 17e^{-0{,}21t}$
③ $f(t) = 25 - (25 - 13) \cdot e^{-0{,}69t} = 25 - 12e^{-0{,}69t}$

Seite 78 | Aufgabe 5
$f(t) = 1000 - (1000 - 200) \cdot e^{-0{,}0129t} = 1000 - 800e^{-0{,}0129t}$
a) nach 10 Jahren: $f(10) \approx 297$; nach 15 Jahren: $f(15) \approx 341$
b) 95 % der Maximalzahl entsprechen 950 Pferden.
   $f(t) = 950$ bei $t \approx 214{,}9$: Nach etwa 214,9 Jahren beträgt der Bestand 950 Pferde.
c) $f'(t) = 10{,}32e^{-0{,}0129t}$; $f'(8) = 9{,}31$; Nach 8 Jahren wächst der Bestand um etwa 9,31 Pferde pro Jahr.

Seite 78 | Aufgabe 6
a) Temperatur in °C nach t Minuten: $f(t) = 20 - (20 - 95) \cdot e^{-0{,}073t} = 20 + 75e^{-0{,}073t}$

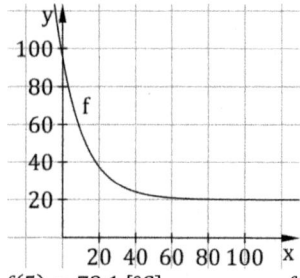

b) $f(5) \approx 72{,}1$ [°C] $f(10) \approx 56{,}1$ [°C] $f(30) \approx 28{,}4$ [°C] $f(60) \approx 20{,}9$ [°C]
c) $f'(t) = -5{,}475e^{-0{,}073t}$; $f'(20) \approx -1{,}27 \left[\frac{°C}{min}\right]$
d) $f'(t) = -1$ bei $t \approx 23{,}3$; Nach etwa 23,3 Minuten sinkt die Temperatur um 1 °C/min.

Seite 79 | Aufgabe 7
Tim hat den Anfangsbestand falsch berechnet, dieser beträgt nicht 7, sondern 27.
$f(0) = 20 + 7e^{-0{,}04 \cdot 0} = 27$; Die Grenze $S = 20$ wird so auch von oben, nicht von unten angenähert.
Maike: Die Halbwertszeit wird nur bei exponentiellen Zu- und Abnahmen sinnvoll berechnet. Die Hälfte des Ausgangsbestands $27 : 2 = 13{,}5$ wird nicht erreicht, da der Bestand nur bis zur Grenze 20 abnimmt.

Seite 79 | Aufgabe 8

a) P(n) beschreibt Bonussystem 2, bei dem die Zahlen von 1 bis zur letzten Einkaufsanzahl aufaddiert werden. n ist hierbei die Anzahl der Einkäufe insgesamt.

Bonussystem 1: $P_1(n) = 5 \cdot n$ $\qquad$ Bonussystem 3: $P_3(n) = 0{,}1 \cdot 2^{n-1} = 0{,}05 \cdot 2^n$

b) Die Punktzahl steigt hier bei den ersten Einkäufen sehr schnell an, nähert sich daraufhin jedoch asymptotisch dem Wert 64, sodass die Punktzahl auch bei sehr vielen Einkäufen nicht über 64 Punkt hinausgeht.

c) Lineares Wachstum: System 1; exponentielles Wachstum: System 3; begrenztes Wachstum: System 4 aus b) mit Grenze 64.

d)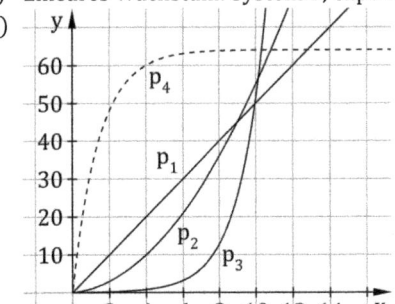

Hinweis: Das Bonussystem aus b) ist nur zum Vergleich eingezeichnet (P_4), es soll hier nicht berücksichtigt werden.

1 bis 8 Einkäufe: Die meisten Punkte gibt es bei Bonussystem 1
9 Einkäufe: Es gibt gleich viele Punkte bei Bonussystem 1 und 2 (45), bei beiden mehr als bei Bonussystem 3.
10 Einkäufe: Die meisten Punkte gibt es bei Bonussystem 2
Mehr als 10 Einkäufe: Die meisten Punkte gibt es bei Bonussystem 3.

Seite 79 | Aufgabe 9

Körpertemperatur t Stunden nach der ersten Messung in °C: $f(t) = 18 - (18 - 23{,}5) \cdot e^{-0{,}675t} = 18 + 5{,}5 e^{-0{,}675t}$
$f(t) = 36{,}8$ bei $t \approx -1{,}82$.
Die Person ist knapp 2 Stunden vor Eintreffen des Gerichtsmediziners gestorben.

Seite 79 | Aufgabe 10

a) Die Kette kann nicht unendlich expandieren, da die eigenen Märkte sich untereinander Kunden wegnehmen würden. Ein exponentielles Wachstum wird daher gebremst. In der Funktionsgleichung sieht man, dass 3200 die Grenze ist. Der Startwert (also die Anzahl der Märkte im Jahr 2000) beträgt $3200 - 3050 = 150$.

b) $f(2) \approx 600{,}96$, $f(4) \approx 985{,}25$; $\frac{f(4)-f(2)}{4-2} \approx 192{,}14$
Nach zwei Jahren gibt es 601 Märkte., nach 4 Jahren gibt es 985 Märkte der Kette. Zwischen dem zweiten und vierten Jahr nimmt die Anzahl der Märkte um durchschnittlich etwa 192 Märkte pro Jahr zu.

c) $\frac{f(t+2)-f(t)}{2} = 150 \Rightarrow f(t+2) - f(t) = 300 \Rightarrow 3050 e^{-0{,}08 \cdot t} \cdot (1 - e^{-0{,}16}) = 300 \Rightarrow e^{-0{,}08t} = \frac{300}{3050 \cdot (1-e^{-0{,}16})} \Rightarrow t \approx 5{,}09$
Im Zeitraum Februar 2005 bis Februar 2007 wurden durchschnittlich 150 Märkte pro Jahr eröffnet.

d) $f'(t) = 244 e^{-0{,}08 \cdot t}$; $f'(t) = 0$ gilt für $t \approx 11{,}15$.
Im Februar 2011 beträgt die Expansionsgeschwindigkeit 100 Märkte pro Jahr.

2.5 Abiturtraining

Seite 80 | Aufgabe 1

a) (A)–(3) grüner Graph, (B)–(5) lilafarbener Graph, (C)–(1) blauer Graph,
(D)–(4) orangefarbener Graph, (E)–(2) roter Graph

b) Der einzige infrage kommende Graph ist der grüne Graph (3), da dieser die y-Achse bei 15 schneidet und monoton fällt (und somit einen Zerfallsprozess beschreibt)
(1) und (2) kommen nicht infrage, da sie monoton steigen (Wachstumsprozess).
(4) und (5) kommen nicht infrage, da der Anfangsbestand bei –15 liegt.

c) ① Temperatur zu Beobachtungsbeginn (15 °C)
② Abkühlungsgeschwindigkeit (Änderungsrate der Wassertemperatur) nach 10 Stunden in °C/h
③ durchschnittliche Temperaturänderung des Wassers zwischen der 5. und 15. Stunde
④ die Zeit, zu der das Wasser um 0,5 °C pro Stunde abkühlt

Seite 80 | Aufgabe 2

a) ① Es wurde die allgemeine Gleichung aufgestellt und jeweils die beiden gegebenen Wertepaare eingesetzt.
② Es wurde die die obere durch die untere Gleichung dividiert.
③ Es wurde die sich ergebende Gleichung nach k aufgelöst und k berechnet.
④ Es wurde der Wert für k in die obere Gleichung aus ① eingesetzt und damit a berechnet.
⑤ Es wurden die Werte von k und a in die allgemeine Gleichung eingesetzt.

b) $f(6) = 4{,}1 \cdot e^{4k} = 30{,}1$
Diese Gleichung ergibt sich, wenn man auf die Gleichungen auf Kärtchen ① das Einsetzungsverfahren anwendet:
Umformen von (II): $a = \frac{4{,}1}{e^{k \cdot 2}}$, Einsetzen in (I): $\frac{4{,}1}{e^{k \cdot 2}} \cdot e^{k \cdot 6} = 4{,}1 \cdot e^{k \cdot 4} = 30{,}1$
Das Ergebnis muss daher identisch mit ③ sein.

c) Exponentielle Bestandfunktionen haben die Form $f(t) = a \cdot e^{kt}$. Es gilt: $f'(t) = a \cdot k \cdot e^{kt}$ und $f''(t) = a \cdot k^2 \cdot e^{kt}$.
Da f' und f'' keine Nullstellen haben, gibt es keine Kandidaten für mögliche Extrem- oder Wendestellen.

Seite 80 | Aufgabe 3

a) Der grüne Graph (3) gehört zum Zerfallsprozess von Iod131, da man am Graphen ablesen kann, dass nach 8 Tagen nur noch die Hälfte des Anfangsbestands (5 mg) vorhanden sind.
   Anfangsbestand: $a = f(0) = 10$ mg

b) Nach 24 Tagen (3 Halbwertszeiten) sind nur noch $\frac{10}{2^3} = \frac{10}{8} = 1{,}25$ mg Iod131 vorhanden.

c) $\frac{1}{32} = \frac{1}{2^5}$ Nach 40 Tagen (5 Halbwertszeiten) ist nur noch $\frac{1}{32}$ der Anfangsmenge vorhanden.

Seite 80 | Aufgabe 4

a) $f'(x) = -2e^{-x+3}$; $f'(3) = -2$; $f(3) = 2$ $t(x) = -2x + 8$

b) $t(x) = 0$ für $x = 4$; $t(0) = 8$; Flächeninhalt: $A = \frac{4 \cdot 8}{2} = 16$ FE

Seite 81 | Aufgabe 5

a) nach 1 Woche: $5 \cdot 0{,}88 = 4{,}4$; nach 2 Wochen: $4{,}4 \cdot 0{,}88 = 3{,}872$; nach 3 Wochen: $3{,}8723 \cdot 0{,}88 = 3{,}40736$

b) $f(t) = 5 \cdot e^{\ln(0{,}88)t}$; $f(1) = 4{,}4$; $f(2) = 3{,}872$; $f(3) = 3{,}40736$

c) Es dauert $T_H = \frac{\ln(0{,}5)}{\ln(8{,}88)} \approx 5{,}42$ Wochen die Schädlingsanzahl zu halbieren, der Hersteller hat zuviel versprochen.

d) $f(t) = 5 \cdot e^{\ln(0{,}88)t} = 1 \Rightarrow t = \frac{\ln(0{,}2)}{\ln(0{,}88)} \approx 12{,}59$

   Nach ca. 12,59 Wochen fällt der Bestand auf 1 Million.

e) $f'(t) = 5 \cdot \ln(0{,}88) \cdot e^{\ln(0{,}88)t} = -0{,}1 \Rightarrow t = \frac{\ln\left(\frac{-0{,}1}{5\ln(0{,}88)}\right)}{\ln(0{,}88)} \approx 14{,}51$

   Nach ca. 14,51 Wochen fällt der Schädlingsbestand um 100 000 Schädlinge pro Woche.

Seite 81 | Aufgabe 6

a) $f(t) = a \cdot e^{k \cdot t}$

   $f(0) = 120 \Rightarrow 120 = a \cdot e^{k \cdot 0} = a$; $f(3) = 60 = 120 \cdot e^{k \cdot 3} \Rightarrow k = \frac{\ln(0{,}5)}{3}$; $f(t) = 120e^{\frac{\ln\left(\frac{1}{2}\right)}{3}t}$

b) $f(4) \approx 47{,}62$. Nach 4 Stunden beträgt die Koffeinmenge etwa 47,62 mg.

   $\frac{2}{3}$ von 120 sind 80, die Menge Koffein beträgt also 40 mg.

   $f(t) = 40$ bei $t \approx 4{,}75$. Nach etwa 4,75 Stunden wurden $\frac{2}{3}$ des Koffeins abgebaut.

   $f'(t) = 40 \ln\left(\frac{1}{2}\right) e^{\frac{\ln\left(\frac{1}{2}\right)}{3}t}$; $f'(t) = -10$ bei $t \approx 4{,}41$. Nach etwa 4,41 Stunden nimmt die Koffeinmenge um 10 mg pro Stunde ab.

c) Julians Toleranzgrenze: $1{,}82$ mg $\cdot 70 = 127{,}4$ mg

   $g(t) = 180e^{\frac{\ln\left(\frac{1}{2}\right)}{3}t} = 127{,}4$ bei $t \approx 1{,}50$. Julian sollte seinen Energydrink spätestens ca. 1,5 Stunden vor dem Schlafen, also um 20:30 Uhr trinken.

   Schwarztee: $s(t) = 154e^{\frac{\ln\left(\frac{1}{2}\right)}{3}t} = 127{,}4$ bei $t \approx 0{,}82$. Julian sollte den Tee spätestens ca. 49 Minuten vor dem Schlafen trinken.

d) $g(t) = a \cdot e^{\frac{\ln(0{,}5)}{3}t}$ $-30 = \frac{g(6)-g(0)}{6-0} = \frac{a \cdot e^{2\ln(0{,}5)}-a}{6} = a \cdot \left(-\frac{1}{8}\right) \Rightarrow a = 240$

   Der Energydrink hat einen Koffeingehalt von 240 mg.

3. Integralrechnung

3.1 Rekonstruktion aus Änderungsraten

Seite 88 | Einstieg

Der Aufzug fährt 4 Sekunden mit einer Geschwindigkeit von $1{,}5\,\frac{m}{s}$, um vom Erdgeschoss in den 2. Stock zu kommen. Der 2. Stock befindet sich also $1{,}5\,\frac{m}{s} \cdot 4\,s = 6\,m$ über dem Erdgeschoss. Dann fährt er mit gleicher Geschwindigkeit 2 Sekunden in den 3. Stock, der sich in einer Höhe von $6\,m + 1{,}5\,\frac{m}{s} \cdot 2\,s = 9\,m$ befindet. Anschließend fährt er 9 Sekunden mit einer Geschwindigkeit von $1{,}5\,\frac{m}{s}$ nach unten in die Tiefgarage, die sich in einer Höhe von $9\,m - 1{,}5\,\frac{m}{s} \cdot 9\,s = -4{,}5\,m$ befindet. Die Tiefgarage befindet sich also 4,5 m unter dem Erdgeschoss.

Seite 89 | Aufgabe 1

a) 20 Minuten lang fließen $100\,\frac{m^3}{min}$ in das Speicherbecken, also 2000 m³. Danach fließen 40 Minuten lang $150\,\frac{m^3}{min}$ aus dem Becken (6000 m³), dann 10 min lang $100\,\frac{m^3}{min}$ in das Becken (1000 m³) und zuletzt 30 Minuten lang $150\,\frac{m^3}{min}$ aus dem Becken (4500 m³). Insgesamt verliert das Becken in dieser Zeit also 7500 m³ Wasser.

b) Die Bestandsänderung ist im Intervall von 0 bis 20 Minuten positiv, von 20 bis 60 Minuten negativ, von Minute 60 bis 70 wieder positiv, von Minute 70 bis 100 negativ. Null ist sie z.B. von Minute 5 bis 30.

Seite 89 | Aufgabe 2

Der Flächeninhalt beschreibt die Größe einer Fläche. Unter der Flächenbilanz versteht man die Summe aller orientierten Flächeninhalte (oberhalb der x-Achse positiv, unterhalb der x-Achse negativ) und somit die Gesamtänderung der beschriebenen Größe. Liegt ein Graph vor, der nur oberhalb der x-Achse verläuft, sind Flächeninhalt und Flächenbilanz dasselbe.

Seite 89 | Aufgabe 3

Individuelle Lösungen; Alle Graphen, bei denen der Flächeninhalt unterhalb der x-Achse gleich dem Flächeninhalt oberhalb der x-Achse ist, haben die Bestandsänderung null; Beispiel: f(t) = 1 – x im Intervall $0 \leq x \leq 2$

Seite 90 | Aufgabe 4

$800\,l - 40\,\frac{1}{min} \cdot 4\,min + 0\,\frac{1}{min} \cdot 3\,min + 20\,\frac{1}{min} \cdot 3\,min = 700\,l$

Seite 90 | Aufgabe 5

a) ① Der Graph zeigt den Verlauf der Geschwindigkeit in $\frac{km}{h}$ eines Autos, das dreimal gleichmäßig beschleunigt und wieder bremst, ohne zum Stehen zu kommen. Dargestellt ist die jeweilige Geschwindigkeit in km/h.

② Der Graph zeigt die Entwicklung der Geschwindigkeit beim freien Fall. Die Geschwindigkeit nimmt linear zu.

③ Der Graph zeigt eine Bevölkerungszahl, die zunimmt, bei dem die Zunahme aber jährlich schwankt.

④ Der Graph zeigt den schwankenden Benzinverbrauch während einer Fahrt in l/km.

b) ① insgesamt zurückgelegte Strecke

② gesamte Fallstrecke

③ Gesamtänderung der Bevölkerung im dargestellten Zeitraum

④ gesamter Benzinverbrauch während der Fahrtstrecke

Seite 90 | Aufgabe 6

a) ① Der Aufzug fährt zu Beginn bereits mit der Geschwindigkeit von 1 m/s nach oben und erhöht dann 4 Sekunden lang seine Geschwindigkeit auf 3 m/s. Anschließend behält er 2 Sekunden diese Geschwindigkeit bei und verringert sie dann 3 s lang gleichmäßig. Insgesamt fährt er 9 Sekunden lang aufwärts und kommt dann zum Stillstand.

② Der Aufzug fährt zunächst 2 Sekunden mit einer konstanten Geschwindigkeit von 2 m/s aufwärts, bremst dann ab, erreicht nach 4 Sekunden Stillstand und fährt dann abwärts. Er wird dabei eine Sekunde lang beschleunigt, dann fährt er 3 Sekunden lang mit der konstanten Geschwindigkeit von –1 m/s.

③ Der Aufzug bewegt sich bereits mit 1 m/s nach oben und fährt dann zwei Sekunden lang abgebremst aufwärts. Er kommt zum Stillstand und beschleunigt abwärts noch drei Sekunden. Er erreicht so die Geschwindigkeit –1,5 m/s, die er 2 Sekunden beibehält. Dann bremst er eine Sekunde lang ab, kommt wieder zum Stehen und beschleunigt dann eine Sekunde lang seine Fahrt nach oben. Nach 9 Sekunden hat er so eine Geschwindigkeit von 1,5 m/s nach oben erreicht.

b) ① 18,5 m   ② 2,5 m   ③ –4,25 m

c) Der Flächeninhalt oberhalb der t-Achse gibt an, wie viele Meter der Aufzug nach oben gefahren ist. Der Flächeninhalt unterhalb der t-Achse gibt an, wie viele Meter er nach unten gefahren ist. Der Inhalt der Gesamtfläche gibt die insgesamt gefahrene Strecke des Aufzugs an. Die Flächenbilanz gibt die Höhendifferenz des Aufzugs zum Ausgangspunkt an.

Seite 90 | Aufgabe 7

a) t = 1 min: 2800 Flaschen + 1 min · 100 Flaschen/min = 2900 Flaschen

t = 2 min: 2800 Flaschen + 2 min · 100 Flaschen/min = 3000 Flaschen

t = 6 min: 3000 Flaschen + 4 min · 50F laschen/min + $\frac{1}{2}$· 4 min · 50 Flaschen/min = 3300 Flaschen

t = 10 min: 3300 Flaschen + $\frac{1}{2}$·· 4 min · 50 Flaschen/min = 3400 Flaschen

b) Es gilt nun für t = 10 min: 2800 Flaschen + $\frac{1}{2}$· 10 min · 100 Flaschen/min = 3300 Flaschen

Bei dieser Methode gelangen also 100 Flaschen weniger in die Lagerhalle.

Seite 90 | Aufgabe 8

a) richtig; Bei gleichbleibender positiver Änderungsrate nimmt der Bestand pro Zeiteinheit um dieselbe Menge zu.
b) falsch; Der Bestand hat an dieser Stelle ein Maximum, da der Bestand davor zunahm und dann abnimmt.
c) richtig; Je kleiner die positive Änderungsrate, desto weniger nimmt der Bestand pro Zeiteinheit zu.
d) falsch; Je kleiner die negative Änderungsrate, desto größer ist der Betrag der negativen Änderungsrate und desto mehr nimmt der Bestand pro Zeiteinheit ab.

Seite 91 | Aufgabe 9

Ist $f(x)$ positiv (negativ), so steigt (fällt) $F(x)$. Damit ergibt sich:

Änderungsrate A: Graph ③   Änderungsrate B: Graph ①   Änderungsrate C: Graph ②

Seite 91 | Aufgabe 10

Bestandsänderung nach 25 min: 120 m³/min · 10 min – 200 m³/min · 15 min = –1800 m³
Nach 25 Minuten sind also 1800 m³ weniger Wasser im Becken als zu Beginn. Es ist allerdings keinerlei Aussage dazu gemacht, wie viel Wasser zu Beginn im Becken war. Wenn zu Beginn über 1800 m³ Wasser im Becken waren, dann kann das Pumpspeicherwerk durchaus wie angegeben laufen.

Seite 91 | Aufgabe 11

Der Graph kann durch eine stückweise konstante Funktion angenähert werden, je kleiner die Stücke sind, desto besser die Näherung, Ebenso kann auch der Flächeninhalt zwischen dem Graphen und der x-Achse durch Rechtecke angenähert werden, diese Näherung wird ebenso immer besser, je schmaler die Rechtecke sind. Auch hier gilt, dass die Flächenbilanz zwischen dem Graphen und der x-Achse der Bestandsänderung entspricht.

Seite 91 | Aufgabe 12

a)

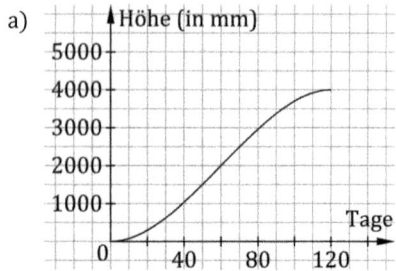

b) Man könnte die Anzahl der Kästchen (etwa 40) zwischen dem Graphen und der x-Achse schätzen. Ein Kästchen ergibt ein Wachstum von 10 Tage · 10 mm/Tag = 100 mm.
Nach 120 Tagen ist die Pflanze etwa 4000 mm = 4 m hoch.

Seite 91 | Aufgabe 13

Während der Steigphase ist der Verbrauch am höchsten, da das Flugzeug zuerst einmal an Höhe und Geschwindigkeit gewinnen muss. Im Horizontalflug muss das Flugzeug nur noch die Geschwindigkeit halten, wodurch der Verbrauch geringer ist. Im Sinkflug ist der Verbrauch noch niedriger, da die Höhe nicht mehr gehalten werden muss.
Abschätzung mit den gegebenen Werten, wenn der Verbrauch jeweils zu Beginn einer neuen Flugphase notiert wird und dann bis zur nächsten Flugphase näherungsweise konstant bleibt:

$5 \text{ min} \cdot 0{,}7 \frac{1}{\text{min}} + 2 \text{ min} \cdot 0{,}3 \frac{1}{\text{min}} + 1 \text{ min} \cdot 0{,}5 \frac{1}{\text{min}} + 12 \text{ min} \cdot 0{,}3 \frac{1}{\text{min}} + 3 \text{ min} \cdot 0{,}2 \frac{1}{\text{min}} + 4 \text{ min} \cdot 0{,}4 \frac{1}{\text{min}} + 3 \text{ min} \cdot 0{,}1 \frac{1}{\text{min}} = 10{,}7 \text{ l}$

Der Gesamtverbrauch ist schwierig zu schätzen, da der Pilot zu den einzelnen Zeitpunkten nur den momentanen Verbrauch abliest. Zwischen diesen Zeitpunkten ist der Verbrauch nicht bekannt und könnte bedeutend höher oder niedriger liegen.

Seite 91 | Aufgabe 14

$F(t) = \frac{1}{2} \cdot t \cdot f(t) + F_0 = \frac{1}{2} \cdot t \cdot at + F_0 = \frac{1}{2} at^2 + F_0$

3.2 Bestimmtes Integral

Seite 92 | Einstieg

Bei der Näherung geht man davon aus, dass die Geschwindigkeit immer jeweils eine Sekunde konstant bleibt. Die Fläche wird damit durch kleine Rechtecke mit der Breite 1 s angenähert. Die Näherung kann man verbessern, indem man schmalere Rechtecke (und dafür mehr) verwendet.

Seite 93 | Aufgabe 1

a) ca. 36 Kästchen
b) $0{,}5 \cdot 13 \cdot 5{,}5 = 35{,}75$

Seite 93 | Aufgabe 2

a) 4 FE + 3 FE + 1 FE = 8 FE
b) $0{,}5 \cdot (2{,}5 + 4 + 4{,}5 + 4 + 3 + 2 + 1 + 0{,}2) = 10{,}6$ FE
   Die Treppenfläche vergrößert sich, liefert also einen besseren Näherungswert.
c) Verwendet man immer schmalere Rechtecke, erhält man immer bessere Näherungswerte.

Seite 93 | Aufgabe 3

a) 3 Rechtecke:

Obersumme: $O_3 = 1 \cdot f(1) + 1 \cdot f(2) + 1 \cdot f(3) = 36$; Untersumme: $U_3 = 1 \cdot f(0) + 1 \cdot f(1) + 1 \cdot f(2) = 9$

6 Rechtecke:

Obersumme: $O_6 = 0{,}5 \cdot f(0{,}5) + 0{,}5 \cdot f(1) + 0{,}5 \cdot f(1{,}5) + 0{,}5 \cdot f(2) + 0{,}5 \cdot f(2{,}5) + 0{,}5 \cdot f(3) = 27{,}5625$

Untersumme: $U_6 = 0{,}5 \cdot f(0) + 0{,}5 \cdot f(0{,}5) + 0{,}5 \cdot f(1) + 0{,}5 \cdot f(1{,}5) + 0{,}5 \cdot f(2) + 0{,}5 \cdot f(2{,}5) = 14{,}0625$

b) obere Grenze: 27,5625; untere Grenze: 14,0625

Seite 93 | Aufgabe 4

a) Untersumme:

$$U_5 = 1 \cdot f(1) + 1 \cdot f(2) + 1 \cdot f(3) + 1 \cdot f(4) + 1 \cdot f(5)$$
$$= -\frac{1}{8} \cdot 1^2 + 5 - \frac{1}{8} \cdot 2^2 + 5 - \frac{1}{8} \cdot 3^2 + 5 - \frac{1}{8} \cdot 4^2 + 5 - \frac{1}{8} \cdot 5^2 + 5 = 18{,}125$$

Obersumme:

$$O_5 = 1 \cdot f(0) + 1 \cdot f(1) + 1 \cdot f(2) + 1 \cdot f(3) + 1 \cdot f(4)$$
$$= -\frac{1}{8} \cdot 0^2 + 5 - \frac{1}{8} \cdot 1^2 + 5 - \frac{1}{8} \cdot 2^2 + 5 - \frac{1}{8} \cdot 3^2 + 5 - \frac{1}{8} \cdot 4^2 + 5 = 21{,}25$$

b) Untersumme:

$$U_{10} = 0{,}5 \cdot \big(f(0{,}5) + f(1) + f(1{,}5) + f(2) + f(2{,}5) + f(3) + f(3{,}5) + f(4) + f(4{,}5) + f(5)\big) = 18{,}984375$$

Obersumme:

$$O_{10} = 0{,}5 \cdot \big(f(0) + f(0{,}5) + f(1) + f(1{,}5) + f(2) + f(2{,}5) + f(3) + f(3{,}5) + f(4) + f(4{,}5)\big) = 20{,}546875$$

Seite 93 | Aufgabe 5

a) Produktsumme: $P = 2 \cdot (0{,}2 \cdot 1^2 + 1) + 2 \cdot (0{,}2 \cdot 3^2 + 1) + 2 \cdot (0{,}2 \cdot 5^2 + 1) + 2 \cdot (0{,}2 \cdot 7^2 + 1) = 41{,}6$

William hat das Intervall [0;8] in vier Rechtecke mit gleicher Breite eingeteilt, die also jeweils 2 LE beträgt. Die Höhe der Rechtecke entspricht dem Funktionswert jeweils in der Mitte des Rechtecks.

b) Untersumme: $U_4 = 2 \cdot f(0) + 2 \cdot f(2) + 2 \cdot f(4) + 2 \cdot f(6) = 30{,}4$

Obersumme: $O_4 = 2 \cdot f(2) + 2 \cdot f(4) + 2 \cdot f(6) + 2 \cdot f(8) = 56$

c) Der Wert der Produktsumme aus a) ist die beste der drei Näherungen, er liegt zwischen Ober- und Untersumme. Die Fläche unter dem Graphen, die ein Rechteck in der rechten Hälfte eines Intervalls nicht abdeckt, wird etwa durch den überstehenden Teil in der linken Intervallhälfte ausgeglichen.

d) Kennt man den Wert der Ober- und Untergrenze, lässt sich der tatsächliche Wert eingrenzen. Es gilt $U_n < A < O_n$. Man kann also sicher sein, dass der tatsächliche Flächeninhalt A einen Wert zwischen den beiden Werten annimmt.

Seite 95 | Aufgabe 6

a) Nach dem Hinweis am Rand gilt: $1^2 + 2^2 + \cdots + (n-1)^2 = \frac{(n-1) \cdot (n-1+1) \cdot (2(n-1)+1)}{6} = \frac{(n-1) \cdot n \cdot (2n-1)}{6}$

b) $U_n = \frac{2}{n} \cdot f\left(0 \cdot \frac{2}{n}\right) + \frac{2}{n} \cdot f\left(1 \cdot \frac{2}{n}\right) + \cdots + \frac{2}{n} \cdot f\left((n-1) \cdot \frac{2}{n}\right)$

$$= \frac{2}{n} \cdot \left(f\left(0 \cdot \frac{2}{n}\right) + f\left(1 \cdot \frac{2}{n}\right) + \cdots + f\left((n-1) \cdot \frac{2}{n}\right)\right)$$

$$= \frac{2}{n} \cdot \left(0^2 \cdot \left(\frac{2}{n}\right)^2 + 1^2 \cdot \left(\frac{2}{n}\right)^2 + \cdots + (n-1)^2 \cdot \left(\frac{2}{n}\right)^2\right)$$

$$= \frac{2}{n} \cdot \frac{2^2}{n^2} \left(0^2 + 1^2 + \cdots + (n-1)^2\right)$$

$$= \frac{2^3}{n^3} \cdot \left(\frac{(n-1) \cdot n \cdot (2n-1)}{6}\right)$$

$$= \frac{8}{n^3} \cdot \left(\frac{2n^3}{6} - \frac{3n^2}{6} + \frac{n}{6}\right)$$

$$= \frac{8}{3} - \frac{4}{n} + \frac{4}{3n^2}$$

Seite 95 | Aufgabe 7

a) Das Intervall [0;4] wird in 8 Teile geteilt, die jeweils eine Breite von $\frac{4}{8} = \frac{1}{2}$ haben.

$O_8 = \frac{4}{8} \cdot f\left(1 \cdot \frac{4}{8}\right) + \frac{4}{8} \cdot f\left(2 \cdot \frac{4}{8}\right) + \cdots + \frac{4}{8} \cdot f\left(8 \cdot \frac{4}{8}\right)$

$$= \frac{1}{2} \cdot \left(\frac{1}{3} \cdot 1 \cdot \frac{1}{2} + \frac{1}{3} \cdot 2 \cdot \frac{1}{2} + \frac{1}{3} \cdot 3 \cdot \frac{1}{2} + \frac{1}{3} \cdot 4 \cdot \frac{1}{2} + \frac{1}{3} \cdot 5 \cdot \frac{1}{2} + \frac{1}{3} \cdot 6 \cdot \frac{1}{2} + \frac{1}{3} \cdot 7 \cdot \frac{1}{2} + \frac{1}{3} \cdot 8 \cdot \frac{1}{2}\right)$$

$$= \frac{1}{2} \cdot \frac{1}{3} \cdot \frac{1}{2}(1 + 2 + 3 + 4 + 5 + 6 + 7 + 8)$$

$$= \frac{1}{12} \cdot \frac{8 \cdot (8+1)}{2} = 3$$

b) $O_n = \frac{4}{n} \cdot f\left(1 \cdot \frac{4}{n}\right) + \frac{4}{n} \cdot f\left(2 \cdot \frac{4}{n}\right) + \cdots + \frac{4}{n} \cdot f\left(8 \cdot \frac{4}{n}\right)$

$$= \frac{4}{n} \cdot \left(\frac{1}{3} \cdot 1 \cdot \frac{4}{n} + \frac{1}{3} \cdot 2 \cdot \frac{4}{n} + \cdots + \frac{1}{3} \cdot n \cdot \frac{4}{n}\right)$$

$$= \frac{4}{n} \cdot \frac{1}{3} \cdot \frac{4}{n}(1 + 2 + \cdots + n)$$

$$= \frac{16}{3n^2} \cdot \frac{n \cdot (n+1)}{2}$$

$$= \frac{8}{3} + \frac{8}{3n}$$

c) $\lim\limits_{n \to \infty} O_n = \lim\limits_{n \to \infty} \left(\frac{8}{3} + \frac{8}{3n}\right) = \frac{8}{3}$ \qquad Dreiecksfläche: $A = \frac{1}{2} \cdot 4 \cdot f(4) = \frac{1}{2} \cdot 4 \cdot \frac{4}{3} = \frac{8}{3}$

Seite 95 | Aufgabe 8

a) $O_n = \frac{1}{n} \cdot f\left(1 \cdot \frac{1}{n}\right) + \frac{1}{n} \cdot f\left(2 \cdot \frac{1}{n}\right) + \cdots + \frac{1}{n} \cdot f\left(n \cdot \frac{1}{n}\right)$

$= \frac{1}{n} \cdot \left(6 \cdot \left(\frac{1}{n}\right)^2 + 6 \cdot \left(\frac{2}{n}\right)^2 + \cdots + 6 \cdot \left(\frac{n}{n}\right)^2\right)$

$= \frac{6}{n^3} \cdot (1^2 + 2^2 + \cdots + n^2)$

$= \frac{6}{n^3} \cdot \left(\frac{n \cdot (n+1) \cdot (2n+1)}{6}\right)$

$= \frac{6}{n^3} \cdot \left(\frac{2n^3}{6} + \frac{3n^2}{6} + \frac{n}{6}\right) = 2 + \frac{3}{n} + \frac{1}{n^2}$

$U_n = \frac{1}{n} \cdot f\left(0 \cdot \frac{1}{n}\right) + \frac{1}{n} \cdot f\left(1 \cdot \frac{1}{n}\right) + \cdots + \frac{1}{n} \cdot f\left((n-1) \cdot \frac{1}{n}\right)$

$= \frac{1}{n} \cdot \left(6 \cdot \left(\frac{0}{n}\right)^2 + 6 \cdot \left(\frac{1}{n}\right)^2 + \cdots + 6 \cdot \left(\frac{(n-1)}{n}\right)^2\right)$

$= \frac{6}{n^3} \cdot (0^2 + 1^2 + \cdots + (n-1)^2)$

$= \frac{6}{n^3} \cdot \left(\frac{(n-1) \cdot n \cdot (2n-1)}{6}\right)$

$= \frac{6}{n^3} \cdot \left(\frac{2n^3}{6} - \frac{3n^2}{6} + \frac{n}{6}\right) = 2 - \frac{3}{n} + \frac{1}{n^2}$

b) $O_{10} = 2 + \frac{3}{10} + \frac{1}{100} = 2{,}31$; $O_{100} = 2 + \frac{3}{100} + \frac{1}{10000} = 2{,}0301$; $O_{1000} = 2 + \frac{3}{1000} + \frac{1}{1000000} = 2{,}003001$

$U_{10} = 2 - \frac{3}{10} + \frac{1}{100} = 1{,}71$; $U_{100} = 2 - \frac{3}{100} + \frac{1}{10000} = 1{,}9701$; $U_{1000} = 2 - \frac{3}{1000} + \frac{1}{1000000} = 1{,}997001$

c) $\lim\limits_{n \to \infty} O_n = \lim\limits_{n \to \infty} \left(2 + \frac{3}{n} + \frac{1}{n^2}\right) = 2$ $\qquad$ $\lim\limits_{n \to \infty} U_n = \lim\limits_{n \to \infty} \left(2 - \frac{3}{n} + \frac{1}{n^2}\right) = 2$ $\qquad$ Integral: $\int_0^1 6x^2 dx = 2$

Seite 95 | Aufgabe 9

a) Obersumme:

$O_n = \frac{2}{n} \cdot \left(\frac{2}{n} + \frac{4}{n} + \cdots + \frac{2n}{n}\right) = \frac{4}{n^2} \cdot (1 + 2 + \cdots + n) = \frac{4}{n^2} \cdot \frac{n \cdot (n+1)}{2} = 2 + \frac{2}{n}$

Untersumme:

$U_n = \frac{2}{n} \cdot \left(\frac{0}{n} + \frac{2}{n} + \cdots + \frac{2(n-1)}{n}\right) = \frac{4}{n^2} \cdot (0 + 1 + \cdots + n - 1) = \frac{4}{n^2} \cdot \frac{(n-1) \cdot n}{2} = 2 - \frac{2}{n}$

Flächenberechnung durch Grenzwertbildung:

$\lim\limits_{n \to \infty} O_n = \lim\limits_{n \to \infty} \left(2 + \frac{2}{n}\right) = 2$

$\lim\limits_{n \to \infty} U_n = \lim\limits_{n \to \infty} \left(2 - \frac{2}{n}\right) = 2$

b) Obersumme:

$O_n = \frac{3}{n} \cdot \left(\left(\frac{3}{n}\right)^3 + \left(\frac{6}{n}\right)^3 + \cdots + \left(\frac{3n}{n}\right)^3\right) = \frac{81}{n^4} \cdot (1^3 + 2^3 + \cdots + n^3) = \frac{81}{n^4} \cdot \frac{n^2 \cdot (n+1)^2}{4} = \frac{81}{n^4} \cdot \frac{n^2 \cdot (n^2+2n+1)}{4} = 20{,}25 + \frac{81}{2n} + \frac{81}{4n^2}$

Untersumme:

$U_n = \frac{3}{n} \cdot \left(\left(\frac{0}{n}\right)^3 + \left(\frac{3}{n}\right)^3 + \cdots + \left(\frac{3(n-1)}{n}\right)^3\right) = \frac{81}{n^4} \cdot (0^3 + 1^3 + \cdots + (n-1)^3) = \frac{81}{n^4} \cdot \frac{(n-1)^2 \cdot n^2}{4} = \frac{81}{n^4} \cdot \frac{(n^2-2n+1) \cdot n^2}{4} = 20{,}25 - \frac{81}{2n} + \frac{81}{4n^2}$

Flächenberechnung durch Grenzwertbildung:

$\lim\limits_{n \to \infty} O_n = \lim\limits_{n \to \infty} \left(20{,}25 + \frac{81}{2n} + \frac{81}{4n^2}\right) = 20{,}25$ $\qquad$ $\lim\limits_{n \to \infty} U_n = \lim\limits_{n \to \infty} \left(20{,}25 - \frac{81}{2n} + \frac{81}{4n^2}\right) = 20{,}25$

c) Obersumme:

$O_n = \frac{a}{n} \cdot \left(3\left(\frac{a}{n}\right)^2 + 3\left(\frac{2a}{n}\right)^2 + \cdots + 3\left(\frac{na}{n}\right)^2\right) = \frac{3a^3}{n^3} \cdot (1^2 + 2^2 + \cdots + n^2) = \frac{3a^3}{n^3} \cdot \frac{n \cdot (n+1) \cdot (2n+1)}{6} = \frac{3a^3}{n^3} \cdot \left(\frac{2n^3}{6} + \frac{3n^2}{6} + \frac{n}{6}\right)$

$= a^3 + \frac{3a^3}{2n} + \frac{a^3}{2n^2}$

Untersumme:

$U_n = \frac{a}{n} \cdot \left(3\left(\frac{0a}{n}\right)^2 + 3\left(\frac{a}{n}\right)^2 + \cdots + 3\left(\frac{(n-1)a}{n}\right)^2\right) = \frac{3a^3}{n^3} \cdot (0^2 + \cdots + (n-1)^2) = \frac{3a^3}{n^3} \cdot \frac{(n-1) \cdot n \cdot (2n-1)}{6} = \frac{3a^3}{n^3} \cdot \left(\frac{2n^3}{6} - \frac{3n^3}{6} + \frac{n}{6}\right)$

$= a^3 - \frac{3a^2}{2n} + \frac{a^3}{2n^2}$

Flächenberechnung durch Grenzwertbildung:

$\lim\limits_{n \to \infty} O_n = \lim\limits_{n \to \infty} \left(a^3 + \frac{3a^3}{2n} + \frac{a^3}{2n^2}\right) = a^3$ $\qquad$ $\lim\limits_{n \to \infty} U_n = \lim\limits_{n \to \infty} \left(a^3 - \frac{3a^3}{2n} + \frac{a^3}{2n^2}\right) = a^3$

Seite 96 | Aufgabe 10

a) ① $\int_{-3}^{3} f(x)\, dx$ $\qquad\qquad$ ② $\int_{-3}^{3} g(x)\, dx$ $\qquad\qquad$ ③ $\int_{1}^{4} h(x)\, dx$

b) Das Integral beschreibt dann den gesamten Flächeninhalt, wenn die gesamte Fläche oberhalb der x-Achse liegt. Das ist für ① und ③ der Fall. Bei ② entspricht die Flächenbilanz nicht dem gesamten Flächeninhalt, weil der Inhalt der negativ orientieren Fläche für $1 < x < 3$ vom Inhalt der positiv orientierten Fläche für $-3 < x < 1$ abgezogen wird.

Seite 96 | Aufgabe 11

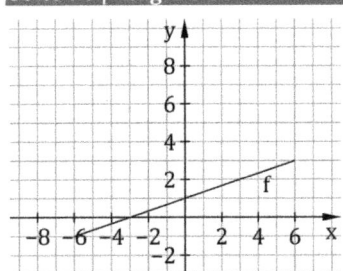

a) $\int_{-3}^{3} f(x)dx = 6$

b) $\int_{-3}^{6} f(x)dx = 13,5$

c) $\int_{-6}^{6} f(x)dx = 12$

d) $\int_{3}^{6} f(x)dx = 7,5$

Seite 96 | Aufgabe 12

a) $\int_{-4}^{5} f(x)dx = 14$

b) $\int_{-3}^{6} f(x)dx = -13,5$

Seite 96 | Aufgabe 13

a)

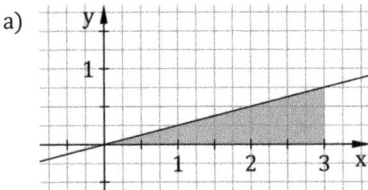

Flächeninhalt A eines Dreiecks:

$A = \frac{1}{2} \cdot$ Grundseite $\cdot$ Höhe

$A = \frac{1}{2} \cdot (3 - 0) \cdot f(3) = \frac{3}{2} \cdot \frac{3}{4} = \frac{9}{8}$

$\int_{0}^{3} \frac{1}{4}x \, dx = A = \frac{9}{8} = 1,125$

b)

Flächeninhalt A eines Rechtecks:

$A = $ Grundseite $\cdot$ Höhe

$A = (2 - (-1)) \cdot 0,5 = 1,5$

$\int_{0}^{3} -0,5 \, dx = -A = -1,5$

c)

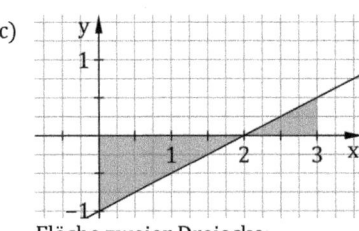

Fläche zweier Dreiecke:

$A_1 = \frac{1}{2} \cdot (2 - 0)) \cdot 1 = 1$

$A_2 = \frac{1}{2} \cdot (3 - 2) \cdot \frac{1}{2} = \frac{1}{4}$

$\int_{0}^{3} \left(\frac{1}{2}x - 1\right) dx = -A_1 + A_2 = -\frac{3}{4}$

d) Aus Symmetriegründen gilt $\int_{-3}^{3} -7t \, dt = 0$.

Seite 96 | Aufgabe 14

a) negativ

b) positiv

c) negativ

d) null

Seite 96 | Aufgabe 15

a) Die gelb markierten Rechtecke stellen den Unterschied zwischen Ober- und Untersumme da. Schiebt man sie zu einem Rechteck zusammen, so hat dies die Höhe f(b) – f(a) und die Breite $\frac{b-a}{n}$ (wenn man das Intervall [a; b] in n gleich große Teilintervalle unterteilt) sowie den Flächeninhalt $\frac{b-a}{n} \cdot$ (f(b) – f(a)). Für n $\to \infty$ strebt die Breite und der Gesamtflächeninhalt der gelben Rechtecke und somit der Term $\frac{b-a}{n} \cdot$ (f(b) – f(a)) gegen null.

b) Es kann analog argumentiert werden. Das zusammengeschobene Rechteck hat die Höhe f(a) – f(b) und die Breite $\frac{b-a}{n}$, die Differenz zwischen Obersumme und Untersumme beträgt $\frac{b-a}{n} \cdot$ (f(a) – f(b)).

Seite 96 | Aufgabe 16

a) Die Funktion f ist in dem angegebenen Intervall streng monoton fallend. Wenn man hier die Obersumme bilden möchte, muss man für die Rechteckhöhe den Funktionswert am linken Rand des Teilintervalls wählen.

b) Anne hat recht, wenn f im gegebenen Intervall streng monoton steigend ist.

Seite 97 | Aufgabe 17

a) Punktsymmetrie:

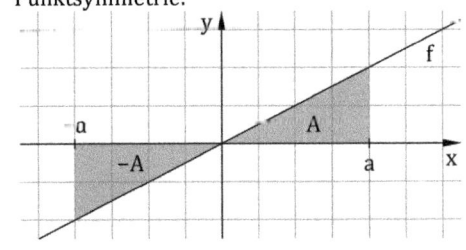

Die beiden Flächen sind bei Punktsymmetrie gleich groß und unterschiedlich orientiert, sodass die Flächenbilanz Null ergibt.

b) Achsensymmetrie:

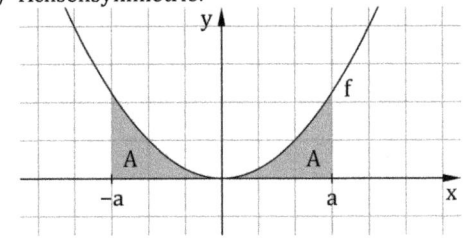

Die beiden Flächen sind durch die Achsensymmetrie gleich groß. Die Gesamtfläche ist also doppelt so groß wie eine der Teilflächen.

Seite 97 | Aufgabe 18

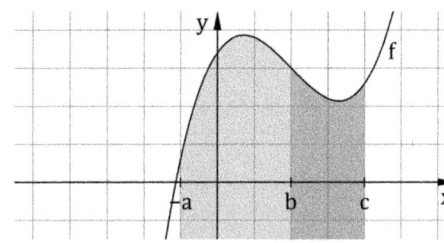

Das Integral $\int_a^b f(x)\,dx$ beschreibt die Flächenbilanz zwischen dem Graphen und der x-Achse im Intervall [a; b], das zweite Integral $\int_b^c f(x)\,dx$ im Intervall [b; c]. Da die beiden Intervalle direkt aneinander liegen, addieren sich die beiden Flächenbilanzen zu der Flächenbilanz zwischen Graph und x-Achse im Intervall [a; c]. Diese Flächenbilanz wird durch das Integral $\int_a^c f(x)\,dx$ beschrieben, sodass die angegebene Addition richtig ist.

Seite 97 | Aufgabe 19

a) 6   b) $0{,}75 + 5{,}25 = 6$ c) $56 - 50 = 6$

Wegen der Additivität von Integralen, die in Aufgabe 20 gezeigt wurde, ist das Ergebnis aller Teilaufgaben gleich.

Seite 97 | Aufgabe 20

a) Die Fläche ist ein Maß für die zurückgelegte Strecke.

b) $\int_0^4 v(t)\,dt = 80$. Das Objekt hat nach 4 Zeiteinheiten 80 Streckeneinheiten zurückgelegt.

c) $\int_3^5 v(t)\,dt = 80$

Seite 97 | Aufgabe 21

a) Die Fläche eines Kästchens ergibt 5 Liter.

Hineingeflossene Wassermenge: ca. 75 Liter; abgeflossene Wassermenge: ca. 105 Liter

b) Gibt f(t) die Durchflussrate in Abhängigkeit von der Zeit an, gilt: $\int_0^{50} f(t)\,dt = -30$

Seite 97 | Aufgabe 22

a) $d(2) = 2\ (\frac{m^3}{s}); d(4) = 8\ (\frac{m^3}{s}); d(8) = 32\ (\frac{m^3}{s})$

b) Individuelle Lösungen; Wenn man im Intervall [0 s; 2 s] eine mittlere Geschwindigkeit von $1\ \frac{m^3}{s}$ annimmt, im Intervall [2 s; 4 s] von $5\ \frac{m^3}{s}$ und im Intervall [4 s; 8 s] von $20\ \frac{m^3}{s}$, dann erhält man einen Schätzwert von 92 m³.

c) Die durchgeflossene Wassermenge entspricht der Fläche zwischen dem Graphen von d und t-Achse im Intervall [0; 8]. Obersumme:

$$O_n = \frac{8}{n} \cdot \left(\frac{1}{2} \cdot \left(\frac{8}{n}\right)^2 + \frac{1}{2} \cdot \left(\frac{2\cdot 8}{n}\right)^2 + \cdots + \frac{1}{2} \cdot \left(\frac{n\cdot 8}{n}\right)^2 \right) = \frac{256}{n^3} \cdot (1^2 + 2^2 + \cdots + n^2) = \frac{256}{n^3} \cdot \frac{n\cdot(n+1)\cdot(2n+1)}{6} = \frac{256}{n^3} \cdot \left(\frac{2n^3}{6} + \frac{3n^2}{6} + \frac{n}{6} \right)$$

$$= \frac{256}{3} + \frac{128}{n} + \frac{128}{3n^2}$$

Flächenberechnung durch Grenzwertbildung:

$$\lim_{n\to\infty} O_n = \lim_{n\to\infty} \left(\frac{256}{3} + \frac{128}{n} + \frac{128}{3n^2} \right) = \frac{256}{3} \approx 85{,}33;\ \text{Es fließen in den 8 Sekunden ca. 85,33 m}^3\text{ Wasser durch das Wehr.}$$

Seite 97 | Aufgabe 23

a) Setzt man im Hinweis n – 1 für n ein, erhält man $1 + a + a^2 \ldots + a^{n-1} = \frac{1-a^{(n-1)+1}}{1-a} = \frac{1-a^n}{1-a}$

$a + a^2 + a^3 \ldots + a^n = a \cdot (1 + a^2 + a^3 \ldots + a^{n-1}) = a \cdot \frac{1-a^n}{1-a}$

b) Individuelle Lösungen; z.B. $1000 \cdot \left(1 - e^{\frac{1}{1000}}\right) \approx -1{,}0005;\ 100\,000 \cdot \left(1 - e^{\frac{1}{100\,000}}\right) \approx -1{,}000005$

$$\lim_{n\to\infty} n \cdot \left(1 - e^{\frac{1}{n}}\right) = -1$$

c) $O_n = \frac{1}{n} \cdot \left(e^{\frac{1}{n}} + e^{\frac{2}{n}} + \cdots + e^{\frac{n}{n}} \right) = \frac{1}{n} \cdot \left(e^{\frac{1}{n}} + \left(e^{\frac{1}{n}}\right)^2 + \cdots + \left(e^{\frac{1}{n}}\right)^n \right) = e^{\frac{1}{n}} \cdot \frac{1 - \left(e^{\frac{1}{n}}\right)^n}{n \cdot \left(1 - e^{\frac{1}{n}}\right)} = e^{\frac{1}{n}} \cdot \frac{(1-e)}{n \cdot \left(1-e^{\frac{1}{n}}\right)} \to e^0 \cdot \frac{1-e}{-1} = e - 1$ für $n \to \infty$

$U_n = \frac{1}{n} \cdot \left(e^{\frac{0}{n}} + e^{\frac{1}{n}} + \cdots + e^{\frac{n-1}{n}} \right) = \frac{1}{n} \cdot \left(1 + \left(e^{\frac{1}{n}}\right)^1 + \left(e^{\frac{1}{n}}\right)^2 + \cdots + \left(e^{\frac{1}{n}}\right)^{n-1} \right) = \frac{1}{n} \cdot \frac{1 - \left(e^{\frac{1}{n}}\right)^n}{1 - e^{\frac{1}{n}}} = \frac{1-e}{n \cdot \left(1 - e^{\frac{1}{n}}\right)} \to \frac{1-e}{-1} = e - 1$ für $n \to \infty$

3.3 Stammfunktionen

Seite 98 | Einstieg

a)

f	$\frac{1}{2}x^3 + 5x$	$\frac{1}{3}x^3 + x^2$	$\frac{1}{8}x^4 + \frac{2}{3}x^3 - x$	$2x^5 - x$	$-2e^x$	$\frac{1}{9}(x-8)^3$
$f\,'$	$\frac{3}{2}x^2 + 5$	$x^2 + 2x$	$\frac{1}{2}x^3 + 2x^2 - 1$	$10x - 1$	$-2e^x$	$\frac{1}{3}(x-8)^2$

b) Wenn f gegeben ist, kann f' eindeutig bestimmt werden. Ist dagegen f' gegeben, so kann man zu jeder Funktion f noch eine beliebige Konstante addieren und erhält ebenfalls ein richtiges Ergebnis.

Seite 99 | Aufgabe 1

Graph ①: Stammfunktion zu h; Die Steigung des Graphen ist bei x = 1,5 null, für x < 1,5 positiv und für x > 1,5 negativ.

Graph ②: Stammfunktion zu i; Die Steigung des Graphen ist bei x = 0, x = 1 und x = 2 gleich 0.

Graph ③: Stammfunktion zu f; Die Steigung des Graphen ist bei x = 0 null, für x < 0 negativ und für x > 0 positiv.

Graph ④: Stammfunktion zu g; Die Steigung des Graphen ist bei x = 0 und bei x = 2 gleich 0.

Allgemein: Wenn der Graph der Stammfunktion steigt, ist die Ausgangsfunktion positiv, wenn der Graph der Stammfunktion fällt, ist die Ausgangsfunktion negativ. Wenn der Graph der Stammfunktion einen Hoch-, Tief- oder Sattelpunkt hat, hat die Ausgangsfunktion dort eine Nullstelle.

Seite 99 | Aufgabe 2

Graph der Funktion	Graph der Stammfunktion
Tiefpunkt	steilster Abfall
unterhalb der x-Achse	fallend
oberhalb der x-Achse	steigend
parallel zur x-Achse	Gerade
Schnittpunkt mit der x-Achse	Hoch- oder Tiefpunkt
entlang der x-Achse	parallel zur x-Achse
Hochpunkt	steilster Anstieg

Seite 99 | Aufgabe 3

Beispiellösungen:

a)
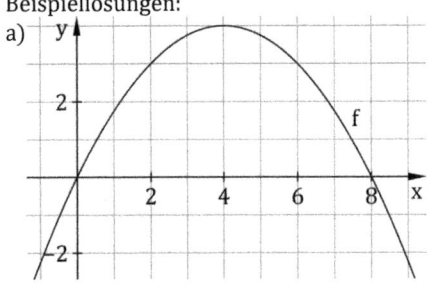

b)
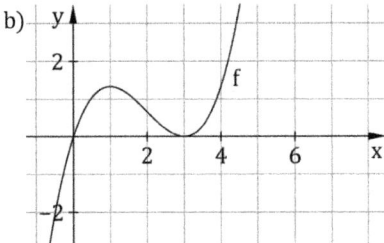

c)
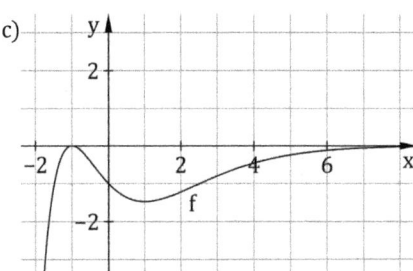

Seite 99 | Aufgabe 4

Individuelle Lösungen

Seite 100 | Aufgabe 5

a) $F'(x) = 2 \cdot 2x = 4x$

b) $F'(x) = 3 \cdot 4x^2 - 2 \cdot 2x + 3 = 12x^2 - 4x + 3$

c) $F'(x) = -8 \cdot x^{-2} - \frac{1}{2\sqrt{x}} = -\frac{8}{x^2} - \frac{1}{2\sqrt{x}}$

d) $F'(x) = \frac{1}{7} \cdot e^{7x+2} \cdot 7 = e^{7x+2}$

e) $F'(x) = \frac{1}{2\sqrt{4-2x}} \cdot (-2) = -\frac{1}{\sqrt{4-2x}}$

Seite 100 | Aufgabe 6

a) $F'(x) = -\frac{1}{6} \cdot e^{-3x+3} \cdot (-3) = f(x)$

b) $F(x) = -\frac{1}{6} e^{-3x+3} + C; C \in \mathbb{R}$

c) $F(1) = -\frac{1}{6} + C = 0 \Rightarrow C = \frac{1}{6}$, also $F(x) = -\frac{1}{6} e^{-3x+3} + \frac{1}{6}$

d) $F(0) = -\frac{1}{6} e^3 + C = 1 \Rightarrow C = \frac{1}{6} e^3 + 1$, also $F(x) = -\frac{1}{6} e^{-3x+3} + \frac{e^3}{6} + 1$

Seite 100 | Aufgabe 7

a) $F'(x) = 3x^2 - 6x + 3 = f(x)$

b) $F(x) = x^3 - 3x^2 + 3x + 3$

c) x = 0 als Nullstelle: $F(x) = x^3 - 3x^2 + 3x$ x = 1 als Nullstelle: $F(x) = x^3 - 3x^2 + 3x - 1$

d) $F(x) = x^3 - 3x^2 + 3x + \pi$

Seite 102 | Aufgabe 8

a) $F(x) = \frac{1}{3}x^3$

b) $F(x) = \frac{1}{6}x^6$

c) $F(x) = -\frac{1}{3x^3}$

d) $F(x) = -\frac{1}{5x^5}$

e) $F(x) = \frac{2}{3}x\sqrt{x}$

f) $F(x) = 2\sqrt{x}$

g) $F(x) = \frac{2}{5}x^2\sqrt{x}$

h) $F(x) = \frac{3}{5}x\sqrt[3]{x^2}$

Seite 102 | Aufgabe 9

a) $F(x) = -\frac{1}{2}x^6$

b) $F(x) = \frac{1}{2}x^4 + 4x$

c) $F(x) = \frac{1}{6}x^3 - 2x^2 + 7x$

d) $F(x) = -\frac{1}{2}x^5 + 2x^3 - 2x^2$

Seite 102 | Aufgabe 10

a) $F(x) = \frac{1}{9}(3x+1)^3$

b) $F(x) = -\frac{3}{2(2x+7)}$

c) $F(x) = \frac{1}{9} \cdot (6x-5)^{\frac{3}{2}}$

d) $F(x) = -\frac{1}{4} \cdot \cos(12x+7)$

Seite 102 | Aufgabe 11

$F(x) = \frac{7}{x^5} + 12x^3$ und $f(x) = -\frac{35}{x^6} + 36x^2$

$F(x) = -\frac{1}{5x^5} + 2x^3$ und $f(x) = \frac{1}{x^6} + 6x^2$

$F(x) = \sqrt{x}$ und $f(x) = \frac{1}{2\sqrt{x}}$

$F(x) = \frac{2}{\sqrt{x}}$ und $f(x) = -\frac{1}{\sqrt{x^3}}$

Seite 102 | Aufgabe 12

a) Faktor- und Potenzregel; $F(x) = -x^3$

b) Faktor- und Potenzregel; $F(x) = -\frac{1}{x^3}$

c) Potenzregel; $F(x) = \frac{3}{4}x^{\frac{4}{3}} = \frac{3}{4}\sqrt[3]{x^4}$

d) Faktor-, Summen- und Potenzregel; $F(x) = \frac{1}{4}x^4 - 2x^3 + \frac{9}{2}x^2$

e) Faktor-, Summen- und Potenzregel; $F(x) = \frac{1}{5}x^5 - \frac{2}{3}x^3 + 8x$

f) Faktor-, Summen- und Potenzregel; $F(x) = 2 \cdot \left(t - \frac{1}{3}t^3\right)$

g) Summen-, Potenz- und Kettenregel; $F(x) = x - \sin(x-1)$

h) Faktor-, Summen-, Potenz- und Kettenregel; $F(x) = \frac{1}{3}x^3 + \frac{1}{4} \cdot (2-2x)^6$

i) Faktor-, Summen- und Potenzregel; $F(x) = -\frac{6}{t} - 2\sqrt{t^3}$

j) Faktor-, Summen- und Potenzregel; $F(x) = \frac{1}{8}x^4 - \frac{1}{4x^2}$

k) Summen- und Potenzregel; $F(x) = x + 2\sqrt{x}$

l) Faktor- und Potenzregel; $F(a) = \frac{35}{8}a^{\frac{8}{5}}$

Seite 102 | Aufgabe 13

a) $F(x) = 2e^x$

b) $F(x) = 3x + e^x$

c) $F(t) = e^t - 4t$

d) $F(x) = 4e^x$

e) $F(x) = -\frac{1}{3}e^{-3x} + x$

f) $F(x) = 3e^{2x}$

g) $F(t) = e^{-t-1}$

h) $F(x) = -\frac{4}{3}e^{1-\frac{1}{4}x} + 2x$

i) $F(x) = 2x - 5e^{\frac{3}{5}x+1}$

j) $F(x) = -2e^{2x-2} - 2x$

k) $F(x) = \frac{1}{3}e^{-x} - \frac{1}{3}e^x$

l) $F(t) = \frac{1}{5}e^{2+5t} - e^2t$

Seite 102 | Aufgabe 14

a) $F(x) = \frac{1}{5}x^5 + \frac{7}{3}x^3 - 2x$

b) $F(x) = \frac{x^5}{5} - \frac{4x^3}{3} + 4x$

c) $F(x) = -\frac{1}{2(x^2+1)}$

d) $F(x) = \frac{e^{x^2+1}}{2}$

Seite 102 | Aufgabe 15

a) $F(x) = \frac{1}{4}x^4 + C$

b) $G(x) = x^2 - 4x + C$

c) $H(x) = -\frac{3}{x} - \sqrt{x} + C$

d) $I(t) = \frac{1}{9}t^3 + \frac{1}{3}e^{3t} + C$

Seite 102 | Aufgabe 16

a) $F(x) = -x^2 + 2x + 1$

b) $F(x) = -x^3 + x^2 + 2$

c) $F(x) = -\frac{2}{x} + 4$

d) $F(x) = 2\sqrt{x} - \frac{1}{2}x^2 + \frac{1}{2}$

Seite 102 | Aufgabe 17

a) $F_a(x) = ax^3 - 3a^2x^2 + 3a^3x$

b) $F_a(x) = \frac{1}{3a}x^3 + \frac{a}{x} + \frac{2}{3}x\sqrt{ax}$

c) $F_a(t) = at + 5a \cdot e^{-0,2t}$

Seite 102 | Aufgabe 18

a) $F(x) = \frac{1}{2n+1}x^{2n+1}$

b) $T(x) = \frac{1}{2}mx^2 + bx$

c) $G(a) = \frac{1}{2}a^2b^2$

d) $F(x) = \frac{a}{b} \cdot \sin(bx+c)$

Seite 103 | Aufgabe 19

a) Der Graph fällt von ① bis ③, also bei ②.

b) Der Graph steigt am stärksten bei ⑥.

c) Der Graph verläuft parallel zur x-Achse bei ① und ③.

d) Der Graph hat einen Tiefpunkt bei ③.

e) Der Graph hat einen Wendepunkt bei ②, ④ und ⑤.

Seite 103 | Aufgabe 20

Grün: Die innere Ableitung wurde vergessen. Richtig ist: $F(x) = \frac{1}{6}(2x+1)^3$

Rot: Der Exponent wurde um 1 verringert statt erhöht; Richtig ist: $F(x) = -\frac{1}{2}x^{-2}$

Blau: Das Minuszeichen wurde vergessen. Richtig ist: $F(x) = -e^{-x}$

Braun: Es wurde die Potenzregel verwendet, obwohl x im Exponenten steht; Richtig ist: $F(x) = \frac{3}{4}e^{4x}$

Seite 103 | Aufgabe 21

$F_a(x) = \frac{1}{6}x^3 + ax + C$; Nur für $C = 0$ hat F_a die Nullstelle 0.

$F_a(x) = x\left(\frac{1}{6}x^2 + a\right) = 0$ für $x_1 = 0$; $x_2 = \sqrt{-6a}$ und $x_3 = -\sqrt{-6a}$, wenn $a < 0$

$x_2 = 3$ und $x_2 = -3$ gilt für $a = -\frac{3}{2}$, in diesem Fall folgt: $F_a(x) = \frac{1}{6}x^3 - \frac{3}{2}x$

Seite 103 | Aufgabe 22

a) Wenn Edins aufgestellte Stammfunktion abgeleitet wird, ergibt sich wegen der Faktorregel wieder die Funktion f:

$F'(x) = \frac{1}{\ln(b)} \cdot \ln(b) \cdot b^x = b^x = f(x)$

b) ① $G(x) = \frac{1}{\ln(4)} \cdot 4^x$

② $G(x) = \frac{1}{\ln(e)} \cdot e^x = e^x$

③ $G(x) = ex - \frac{1}{\ln(2)} \cdot 2^x$

④ $G(x) = e^x - \frac{1}{\ln(4)} \cdot 4^x$

Seite 103 | Aufgabe 23

a) richtig; Die Ableitungen von gleichen Stammfunktionen sind ebenfalls gleich.

b) richtig; Das ist die Definition einer Stammfunktion.

c) falsch; Die Funktionen können sich auch um eine Konstante unterscheiden.
   Gegenbeispiel: Zu f mit $f(x) = x^2 + 1$ und $f'(x) = 2x$ ist F mit $F(x) = x^2$ Stammfunktion von f'.

d) richtig; Es gilt $G'(x) = F'(x) + 0 = f(x)$ und $G(0) = F(0) - F(0) = 0$. In diesem Fall ist $-F(0)$ die variable Konstante C, die dafür sorgt, dass $G(0) = 0$ gilt.

48

Seite 103 | Aufgabe 24

$(F_1(x) - F_2(x))' = f(x) - f(x) = 0$; Also ist die Differenzfunktion $F_1 - F_2$ eine konstante Funktion, da nur eine konstante Funktion an jeder Stelle die Ableitung 0 hat. Es gibt also eine Konstante C mit $F_1(x) - F_2(x) = C$ und somit $F_1(x) = F_2(x) + C$.

Seite 103 | Aufgabe 25

Aldo hat mit seiner Idee Recht, allerdings stimmt auch, dass der Rechenweg ziemlich aufwendig wäre. Zeyneps Aussage ist ebenso richtig und ihr Weg ist weniger aufwendig. Die Bestandsfunktion F der Wassermenge im Becken ist eine Stammfunktion der Zuflussratenfunktion f, es gilt $F(t) = 25t - \frac{1}{3}t^3 + C$ und wegen $F(0) = 200$ folgt $F(t) = 25t - \frac{1}{3}t^3 + 200$.

Wassermenge nach 5 Minuten in Liter: $F(5) = 283\frac{1}{3} \approx 283,3$

3.4 Hauptsatz der Differenzial- und Integralrechnung

Seite 104 | Einstieg

a) Die Dreiecke sind rechtwinklig und haben die Kathetenlängen x und $f(x) = x$. Damit gilt für den Flächeninhalt $A = \frac{1}{2}x^2$.

b) $F'(x) = \frac{1}{2} \cdot 2x = x = f(x)$

c) Der Inhalt der gelben Fläche unter dem Graphen von f von $x = a$ bis $x = b$ entspricht dem Flächeninhalt des Dreiecks zwischen Ursprung und $x = b$ minus dem Flächeninhalt des Dreiecks zwischen Ursprung und $x = a$.

Seite 105 | Aufgabe 1

a) $\left[\frac{1}{4}x^4 - 2x^2\right]_0^2 = 4 - 8 - 0 = -4$

b) $\left[\frac{1}{5}x^5 - 2x^3 + 9x\right]_1^2 = \frac{32}{5} - 16 + 18 - \left(\frac{1}{5} - 2 + 9\right) = \frac{6}{5} = 1,2$

c) $[3x]_{-2}^4 = 12 - (-6) = 18$

d) $[\sin(x)]_0^\pi = 0 - 0 = 0$

e) $[-\cos(x)]_0^\pi = 1 - (-1) = 2$

f) $\left[\frac{1}{2}x^2 - \cos(x)\right]_0^\pi = \frac{1}{2}\pi^2 + 1 - (0 - 1) = \frac{1}{2}\pi^2 + 2 \approx 6,93$

g) $[2\sqrt{x}]_1^9 = 6 - 2 = 4$

h) $\left[\frac{1}{4}x^4 + \frac{1}{x}\right]_1^2 = 4 + \frac{1}{2} - \left(\frac{1}{4} + 1\right) = 3,25$

i) $[e^x]_0^1 = e - 1 \approx 1,718$

j) $[7t - 3e^t]_1^2 = 21 - 3e^2 + \frac{3}{e} \approx -0,064$

k) $\left[-\frac{5}{x} + 11x\right]_1^2 = \frac{39}{2} - 6 = \frac{27}{2}$

l) $\left[3x^2 + 4x^{\frac{3}{2}}\right]_0^1 = 7 - 0 = 7$

Seite 105 | Aufgabe 2

a) $[2e^{0,5x}]_{-4}^4 = 2e^2 - 2e^{-2} \approx 14,51$

b) $\left[\frac{2}{5}e^{5x+8}\right]_0^2 = \frac{2 \cdot (e^{10}-1) \cdot e^8}{5} \approx 2,63 \cdot 10^7$

c) $[-4e^{4-2x} + 3x]_0^3 = 4e^4 - 4e^{-2} + 9 \approx 226,85$

d) $\left[-\frac{1}{2}e^{4x-5} + \frac{1}{3}x^3\right]_2^4 = -\frac{e^{11}}{2} + \frac{e^3}{2} + \frac{56}{3} \approx -29\,908,36$

e) $\left[\frac{1}{3}e^{3x-5}\right]_1^3 = \frac{(e^6-1) \cdot e^{-2}}{3} \approx 18,15$

f) $\left[-\frac{1}{x-3}\right]_4^{10} = \frac{6}{7}$

g) $\left[-\frac{2}{7(7x-8)}\right]_{\frac{9}{7}}^{\frac{16}{7}} = \frac{1}{4}$

h) Fehler im 1. Druck des Schülerbuchs: Die obere Integrationsgrenze lautet korrekt $\frac{1}{12}$.

$\left[-\frac{3}{6x-1} - e^{-x}\right]_0^{\frac{1}{12}} \approx 3,08$

Seite 105 | Aufgabe 3

a) $A = \int_1^3 \left(\frac{1}{8}x^2 + 1\right) dx = \left[\frac{1}{24}x^3 + x\right]_1^3 = \frac{27}{24} + 3 - \frac{1}{24} - 1 = 3\frac{1}{12} \approx 3,083$

b) $A = \int_1^{2,5} \frac{2}{x^2} dx = \left[-\frac{2}{x}\right]_1^{2,5} = -\frac{4}{5} - \left(-\frac{2}{1}\right) = \frac{6}{5} = 1,2$

c) $A = \int_{\ln(0,5)}^{\ln(3)} e^x dx = [e^x]_{\ln(0,5)}^{\ln(3)} = 3 - 0,5 = 2,5$

Seite 105 | Aufgabe 4

a) $\int_{-1}^1 \sqrt{1-x^2}\, dx = \frac{\pi}{2} \approx 1,5708$

b) $\int_0^{100} 2^{-x}\, dx = \frac{1-2^{-100}}{\ln(2)} \approx 1,4427$

c) $\int_0^\pi (\cos(x))^2\, dx = \frac{\pi}{2} \approx 1,5708$

d) $\int_0^2 \frac{1}{\sqrt{x^2+1}}\, dx = \ln(\sqrt{5}+2) \approx 1,4436$

Seite 106 | Aufgabe 5

$F(x) = x^2 - 4x + C$; Alle Stammfunktionen unterscheiden sich nur um die Konstante C, $C \in \mathbb{R}$.
Bei der Berechnung eines bestimmten Integrals fällt diese Konstante C durch Differenzbildung weg:
$\int_{-5}^2 f(x)\, dx = F(2) - F(-5) = (4 - 8 + C) - (25 + 20 + C) = -49$
Der Wert des Integrals ist unabhängig von der gewählten Stammfunktion.

Seite 106 | Aufgabe 6

a) $A_{Trapez} = \frac{1}{2} \cdot (a + c) \cdot h = \frac{1}{2} \cdot (4 + 2) \cdot 4 = 12$

b) $\int_2^6 f(x)\, dx = \left[-\frac{1}{4}x^2 + 5x\right]_2^6 = 12$

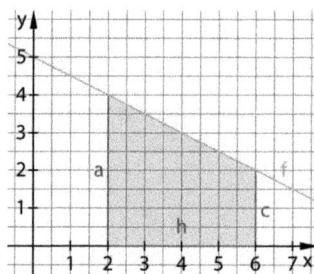

Seite 106 | Aufgabe 7

a) $\int_{-1}^3 (0{,}5x^2 - 3x + 1)\, dx = \left[\frac{1}{6}x^3 - \frac{3}{2}x^2 + x\right]_{-1}^3 = 4{,}5 - 13{,}5 + 3 - \left(-\frac{1}{6}\right) + 1{,}5 - (-1) = -\frac{10}{3} \approx -3{,}3$

b) $\int_{0{,}25}^4 \left(\frac{1}{\sqrt{x}} - 1\right) dx = \left[2\sqrt{x} - x\right]_{0{,}25}^4 = 4 - 4 - (1 - 0{,}25) = -0{,}75$

Das Integral stellt die Flächenbilanz dar, sein Wert entspricht nicht dem Flächeninhalt, da die Fläche in beiden Fällen teilweise über und teilweise unter der x-Achse liegt.

Seite 106 | Aufgabe 8

a) $\int_0^\pi -\frac{1}{2}\sin(x)\, dx = \left[\frac{1}{2}\cos(x)\right]_0^\pi = -\frac{1}{2} - \frac{1}{2} = -1$

$\int_2^4 \frac{1}{6}x\, dx = \left[\frac{1}{12}x^2\right]_2^4 = \frac{16}{12} - \frac{4}{12} = 1$

$\int_1^9 \left(\frac{2}{\sqrt{x}} - 1\right) dx = \left[4\sqrt{x} - x\right]_1^9 = 12 - 9 - 4 + 1 = 0$

Aussage: $-1 + 1 = 0$

b) $\int_{-1}^1 (4x^3 + 3x^2 + 2x)\, dx = [x^4 + x^3 + x^2]_{-1}^1 = 1 + 1 + 1 - 1 - (-1) - 1 = 2$

$\int_{-2}^2 \frac{1}{\sqrt{5-2x}}\, dx = \left[-\sqrt{5 - 2x}\right]_{-2}^2 = -1 - (-3) = 2$

Aussage: $2 = 2$

Seite 106 | Aufgabe 9

Grün: In der ersten Zeile ist das Vorzeichen der Terme $2; \frac{1}{2} \cdot 8$ und $-2 \cdot 4$ falsch.

Rot: In der zweiten Zeile ist das Vorzeichen des Terms $2 \cdot (-2)^2$ falsch.

Blau: Die Rechnung ist fehlerlos.

Seite 106 | Aufgabe 10

② $\int_a^a f(x)\, dx = F(a) - F(a) = 0$

③ $\int_a^b f(x)\, dx + \int_b^c f(x)\, dx = F(b) - F(a) + F(c) - F(b) = F(c) - F(a) = \int_a^c f(x)\, dx$

④ $\int_a^b k \cdot f(x)\, dx = k \cdot F(b) - k \cdot F(a) = k \cdot \big(F(b) - F(a)\big) = k \cdot \int_a^b f(x)\, dx$

⑤ $\int_a^b (f(x) + g(x))\, dx = \big(F(b) + G(b)\big) - \big(F(a) + G(a)\big) = F(b) - F(a) + G(b) - G(a) = \int_a^b f(x)\, dx + \int_a^b g(x)\, dx$

Seite 107 | Aufgabe 11

a) $\int_{-2}^3 (3x^2 - 2x)\, dx + \int_3^4 (3x^2 - 2x)\, dx = \int_{-2}^4 (3x^2 - 2x)\, dx = [x^3 - x^2]_{-2}^4 = 48 - (-12) = 60$

Regeln: ③

b) $\int_1^5 (x^2 - 6x)\, dx + 1{,}5 \cdot \int_1^5 4x\, dx = \int_1^5 (x^2 - 6x + 1{,}5 \cdot 4x)\, dx = \int_1^5 x^2\, dx = \left[\frac{1}{3}x^3\right]_1^5 = 41\frac{2}{3} - \frac{1}{3} = 41\frac{1}{3}$

Regeln: ④, ⑤

c) $\int_0^2 \frac{1}{2}x^3\, dx + \int_2^0 x^3\, dx - \frac{5}{2} \cdot \int_2^0 x^3\, dx = \int_0^2 \frac{1}{2}x^3\, dx - \int_0^2 x^3\, dx + \frac{5}{2} \cdot \int_0^2 x^3\, dx = \int_0^2 \left(\frac{1}{2}x^3 - x^3 + \frac{5}{2}x^3\right) dx = \int_0^2 2x^3\, dx$

$= \left[\frac{1}{2}x^4\right]_0^2 = 8 - 0 = 8$

Regeln: ①, ④, ⑤

d) $2 \cdot \int_2^{-1} x^7\, dx - 5 \cdot \int_1^2 x^4\, dx + \int_{-1}^2 x^4 \cdot (5 + 2x^3)\, dx = -2 \cdot \int_{-1}^2 x^7\, dx - 5 \cdot \int_1^2 x^4\, dx + \int_{-1}^2 (5x^4 + 2x^7)\, dx$

$= \int_{-1}^2 (-2x^7 + 5x^4 + 2x^7)\, dx - \int_1^2 5x^4\, dx = \int_{-1}^2 5x^4\, dx - \int_1^2 5x^4\, dx = \int_{-1}^1 5x^4\, dx + \int_1^2 5x^4\, dx - \int_1^2 5x^4\, dx$

$= \int_{-1}^1 5x^4\, dx = [x^5]_{-1}^1 = 1 - (-1) = 2$

Regeln: ①, ④, ⑤, ③

Seite 107 | Aufgabe 12

a) $\int_{-1}^1 (ax^3 - ax)\, dx = \left[\frac{1}{4}ax^4 - \frac{1}{2}ax^2\right]_{-1}^1 = \left(\frac{1}{4}a - \frac{1}{2}a\right) - \left(\frac{1}{4}a - \frac{1}{2}a\right) = 0$

b) $\int_{-b}^b (x^3 - x)\, dx = \left[\frac{1}{4}x^4 - \frac{1}{2}x^2\right]_{-b}^b = \left(\frac{1}{4}b^4 - \frac{1}{2}b^2\right) - \left(\frac{1}{4}(-b)^4 - \frac{1}{2}(-b)^2\right) = 0$

c) $\int_1^2 \frac{c}{x^2}\, dx = \left[-\frac{c}{x}\right]_1^2 = \left(-\frac{c}{2}\right) - \left(-\frac{c}{1}\right) = \frac{c}{2}$

d) $\int_0^k (kx - x^2)\, dx = \left[\frac{1}{2}kx^2 - \frac{1}{3}x^3\right]_0^k = \left(\frac{1}{2}k^3 - \frac{1}{3}k^3\right) - \left(\frac{1}{2}k \cdot 0^2 - \frac{1}{3}0^3\right) = \frac{1}{6}k^3$

Seite 107 | Aufgabe 13

$\int_2^4 (ax+4)\,dx = \left[\frac{1}{2}ax^2 + 4x\right]_2^4 = 8a + 16 - (2a + 8) = 6a + 8 = 10$, also $a = \frac{1}{3}$

Seite 107 | Aufgabe 14

a) $\int_0^k (x^2+1)\,dx = \left[\frac{1}{3}x^3 + x\right]_0^k = \left(\frac{1}{3}k^3 + k\right) - 0 = \frac{4}{3}$, also $k^3 + 3k - 4 = 0$ und $k = 1$ (z.B. durch Probieren)

b) $\int_4^k \frac{3}{\sqrt{x}}\,dx = \left[6\sqrt{x}\right]_4^k = 6\sqrt{k} - 12 = 18$, also $\sqrt{k} = 5$ und $k = 25$

c) $\int_1^2 ae^{-x}\,dx = \left[-ae^{-x}\right]_1^2 = \frac{a(e-1)}{e^2} = 5$, also $a = \frac{5e^2}{e-1} \approx 21{,}50$

d) $\int_0^{0,5} (a + e^{1-x})\,dx = \left[ax - e^{1-x}\right]_0^{0,5} = 0{,}5a - e^{0,5} + e = 2$, also $a = 4 - 2e + 2e^{0,5} \approx 1{,}86$

Seite 107 | Aufgabe 15

a) $\int_0^1 (x+c)\,dc = \left[xc + \frac{1}{2}c^2\right]_0^1 = x + \frac{1}{2} - (0 + 0) = x + \frac{1}{2}$

b) $\int_0^2 (at^2 + a^3 t)\,dt = \left[\frac{a}{3}t^3 + \frac{a^3}{2}t^2\right]_0^2 = \frac{a}{3}\cdot 8 + \frac{a^3}{2}\cdot 4 - (0+0) = \frac{8}{3}a + 2a^3$

c) $\int_0^2 (at^2 + a^3 t)\,da = \left[\frac{1}{2}a^2 t^2 + \frac{1}{4}a^4 t\right]_0^2 = \frac{1}{2}\cdot 4t^2 + \frac{1}{4}\cdot 16t - (0+0) = 2t^2 + 4t$

d) $\int_{-1}^1 \frac{5k}{\sqrt{5t+2}}\,dk = \left[\frac{5k^2}{2\sqrt{5t+2}}\right]_{-1}^1 = \frac{5}{2\sqrt{5t+2}} - \frac{5}{2\sqrt{5t+2}} = 0$

Seite 107 | Aufgabe 16

a) Der Inhalt der gefärbten Fläche entspricht dem Integral der Funktion f im Intervall [0;1]: $A_G = \int_0^1 x^2\,dx = \left[\frac{1}{3}x^3\right]_0^1 = \frac{1}{3}$

Die Winkelhalbierende bildet zusammen mit der x-Achse und der Vertikalen bei $x = 1$ ein Dreieck mit dem Flächeninhalt $A_D = \frac{1}{2}$. Geometrisch ergibt sich: $\int_0^1 \sqrt{x}\,dx = A_D + (A_D - A_G) = 2 \cdot A_D - A_G = 1 - \frac{1}{3} = \frac{2}{3}$

b) $\int_0^1 x^3\,dx = \left[\frac{1}{4}x^4\right]_0^1 = \frac{1}{4}$; $\int_0^1 \sqrt[3]{x}\,dx = 1 - \frac{1}{4} = \frac{3}{4}$

$\int_0^1 x^4\,dx = \left[\frac{1}{5}x^5\right]_0^1 = \frac{1}{5}$; $\int_0^1 \sqrt[4]{x}\,dx = 1 - \frac{1}{5} = \frac{4}{5}$

c) $\int_0^1 \sqrt[n]{x}\,dx = 1 - \frac{1}{n+1} = \frac{n}{n+1}$

d) $\int_0^1 \sqrt[n]{x}\,dx = \int_0^1 x^{\frac{1}{n}}\,dx = \left[\frac{1}{\frac{1}{n}+1}x^{\frac{1}{n}+1}\right]_0^1 = \frac{n}{n+1}\left(1^{\frac{1}{n}+1} - 0^{\frac{1}{n}+1}\right) = \frac{n}{n+1}$

3.5 Bestandsänderungen, Bestandsfunktionen und Mittelwerte

Seite 108 | Einstieg

a) Wachstum in cm: $\int_0^3 e^{-0,2t}\,dt = \left[-5e^{-0,2t}\right]_0^3 = -5e^{-0,6} + 5 \approx 2{,}26$

b) Die Höhe F in cm ist eine Stammfunktion von der Wachstumsgeschwindigkeit f mit der Anfangshöhe $F(0) = 30$.
$F(t) = -5e^{-0,2t} + C$; aus $F(0) = 30$ folgt: $F(t) = -5e^{-0,2t} + 35$

Seite 108 | Aufgabe 1

a) $\int_2^4 f(t)\,dt = [5t^2]_2^4 = 60$; Zunahme um 60 m

b) $\int_3^{10} f(t)\,dt = \left[-2 \cdot e^{-0,5t}\right]_3^{10} \approx 0{,}4328$; Zunahme um ca. 0,43 m^3

c) $\int_0^{12} f(t)\,dt = \left[5 \cdot e^{0,2t} - t\right]_0^{12} \approx 32{,}5153$; Zunahme um ca. 32,5

Seite 108 | Aufgabe 2

a) $\int_0^x f(t)\,dt = [3{,}75t^2]_0^x = 3{,}75x^2 = 40$, also $x \approx 3{,}2659$
Die Zunahme um 40 m wird nach ca. 3 min 16 s erreicht.

b) $\int_0^x f(t)\,dt = \left[-\frac{5}{6}e^{1,2t}\right]_0^x = -\frac{5}{6}e^{1,2x} + \frac{5}{6} = -50$, also $x = \frac{5}{6}\ln(61) \approx 3{,}4257$
Die Abnahme um 50 km wird nach ca. 3 h 25,5 min erreicht.

c) $\int_0^x f(t)\,dt = [t^2 + 10t]_0^x = x^2 + 10x = 75$, also $x = 5$
Die Zunahme um 75 cm wird nach 5 Jahren erreicht.

Seite 109 | Aufgabe 3

a) $F(t) = -\frac{1}{24}t^3 + \frac{1}{2}t^2 + C$ $F(0) = C = 32$ $F(t) = -\frac{1}{24}t^3 + \frac{1}{2}t^2 + 32$

b) $F(t) = \frac{1}{3}(2t+1)^{\frac{3}{2}} + C$ $F(0) = \frac{1}{3} + C = 7$ $F(t) = \frac{1}{3}(2t+1)^{\frac{3}{2}} + \frac{20}{3}$

c) $F(t) = \frac{16}{\pi}\cos\left(\frac{1}{8}\pi t\right) + C$ $F(20) = C = 4$ $F(t) = \frac{16}{\pi}\cos\left(\frac{1}{8}\pi t\right) + 4$

Seite 109 | Aufgabe 4

$B(t) = \frac{1}{600}t^4 + \frac{1}{100}t^2 + \frac{27}{4}t + 500$

Seite 109 | Aufgabe 5

a) $\int_{10}^{16} f(t)\,dt = \left[10e^{-0,1t}\right]_{10}^{16} \approx -1{,}6598$; Abnahme um ca. 1660 Infizierte.

b) $\int_0^x f(t)\,dt = [10e^{-0,1t}]_0^x = 10e^{-0,1x} - 10 = -4$, also $x = -10 \cdot \ln(0,6) \approx 5,11$

Es dauert ca. 5,11 Wochen.

c) $F(t) = 10e^{-0,1t} + C$ $\qquad$ $F(2) = 10e^{-0,2} + C = 10$ $\qquad$ $F(t) = 10e^{-0,1t} + 10 - 10e^{-0,2} \approx 10e^{-0,1t} + 1,813$

Seite 109 | Aufgabe 6

a) Das Integral beschreibt die in den ersten 10 Stunden zurückgelegte Strecke in Kilometern.

b) Das Integral beschreibt die Veränderung der Bevölkerungszahl in den ersten 10 Jahren.

c) Das Integral beschreibt die Veränderung der Geschwindigkeit in den ersten 10 Sekunden in Meter pro Sekunde.

Seite 109 | Aufgabe 7

a) $\int_0^3 -124,6e^{-0,123x}\,dx \approx [1013e^{-0,123x}]_0^3 \approx -312,6$ $\qquad$ Der Luftdruck nimmt um ca. 312,6 hPa ab.

b) $F(x) = 1013e^{-0,123x} + C$; $\quad F(0,1) = 1013e^{-0,0123} + C = 1000,62 \Rightarrow C \approx 0$ $\qquad$ $F(x) = 1013e^{-0,123x}$

c) Wegen der Form der Funktion F (die Konstante C ist näherungsweise 0) mit dem negativen Faktor im Exponenten handelt es sich um eine exponentielle Abnahme.

Seite 110 | Aufgabe 8

a) $\bar{m} = \frac{1}{6}\int_{-2}^4 \left(-\frac{1}{8}x + 2\right)dx = \frac{1}{6}\left[-\frac{1}{16}x^2 + 2x\right]_{-2}^4 = 1,875$ $\qquad$ b) $\bar{m} = \frac{1}{3}\int_0^3 \left(-x^2 + \frac{1}{3}x - 5\right)dx = \frac{1}{3}\left[-\frac{1}{3}x^3 + \frac{1}{6}x^2 - 5x\right]_0^3 = -7,5$

c) $\bar{m} = \frac{1}{\pi}\int_0^\pi (\pi\sin(x))\,dx = \frac{1}{\pi}[-\pi \cdot \cos(x)]_0^\pi = 2$ $\qquad$ d) $\bar{m} = \frac{1}{2}\int_{-1}^1 4e^{-x}\,dx = \frac{1}{2}[-4e^{-x}]_{-1}^1 = 2e - \frac{2}{e} \approx 4,70$

Seite 110 | Aufgabe 9

a) Durchschnittsgeschwindigkeit in $\frac{km}{h}$ im Zeitraum von $t = 2$ h bis $t = 6$ h

b) Durchschnittsgeschwindigkeit in $\frac{m}{s}$ im Streckenabschnitt von $t = 2$ m bis $t = 6$ m

c) durchschnittliche Bevölkerungszahl im Zeitraum von $t = 2$ Jahren bis $t = 6$ Jahren

Seite 110 | Aufgabe 10

mittlere Flughöhe in Meter: $\bar{m} = \frac{1}{9-3}\int_3^9 \left(-\frac{1}{80}x^3 + \frac{1}{8}x^2\right)dx = \frac{1}{6}\left[-\frac{1}{320}x^4 + \frac{1}{24}x^3\right]_3^9 = 1,5$

Seite 110 | Aufgabe 11

a) mittlere Temperatur in °C: $\bar{m} = \frac{1}{24-0}\int_0^{24} \left(20 - \frac{1}{64}(x-16)^2\right)dx = \frac{1}{24}\left[20x - \frac{1}{192}(x-16)^3\right]_0^{24} = 19$

b) mittlere Temperatur in °C: $\bar{m} = \frac{1}{20-8}\int_8^{20} \left(20 - \frac{1}{64}(x-16)^2\right)dx = \frac{1}{12}\left[20x - \frac{1}{192}(x-16)^3\right]_8^{20} = 19,75$

Seite 110 | Aufgabe 12

a) $\bar{m} = \frac{1}{1-0}\int_0^1 (1 - \sqrt{x})dx = \left[x - \frac{2}{3}x^{\frac{3}{2}}\right]_0^1 = \frac{1}{3}$ $\quad$ Die Rampe ist durchschnittlich $\frac{1}{3}$ m $\approx$ 33,3 cm hoch.

b) Da die Grundfläche sich nicht ändert und die durchschnittliche Höhe der Rampe $\frac{1}{3}$ m beträgt, ist die Quaderhöhe auch $\frac{1}{3}$ m.

Seite 111 | Aufgabe 13

a) Da f die Änderungsrate des Hasenbestands und somit die Ableitung der Bestandsfunktion beschreibt, ist die Bestandsfunktion eine Stammfunktion von f.

b) Die Änderungsrate ist für $x < 2$ positiv, für $x > 2$ negativ. Der Bestand wächst also für $x < 2$, danach fällt er. Das ist bei allen drei Graphen der Fall.

Die Änderungsrate ist für $x > 3$ näherungsweise konstant, die Bestandsfunkton nimmt in etwa linear ab. Damit kann der Graph ③ den Bestand nicht beschreiben. Die Graphen ① und ② können dagegen eine Stammfunktion von f sein und den Bestand beschreiben. Sie unterscheiden sich nur um die Konstante C = 50, der Anfangsbestand ist bei ihnen verschieden.

Seite 111 | Aufgabe 14

a) Tina hat das Wachstum in cm/Tag nach 10 Tagen und damit die Wachstumsgeschwindigkeit und nicht die Höhe berechnet.

Die Höhe der Pflanze wird durch die Stammfunktion $F(t) = \frac{400}{19}e^{0,095t} + C$ mit $F(0) = 21$, also mit $C = -\frac{1}{19}$ beschrieben.

$F(t) = \frac{400}{19}e^{0,095t} - \frac{1}{19}$; Höhe der Pflanze nach 10 Tagen in Meter: $F(10) \approx 54,4$

b) Ahmet muss als Integranden die Funktion F der Höhe einsetzen und nicht die Wachstumsgeschwindigkeit f. Sonst erhält er die durchschnittliche Wachstumsgeschwindigkeit.

durchschnittliche Höhe in den ersten 10 Tagen in Meter:

$\bar{m} = \frac{1}{10-0}\int_0^{10} \left(\frac{400}{19}e^{0,095t} - \frac{1}{19}\right)dt = \frac{1}{10}\left[\left(\frac{80\,0000}{361}e^{0,095t} - \frac{1}{19}t\right)\right]_0^{10} \approx 35,1$

Seite 111 | Aufgabe 15

a) $\int_0^{40} v(t)\,dt \approx 142,2$ $\qquad$ Die Draisine ist nach 40 s ca. 142,2 m vom Startpunkt entfernt.

$\int_0^{60} v(t)\,dt = 120$ $\qquad$ Nach 60 s ist die Draisine 120 m vom Startpunkt entfernt.

Die Draisine wechselt nach 40 s die Richtung.

b) $\left|\int_{40}^{60} v(t)\,dt\right| \approx |-22,2| = 22,2$ $\qquad$ Nach 40 s ist die Draisine ca. 142,2 m gefahren. Nach 60 s ist sie

ca. 142,2 m + 22,2 m = 164,4 m gefahren.

Auch nach der Richtungsumkehr wird die gefahrene Strecke im Gegensatz zur Entfernung vom Startpunkt größer.

Seite 111 | Aufgabe 16

a) Die Fahrzeugdichte ist nach ca. 90 Minuten am höchsten, also etwa um 7:30 Uhr.

b) $\int_0^{180} \left(\frac{1}{10^{10}} x^5 - \frac{1}{130\,000} x^3 + \frac{1}{6} x + 6 \right) dx = \left[\frac{1}{6 \cdot 10^{10}} x^6 - \frac{1}{520\,000} x^4 + \frac{1}{12} x^2 + 6x \right]_0^{180} \approx 2328$

Zwischen 6 Uhr und 9 Uhr fahren etwa 2328 Fahrzeuge am Messpunkt vorbei.

c) $\overline{m} = \frac{1}{120-0} \int_0^{120} \left(\frac{1}{10^{10}} x^5 - \frac{1}{130\,000} x^3 + \frac{1}{6} x + 6 \right) dx = \frac{1}{120} \left[\frac{1}{6 \cdot 10^{10}} x^6 - \frac{1}{520\,000} x^4 + \frac{1}{12} x^2 + 6x \right]_0^{120} \approx 13{,}09$

In den 120 Minuten zwischen 6 Uhr und 8 Uhr beträgt der durchschnittliche Fahrzeugstrom ca. 13,09 Autos pro Minute.

d) $13{,}09 \cdot 120 \approx 1571$ Fahrzeuge

e) Die Funktion F für die Anzahl der Fahrzeuge ist eine Stammfunktion von f mit $F(0) = 0$.

$F(t) = \frac{1}{6 \cdot 10^{10}} t^6 - \frac{1}{520\,000} t^4 + \frac{1}{12} t^2 + 6t$

Seite 112 | Aufgabe 17

a) Gibt die Anzahl der Läuse zum Zeitpunkt $t = 0$ an, also den Anfangsbestand.

b) Gibt die Zeit in Wochen an, nach der 1000 Läuse vorhanden sind.

c) Gibt die Wachstumsgeschwindigkeit in $\frac{\text{Läuse}}{\text{Woche}}$ nach 10 Wochen an.

d) Gibt die Zunahme der Läuseanzahl in den ersten 10 Wochen an.

e) Gibt die Anzahl der Läuse nach 9 Wochen an.

f) Gibt die Zeit in Wochen an, nach welcher die Wachstumsgeschwindigkeit den Wert $500 \frac{\text{Läuse}}{\text{Woche}}$ hat.

g) Der Ausdruck gibt die durchschnittliche Wachstumsgeschwindigkeit in $\frac{\text{Läuse}}{\text{Woche}}$ zwischen $t = 5$ und $t = 25$ an.

h) Gibt die durchschnittliche Wachstumsgeschwindigkeit in $\frac{\text{Läuse}}{\text{Woche}}$ zwischen $t = 5$ und $t = 25$ an.

Seite 112 | Aufgabe 18

a) $5\,W \cdot 24\,h \cdot 7 = 840\,Wh$

b) $\int_0^{24} P(t)\, dt = \int_0^{24} \left(-\frac{3}{51\,200} t^4 + \frac{11}{3200} t^3 - \frac{53}{800} t^2 + \frac{21}{50} t + \frac{1}{10} \right) dt = \left[-\frac{3}{256\,000} t^5 + \frac{11}{12\,800} t^4 - \frac{53}{2400} t^3 + \frac{21}{100} t^2 + \frac{1}{10} t \right]_0^{24} = 9{,}888$

Während eines Tages (24 Stunden) werden 9,888 kWh Energie entnommen.

c) Ein Stromzähler addiert die in einem Zeitraum entnommene Leistung, diese Leistung entspricht grafisch der Fläche unterhalb der Kurve, die die Leistung über der Zeit darstellt. Der Stromzähler gibt also quasi diese Fläche (und damit das Integral) an.

d) durchschnittliche Leistung an dem betrachteten Tag in kW: $\overline{m} = \frac{1}{24-0} \int_0^{24} P(t)\, dt = \frac{9{,}888}{24} = 0{,}412$

durchschnittliche Leistung vor 12 Uhr in kW: $\overline{m_v} = \frac{1}{12-0} \int_0^{12} P(t)\, dt = 0{,}682$

durchschnittliche Leistung vor 12 Uhr in kW: $\overline{m_n} = \frac{1}{12-0} \int_{12}^{24} P(t)\, dt = 0{,}142$

Es gilt $\overline{m} = \frac{\overline{m_v} + \overline{m_n}}{2}$, da die Zeiträume vor und nach 12 Uhr gleich lang sind.

Seite 112 | Aufgabe 19

a) Bis zu einer Streckenlänge von etwa 3 km gilt: Mit zunehmender Streckenlänge stehen die Autos näher aneinander. Zwischen Kilometer 3 und Kilometer 4,5 wird die Fahrzeugdichte etwas geringer, dann steigt sie wieder an.

b) $\int_0^5 f(x)\, dx = \int_0^5 \left(\frac{1}{960} x^4 - \frac{1}{96} x^3 + \frac{1}{36} x^2 + \frac{1}{280} x + \frac{1}{300} \right) dx = \left[\frac{1}{4800} x^5 - \frac{1}{384} x^4 + \frac{1}{108} x^3 + \frac{1}{560} x^2 + \frac{1}{300} x \right]_0^5 \approx 0{,}242$

Anzahl der Fahrzeuge auf den ersten 5 Kilometern: $0{,}242\,\frac{1}{m} \cdot km = 242$

c) $\overline{m} = \frac{1}{5-0} \int_0^5 f(x)\, dx \approx \frac{0{,}242}{5} = 0{,}0484$ gibt die durchschnittliche Fahrzeugdichte auf der 5-km-Strecke in Fahrzeuge pro Meter an.

d) $\int_1^2 f(x)\, dx \approx 0{,}041; \int_3^4 f(x)\, dx \approx 0{,}065$

Zwischen Kilometer 1 und Kilometer 2 stehen etwa 41 Fahrzeuge, zwischen Kilometer 3 und Kilometer 4 sind es etwa 65. Wenn man annimmt, dass ein Fahrzeug durchschnittlich 5 m lang ist, dann brauchen die 41 Fahrzeuge im ersten Fall 205 m Platz. Wenn man die restliche Strecke (795 m) gleichmäßig zwischen den Fahrzeugen verteilt, ergibt dies einen Abstand von ca. 19,4 m. Mit der gleichen Rechnung kommt man im zweiten Fall auf einen Abstand von ca. 10,4 m.

Seite 113 | Aufgabe 20

a) Bis zum 120. Tag nimmt die Anzahl der infizierten Computer zu, die Zunahme erreicht ihren größten Wert am 80. Tag, danach wird sie langsamer. Ab dem 120. Tag geht die Anzahl der infizierten Computer zurück.

b)

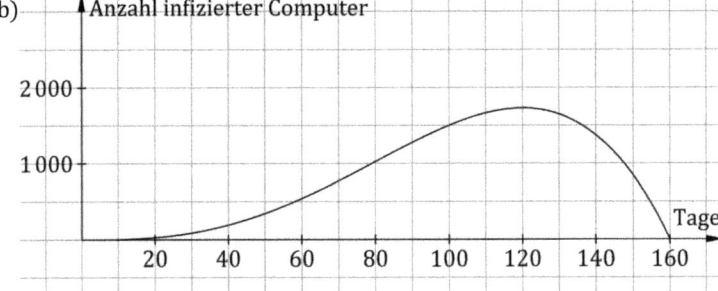

c) Die Funktion F für die Anzahl der infizierten Computer ist eine Stammfunktion von f mit $F(0) = 0$.
$F(t) = -\frac{1}{40\,000}t^4 + \frac{1}{250}t^3$

d) Nach 120 Tagen ist die Anzahl der neu infizierten Computer maximal, da bei $t = 120$ die Änderungsrate f einen Vorzeichenwechsel von + nach – hat.

e) $F(0) = 0$ gilt für $t = 0$ und für $t = 160$. Das Modell ist im Bereich 0 bis 160 Tage realistisch, da weniger als 0 infizierte Computer nicht möglich sind.

f) $\bar{m} = \frac{1}{160-0}\int_0^{160} F(t)\,dt = \frac{1}{160}\left[-\frac{1}{200\,000}t^5 + \frac{1}{1000}t^4\right]_0^{160} = 819{,}2$

g) $\bar{m} = \frac{1}{160-0}\int_0^{160} f(t)\,dt = \frac{1}{160}(F(160) - F(0)) = 0$
Die durchschnittliche Änderungsrate von 0 besagt nur, dass die Anzahl der infizierten Computer am Anfang und am Ende des Zeitraums gleich ist. Sie sagt nichts darüber aus, wie hoch die Anzahl der infizierten Computer in der Zwischenzeit ist.

Seite 113 | Aufgabe 21

a) Der Ausdruck besagt, dass innerhalb der ersten 5 Minuten 278,6 Liter Wasser ausgetreten sind.

b) Wassermenge in Liter: $\int_2^{10} f(t)\,dt \approx -401{,}8$

c) $F(t) = 2000e^{-0{,}03t} + C$
Mit dem Anfangsvolumen $F(0) = 3000$ Liter ergibt sich für das Wasservolumen in Abhängigkeit von t:
$F(t) = 1000 + 2000e^{-0{,}03t}$

d) Die Abnahmegeschwindigkeit nähert sich für $t \to \infty$ asymptotisch dem Wert 0, da das Wasser mit abnehmendem Wasserspiegel immer weniger aus dem Aquarium fließt. Die Funktion für das Wasservolumen nähert sich für $t \to \infty$ asymptotisch dem Wert 1000, da sich das Leck auf Höhe der 1000-Liter-Markierung befindet und 1000 Liter Wasser im Behälter verbleiben

e) $F(t) = 1500$ bei $t = -\frac{\ln(0{,}25)}{0{,}03} \approx 46{,}2$; Nach etwa 46,2 Minuten hat sich das Volumen des Wassers halbiert.

Seite 113 | Aufgabe 22

a) $f(2) = 0{,}016 \Rightarrow 0{,}04e^{2a-1} = 0{,}016$, also $a = \frac{\ln(0{,}4)+1}{2} \approx 0{,}04185$

b) Die Funktion F für die Höhe der Pflanze in Meter ist eine Stammfunktion von f.
$F(t) = \frac{20}{21}e^{0{,}042t-1} + C$; Mit $F(0) = \frac{20}{21}e^{-1} + C = 0{,}4$ folgt $C = 0{,}4 - \frac{20}{21}e^{-1} \approx 0{,}050$.
$F(t) = \frac{20}{21}e^{0{,}042t-1} + 0{,}05$

c) $F(10) \approx 0{,}583$; Nach 10 Wochen ist die Pflanze ca. 58,3 cm hoch.

Seite 113 | Aufgabe 23

a) Dies gilt, wenn der Graph von f punktsymmetrisch zum Ursprung ist, da dann $\int_{-a}^a f(x)\,dx = 0$ ist.

b) Beispiel: $f(x) = -x + 2$ mit $a = 2$
Mittelwert auf $[0; 2]$: $\bar{m} = \frac{1}{2-0}\int_0^2(-x + 2)\,dx = \frac{1}{2}\left[-\frac{1}{2}x^2 + 2x\right]_0^2 = 1$
Mittelwert auf $[-2; 2]$: $\bar{m} = \frac{1}{2-(-2)}\int_{-2}^2(-x + 2)\,dx = \frac{1}{4}\left[-\frac{1}{2}x^2 + 2x\right]_{-2}^2 = 2$

c) Ist M das globale Maximum und m das globale Minimum von f auf $[0; a]$, gilt:
$m \cdot a \le \int_0^a f(x)\,dx \le M \cdot a$, also $m \le \frac{1}{a}\cdot\int_0^a f(x)\,dx \le M$
Da f stetig ist, schneidet die Parallele zur x-Achse mit $y = \frac{1}{a}\cdot\int_0^a f(x)\,dx$ mindestens einmal den Graphen von f.

3.6 Flächenberechnungen

Seite 114 | Einstieg

$\int_0^\pi \sin(x)\,dx = [-\cos(x)]_0^\pi = -(-1 - 1) = 2$ $\qquad$ $\int_\pi^{2\pi} \sin(x)\,dx = [-\cos(x)]_\pi^{2\pi} = -(1 - (-1)) = -2$
$\int_{\pi/2}^{3\pi/2} \sin(x)\,dx = [-\cos(x)]_{\pi/2}^{3\pi/2} = -(0 - 0) = 0$

Liegt die Fläche vollständig über der x-Achse, so gibt das Integral den Flächeninhalt an. Liegt die Fläche vollständig unter der x-Achse, so gibt das Integral den negativen Flächeninhalt an. Liegt die Fläche über- und unterhalb der x-Achse, so gibt das Integral die Flächenbilanz an.

Seite 115 | Aufgabe 1

Die Ausdrücke ① und ④ sind geeignet, da beide Flächen positiv in die Rechnung eingehen. Bei ④ gibt das zweite Integral den negativen Flächeninhalt an, durch die Subtraktion geht er positiv ein. Bei ② und ③ ergeben die Ausdrücke die Flächenbilanz, die Flächen unterhalb der x-Achse gehen negativ ein.

Seite 115 | Aufgabe 2

a) Nullstellen: $x_1 = -2$; $x_2 = 2$

① $A = \int_{-2}^2\left(-\frac{1}{2}x^2 + 2\right)dx = \left[-\frac{1}{6}x^3 + 2x\right]_{-2}^2 = 5\frac{1}{3}$

② $A = \left|\int_{-3}^{-2}\left(-\frac{1}{2}x^2 + 2\right)dx\right| + \left|\int_{-2}^0\left(-\frac{1}{2}x^2 + 2\right)dx\right| = \left|\left[-\frac{1}{6}x^3 + 2x\right]_{-3}^{-2}\right| + \left|\left[-\frac{1}{6}x^3 + 2x\right]_{-2}^0\right| = 1\frac{1}{6} + 2\frac{2}{3} = 3\frac{5}{6}$

③ $A = \left|\int_{-3}^{-2}\left(-\frac{1}{2}x^2 + 2\right)dx\right| + \left|\int_{-2}^2\left(-\frac{1}{2}x^2 + 2\right)dx\right| + \left|\int_2^3\left(-\frac{1}{2}x^2 + 2\right)dx\right| = 1\frac{1}{6} + 5\frac{1}{3} + 1\frac{1}{6} = 7\frac{2}{3}$

Die Werte der Integrale bei ③ erhält man aus den Ergebnissen von ① und ② sowie Symmetrieüberlegungen.

b) Nullstellen: $x_1 = -2$; $x_2 = 0$; $x_3 = 1$

① $A = \left| \int_{-2}^{0} \left(\frac{1}{2}x^3 + \frac{1}{2}x^2 - x \right) dx \right| = \left| \left[\frac{1}{8}x^4 + \frac{1}{6}x^3 - \frac{1}{2}x^2 \right]_{-2}^{0} \right| = 1\frac{1}{3}$

② $A = \left| \int_{-1}^{0} \left(\frac{1}{2}x^3 + \frac{1}{2}x^2 - x \right) dx \right| + \left| \int_{0}^{1} \left(\frac{1}{2}x^3 + \frac{1}{2}x^2 - x \right) dx \right| = \left| \left[\frac{1}{8}x^4 + \frac{1}{6}x^3 - \frac{1}{2}x^2 \right]_{-1}^{0} \right| + \left| \left[\frac{1}{8}x^4 + \frac{1}{6}x^3 - \frac{1}{2}x^2 \right]_{0}^{1} \right| = \frac{13}{24} + \frac{5}{24} = \frac{3}{4}$

③ $A = \left| \int_{-2}^{0} \left(\frac{1}{2}x^3 + \frac{1}{2}x^2 - x \right) dx \right| + \left| \int_{0}^{1} \left(\frac{1}{2}x^3 + \frac{1}{2}x^2 - x \right) dx \right| = 1\frac{1}{3} + \frac{5}{24} = 1\frac{13}{24}$

Die Werte der Integrale bei ③ erhält man aus den Ergebnissen von ① und ②.

Seite 115 | Aufgabe 3

a) $f(x) = x^3 - 4x^2 + 4x = x \cdot (x^2 - 4x + 4) = x \cdot (x - 2)^2$; Nullstellen: $x_1 = 0$; $x_2 = 2$

$A = \int_{0}^{2} (x^3 - 4x^2 + 4x)\, dx = \left[\frac{1}{4}x^4 - \frac{4}{3}x^3 + 2x^2 \right]_{0}^{2} = 1\frac{1}{3}$

b) $f(x) = 1{,}5x^3 - 4{,}5x^2 = x^2 \cdot (1{,}5x - 4{,}5)$; Nullstellen: $x_1 = 0$; $x_2 = 3$

$A = \left| \int_{0}^{3} (1{,}5x^3 - 4{,}5x^2)\, dx \right| = \left| \left[\frac{3}{8}x^4 - \frac{3}{2}x^3 \right]_{0}^{3} \right| = 10\frac{1}{8}$

c) $f(x) = \frac{5}{9}x^4 - 5x^2 = x^2 \cdot \left(\frac{5}{9}x^2 - 5 \right)$; Nullstellen: $x_1 = 0$; $x_2 = 3$; $x_3 = -3$

$A = 2 \cdot \left| \int_{0}^{3} \left(\frac{5}{9}x^4 - 5x^2 \right) dx \right| = 2 \cdot \left| \left[\frac{1}{9}x^5 - \frac{5}{3}x^3 \right]_{0}^{3} \right| = 36$

d) $f(x) = -\frac{1}{6}x^4 + \frac{1}{2}x^2 + \frac{2}{3} = -\frac{1}{6}(x^4 - 3x^2 - 4)$; Berechnung der Nullstellen mit der Substitution $x^2 = u$: $x_1 = 2$; $x_2 = -2$

$A = \left| \int_{-2}^{2} \left(-\frac{1}{6}x^4 + \frac{1}{2}x^2 + \frac{2}{3} \right) dx \right| = \left| \left[-\frac{1}{30}x^5 + \frac{1}{6}x^3 + \frac{2}{3}x \right]_{-2}^{2} \right| = 3{,}2$

e) $f(x) = 6x^3 \cdot (x^2 - 1) = 6x^5 - 6x^3$; Nullstellen: $x_1 = 0$; $x_2 = 1$; $x_3 = -1$

$A = 2 \cdot \left| \int_{0}^{1} (6x^5 - 6x^3)\, dx \right| = 2 \cdot \left| \left[x^6 - \frac{3}{2}x^4 \right]_{0}^{1} \right| = 1$

f) $f(x) = 6x \cdot (x^2 - 1)^2 = 6x^5 - 12x^3 + 6x$; Nullstellen: $x_1 = 0$; $x_2 = 1$; $x_3 = -1$

$A = 2 \cdot \left| \int_{0}^{1} (6x^5 - 12x^3 + 6x)\, dx \right| = 2 \cdot |[x^6 - 3x^4 + 3x^2]_{0}^{1}| = 2$

Seite 115 | Aufgabe 4

a) $f(x) = x^3 - 6x^2 + 8x = x \cdot (x^2 - 6x + 8)$; Nullstellen: $x_1 = 0$; $x_2 = 2$; $x_3 = 4$

$A = \left| \int_{0}^{2} (x^3 - 6x^2 + 8x)\, dx \right| + \left| \int_{2}^{4} (x^3 - 6x^2 + 8x)\, dx \right| = \left| \left[\frac{1}{4}x^4 - 2x^3 + 4x^2 \right]_{0}^{2} \right| + \left| \left[\frac{1}{4}x^4 - 2x^3 + 4x^2 \right]_{2}^{4} \right| = 4 + 4 = 8$

b) $f(x) = 0{,}5(x - 4)(x^3 - 2x^2) = 0{,}5x^2(x - 4)(x - 2) = 0{,}5x^4 - 3x^3 + 4x^2$; Nullstellen: $x_1 = 0$; $x_2 = 2$; $x_3 = 4$

$A = \left| \int_{0}^{2} (0{,}5x^4 - 3x^3 + 4x^2)\, dx \right| + \left| \int_{2}^{4} (0{,}5x^4 - 3x^3 + 4x^2)\, dx \right|$

$= \left| \left[\frac{1}{10}x^5 - \frac{3}{4}x^4 + \frac{4}{3}x^3 \right]_{0}^{2} \right| + \left| \left[\frac{1}{10}x^5 - \frac{3}{4}x^4 + \frac{4}{3}x^3 \right]_{2}^{4} \right| = 1\frac{13}{15} + 6\frac{2}{15} = 8$

c) $f(x) = \sqrt{x} - 1 = x^{\frac{1}{2}} - 1$; Nullstelle: $x = 1$; Stammfunktion: $F(x) = \frac{2}{3}x^{\frac{3}{2}} - x = \frac{2}{3}\sqrt{x^3} - x$

$A = \left| \int_{0}^{1} (\sqrt{x} - 1)\, dx \right| + \left| \int_{1}^{4} (\sqrt{x} - 1)\, dx \right| = \left| \left[\frac{2}{3}\sqrt{x^3} - x \right]_{0}^{1} \right| + \left| \left[\frac{2}{3}\sqrt{x^3} - x \right]_{1}^{4} \right| = \frac{1}{3} + 1\frac{2}{3} = 2$

d) $f(x) = \frac{1}{(x-1)^2} + 1$; keine Nullstellen; Definitionsbereich $D = \mathbb{R}/\{1\}$, die Funktion ist im gesamten Intervall $\left[-2; \frac{1}{2} \right]$ definiert.

$A = \left| \int_{-2}^{1/2} \left(\frac{1}{(x-1)^2} + 1 \right) dx \right| = \left| \left[-\frac{1}{x-1} + x \right]_{-2}^{1/2} \right| = 4\frac{1}{6}$

e) Nullstelle: $x = 0$

$A = \left| \int_{-1}^{0} (e^x - 1)\, dx \right| + \left| \int_{0}^{1} (e^x - 1)\, dx \right| = |[e^x - x]_{-1}^{0}| + |[e^x - x]_{0}^{1}| = \frac{1}{e} + e - 2$

f) Nullstelle: $x = 1$

$A = \left| \int_{0}^{1} (e^x - e)\, dx \right| + \left| \int_{1}^{2} (e^x - e)\, dx \right| = |[e^x - ex]_{0}^{1}| + |[e^x - ex]_{1}^{2}| = 1 + e^2 - 2e$

Seite 115 | Aufgabe 5

Die gesuchte Fläche ist symmetrisch zur x-Achse. Es genügt also, den Flächeninhalt der Fläche oberhalb der x-Achse zu berechnen.

$A = 2 \cdot \left(\int_{0}^{1} f(x)\, dx + \int_{1}^{5} g(x)\, dx \right) = 2 \cdot \left(\int_{0}^{1} \left(\frac{1}{2}x^2 - 3x + \frac{5}{2} \right) dx + \int_{1}^{5} \left(-\frac{1}{2}x^2 + 3x - \frac{5}{2} \right) dx \right)$

$= 2 \cdot \left(\left[\frac{1}{6}x^3 - \frac{3}{2}x^2 + \frac{5}{2}x \right]_{0}^{1} + \left[-\frac{1}{6}x^3 + \frac{3}{2}x^2 - \frac{5}{2}x \right]_{1}^{5} \right) = 2 \cdot \left(1\frac{1}{6} + 5\frac{1}{3} \right) = 13$

Seite 115 | Aufgabe 6

$f(x) = 2x^3 - 8x = x \cdot (2x^2 - 8)$; Nullstellen: $x_1 = 0$; $x_2 = 2$; $x_3 = -2$

Zu zeigen ist: $\int_{-2}^{2} f(x)\, dx = 0$ $\qquad$ $\int_{-2}^{2} (2x^3 - 8x)\, dx = \left[\frac{1}{2}x^4 - 4x^2 \right]_{-2}^{2} = (-8) - (-8) = 0$

Seite 117 | Aufgabe 7

a) Schnittstellen: $x_1 = -4$; $x_2 = 0$; $x_3 = 6$; $f(x) - g(x) = -\frac{3}{32}x^3 + \frac{3}{16}x^2 + \frac{9}{4}x$

① $A_1 = \left| \int_{-4}^{0} (f(x) - g(x))\, dx \right| = 8$ $\qquad$ ② $A_2 = \left| \int_{0}^{6} (f(x) - g(x))\, dx \right| = 23{,}625$ $\qquad$ ③ $A_3 = A_1 + A_2 = 31{,}625$

b) Schnittstellen: $x_1 = 0$; $x_2 = 2$; $x_3 = 6$; $f(x) - g(x) = \frac{1}{16}x^3 - \frac{1}{2}x^2 + \frac{3}{4}x$

① $A_1 = \left| \int_{0}^{2} (f(x) - g(x))\, dx \right| \approx 0{,}42$ $\qquad$ ② $A_2 = \left| \int_{2}^{6} (f(x) - g(x))\, dx \right| \approx 2{,}67$ $\qquad$ ③ $A_3 = A_1 + A_2 \approx 3{,}08$

Seite 117 | Aufgabe 8

a) $h(x) = f(x) - g(x) = -\frac{1}{4}x^2 - \frac{1}{2}x + 2 = -\frac{1}{4}(x^2 + 2x - 8)$

Schnittstellen (Nullstellen von h): $x_1 = -4$; $x_2 = 2$

$A = \left|\int_{-4}^{2}\left(-\frac{1}{4}x^2 - \frac{1}{2}x + 2\right)dx\right| = \left|\left[-\frac{1}{12}x^3 - \frac{1}{4}x^2 + 2x\right]_{-4}^{2}\right| = 9$

b) $h(x) = f(x) - g(x) = -\frac{1}{2}x^2 + 4{,}5$

Schnittstellen (Nullstellen von h): $x_1 = -3$; $x_2 = 3$

$A = |\int_{-3}^{3}\left(-\frac{1}{2}x^2 + 4{,}5\right)dx| = |\left[-\frac{1}{6}x^3 + 4{,}5x\right]_{-3}^{3}| = 18$

c) $h(x) = f(x) - g(x) = \frac{1}{5}x^2 - x$

Schnittstellen (Nullstellen von h): $x_1 = 0$; $x_2 = 5$

$A = \left|\int_{0}^{5}\left(\frac{1}{5}x^2 - x\right)dx\right| = \left|\left[\frac{1}{15}x^3 - \frac{1}{2}x^2\right]_{0}^{5}\right| = 4\frac{1}{6}$

d) $h(x) = f(x) - g(x) = -\frac{1}{2}x^2 + 2x$

Schnittstellen (Nullstellen von h): $x_1 = 0$; $x_2 = 4$

$A = \left|\int_{0}^{4}\left(-\frac{1}{2}x^2 + 2x\right)dx\right| = \left|\left[-\frac{1}{6}x^3 + x^2\right]_{0}^{4}\right| = 5\frac{1}{3}$

Seite 117 | Aufgabe 9

a) $h(x) = f(x) - g(x) = x^2 - x - 2 = (x + 1)\cdot(x - 2)$; Schnittstellen (Nullstellen von h): $x_1 = -1$; $x_2 = 2$

$A = \left|\int_{-2}^{-1}(x^2 - x - 2)\,dx\right| + \left|\int_{-1}^{2}(x^2 - x - 2)\,dx\right| + \left|\int_{2}^{3}(x^2 - x - 2)\,dx\right|$

$= \left|\left[\frac{1}{3}x^3 - \frac{1}{2}x^2 - 2x\right]_{-2}^{-1}\right| + \left|\left[\frac{1}{3}x^3 - \frac{1}{2}x^2 - 2x\right]_{-1}^{2}\right| + \left|\left[\frac{1}{3}x^3 - \frac{1}{2}x^2 - 2x\right]_{2}^{3}\right| = \frac{11}{6} + \frac{9}{2} + \frac{11}{6} = 8\frac{1}{6}$

b) $h(x) = f(x) - g(x) = x^3 - 5x^2 + 6x = x\cdot(x^2 - 5x + 6)$; Schnittstellen (Nullstellen von h): $x_1 = 0$; $x_2 = 2$; $x_3 = 3$

$A = \left|\int_{0}^{2}(x^3 - 5x^2 + 6x)\,dx\right| + \left|\int_{2}^{3}(x^3 - 5x^2 + 6x)\,dx\right| = \left|\left[\frac{1}{4}x^4 - \frac{5}{3}x^3 + 3x^2\right]_{0}^{2}\right| + \left|\left[\frac{1}{4}x^4 - \frac{5}{3}x^3 + 3x^2\right]_{2}^{3}\right| = 2\frac{2}{3} + \frac{5}{12} = 3\frac{1}{12}$

c) $h(x) = f(x) - g(x) = -2x^2 - 6x = -2x\cdot(x + 3)$; Schnittstellen (Nullstellen von h): $x_1 = 0$; $x_2 = 3$

$A = \left|\int_{-2}^{0}(-2x^2 - 6x)\,dx\right| + \left|\int_{0}^{1}(-2x^2 - 6x)\,dx\right| = \left|\left[-\frac{2}{3}x^3 - 3x^2\right]_{-2}^{0}\right| + \left|\left[-\frac{2}{3}x^3 - 3x^2\right]_{0}^{1}\right| = 6\frac{2}{3} + 3\frac{2}{3} = 10\frac{1}{3}$

d) $h(x) = f(x) - g(x) = x^4 - 5x^2 + 4$; Schnittstellen (Nullstellen von h, berechnet mit der Substitution $x^2 = u$):
$x_1 = -2$; $x_2 = -1$; $x_3 = 1$; $x_4 = 2$

$A = \left|\int_{-2}^{-1}(x^4 - 5x^2 + 4)\,dx\right| + \left|\int_{-1}^{1}(x^4 - 5x^2 + 4)\,dx\right| = \left|\left[\frac{1}{5}x^5 - \frac{5}{3}x^3 + 4x\right]_{-2}^{-1}\right| + \left|\left[\frac{1}{5}x^5 - \frac{5}{3}x^3 + 4x\right]_{-1}^{1}\right| = \frac{22}{15} + \frac{76}{15} = 6\frac{8}{15}$

Seite 117 | Aufgabe 10

$h(x) = f(x) - g(x) = x^3 - 6x^2 + 8x = x\cdot(x^2 - 6x + 8)$; Schnittstellen (Nullstellen von h): $x_1 = 0$; $x_2 = 2$; $x_3 = 4$

Die beiden von den Graphen eingeschlossenen Flächen liegen also zwischen x = 0 und x = 2 bzw. zwischen x = 2 und x = 4.

$A_1 = \left|\int_{0}^{2}(x^3 - 6x^2 + 8x)\,dx\right| = \left|\left[\frac{1}{4}x^4 - 2x^3 + 4x^2\right]_{0}^{2}\right| = 4$

$A_2 = \left|\int_{2}^{4}(x^3 - 6x^2 + 8x)\,dx\right| = \left|\left[\frac{1}{4}x^4 - 2x^3 + 4x^2\right]_{2}^{4}\right| = 4$

Die beiden Flächen sind gleich groß.

Seite 117 | Aufgabe 11

$h(x) = f(x) - g(x) = x^2 - 6x + 5$; Schnittstellen (Nullstellen von h): $x_1 = 1$; $x_2 = 5$

$A = \left|\int_{0}^{1}(x^2 - 6x + 5)\,dx\right| + \left|\int_{1}^{5}(x^2 - 6x + 5)\,dx\right| = \left|\left[\frac{1}{3}x^3 - 3x^2 + 5x\right]_{0}^{1}\right| + \left|\left[\frac{1}{3}x^3 - 3x^2 + 5x\right]_{1}^{5}\right| = 2\frac{1}{3} + 10\frac{2}{3} = 13$

Das Ergebnis entspricht dem Ergebnis von Aufgabe 5.

Seite 117 | Aufgabe 12

$h(x) = f(x) - g(x) = -\frac{3}{4}x^2 + 3$

Schnittstellen (Nullstellen von h): $x_1 = 2$ und $x_2 = -2$

$A = |\int_{-2}^{2}(-\frac{3}{4}x^2 + 3)\,dx| = |\left[-\frac{1}{4}x^3 + 3x\right]_{-2}^{2}| = 8$

Seite 117 | Aufgabe 13

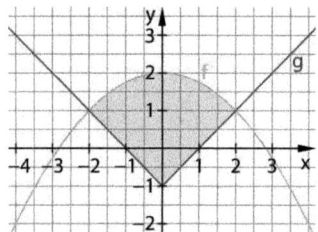

Die Graphen von f und g sind symmetrisch zur y-Achse. Für $x \geq 0$ gilt: $f(x) - g(x) = -\frac{1}{4}x^2 - x + 3$

$A = 2\cdot\int_{0}^{2}\left(-\frac{1}{4}x^2 - x + 3\right)dx = 2\cdot\left(\left[-\frac{1}{12}x^3 - \frac{1}{2}x^2 + 3x\right]_{0}^{2}\right) = 2\cdot\left(3\frac{1}{3}\right) = 6\frac{2}{3} \approx 6{,}67$

Seite 118 | Aufgabe 14

a) Nullstellen von f: $-x^2 + 4x - 3 = 0$ ergibt $x_1 = 1$; $x_2 = 3$.

$$A = \left| \int_1^3 f(x)\,dx \right| = \left| \int_1^3 (-x^2 + 4x - 3)\,dx \right| = \left| \left[-\tfrac{1}{3}x^3 + 2x^2 - 3x \right]_1^3 \right| = \tfrac{4}{3}$$

b) Schnittstellen von f und g: $-x^2 + 4x - 1 = x - 1 \Rightarrow x^2 - 3x = 0$, also $x_1 = 0$; $x_2 = 3$

$$A = \left| \int_0^3 (f(x) - g(x))\,dx \right| = \left| \int_0^3 (-x^2 + 3x)\,dx \right| = \left| \left[-\tfrac{1}{3}x^3 + \tfrac{3}{2}x^2 \right]_0^3 \right| = 4,5$$

c) Nullstellen von f: $-\tfrac{1}{4}x^2 + x + 3 = 0$ ergibt $x_1 = -2$; $x_2 = 6$

Da die Fläche auch von der y-Achse begrenzt wird, gilt:

$$A = \left| \int_0^6 f(x)\,dx \right| = \left| \int_0^6 \left(-\tfrac{1}{4}x^2 + x + 3 \right)\,dx \right| = \left| \left[-\tfrac{1}{12}x^3 + \tfrac{1}{2}x^2 + 3x \right]_0^6 \right| = 18$$

d) Schnittstellen von f und g: $x^3 + 2x^2 = x + 2 \Rightarrow x^3 + 2x^2 - x - 2 = 0$, also $x_1 = -2$; $x_2 = -1$; $x_3 = 1$

Im ersten Quadranten gilt:

$$A = \left| \int_0^1 (f(x) - g(x))\,dx \right| = \left| \int_0^1 (x^3 + 2x^2 - x - 2)\,dx \right| = \left| \left[\tfrac{1}{4}x^4 + \tfrac{2}{3}x^3 - \tfrac{1}{2}x^2 - 2x \right]_0^1 \right| = \tfrac{19}{12}$$

e) Schnittstellen von f und g: $-x^2 + 4x + 1 = -2x + 9 \Rightarrow x^2 - 6x + 8 = 0$, also $x_1 = 2$; $x_2 = 4$

$$A = \left| \int_0^2 (f(x) - g(x))\,dx \right| = \left| \int_0^2 (-x^2 + 6x - 8)\,dx \right| = \left| \left[-\tfrac{1}{3}x^3 + 3x^2 - 8x \right]_0^2 \right| = \tfrac{20}{3}$$

f) Schnittstelle von f und g: $\sin(x) = x$ ergibt $x = 0$.

$$A = \left| \int_0^\pi (g(x) - f(x))\,dx \right| = \left| \int_0^\pi (x - \sin(x))\,dx \right| = \left| \left[\tfrac{1}{2}x^2 + \cos(x) \right]_0^\pi \right| = \tfrac{1}{2}\pi^2 - 2$$

g) Nullstellen von f: $2 - 0{,}5(x - 1)^2 = 0$ ergibt $x_1 = -1$; $x_2 = 3$; Nullstelle von g: $6 - x = 0$ ergibt $x = 6$.

Die Graphen von f und g haben keinen Schnittpunkt.

$$A = \left| \int_0^3 (g(x) - f(x))\,dx \right| + \left| \int_3^6 (g(x))\,dx \right| = \left| \int_0^3 (4 - x + 0{,}5(x-1)^2)\,dx \right| + \left| \int_3^6 (6 - x)\,dx \right|$$

$$= \left| \int_0^3 (0{,}5x^2 - 2x + 4{,}5)\,dx \right| + \left| \left[6x - \tfrac{1}{2}x^2 \right]_3^6 \right| = \left| \left[\tfrac{1}{6}x^3 - x^2 + 4{,}5x \right]_0^3 \right| + 4{,}5 = 9 + 4{,}5 = 13{,}5$$

Seite 118 | Aufgabe 15

Holger hat nur die linke gelbe Fläche im Intervall [0; 4] berechnet. Luises Gedanke ist richtig, doch sie muss zwei Mal integrieren (von 0 bis 4 und von 4 bis 6) und jeweils den Betrag bilden, sonst erhält sie die Flächenbilanz. Emres Einwand ist korrekt: „Stattdessen muss man die Flächeninhalte der Teilstücke zwischen den Schnittstellen einzeln ausrechnen, also zwei Integrale berechnen, das von 0 bis 4 und das von 4 bis 6, und jeweils den Betrag bilden. Die Ergebnisse werden dann addiert." Für den Flächeninhalt gilt:

$$A = \left| \int_0^4 \left(\tfrac{1}{3}x^3 - \tfrac{10}{3}x^2 + 8x \right)\,dx \right| + \left| \int_4^6 \left(\tfrac{1}{3}x^3 - \tfrac{10}{3}x^2 + 8x \right)\,dx \right| = \left| \left[\tfrac{1}{12}x^4 - \tfrac{10}{9}x^3 + 4x^2 \right]_0^4 \right| + \left| \left[\tfrac{1}{12}x^4 - \tfrac{10}{9}x^3 + 4x^2 \right]_4^6 \right| = \tfrac{128}{9} + \tfrac{20}{9} = \tfrac{148}{9}$$

Seite 118 | Aufgabe 16

a)

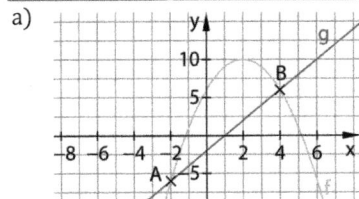

b) Die Gerade g geht durch die Punkte $A(-2|-6)$ und $B(4|6)$, sie hat die Gleichung $g(x) = 2x - 2$.

$$A = \left| \int_{-2}^4 (f(x) - g(x))\,dx \right| = \left| \int_{-2}^4 (-x^2 + 2x + 8) \right| = \left| \left[-\tfrac{1}{3}x^3 + x^2 + 8x \right]_{-2}^4 \right| = 36$$

Seite 118 | Aufgabe 17

$f(x) = g(x) \Rightarrow x^4 + \tfrac{572}{15}x^2 - 1430 = 0$

Berechnung der Schnittstellen mit der Substitution $x^2 = u$:

$x_1 \approx 4{,}825$; $x_2 \approx -4{,}825$

Der Graph von f hat einen Hochpunkt bei $x = 0$ und keine Wendestellen.

Die Fläche zwischen den Graphen von f und g ist symmetrisch zur y-Achse und ähnelt etwas einem Helm.

$$A = \int_{-4,825}^{4,825} (f(x) - g(x))\,dx = \int_{-4,825}^{4,825} \left(-\tfrac{1}{286}x^4 - \tfrac{2}{15}x^2 + 5 \right)\,dx \approx 34{,}6$$

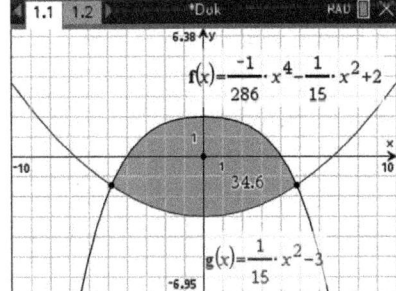

Seite 118 | Aufgabe 18

a) $\int_0^2 g(x)\,dx + \int_2^8 f(x)\,dx = \int_0^2 x\,dx + \int_2^8 \tfrac{8}{x^2}\,dx = \left[\tfrac{1}{2}x^2 \right]_0^2 + \left[-\tfrac{8}{x} \right]_2^8 = 2 + 3 = 5$

b) $A = \int_0^9 (g(x) - f(x))\,dx = \int_0^9 (2 \cdot 1{,}25^x - 2)\,dx = \left[\tfrac{2}{\ln(1{,}25)} \cdot 1{,}25^x - 2x \right]_0^9 \approx 39{,}82$

Seite 119 | Aufgabe 19

a) Die Klammern können einzeln gleich null gesetzt werden.
$x_1 = -2;\ x_2 = 1 - \sqrt{3} \approx -0,73;\ x_3 = 1 + \sqrt{3} \approx 2,73;\ x_4 = 4$

b) $f(x) = \frac{1}{9}(x^2 - 2x - 8)(x^2 - 2x - 2) = \frac{1}{9}(x^4 - 4x^3 - 6x^2 + 20x + 16)$

Stammfunktion: $F(x) = \frac{1}{9}\left(\frac{1}{5}x^5 - x^4 - 2x^3 + 10x^2 + 16x\right)$

$A_1 = \left|\int_{-2}^{1-\sqrt{3}} f(x)\,dx\right| = \left|\left[\frac{1}{9}\left(\frac{1}{5}x^5 - x^4 - 2x^3 + 10x^2 + 16x\right)\right]_{-2}^{1-\sqrt{3}}\right| \approx 0,8332$

$A_2 = \left|\int_{1-\sqrt{3}}^{1+\sqrt{3}} f(x)\,dx\right| = \left|\left[\frac{1}{9}\left(\frac{1}{5}x^5 - x^4 - 2x^3 + 10x^2 + 16x\right)\right]_{1-\sqrt{3}}^{1+\sqrt{3}}\right| \approx 6,4663$

$A_3 = \left|\int_{1+\sqrt{3}}^{4} f(x)\,dx\right| = \left|\left[\frac{1}{9}\left(\frac{1}{5}x^5 - x^4 - 2x^3 + 10x^2 + 16x\right)\right]_{1+\sqrt{3}}^{4}\right| \approx 0,8332$

Gesamtfläche: $A = A_1 + A_2 + A_3 \approx 8,133$

c) $\int_{-2}^{4} g(x)\,dx = \int_{-2}^{4} |f(x)|\,dx \approx 8,133$

d) Vorteil des Rechenwegs in b): Man erhält auch die Flächeninhalte der Teilflächen.
Vorteil des Rechenwegs in c): Man muss nur ein Integral berechnen und spart sich die Berechnung der inneren Nullstellen.

Seite 119 | Aufgabe 20

$A = \left|\int_{-1,5}^{1,65} (f(x) - g(x))\,dx\right| = \left|\int_{-1,5}^{1,65} (0,1x^4 - 0,25x^2 + 0,55)\,dx\right| = \left|\left[0,02x^5 - \frac{1}{12}x^3 + 0,55x\right]_{-1,5}^{1,65}\right| \approx 1,473$

Der See hat einen Flächeninhalt von ca. 1,473 km².

Seite 119 | Aufgabe 21

a) Legt man das Koordinatensystem mit der Längeneinheit 1 m so, dass der Ursprung in der Mitte des Tunnelbodens liegt, so sind die folgenden Punkte bekannt:
Innerer Parabelboden: Scheitelpunkt bei $S(0|3)$, Nullstellen bei $(2|0)$ und $(-2|0)$.
Daraus folgt die Gleichung $g(x) = -\frac{3}{4}x^2 + 3$.
Äußerer Parabelboden: Scheitelpunkt bei $S(0|3,2)$, Nullstellen bei $(3|0)$ und $(-3|0)$.
Daraus folgt die Gleichung $f(x) = -\frac{16}{45}x^2 + 3,2$.

b) Fläche der Öffnung: $A = \left|\int_{-2}^{2} g(x)\,dx\right| = \left|\int_{-2}^{2}\left(-\frac{3}{4}x^2 + 3\right)dx\right| = \left|\left[-\frac{1}{4}x^3 + 3x\right]_{-2}^{2}\right| = 8$

Ein Tunnel aus 12 Elementen ist 24 m lang, das Luftvolumen beträgt damit $V = 24\text{ m} \cdot 8\text{ m}^2 = 192\text{ m}^3$.

c) Fläche unterhalb der äußeren Parabel:

$A = \left|\int_{-3}^{3} (f(x))\,dx\right| = \left|\int_{-3}^{3}\left(-\frac{16}{45}x^2 + 3,2\right)dx\right| = \left|\left[-\frac{16}{135}x^3 + 3,2x\right]_{-3}^{3}\right| = 12,8$

Damit hat die Betonstirnfläche einen Flächeninhalt von $A_S = 12,8\text{ m}^2 - 8\text{ m}^2 = 4,8\text{ m}^2$.

Dichte: $2,2\ \frac{\text{g}}{\text{cm}^3} = 2200\ \frac{\text{kg}}{\text{m}^3}$

Für die Masse eines Elements gilt: $m = 4,8\text{ m}^2 \cdot 2\text{ m} \cdot 2200\frac{\text{kg}}{\text{m}^3} = 21\,120\text{ kg} = 21,21\text{ t}$

Seite 119 | Aufgabe 22

a) $A = \int_1^3 f(x)\,dx = \int_1^3 \left(\frac{1}{2}x^2\right)dx = \left[\frac{1}{6}x^3\right]_1^3 = 4\frac{1}{3}$

Wenn die Gerade $x = c$ die Fläche halbieren soll, gilt: $A_{halb} = \int_1^c f(x)\,dx = \left[\frac{1}{6}x^3\right]_1^c = \frac{1}{6}c^3 - \frac{1}{6} = 2\frac{1}{6}$

Es folgt $c = \sqrt[3]{14} \approx 2,41$.

b) $A = \int_1^3 f(x)\,dx = \int_1^3 \left(\frac{1}{3}x^2\right)dx = \left[\frac{1}{9}x^3\right]_1^3 = 2\frac{8}{9}$

Die Gerade $y = c$ schneidet die Parabel in dem Punkt $\left(\sqrt{3c}\,|c\right)$. Für den oberen Teil der Fläche gilt:

$A_{halb} = \int_{\sqrt{3c}}^{3}\left(\frac{1}{3}x^2 - c\right)dx = \left[\frac{1}{9}x^3 - cx\right]_{\sqrt{3c}}^{3} = 3 - 3c + \frac{2}{3}\sqrt{3c} = 1\frac{4}{9}$

Daraus ergibt sich $\sqrt{3c} = \frac{9}{2}c - \frac{7}{3}$ und nach Quadrieren $c^2 - \frac{96}{81}c + \frac{196}{729} = 0$ sowie $c_1 \approx 0,879$ und $c_2 \approx 0,306$.
$c_2 \approx 0,306$ ist keine Lösung der Wurzelgleichung, also gilt $c \approx 0,879$.

c) $A = \int_1^3 f(x)\,dx = \int_1^3 (x^2 + 2)\,dx = \left[\frac{1}{3}x^3 + 2x\right]_1^3 = 12\frac{2}{3}$

Die Fläche unterhalb der Geraden $y = mx$ soll halb so groß sein, also gilt:

$A_{halb} = \int_1^3 (mx)\,dx = \left[\frac{m}{2}x^2\right]_1^3 = 4m = 6\frac{1}{3}$ und damit $m = 1\frac{7}{12} \approx 1,583$

Seite 120 | Aufgabe 23

a) Alle drei Graphen schneiden sich bei $x = 0$; Schnittstelle von g und h: $x = \frac{\pi}{2}$; Schnittstelle von f und h: $x = \pi$.

b) Die gesuchte Fläche wird im Intervall $\left[0; \frac{\pi}{2}\right]$ von den Graphen g und f eingeschlossen, im Intervall $\left[\frac{\pi}{2}; \pi\right]$ von den Graphen h und f. Man berechnet also $A_1 = \int_0^{\pi/2} (g(x) - f(x))\,dx$ und $A_2 = \int_{\pi/2}^{\pi} (h(x) - f(x))\,dx$.

c) $A_1 = \int_0^{\pi/2} (x^2 + \sin(x))\, dx = \left[\frac{1}{3}x^3 - \cos(x)\right]_0^{\pi/2} = \frac{1}{24}\pi^3 + 1 \approx 2{,}292$

$A_2 = \int_{\pi/2}^{\pi} (-x^2 + \pi x + \sin(x))\, dx = \left[-\frac{1}{3}x^3 + \frac{1}{2}\pi x^2 - \cos(x)\right]_{\pi/2}^{\pi} = \frac{1}{12}\pi^3 + 1 \approx 3{,}584$

Gesamtfläche: $A = A_1 + A_2 = \frac{1}{8}\pi^3 + 2 \approx 5{,}876$

<h3>Seite 120 | Aufgabe 24</h3>

a) Berührpunkt der Graphen von f und g: (2|4); Schnittpunkt der Graphen von f und h in I: (0|0); Schnittpunkt der Graphen von g und h in I: (1|5)

$A_1 = \left|\int_0^1 (h(x) - f(x))\, dx\right| = \left|\int_0^1 (x^2 + x)\right| = \left|\left[\frac{1}{3}x^3 + \frac{1}{2}x^2\right]_0^1\right| = \frac{5}{6}$

$A_2 = \left|\int_1^2 (g(x) - f(x))\, dx\right| = \left|\int_1^2 (2x^2 - 8x + 8)\right| = \left|\left[\frac{2}{3}x^3 - 4x^2 + 8x\right]_1^2\right| = \frac{2}{3}$

Gesamtfläche: $A = A_1 + A_2 = 1{,}5$

b) Schnittpunkt der Graphen von f und g in I: (0|0); Schnittpunkt der Graphen von f und h: (1|1); Schnittpunkt der Graphen von g und h: (0,5|2)

$A_1 = \left|\int_0^{0,5} (g(x) - f(x))\, dx\right| = \left|\int_0^{0,5} (-x^3 + 8x^2)\right| = \left|\left[-\frac{1}{4}x^4 + \frac{8}{3}x^3\right]_0^{0,5}\right| = \frac{1}{3} - \frac{1}{64} = \frac{61}{192}$

$A_2 = \left|\int_{0,5}^1 (h(x) - f(x))\, dx\right| = \left|\int_{0,5}^1 (-x^3 - 2x + 3)\right| = \left|\left[-\frac{1}{4}x^4 - x^2 + 3x\right]_{0,5}^1\right| = \frac{33}{64}$

Gesamtfläche: $A = A_1 + A_2 = \frac{5}{6}$

c) Schnittpunkt der Graphen von f und g in I: (4|2); Schnittpunkt der Graphen von f und h in I: (0|0); Schnittpunkt der Graphen von g und h: (5|1)

$A_1 = \left|\int_0^4 (f(x) - h(x))\, dx\right| = \left|\int_0^4 \left(\sqrt{x} - \frac{1}{5}x\right)\right| = \left|\left[\frac{2}{3}\sqrt{x^3} - \frac{1}{10}x^2\right]_0^4\right| = \frac{56}{15}$

$A_2 = \left|\int_4^5 (g(x) - h(x))\, dx\right| = \left|\int_4^5 \left(x^2 - \frac{51}{5}x + 26\right)\right| = \left|\left[\frac{1}{3}x^3 - \frac{51}{10}x^2 + 26x\right]_4^5\right| = \frac{13}{30}$

Gesamtfläche: $A = A_1 + A_2 = \frac{25}{6}$

<h3>Seite 120 | Aufgabe 25</h3>

$f(0) \approx -15{,}99$; $f(x) = 0{,}23e^{-0,1x+2}$; $f'(0) \approx 1{,}70$

Tangente in P: $t(x) = 1{,}70x - 15{,}99$

Nullstelle von t: $x = \frac{15{,}99}{1{,}7} \approx 9{,}41$

Fläche des Dreiecks zwischen der Tangente t und den Koordinatenachsen: $A_1 = \frac{1}{2} \cdot 15{,}99 \cdot 9{,}41 \approx 75{,}23$

Nullstelle von f: $x = 20 - 10 \ln\left(\frac{1}{2,3}\right) \approx 28{,}33$

Fläche zwischen dem Graphen von f und den Koordinatenachsen:

$A_2 = \left|\int_0^{28,33} (-2{,}3e^{-0,1x+2} + 1)\, dx\right| = \left|[-23e^{-0,1x+2} + x]_0^{28,33}\right| \approx 131{,}62$

Eingeschlossene Fläche $A = A_2 - A_1 \approx 131{,}62 - 75{,}23 \approx 56{,}4$

<h3>Seite 120 | Aufgabe 26</h3>

a) Schnittpunkt mit der y-Achse: $S_y(0|0)$

Schnittstellen mit der x-Achse: $\frac{1}{5}x^3 - 2x = \frac{1}{5}x(x^2 - 10) = 0$, also $x_1 = 0$; $x_2 = -\sqrt{10}$; $x_3 = \sqrt{10}$

b) $f'(x) = \frac{3}{5}x^2 - 2$; $f''(x) = \frac{6}{5}x$ Nullstellen von f': $x_1 = -\sqrt{\frac{10}{3}} \approx -1{,}826$; $x_2 = \sqrt{\frac{10}{3}} \approx 1{,}826$

$f''\left(-\sqrt{\frac{10}{3}}\right) < 0$; $f\left(-\sqrt{\frac{10}{3}}\right) \approx 2{,}43$, also $H\left(-\sqrt{\frac{10}{3}}\middle|2{,}43\right)$ $f''\left(\sqrt{\frac{10}{3}}\right) > 0$; $f\left(\sqrt{\frac{10}{3}}\right) \approx -2{,}43$, also $T\left(\sqrt{\frac{10}{3}}\middle|-2{,}43\right)$

Nullstelle von f'': $x = 0$, $f'''(0) = \frac{6}{5} \neq 0$, also $W(0|0)$

c) $f(-2) = 2{,}4$; $f'(-2) = 0{,}4$; Tangente: $t(x) = 0{,}4x + 3{,}2$

d) $f(4) = 4{,}8$, also ist $P(4|4{,}8)$. Für die Tangente gilt $t(4) = 4{,}8$, die Tangente geht also ebenso durch P.

e)

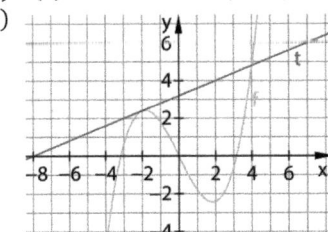

f) $A = \int_{-2}^4 (t(x) - f(x))\, dx = \int_{-2}^4 \left(-\frac{1}{5}x^3 + 2{,}4x + 3{,}2\right)\, dx = \left[-\frac{1}{20}x^4 + \frac{6}{5}x^2 + \frac{16}{5}x\right]_{-2}^4 = 21{,}6$

Seite 120 | Aufgabe 27

a) $f_a'(x) = e^{\frac{x}{a}} - e$; $f_a''(x) = \frac{1}{a}e^{\frac{x}{a}}$

$f_a'(x) = 0 \Leftrightarrow x = a$; $f_a''(a) = \frac{e}{a} > 0$; $f_a(a) = 0$; $T_a(a|0)$

b) Da f_a keine weiteren Extremstellen hat, ist $x = a$ die einzige Nullstelle.

c) $A = \int_0^a f_a(x)\, dx = \left[a^2 e^{\frac{x}{a}} - \frac{1}{2}ex^2\right]_0^a = \frac{a^2}{2} \cdot (e - 2)$

d) $m = f_a'(0) = 1 - e$; $t_a(x) = (1-e) \cdot x + a = (1-e) \cdot \left(x - \frac{a}{e-1}\right)$

$A_\Delta = \frac{1}{2} \cdot \frac{a}{e-1} \cdot a = \frac{a^2}{2(e-1)}$; $\frac{A_\Delta}{A} = \frac{1}{(e-1)(e-2)} \approx 0{,}81$; Anteil: ca. 81 %

Seite 120 | Aufgabe 28

a)
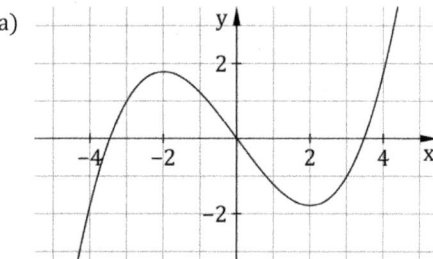

Eigenschaften des Graphen:

Nullstellen bei $x_{1/2} = \pm\sqrt{12}$ und $x_3 = 0$; Schnittpunkt mit y-Achse bei $y = 0$;

Hochpunkt $H\left(-2\Big|\frac{16}{9}\right)$; Tiefpunkt $T\left(2\Big|-\frac{16}{9}\right)$; Wendepunkt $W(0|0)$;

punktsymmetrisch zum Ursprung

b) $f'(x) = \frac{1}{3}x^2 - \frac{4}{3}$; $f''(x) = \frac{2}{3}x$; Nullstellen von f': $x_1 = 2$; $x_2 = -2$; $f''(-2) = -\frac{4}{3} < 0$, also $H\left(-2\Big|\frac{16}{9}\right)$

In Extremwerten hat die Tangente die Steigung 0, damit folgt die Tangentengleichung $t(x) = \frac{16}{9}$.

Es gilt $x_0 = -2$. Für $x_1 = -2x_0 = 4$ gilt $f(x_1) = f(4) = \frac{16}{9} = t(x_1)$. Also ist $x_1 = -2x_0$ die weitere Schnittstelle.

c) $A = \int_{-2}^4 (t(x) - f(x))\, dx = \int_{-2}^4 \left(-\frac{1}{9}x^3 + \frac{4}{3}x + \frac{16}{9}\right) dx = \left[-\frac{1}{36}x^4 + \frac{2}{3}x^2 + \frac{16}{9}x\right]_{-2}^4 = 12$

Seite 121 | Aufgabe 29

Fläche zwischen den Graphen von h und f: $A_f = \int_{-1,79}^7 (h(x) - f(x))\, dx = \int_{-1,79}^7 (6 - e^{-x})\, dx = [6x + e^{-x}]_{-1,79}^7 \approx 46{,}75$

Fläche zwischen den Graphen von h und g: $A_g = \int_{-0,61}^7 (h(x) - g(x))\, dx = \int_{-0,61}^7 (5 - e^{-x+1})\, dx = [5x + e^{-x+1}]_{-0,61}^7 \approx 33{,}05$

Fläche des Gehwegs in m²: $A = A_f - A_g \approx 13{,}7$

Seite 121 | Aufgabe 30

a) Wenn die linke Grundstücksgrenze bei a liegt, dann ist die rechte $a + 1$ (Breite 100 m). Der Flächeninhalt ist dann:

$A = \int_a^{a+1} \left(-\frac{1}{5}x^3 + x^2 + 2\right) dx = \left[-\frac{1}{20}x^4 + \frac{1}{3}x^3 + 2x\right]_a^{a+1} = -\frac{1}{20}(a+1)^4 + \frac{1}{3}(a+1)^3 + 2(a+1) - \left(-\frac{1}{20}a^4 + \frac{1}{3}a^3 + 2a\right)$

$= -\frac{1}{5}a^3 + \frac{7}{10}a^2 + \frac{4}{5}a + \frac{137}{60}$

Um das a zu bestimmen, bei dem diese Fläche maximal wird, bestimmt man die ersten beiden Ableitungen von A:

$A'(a) = -\frac{3}{5}a^2 + \frac{7}{5}a + \frac{4}{5}$; $A''(a) = -\frac{6}{5}a + \frac{7}{5}$

Nullstellen von A': $a_1 \approx 2{,}808$; $a_2 \approx -0{,}475$; $A''(a_1) \approx -1{,}9696 < 0$; $A''(a_2) \approx 1{,}97 > 0$

Bei $a_1 \approx 2{,}808$ liegt ein lokales Maximum mit $A(a_1) \approx 5{,}34$, bei $a_2 \approx -0{,}475$ liegt ein lokales Minimum.

Da es für $a \geq 0$ kein lokales Minimum gibt, ist das lokale Maximum bei $a_1 \approx 2{,}808$ für $a \geq 0$ auch ein globales Maximum von A. Das größte Grundstück mit den angegebenen Bedingungen liegt im Bereich von $x \approx 2{,}808$ bis $x \approx 3{,}808$.

b) Die gesamte Fläche liegt im Bereich von $x = 0$ bis $x \approx 5{,}349$.

$A_{ges} = \int_0^{5,349} \left(-\frac{1}{5}x^3 + x^2 + 2\right) dx = \left[-\frac{1}{20}x^4 + \frac{1}{3}x^3 + 2x\right]_0^{5,349} \approx 20{,}78$

Man sucht nun ein b, für das gilt: $A_{1/2} = \int_0^b \left(-\frac{1}{5}x^3 + x^2 + 2\right) dx = \left[-\frac{1}{20}x^4 + \frac{1}{3}x^3 + 2x\right]_0^b = -\frac{1}{20}b^4 + \frac{1}{3}b^3 + 2b = 10{,}39$

Mit einem GTR ergibt sich $b \approx 2{,}9$.

Seite 121 | Aufgabe 31

Nullstellen von f: $x_1 = \sqrt{\frac{2}{a}}$; $x_2 = -\sqrt{\frac{2}{a}}$

Aus Symmetriegründen ist die Fläche zwischen $x = 0$ und $x = \sqrt{\frac{2}{a}}$ halb so groß wie die eingeschlossene Fläche, ihr Inhalt ist $\frac{8}{3}$ FE.

$A = \int_0^{\sqrt{2/a}} (2 - ax^2)\, dx = \left[2x - \frac{a}{3}x^3\right]_0^{\sqrt{2/a}} = 2\sqrt{\frac{2}{a}} - \frac{2}{3}\sqrt{\frac{2}{a}} = \frac{8}{3}$, es folgt $\sqrt{\frac{2}{a}} = 2$ und $a = \frac{1}{2}$.

Seite 121 | Aufgabe 32

a) Nullstellen: $f_a(x) = -ax^2 + a = 0$ ergibt $x_1 = -1$ und $x_2 = 1$.

$A = \int_{-1}^1 (-ax^2 + a)\, dx = \left[-\frac{1}{3}ax^3 + ax\right]_{-1}^1 = \frac{4}{3}a$

b) $\frac{4}{3}a = 4 \Rightarrow a = 3$

c) Flächeninhalt des Rechtecks: $A_{Rechteck} = 2a$; Flächeninhalt der oberen Teilfläche $A_{oben} = 2a - \frac{4}{3}a = \frac{2}{3}a$.

Verhältnis: $\frac{A_{oben}}{A_{unten}} = \frac{2}{3}a : \frac{4}{3}a = 1 : 2$

Seite 121 | Aufgabe 33

a) $f_a'(x) = \frac{1}{2}e^x - \frac{a}{2}e^{-x}$; $f_a''(x) = f_a(x)$; $f_a'''(x) = f_a'(x)$

  $a > 0$:

  $f_a(x) > 0$ für alle $x \in \mathbb{R}$; also hat f_a keine Nullstelle und keine Wendestelle.

  $f_a'(x) = 0 \Rightarrow e^x = ae^{-x} \Rightarrow e^{2x} = a$, also $x = \frac{1}{2}\ln(a)$

  $f_a''\left(\frac{1}{2}\ln(a)\right) = \sqrt{a} > 0$; $T_a\left(\frac{1}{2}\ln(a)\,|\,\sqrt{a}\right)$

  $a < 0$:

  $f_a'(x) > 0$ für alle $x \in \mathbb{R}$; also hat f_a keine Extremstelle.

  $f_a(x) = 0 \Rightarrow e^x = -ae^{-x} \Rightarrow e^{2x} = -a$,

  also Null- und Wendestelle bei $x = \frac{1}{2}\ln(-a)$; $W_a\left(\frac{1}{2}\ln(-a)\,|\,0\right)$

b) $F_a(x) = \frac{1}{2}e^x - \frac{a}{2}e^{-x}$

c) Für $a_1 > a_2$ ist $A(c) = \int_0^c (f_{a_1}(x) - f_{a_2}(x))\,dx = \left[-\frac{1}{2}(a_1 - a_2)e^{-x}\right]_0^c$

  $A(c) = \frac{1}{2}(a_1 - a_2) - \frac{1}{2}(a_1 - a_2)e^{-c} \longrightarrow \frac{1}{2}(a_1 - a_2)$ für $c \to \infty$

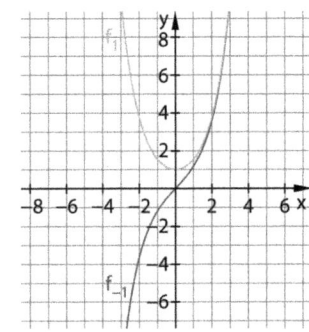

Streifzug: Rotationskörper

Seite 122 | Einstieg

a) $V = \frac{1}{3} \cdot G \cdot h = \frac{1}{3} \cdot \pi r^2 \cdot h = \frac{1}{3} \cdot \pi \cdot \left(\frac{3}{4}\right)^2 \cdot 3 \approx 1{,}77\ \text{VE}$

b) $V = \pi \cdot \left(\frac{1}{8}\right)^2 \cdot 0{,}5 + \pi \cdot \left(\frac{1}{4}\right)^2 \cdot 0{,}5 + \pi \cdot \left(\frac{3}{8}\right)^2 \cdot 0{,}5 + \pi \cdot \left(\frac{1}{2}\right)^2 \cdot 0{,}5 + \pi \cdot \left(\frac{5}{8}\right)^2 \cdot 0{,}5 \approx 1{,}35\ \text{VE}$

c) Durch schmalere Zylinderscheiben lässt sich die Genauigkeit erhöhen.

Seite 123 | Aufgabe 1

a) $V = \pi \cdot \int_0^4 (f(x))^2\,dx = \pi \cdot \int_0^4 3^2\,dx = \pi \cdot [9x]_0^4 = 36\pi$

b) $V = \pi \cdot \int_0^2 (f(x))^2\,dx = \pi \cdot \int_0^2 \left(\frac{1}{4}x\right)^2\,dx = \pi \cdot \left[\frac{1}{48}x^3\right]_0^2 = \frac{1}{6}\pi$

c) $V = \pi \cdot \int_2^4 (f(x))^2\,dx = \pi \cdot \int_2^4 \left(\frac{1}{4}x\right)^2\,dx = \pi \cdot \left[\frac{1}{48}x^3\right]_2^4 = \frac{7}{6}\pi$

d) $V = \pi \cdot \int_0^3 (f(x))^2\,dx = \pi \cdot \int_0^3 (x^2)^2\,dx = \pi \cdot \left[\frac{1}{5}x^5\right]_0^3 = 48{,}6\pi$

e) $V = \pi \cdot \int_0^1 (f(x))^2\,dx = \pi \cdot \int_0^1 (e^x)^2\,dx = \pi \cdot \left[\frac{1}{2}e^{2x}\right]_0^1 = \left(\frac{1}{2}e^2 - \frac{1}{2}\right)\pi$

f) $V = \pi \cdot \int_{-1}^2 (f(x))^2\,dx = \pi \cdot \int_{-1}^2 (\sqrt{x+1})^2\,dx = \pi \cdot \left[\frac{1}{2}x^2 + x\right]_{-1}^2 = 4{,}5\pi$

Seite 123 | Aufgabe 2

a) Nullstellen der Funktion f: $x_1 = -2$; $x_2 = 2$

  $V = \pi \cdot \int_{-2}^2 (f(x))^2\,dx = \pi \cdot \int_{-2}^2 (x^2 - 4)^2\,dx = \pi \cdot \left[\frac{1}{5}x^5 - \frac{8}{3}x^3 + 16x\right]_{-2}^2 = \frac{512}{15}\pi$

b) Nullstellen der Funktion f: $x_1 = 0$; $x_2 = 1$

  $V = \pi \cdot \int_0^1 (f(x))^2\,dx = \pi \cdot \int_0^1 (x^2 - x)^2\,dx = \pi \cdot \left[\frac{1}{5}x^5 - \frac{1}{2}x^4 + \frac{1}{3}x^3\right]_0^1 = \frac{1}{30}\pi$

c) Nullstellen der Funktion f: $x_1 = 1$; $x_2 = 3$

  $V = \pi \cdot \int_1^3 (f(x))^2\,dx = \pi \cdot \int_1^3 (x^2 - 4x + 3)^2\,dx = \pi \cdot \left[\frac{1}{5}x^5 - 2x^4 + \frac{22}{3}x^3 - 12x^2 + 9x\right]_1^3 = \frac{16}{15}\pi$

d) Nullstellen der Funktion f: $x_1 = -2$; $x_2 = 2$

  $V = \pi \cdot \int_{-2}^2 (f(x))^2\,dx = \pi \cdot \int_{-2}^2 \left(-\frac{1}{4}x^2 + 1\right)^2\,dx = \pi \cdot \left[\frac{1}{80}x^5 - \frac{1}{6}x^3 + x\right]_{-2}^2 = \frac{32}{15}\pi$

Seite 123 | Aufgabe 3

a) Man legt ein Koordinatensystem so, dass r auf der y-Achse und h auf der x-Achse liegt.

  Der Zylinder entsteht, indem der Graph zu $f(x) = r$ im Intervall $[0; h]$ um die x-Achse rotiert

  $V = \pi \cdot \int_0^h r^2\,dx = \pi \cdot [r^2 x]_0^h = \pi r^2 h$

b) Man legt ein Koordinatensystem so, dass die Kegelspitze im Ursprung und h auf der x-Achse liegt.

  Der Kegel entsteht, indem der Graph zu $f(x) = \frac{r}{h}x$ im Intervall $[0; h]$ um die x-Achse rotiert.

  $V = \pi \cdot \int_0^h \left(\frac{r}{h}x\right)^2\,dx = \pi \cdot \left[\frac{r^2}{3h^2}x^3\right]_0^h = \frac{1}{3}\pi r^2 h$

c) Man legt ein Koordinatensystem so, dass M der Ursprung ist.

  Die Kugel entsteht, indem der Graph zu $f(x) = \sqrt{r^2 - x^2}$ im Intervall $[-r; r]$ um die x-Achse rotiert.

  $V = \pi \cdot \int_{-r}^r (\sqrt{r^2 - x^2})^2\,dx = \pi \cdot \left[r^2 x - \frac{1}{3}x^3\right]_{-r}^r = \pi \cdot \left(r^3 - \frac{1}{3}r^3 + r^3 - \frac{1}{3}r^3\right) = \frac{4}{3}\pi r^3$

Seite 123 | Aufgabe 4

Volumen in m³: $V = \pi \cdot \int_0^{100} \left(\sqrt{0{,}05x^2 + 4x + 320}\right)^2\,dx = \pi \cdot \left[\frac{1}{60}x^3 + 2x^2 + 320x\right]_0^{100} \approx 68\,667\pi \approx 215\,723$

61

3.7 Abiturtraining

Seite 124 | Aufgabe 1

a) Schnittstellen von f und g: $f(x) - g(x) = \frac{1}{3}x^2 - 3 = 0$, also $x_1 = 3$; $x_2 = -3$

Flächeninhalt: $A = \int_{-3}^{3} \left(g(x) - f(x)\right) dx = \int_{-3}^{3} \left(3 - \frac{1}{3}x^2\right) dx = \left[3x - \frac{1}{9}x^3\right]_{-3}^{3} = 12$ FE

b) Die Breite des Flächenstücks ist 6 LE, die Höhe 3 LE. Es gilt: $A = \frac{2}{3} \cdot 6 \cdot 3 = 12$ FE

Seite 124 | Aufgabe 2

a)

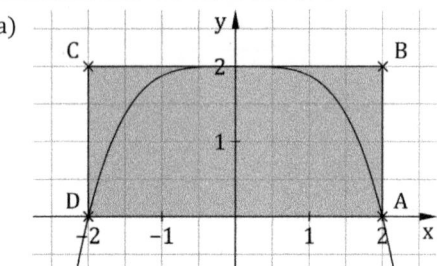

b) $A = \int_{-2}^{2} f(x) \, dx = \int_{-2}^{2} \left(2 - \frac{1}{8}x^4\right) dx = \left[2x - \frac{1}{40}x^5\right]_{-2}^{2} = 6{,}4$ FE

c) Das Rechteck hat den Flächeninhalt $A_R = 8$ FE; Anteil der Fläche aus b): $\frac{6{,}4}{8} = 0{,}8 = 80$ %

Seite 124 | Aufgabe 3

a) $A = \int_{-3}^{3} \left(\frac{1}{9}x^4 - \frac{6}{5}x^2 + \frac{9}{5}\right) dx = \left[\frac{1}{45}x^5 - \frac{2}{5}x^3 + \frac{9}{5}x\right]_{-3}^{3} = 0$

Geometrisch bedeutet dies, dass die Flächenbilanz der Flächen zwischen dem Graphen von f und der x-Achse über dem Intervall [–3; 3] null ist. Die beiden Flächen unterhalb der Achse sind zusammen genauso groß wie die Fläche oberhalb der Achse.

b) Aus Symmetriegründen gilt dann für die Fläche oberhalb der x-Achse: $A_O = \int_{-a}^{a} f(x) \, dx = 2 \cdot \frac{432}{625} \cdot \sqrt{5} = \frac{864}{625} \cdot \sqrt{5}$

Da nach a) die Flächen ober- und unterhalb der Achse gleich groß sind, gilt: $A_{ges} = 2 \cdot A_O = 2 \cdot \frac{864}{625} \cdot \sqrt{5} = \frac{1728}{625} \cdot \sqrt{5}$

Seite 124 | Aufgabe 4

a) $f(x) = -\frac{1}{2}x^4 + 8 = 0 \Rightarrow x^4 = 16$, also $x_1 = -2$; $x_2 = 2$

b) Da es keine weiteren Nullstellen gibt, liegt der Graph zwischen $x_1 = -2$ und $x_2 = 2$ entweder vollständig über oder vollständig unter der x-Achse. Wegen $f(0) = 8 > 0$ ist $f(x) \geq 0$ für alle $x \in [-2; 2]$. Daraus folgt $\int_{-2}^{2} f(x) dx > 0$.

c) $\int_{-2}^{2} \left(-\frac{1}{2}x^4 + a\right) dx = \left[-\frac{1}{10}x^5 + ax\right]_{-2}^{2} = 4a - \frac{32}{5} = 0 \Rightarrow a = \frac{8}{5} = 1{,}6$

Seite 124 | Aufgabe 5

a) Nach 10 Sekunden erreicht die Drohne ihre maximale Höhe. Bei t = 10 wechselt das Vorzeichen von v = h′ von + auf –, also liegt dort die Maximumstelle von h.

b) Mit $v(0) = v(10) = 0$ und $v(5) = 2{,}5$ folgt $v(t) = -\frac{1}{10}t^2 + t$.

c) h ist eine Stammfunktion von v mit $h(0) = 2$: $h(t) = -\frac{1}{30}t^3 + \frac{1}{2}t^2 + 2$

Maximale Flughöhe: $h(10) = \frac{56}{3} \approx 18{,}67$ m

d) $\int_0^{10} v(t) \, dt$ gibt die zurückgelegte Höhe der Drohne vom Start bis zum Erreichen der maximalen Flughöhe an.

Seite 125 | Aufgabe 6

a) Berechnung der Schnittstellen von f und g:

$\frac{3}{80}x^3 - \frac{27}{80}x = \frac{3}{80}x^3 + \frac{3}{32}x^2 - \frac{27}{80}x - \frac{75}{32} \Rightarrow 0 = \frac{3}{32}x^2 - \frac{75}{32} \Rightarrow x^2 = 25$, also $x_1 = -5$; $x_2 = 5$

Die Fläche zwischen den beiden Kurven befindet sich also im Intervall [−5; 5].

b) Die Breite der Fläche in y-Richtung wird durch die Funktion $d(x) = f(x) - g(x)$ beschrieben.

$d(x) = \frac{3}{80}x^3 - \frac{27}{80}x - \frac{3}{80}x^3 - \frac{3}{32}x^2 + \frac{27}{80}x + \frac{75}{32} = -\frac{3}{32}x^2 + \frac{75}{32}$

Der Graph von d ist eine nach unten geöffnete Parabel, die symmetrisch zur y-Achse ist. Der Scheitelpunkt liegt bei $S\left(0 \left| \frac{75}{32}\right.\right)$.

Der längste Querschnitt in y-Richtung hat die Länge $d(0) = \frac{75}{32} \approx 2{,}34$.

c) Fläche des Logos: $A = \int_{-5}^{5} \left(f(x) - g(x)\right) dx = \int_{-5}^{5} \left(-\frac{3}{32}x^2 + \frac{75}{32}\right) dx = \left[-\frac{1}{32}x^3 + \frac{75}{32}x\right]_{-5}^{5} = 15{,}625$

Der Flächeninhalt beträgt 15,625 dm² = 0,15625 m². Die Herstellungskosten sind 0,1525 m² $\cdot 60\frac{€}{m^2} \approx 9{,}38$ €.

Seite 125 | Aufgabe 7

a) $f(x) = \frac{1}{2}x^3 + \frac{3}{2}x^2 = 1$ ergibt $x = -1$; der Punkt B liegt damit bei $B(-1|1)$.

$g(x) = \frac{1}{3}x^2 = 1$ ergibt $x = \sqrt{3}$; der Punkt C liegt damit bei $C(\sqrt{3}|1)$.

Die Entfernung zwischen B und C sind $(1 + \sqrt{3})$ m $\approx 2{,}73$ m.

b) $A = \int_{-2}^{0}(1 - f(x))\,dx + \int_{0}^{\sqrt{3}}(1 - g(x))\,dx = \left[x - \frac{1}{8}x^4 - \frac{1}{2}x^3\right]_{-2}^{0} + \left[x - \frac{1}{9}x^3\right]_{0}^{\sqrt{3}} = 0{,}625 + \frac{2}{3}\sqrt{3} \approx 1{,}78\ (m^2)$

c) Der Kanal kann bis zur Höhe des Punktes A gefüllt werden. Für A gilt $x = -2$ und $f(-2) = 2$, also $A(-2|2)$

Für den gegenüberliegenden Punkt A' auf der rechten Böschung gilt ebenfalls $y = 2$. Aus $g(x) = \frac{1}{3}x^2 = 2$ folgt $x = \sqrt{6}$, also

$A'(\sqrt{6}|2)$. Die Querschnittsfläche des Wassers bei maximaler Füllhöhe ist damit:

$A_W = \int_{-2}^{0}(2 - f(x))\,dx + \int_{0}^{\sqrt{6}}(2 - g(x))\,dx = \left[2x - \frac{1}{8}x^4 - \frac{1}{2}x^3\right]_{-2}^{0} + \left[2x - \frac{1}{9}x^3\right]_{0}^{\sqrt{6}} = 2 + \frac{4}{3}\sqrt{6} \approx 5{,}27\ (m^2)$

Pro Meter Länge fasst der Kanal maximal ca. 5,27 m³ Wasser.

d) Der Punkt D liegt bei $D(3|3)$. Die Gerade zwischen den Punkten A und D hat die Gleichung $h(x) = \frac{12}{5} + \frac{1}{5}x$.

Es muss also die folgende Querschnittsfläche aufgefüllt werden:

$A_S = \int_{-2}^{0}(h(x) - f(x))\,dx + \int_{0}^{3}\left(h(x) - g(x)\right)dx = \left[\frac{12}{5}x + \frac{1}{10}x^2 - \frac{1}{2}x^3 - \frac{1}{8}x^4\right]_{-2}^{0} + \left[\frac{12}{5}x + \frac{1}{10}x^2 - \frac{1}{9}x^3\right]_{0}^{3} = 2{,}4 + 5{,}1 = 7{,}5\ (m^2)$

Wenn der Kanal 120 m lang ist, benötigt man also 7,5 m² · 120 m = 900 m³ Erde.

Seite 125 | Aufgabe 8

a) Überprüfen der Bedingungen an f und f' mit $f'(x) = -\frac{3}{8}x^2 + \frac{9}{4}x - \frac{27}{8}$:

Der Graph von f verläuft durch die Punkte $(1|1)$ und $(3|0)$:

$f(1) = -\frac{1}{8} + \frac{9}{8} - \frac{27}{8} + \frac{27}{8} = 1$ $\qquad\qquad$ $f(3) = -\frac{27}{8} + \frac{81}{8} - \frac{81}{8} + \frac{27}{8} = 0$

Der Graph von f hat an der Stelle $x = 1$ die Steigung $-1{,}5$ und an der Stelle $x = 3$ die Steigung 0:

$f'(1) = -\frac{3}{8} + \frac{9}{4} - \frac{27}{8} = -\frac{3}{2} = -1{,}5$ $\qquad\qquad$ $f'(3) = -\frac{27}{8} + \frac{27}{4} - \frac{27}{8} = 0$

Die Funktion f ist für die Modellierung der Begrenzungslinie im Bereich $0{,}5 \le x \le 3$ geeignet.

b) Die rechte obere Ecke des Plakats liegt im Punkt $(u|f(u))$. Die Fläche des Rechtecks beträgt $A(u) = 2 \cdot u \cdot f(u)$.

$A(u) = -\frac{1}{4}u^4 + \frac{9}{4}u^3 - \frac{27}{4}u^2 + \frac{27}{4}u$ (Zielfunktion)

$A'(u) = -u^3 + \frac{27}{4}u^2 - \frac{27}{2}u + \frac{27}{4}$

$A''(u) = -3u^2 + \frac{27}{2}u - \frac{27}{2}$

Es gilt: $A'(0{,}75) = -\frac{27}{64} + \frac{243}{64} - \frac{81}{8} + \frac{27}{4} = 0$, $A'(3) = -27 + \frac{243}{4} - \frac{81}{2} + \frac{27}{4} = 0$

A' kann höchstens 3 Nullstellen haben. Wegen $A'(u) \to \infty$ für $u \to -\infty$ und $A'(u) \to -\infty$ für $u \to \infty$, sind $u_1 = 0{,}75$ und $u_2 = 3$ die einzigen Nullstellen von A'. Von diesen liegt nur $u_1 = 0{,}75$ im Inneren des betrachteten Bereichs.

$A''(0{,}75) = -\frac{81}{16} < 0$, also hat A dort ein lokales Minimum, für das gilt $A(0{,}75) = \frac{2187}{1024} \approx 2{,}14$.

Randwerte: $A(0{,}5) \approx 1{,}95$ und $A(3) = 0$, also ist $A(0{,}75)$ das globale Maximum.

Das Plakat hat also den größten Flächeninhalt, wenn $u = 0{,}75$ ist. Es ist dann etwa 2,14 m² groß.

c) Da die linke und rechte Rampe symmetrisch sind, gilt für den Flächeninhalt der Seitenfläche:

$A_R = 1 \cdot \frac{125}{64} + \int_{0{,}5}^{3} f(x)dx \approx 4{,}4\ (m^2)$

Da drei Eimer Farbe nur für 3,9 m² reichen, benötigt man vier Eimer Spezialfarbe.

4. Zusammengesetzte Funktionen

4.1 Produktregel

a) $f(x) = x \cdot x$ mit Faktor $y = x$ und $y' = 1$; Es gilt $f'(x) = 2x$ und $f(x) = y \cdot y$, aber nicht $f'(x) = y' \cdot y'$, da $1 \neq 2x$

b) $g(x) = 12 \cdot x \cdot x \cdot x$ mit Faktor $y = x$, $y' = 1$; Es gilt $g'(x) = 36x^2$ und $g(x) = 12 \cdot y \cdot y \cdot y$, aber nicht $g'(x) = 12 \cdot y' \cdot y' \cdot y'$, da $12 \neq 36x^2$

a) $f'(x) = 3x^2 \cdot (4x + 3) + x^3 \cdot 4$

b) $2 \cdot e^x + 2x \cdot e^x$

c) $f'(x) = 2x \cdot \sqrt{x} + (x^2 + 1) \cdot \frac{1}{2\sqrt{x}}$

d) $f'(x) = \frac{1}{x^2} \cdot e^x + \frac{1}{x} \cdot e^x$

e) $f'(x) = -\frac{2}{x^3} \cdot (x^2 - 2x) + \frac{1}{x^2} \cdot (2x - 2)$

f) $f'(x) = (6x^2 - 8x) \cdot x^{-1} + (2x^3 - 4x^2) \cdot \left(-\frac{1}{x^2}\right)$

a) $f'(x) = 10x^4 + 10x$

b) $f'(x) = 6x^2 + 2x - 10$

c) $f'(x) = 4x^3$

d) $f'(x) = (6x^2 - 6x + 1) \cdot (3x + 5) + (2x^3 - 3x^2 + x) \cdot 3$

e) $f'(x) = 2x\sqrt{x} + (x^2 + 3) \cdot 0{,}5x^{-0{,}5}$

f) $f'(x) = 15x^4 \cdot e^x + 3x^5 \cdot e^x = (15x^4 + 3x^5) e^x$

g) $f'(x) = -\frac{1}{x^2} \cdot e^x + \frac{1}{x} \cdot e^x = e^x \left(\frac{1}{x} - \frac{1}{x^2}\right)$

h) $f'(x) = 1 \cdot e^x + x \cdot e^x - e^x = xe^x$

i) $f'(x) = -\frac{2}{x^3} \sqrt{x} + \frac{1}{2x^2\sqrt{x}}$

j) $f'(x) = e^x \cdot \sqrt{x} + e^x \cdot \frac{1}{2\sqrt{x}} = e^x \left(\sqrt{x} + \frac{1}{2\sqrt{x}}\right)$

k) $f'(t) = (9t^2 + 2t) \cdot e^t + (3t^3 + t^2) \cdot e^t = (3t^3 + 10t^2 + 2t) e^t$

l) $f'(t) = e^t \cdot (2t + 1) + e^t \cdot 2 + e^t = (2t + 4) e^t$

a) $u(x) = 4x$, $u'(x) = 4$; $v(x) = e^{7x}$, $v'(x) = 7e^{7x}$

$f'(x) = u'(x)v(x) + u(x)v'(x) = 4e^{7x} + 4x \cdot 7e^{7x} = e^x(4 + 28x)$

b) $u(x) = x$, $u'(x) = 1$; $v(x) = \sqrt{1 - 5x}$, $v'(x) = -\frac{5}{2}(1 - 5x)^{-\frac{1}{2}}$

$f'(x) = 1 \cdot \sqrt{1 - 5x} + x \cdot \left(-\frac{5}{2}\right)(1 - 5x)^{-\frac{1}{2}} = \sqrt{1 - 5x} - \frac{5x}{2\sqrt{1-5x}}$

c) $u(x) = (x^2 - 3)^3$, $u'(x) = 6x(x^2 - 3)^2$; $v(x) = (x^2 + 1)^2$, $v'(x) = 4x(x^2 + 1)$

$f'(x) = 6x(x^2 - 3)^2(x^2 + 1)^2 + (x^2 + 1) \cdot 4x(x^2 - 3)^3 = 2x(x^2 - 3)^2(x^2 + 1)(5x^2 - 3)$

d) $u(x) = \frac{1}{2x+1}$, $u'(x) = -\frac{2}{(2x+1)^2}$; $v(x) = e^{1-x}$, $v'(x) = -e^{1-x}$

$f'(x) = -\frac{2}{(2x+1)^2} \cdot e^{1-x} + \frac{1}{2x+1} \cdot (-e^{1-x}) = e^{1-x}\left(-\frac{2}{(2x+1)^2} - \frac{1}{2x+1}\right)$

e) $u(x) = \sqrt{x^2 + 2}$, $u'(x) = x(x^2 + 2)^{-\frac{1}{2}}$; $v(x) = e^{3+7x}$, $v'(x) = 7e^{3+7x}$

$f'(x) = x(x^2 + 2)^{-\frac{1}{2}} \cdot e^{3+7x} + \sqrt{x^2 + 2} \cdot 7e^{3+7x} = e^{3+7x}\left(\frac{x}{\sqrt{x^2+2}} + 7\sqrt{x^2 + 2}\right)$

f) $u(x) = x^2 - 2x$, $u'(x) = 2x - 2$; $v(x) = (1 - 3x^2)^2$, $v'(x) = -12x(1 - 3x^2)$

$f'(x) = (2x - 2)(1 - 3x^2)^2 + (x^2 - 2x) \cdot (-12x)(1 - 3x^2) = (1 - 3x^2)(-18x^3 + 30x^2 + 2x - 2)$

g) $u(x) = (1 - x^2)^3$, $u'(x) = -6x(1 - x^2)^2$; $v(x) = (x^2 - 1)^2$, $v'(x) = 4x(x^2 - 1)$

$f'(x) = -6x(1 - x^2)^2(x^2 - 1)^2 + (1 - x^2)^3 \cdot 4x(x^2 - 1) = -10x(1 - x^2)^4$

h) $u(x) = (x^2 - 2)^2$, $u'(x) = 4x(x^2 - 2)$; $v(x) = e^{x^2+1}$, $v'(x) = 2xe^{x^2+1}$

$f'(x) = 4x(x^2 - 2) \cdot e^{x^2+1} + (x^2 - 2)^2 \cdot 2xe^{x^2+1} = 2x^3(x^2 - 2)e^{x^2+1}$

a)

	mit Produktregel	ohne Produktregel	
①	$f'(x) = 1 \cdot (x + 2) + x \cdot 1 = 2x + 2$	$f(x) = x^2 + 2x$	$f'(x) = 2x + 2$
②	$f'(x) = 2x \cdot x^8 + x^2 \cdot 8x^7 = 10x^9$	$f(x) = x^{10}$	$f'(x) = 10x^9$
③	$f'(x) = -4x^3 \cdot (x - 3x^4) + (1 - x^4) \cdot (1 - 12x^3) = 1 - 12x^3 - 5x^4 + 24x^7$	$f(x) = x - 3x^4 - x^5 + 3x^8$ $f'(x) = 1 - 12x^3 - 5x^4 + 24x^7$	
④	$f'(x) = (0{,}5x^{-0{,}5})(x^{0{,}5} - 1) + (x^{0{,}5} + 1) \cdot 0{,}5x^{-0{,}5} = 1$	$f(x) = x - 1$	$f'(x) = 1$
⑤	$f'(x) = 3x^2 \cdot x^{-1} + (x^3 - 4) \cdot (-x^{-2}) = 2x + \frac{4}{x^2}$	$f(x) = x^2 - \frac{4}{x}$	$f'(x) = 2x + \frac{4}{x^2}$
⑥	$f'(x) = (-x^{-2} + 0{,}5x^{-0{,}5}) \cdot (x^{0{,}5} - x^{-1}) + (x^{0{,}5} + x^{-1}) \cdot (x^{-2} + 0{,}5x^{-0{,}5}) = 1 + \frac{2}{x^3}$	$f(x) = x - \frac{1}{x^2}$	$f'(x) = 1 + \frac{2}{x^3}$

b) Individuelle Lösungen; Beispiele: $f(x) = x(x + 1)$; $f(x) = x^3x^2$; $f(x) = x(x^3 + x)$

c) Individuelle Lösungen; Beispiele: $f(x) = \sin(x) \cdot \cos(x)$; $f(x) = xe^{5x}$; $f(x) = x^3\sin(x)e^{3x}$

a) Aus der Zeichnung liest man ab: $f'(2) = 0$; $g(2) = -3{,}5$; $f(2) = 2$ und $g'(2) = -3$

b) $(f \cdot g)(-1) = (-1{,}5) \cdot 1 + (-2{,}5) \cdot 0 = -1{,}5$

Da a konstant und die Ableitung einer Konstanten 0 ist, gilt nach der Produktregel: $(a \cdot f(x))' = 0 \cdot f(x) + a \cdot f'(x) = a \cdot f'(x)$

Seite 134 | Aufgabe 7

Richtig ist: $f'(x) = 2x\sqrt{x} + \frac{x^2}{2\sqrt{x}}$

① Falsch, es wurden die Faktoren $2x$ und $\sqrt{x}$ einzeln abgeleitet und die Ableitungen multipliziert.

② Falsch, die beiden Produkte wurden subtrahiert statt addiert.

③ Falsch, es wurden die Faktoren $2x$ und $\sqrt{x}$ mit ihrer eigenen Ableitung multipliziert, nicht mit der Ableitung des anderen Faktors.

Seite 134 | Aufgabe 8

a) $f'(x) = 3x^2(ax + b) + ax^3 = x^2(4ax + 3b)$

b) $g'(x) = -\frac{2a}{x^3} \cdot (bx + c) + \frac{ab}{x^2} = \frac{1}{x^2}\left(-ab - \frac{2ac}{x}\right)$

c) $f'(x) = a \cdot e^{cx} + (ax + b) \cdot e^{cx} \cdot c = (acx + a + bc) \cdot e^{cx}$

d) $f'(x) = a \cdot \sqrt{cx} + (ax + b) \cdot \frac{c}{2\sqrt{cx}} = a \cdot \sqrt{cx} + \frac{c(ax+b)}{2\sqrt{cx}}$

Seite 134 | Aufgabe 9

a) $f'(x) = (3 - 3x) \cdot e^{-x}; t(x) = 3x$

b) $f'(x) = -\frac{1}{\sqrt{x}} + 3\sqrt{x}; t(x) = 2x - 2$

c) $f'(x) = -(2x - 1)^2 e^{2x^2 - 1}; t(x) = -ex + e$

d) $f'(x) = 2 - \frac{1}{x^2}; t(x) = x - 2$

Seite 134 | Aufgabe 10

Die Aussage ist richtig:

Da die Graphen der Funktionen g und h an der Stelle x_0 eine waagerechte Tangente haben, gilt $g'(x_0) = 0$ und $h'(x_0) = 0$. Daraus folgt: $f'(x_0) = g'(x_0) \cdot h(x_0) + g(x_0) \cdot h'(x_0) = 0 \cdot h(x_0) + g(x_0) \cdot 0 = 0$, also hat auch der Graph von f dort eine waagerechte Tangente.

Umkehrung:

Hat der Graph einer Funktion f mit $f(x) = g(x) \cdot h(x)$ bei x_0 eine waagerechte Tangente, so gilt dies auch für die Graphen der Funktionen g und h.

Diese Umkehrung gilt nicht allgemein.

Gegenbeispiel: $g(x) = h(x) = x$ mit $g'(x) = h'(x) = 1$. Dann ist $f(x) = x^2$, $f'(x) = 2x$, und $f'(0) = 2 \cdot 0 = 0$

Die Graphen von g und h haben dagegen bei $x = 0$ keine waagrechte Tangente.

Seite 134 | Aufgabe 11

a) $D_f = \{x \in \mathbb{R} \,|\, x > 0\}$; Nullstellen: $x_1 = 0, x_2 = 1$

b) $f(x) \to 0$ für $x \to 0$ und $f(x) \to \infty$ für $x \to \infty$

c) $f'(x) = \frac{3x-1}{2\sqrt{x}}$; $f'(x) = 0$ für $x = \frac{1}{3}$

  Vorzeichenwechsel von – nach + bei $x = \frac{1}{3}$; Tiefpunkt $T\left(\frac{1}{3}\,\middle|\,-\frac{2}{3\sqrt{3}}\right)$

d) $f''(x) = \frac{3x+1}{\sqrt{x}} = 0$ für $x = -\frac{1}{3}$

  $x = -\frac{1}{3}$ liegt nicht im Definitionsbereich, daher gibt es keine Wendepunkte.

e)

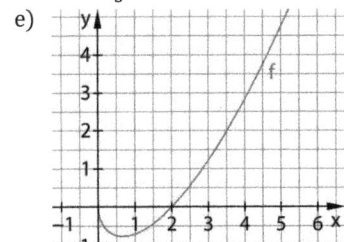

Seite 134 | Aufgabe 12

a) $f(x) = x \cdot e^{-x}; f'(x) = 1 \cdot e^{-x} + x \cdot (-e^{-x}) = (1 - x) \cdot e^{-x}$

b) $f(x) = \frac{1}{2\sqrt{x}} \cdot (x + 1); f'(x) - \frac{1}{2\sqrt{x}} - \frac{x+1}{4\sqrt{x^3}}$

c) $f(x) = (\sqrt{x} + 1) \cdot (\sqrt{x} + 1); f'(x) = \frac{1}{2\sqrt{x}} \cdot (\sqrt{x} + 1) + (\sqrt{x} + 1) \cdot \frac{1}{2\sqrt{x}} = \frac{\sqrt{x}+1}{\sqrt{x}}$

d) Für $x \neq 3$ gilt: $f(x) = \frac{1}{x} \cdot (x + 3); f'(x) = -\frac{1}{x^2} \cdot (x + 3) + \frac{1}{x} \cdot 1 = -\frac{3}{x^2}$

e) $f(x) = (x^3 - \sqrt{x}) \cdot x^{-1}, f'(x) = \frac{3x^2}{x} - \frac{1}{2\sqrt{x} \cdot x} - \frac{x^3 - \sqrt{x}}{x^2} = 3x - \frac{1}{2\sqrt{x^3}} - x + \frac{1}{\sqrt{x^3}} = 2x + \frac{1}{2\sqrt{x^3}}$

f) $f(x) = (x^2 - 4) \cdot (x + 2)^{-1}, f'(x) = \frac{2x}{x+2} - \frac{x^2-4}{(x+2)^2} = \frac{3x^2+4x-4}{(x+2)^2}$

g) $f(x) = e^x \cdot \frac{1}{x}; f'(x) = e^x \cdot \frac{1}{x} + e^x \cdot \frac{-1}{x^2} = \frac{e^x \cdot (x-1)}{x^2}$

h) $f(x) = e^{2x+1} \cdot \frac{1}{\sqrt{2x}}; \ f'(x) = e^{2x+1} \cdot 2 \cdot \frac{1}{\sqrt{2x}} + e^{2x+1} \cdot \frac{-1}{2x \cdot \sqrt{2x}} = \frac{(4x-1) \cdot e^{2x+1}}{2x \cdot \sqrt{2x}}$

Seite 134 | Aufgabe 13

① $f(x) = \frac{1}{v(x)} = (v(x))^{-1}$

v lineare Funktion: $v(x) = ax + b$; $v'(x) = a$; $f(x) = (ax + b)^{-1}$

$f'(x) = -1 \cdot a \cdot (ax + b)^{-2} = -\frac{a}{(ax+b)^2} = -\frac{v'(x)}{(v(x))^2}$

v quadratische Funktion: $v(x) = ax^2 + bx + c$; $v'(x) = 2ax + b$; $f(x) = (ax^2 + bx + c)^{-1}$

$f'(x) = -1 \cdot (2ax + b) \cdot (ax^2 + bx + c)^{-2} = -\frac{2ax+b}{(ax+b)^2} = -\frac{v'(x)}{(v(x))^2}$

② $f(x) = \frac{u(x)}{v(x)} = u(x) \cdot (v(x))^{-1}$

Ableitung mit Produktregel und ① für eine lineare oder quadratische Funktion v:

$f'(x) = u'(x) \cdot (v(x))^{-1} + u(x) \cdot \left(-\frac{v'(x)}{(v(x))^2}\right) = \frac{u'(x) \cdot v(x) - u(x) \cdot v'(x)}{(v(x))^2}$

Seite 134 | Aufgabe 14

a) $f'(x) = -\frac{15}{(2x-5)^2}$

b) $f'(x) = \frac{e^x \cdot (x-1) - e^x \cdot 1}{(x-1)^2} = \frac{e^x \cdot (x-2)}{(x-1)^2}$

c) $f'(x) = -\frac{5-2x}{(5x-x^2)^2}$

d) $f'(x) = \frac{e^{4x} \cdot 4 \cdot (x^2+1) - e^{4x} \cdot 2x}{(x^2+1)^2} = \frac{e^{4x} \cdot (4x^2-2x+4)}{(x^2+1)^2}$

e) $f'(x) = \frac{16(3x-7)(4+3x)}{3(2x-1)^2}$

f) $f'(x) = -\frac{4x}{(x^2-1)^2}$

g) $f'(x) = \frac{(e^x+1) \cdot x^2 - (e^x+x) \cdot 2x}{x^4} = \frac{e^x \cdot (x-2) - x}{x^3}$

h) $f'(x) = \frac{\frac{1}{2\sqrt{x}} \cdot (1-2x^2) - \sqrt{x} \cdot (-4x)}{(1-2x^2)^2} = \frac{1+6x^2}{2\sqrt{x}(1-2x^2)^2}$

Seite 135 | Aufgabe 15

a) $D_{max} = \mathbb{R}$; Nullstelle: $x = 0$

b) $f(x) \to 0$ für $x \to \infty$ und für $x \to -\infty$

c) Wegen $f(-x) = -f(x)$ für alle $x \in \mathbb{R}$ ist f punktsymmetrisch zum Ursprung.

$f'(x) = \frac{4(1-x^2)}{(x^2+1)^2}$ f ist streng monoton steigend für $-1 < x < 1$ und streng monoton fallend für $x < -1$ und $x > 1$.

d) $f''(x) = -\frac{8x(x^2-3)}{(x^2+1)^3}$; $f'''(x) = -\frac{24(x^4-6x^2+1)}{(x^2+1)^4}$ $T(-1,-2)$, $H(1,2)$, $W_1(0,0)$, $W_2(-\sqrt{3}, -\sqrt{3})$, $W_3(\sqrt{3}, \sqrt{3})$

e) Wendestelle im Ursprung: $f'(0) = 4$, $f(0) = 0$ Wendetangente: $t(x) = 4x$; Normale: $n(x) = -\frac{1}{4}x$

Seite 135 | Aufgabe 16

a) ① $f'(x) = 4 \cdot 2(4x - 3) = 32x - 24$

② $u(x) = 4x - 3$; $v(x) = 4x - 3$; $f'(x) = 4 \cdot (4x - 3) + (4x - 3) \cdot 4 = 32x - 24$

③ Ausmultiplizieren: $f(x) = 16x^2 - 24x + 9$; $f'(x) = 32x - 24$

b) Die Ergebnisse sind bei jeder Methode gleich. Die lineare Kettenregel ist am vorteilhaftesten.

Seite 135 | Aufgabe 17

a) $N_1(0|0)$, $N_2(1|0)$, $N_3(3|0)$; Tiefpunkt $T(2,11|-1,44)$, Hochpunkt $H(0,28|1,04)$

b) $W(1|0)$; $f'(1) = -2$; Wendetangente: $t(x) = -2x + 2$

Seite 135 | Aufgabe 18

a) $f'(x) = \frac{3x-2}{4\sqrt{x}}$; $f'(x) = 0$ bei $x = \frac{2}{3}$ $f''(x) = = \frac{3x+2}{8x^{\frac{3}{2}}}$; $f''\left(\frac{2}{3}\right) > 0$, also hat f bei $x = \frac{2}{3}$ ein lokales Minimum; $f\left(\frac{2}{3}\right) \approx 0,544$

Die maximale Tiefe des Lochs beträgt ca. 0,544 m.

b) $f(x) = 0$ bei $x_1 = 0$ und $x_2 = 2$. Die Steigung bei $x = 2$ ist $f'(2) = \frac{\sqrt{2}}{2}$, dies entspricht einem Winkel von ca. 35,26°.

Seite 135 | Aufgabe 19

a) $g'(x) = 2x \cdot f(x) + x^2 \cdot f'(x)$ Für $x = 0$ ist also $g'(x) = 0$, unabhängig von $f(x)$.

b) $x_0 = 0$ nach a), wenn man dort für f die Funktion mit dem Funktionsterm $e^x \cdot f(x)$ einsetzt

Seite 135 | Aufgabe 20

a) $n = 1$: $f'(x) = 2^x + x \cdot \ln(2) \cdot 2^x = 2^x \cdot (1 + \ln(2) x)$

$n = 2$: $f''(x) = \ln(2) \cdot 2^x \cdot (1 + \ln(2) x) + 2^x \cdot \ln(2) = 2^x \cdot \ln(2) \cdot (2 + \ln(2) x)$

$n = 3$: $f'''(x) = \ln(2) \cdot \ln(2) \cdot 2^x \cdot (2 + \ln(2) x) + \ln(2) \cdot 2^x \cdot \ln(2) = 2^x \cdot (\ln(2))^2 \cdot (3 + \ln(2) x)$

b) $f^{(0)}(x) = 2^x \cdot (\ln(2))^{-1} \cdot \ln(2) \cdot x = 2^x \cdot x = f(x)$

c) $f'(x) = 1 + \ln(2) x = 0$ ergibt $x = -\frac{1}{\ln(2)}$

$f''\left(-\frac{1}{\ln(2)}\right) > 0$ Minimumstelle: $x = -\frac{1}{\ln(2)} \approx -1,44$

$f''(x) = 2 + \ln(2) x = 0$ ergibt $x = -\frac{2}{\ln(2)}$

$f'''\left(-\frac{1}{\ln(2)}\right) > 0$ Wendestelle: $x = -\frac{2}{\ln(2)} \approx -2,89$

Seite 135 | Aufgabe 21

a) ① $f'(x) = 2x\left((3x-4) \cdot \sqrt{x}\right) + x^2 \left(3\sqrt{x} + \frac{3x-4}{2\sqrt{x}}\right) = \sqrt{x} \cdot \left(6x^2 - 8x + 3x^2 + \frac{3x^3-4x^2}{2x}\right) = \sqrt{x} \cdot (10,5x^2 - 10x)$ für $x \neq 0$

② $f'(x) = 3e^{3x}\left(x^5 \cdot (2x - x^2)\right) + e^{3x}(12x^5 - 7x^6) = e^{3x}(6x^6 - 3x^7 + 12x^5 - 7x^6) = e^{3x}(-3x^7 - x^6 + 12x^5)$

b) $f'(x) = u'(x) \cdot \left(v(x) \cdot w(x)\right) + u(x) \cdot \left(v'(x) \cdot w(x) + v(x) \cdot w'(x)\right) = u'(x) \cdot v(x) \cdot w(x) + u(x) \cdot v'(x) \cdot w(x) + u(x) \cdot v(x) \cdot w'(x)$

4.2 Untersuchung zusammengesetzter Funktionen

Seite 136 | Einstieg

a) Hinweis: $f(x) = g(x) \cdot h(x) = -x^2 \cdot e^{-x}$

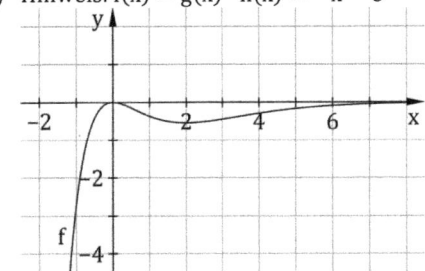

b) ① Dann ist x auch eine Nullstelle von f.
   ② Dann hat f an der Stelle x den Funktionswert h(x).
   ③ Dann ist der Funktionswert von f an der Stelle x negativ.
   ④ Dann gilt für $x \to -\infty$: $f(x) \to -\infty$.

c) $f'(x) = g'(x) \cdot h(x) + g(x) \cdot h'(x)$
   $g'(a) = h'(a) = 0$ ergibt $f'(a) = 0 \cdot h(a) + g(a) \cdot 0 = 0$. Also hat auch f eine waagerechte Tangente bei $x = a$.

Seite 137 | Aufgabe 1

a) $f'(x) = e^x + 1$
   $f''(x) = e^x$

b) $f'(x) = 32x^3 - e^x$
   $f''(x) = 96x^2 - e^x$

c) $f'(x) = 6e^{-6x} + 10$
   $f''(x) = -36e^{-6x}$

d) $f'(x) = 9e^{3x} - e^x$
   $f''(x) = 27e^{3x} - e^x$

e) $f'(x) = 2e^{2x} + 2e^{-x}$
   $f''(x) = 4e^{2x} - 2e^{-x}$

f) $f'(x) = -2e^{\frac{8}{3} - \frac{2}{3}x} - e^{\frac{5}{3}x - \frac{2}{3}}$
   $f''(x) = \frac{4}{3}e^{\frac{8}{3} - \frac{2}{3}x} - \frac{5}{3}e^{\frac{5}{3}x - \frac{2}{3}}$

Seite 137 | Aufgabe 2

a) $f'(x) = (x + 1) \cdot e^x$
   $f''(x) = (x + 2) \cdot e^x$

b) $f'(x) = -x \cdot e^x$
   $f''(x) = (-x - 1) \cdot e^x$

c) $f'(x) = (4x + 9) \cdot e^x$
   $f''(x) = (4x + 13) \cdot e^x$

d) $f'(t) = (t^2 - 2t) \cdot e^{-t}$
   $f''(t) = (-t^2 + 4t - 2) \cdot e^{-t}$

e) $f'(x) = (10x^3 + 3x^2 + 10) \cdot e^{10x+2}$
   $f''(x) = 2 \cdot (50x^3 + 30x^2 + 3x + 50) \cdot e^{10x+2}$

f) $f'(x) = -\frac{3}{2}(x^2 - 4x - 1) \cdot e^{7 - \frac{x}{2}}$
   $f''(x) = \frac{3}{4}(x^2 - 8x + 7) \cdot e^{7 - \frac{x}{2}}$

g) $f'(x) = 4x \cdot e^{2x^2+3}$
   $f''(x) = 4(4x^2 + 1) \cdot e^{2x^2+3}$

h) $f'(x) = 10 \cdot (4x + 1) \cdot e^{4x^2+2x-1}$
   $f''(x) = 20 \cdot (16x^2 + 8x + 3) \cdot e^{4x^2+2x-1}$

i) $f'(x) = -2 \cdot (2x^2 - 1) \cdot e^{-x^2}$
   $f''(x) = 4 \cdot (2x^3 - 3x) \cdot e^{-x^2}$

Seite 137 | Aufgabe 3

a) $x = 0$

b) $x = -2$

c) $x = -\frac{7}{3}$

d) $x = 4$

e) $x = -\frac{1}{2}$

f) $t = 3$

g) $x_1 = -3; x_2 = 3$

h) $x_1 = -4, x_2 = -1$

i) $x_1 = 6, x_2 = 2$

Seite 137 | Aufgabe 4

a) $f'(x) = (x + 1) \cdot e^x$; Minimalstelle: $x = -1$
b) $f'(x) = -(2x + 1) \cdot e^{2x}$; Maximalstelle: $x = -0,5$
c) $f'(x) = (2x^2 + 4x) \cdot e^x$; Maximalstelle: $x = -2$; Minimalstelle: $x = 0$
d) $f'(x) = -(x^2 - 2x) \cdot e^{-x}$; Minimalstelle: $x = 0$; Maximalstelle: $x = 2$
e) $f'(x) = -4(x - 2) \cdot e^{-x^2+4x}$; Maximalstelle: $x = 2$
f) $f'(x) = -3(2x - 12) \cdot e^{x^2-12x}$; Maximalstelle: $x = 6$

Seite 137 | Aufgabe 5

a) $f'(x) = (x + 1) \cdot e^x$; $f''(x) = (x + 2) \cdot e^x$; Wendestelle: $x = -2$
b) $f'(x) = e^x - 16x + 11$; $f''(x) = e^x - 16$; Wendestelle: $x = \ln(16)$
c) $f'(x) = -(x - 2) \cdot e^{-x}$; $f''(x) = (x - 3) \cdot e^{-x}$; Wendestelle: $x = 3$

Seite 137 | Aufgabe 6

a) $F(x) = \frac{4}{3}x^3 - \frac{1}{2}x^2 - \frac{2}{3}e^{3x+4}$

b) $F(t) = \frac{1}{12}t^4 - 5t + \frac{5}{2}e^{\frac{2}{5}t-3}$

c) $F(x) = \frac{1}{2}x^4 + 5e^{\frac{2}{3} - \frac{4}{5}x}$

Seite 138 | Aufgabe 7

Nullstelle: $f(x) = 0$ bei $x = 2 \cdot \ln(3) \approx 2,20$
$\int_0^{2,20}(2e^{0,5x} - 6)\,dx = [4e^{0,5x} - 6x]_0^{2,20} \approx -5,18$

Es wird eine Fläche von ca. 5,18 FE eingeschlossen.

Seite 138 | Aufgabe 8

$F'(x) = x^2 \cdot 5e^{5x} + 2x \cdot e^{5x} = (5x^2 + 2x)e^{5x} = f(x)$
$\int_0^1(5x^2 + 2x)e^{5x}\,dx = [x^2e^{5x} - 9]_0^1 = e^5 \approx 148,4$

Es wird eine Fläche von ca. 148,4 FE eingeschlossen.

Seite 138 | Aufgabe 9

$g(x) - f(x) = -x^2 + 5x + 6 = 0$ ergibt $x_1 = 6$ und $x_2 = -1$.

$A = \int_{-1}^{6}(g(x) - f(x))\, dx = \int_{-1}^{6}(-x^2 + 5x + 6)\, dx = \left[-\frac{1}{3}x^3 + \frac{5}{2}x^2 + 6x\right]_{-1}^{6} = \frac{343}{6} \approx 57{,}17$

Seite 138 | Aufgabe 10

a) Nullstelle: $N(0|0)$
   Tiefpunkt: $T(-2|-0{,}4)$; Hochpunkt $H(0|0)$
   Wendepunkte: $W_1(-3{,}41|-0{,}29)$; $W_2(-0{,}59|-0{,}14)$

b) Nullstelle: $N(2{,}01|0)$
   Keine Extrempunkte
   Wendepunkt: $W(0{,}0166|-0{,}9983)$

c) Nullstellen: $N_1(-4{,}26|0)$; $N_2(-0{,}06|0)$; $N_3(0|0)$
   Hochpunkt: $H(-3{,}24|27{,}67)$, Tiefpunkt: $T(-0{,}03|0{,}005)$
   Wendepunkt: $W(-2{,}1|16{,}86)$

Seite 138 | Aufgabe 11

$\int_{-1}^{3}(-5xe^{0{,}5x} + 20x)\, dx \approx 16{,}99$

Seite 138 | Aufgabe 12

a) $f'(x) = (-3x - 1) \cdot e^{3x-1}$

   $f''(x) = -3(3x + 2) \cdot e^{3x-1}$

   $F(x) = -\frac{1}{9} \cdot (3x - 1) \cdot e^{3x-1}$

b) $f'(x) = -2 \cdot (x - 4) \cdot e^{1-x}$

   $f''(x) = 2 \cdot (x - 5) \cdot e^{1-x}$

   $F(x) = -2(x - 2) \cdot e^{1-x}$

c) $f'(x) = \frac{(x^2 + 18x + 38) \cdot e^{\frac{x}{5}}}{5}$

   $f''(x) = \frac{(x^2 + 28x + 128) \cdot e^{\frac{x}{5}}}{25}$

   $F(x) = 5(x^2 - 2x + 8) \cdot e^{\frac{x}{5}}$

Seite 138 | Aufgabe 13

a) f ist symmetrisch zur y-Achse; keine Nullstellen
   $f'(x) = -2x \cdot e^{-x^2}$; $f''(x) = (4x^2 - 2) \cdot e^{-x^2}$
   Hochpunkt $H(0|1)$; Wendepunkte $W_1(0{,}7071|0{,}6065)$ und $W_2(-0{,}7071|0{,}6065)$

b) f ist punktsymmetrisch zum Ursprung; Nullstelle: $x = 0$
   $f'(x) = -(2x^2 - 1) \cdot e^{-x^2}$; $f''(x) = (4x^3 - 6x) \cdot e^{-x^2}$
   Hochpunkt $H(0{,}7071|0{,}4285)$; Tiefpunkt $T(-0{,}7071|0{,}4285)$; Wendepunkte $W_1(0|0)$, $W_2(1{,}2248|0{,}2733)$ und
   $W_3(-1{,}2248|-0{,}2733)$

c) f ist symmetrisch zur y-Achse; Nullstelle: $x = 0$
   $f'(x) = -(2x^3 - 2x) \cdot e^{-x^2}$; $f''(x) = (4x^4 - 10x^2 + 2) \cdot e^{-x^2}$
   Hochpunkte $H_1(1|0{,}3679)$ und $H_2(-1|0{,}3679)$; Tiefpunkt $T(0|0)$; Wendepunkte $W_1(0{,}4682|0{,}1761)$,
   $W_2(-0{,}4682|0{,}1716)$, $W_3(1{,}5102|0{,}2331)$ und $W_4(-1{,}5102|0{,}2331)$

Seite 138 | Aufgabe 14

$f'(x) = (10x - 5)e^{-2x}$; $f''(x) = (20 - 20x)e^{-2x}$

Bei $x = 1$ hat der Graph einen Links-Rechts-Wendepunkt, also ist dort die Steigung lokal maximal und nicht minimal. Der Graph steigt bei $x = 1$ mit $f'(1) = 5e^{-2}$ am stärksten.

Seite 138 | Aufgabe 15

a) Nullstelle: $N(1|0)$

b) $f'(x) = xe^x$; $f''(x) = (x + 1) \cdot e^x$; Tiefpunkt $T(0|-1)$
   Somit ist f für $x < 0$ streng monoton fallend und für $x > 0$ streng monoton steigend.

c) Wendepunkt $W(-1|-\frac{2}{e})$; $f'(-1) = -\frac{1}{e}$; Wendetangente: $t(x) = -\frac{1}{e}x - \frac{3}{e} \approx -0{,}37x - 1{,}10$

d) Der Graph ist weder achsensymmetrisch zur y-Achse noch punktsymmetrisch zum Ursprung.

e) $F'(x) = e^x + (x - 2) \cdot e^x = (x - 1) \cdot e^x = f(x)$
   Eingeschlossene Fläche: $A = \left|\int_0^1 f(x)\, dx\right| = |[F(x)]_0^1| = |-e + 2| = e - 2 \approx 0{,}718$

Seite 138 | Aufgabe 16

a) $f_a'(x) = (x - a + 1)e^x$; $f_a''(x) = (x - a + 2)e^x$; $f_a'''(x) = (x - a + 3)e^x$

b) ① $a = 3$ ② $a = 4$ ③ $a = 5$

Seite 139 | Aufgabe 17

a) Nullstelle: $N(-2|0)$
   Für alle $x < -2$ ist der Funktionswert negativ und für alle $x > -2$ positiv, da die e-Funktion nur positive Funktionswerte hat.

b) $f'(x) = -(x + 1) \cdot e^{-x}$; $f''(x) = x \cdot e^{-x}$; Hochpunkt: $H(-1|e)$; Wendepunkt: $W(0|2)$

c) $F'(x) = (-1) \cdot e^{-x} + (-x - 3) \cdot (-e^{-x}) = (-1 + x + 3)e^{-x} = (x + 2)e^{-x} = f(x)$

d) $A = \left|\int_{-2}^{0} f(x)\, dx\right| = |[-(x + 3) \cdot e^{-x}]_{-2}^{0}| = e^2 - 3 \approx 4{,}39$

e) $f'(0) = -1$; Wendetangente: $t(x) = -x + 2$ mit der Nullstelle $x = 2$
   $A = \int_{-2}^{0} f(x)\, dx + \int_{0}^{2} t(x)\, dx = e^2 - 3 + 2 = e^2 - 1 \approx 6{,}39$

Seite 139 | Aufgabe 18

a) $f'(x) = (-0{,}05x - 0{,}5)e^{0{,}1x+2}$; Hochpunkt $H(-10|15{,}59)$
   Die Rampe ist an der höchsten Stelle ca. 15,59 m hoch.

b) $f''(x) = (-0{,}005x - 0{,}1)e^{0{,}1x+2}$; Die Steigung ist am Wendepunkt $W(-20|12)$ am größten.

c) $f'(-13) \approx 0{,}30$; $f(-13) \approx 15{,}1$; Tangente: $t(x) = 0{,}3x + 19{,}0$

Seite 139 | Aufgabe 19

a) Nullstelle: $x = 0$

$f'(x) = (2x - x^2)e^{-x+2}$; $f''(x) = (x^2 - 4x + 2)\,e^{-x+2}$; Extrempunkte: $T(0|0)$; $H(2|4)$

$f''(x) = 0$ ergibt $x_1 = 2 - \sqrt{2} \approx 0{,}59$ und $x_2 = 2 + \sqrt{2} \approx 3{,}41$

$f'''(x) = (-x^2 + 6x - 6)\,e^{-x+2}$; $f'''(2 - \sqrt{2}) \neq 0$ und $f'''(2 + \sqrt{2}) \neq 0$; Wendepunkte: $W_1(0{,}59|1{,}41)$, $W_2(3{,}41|2{,}83)$

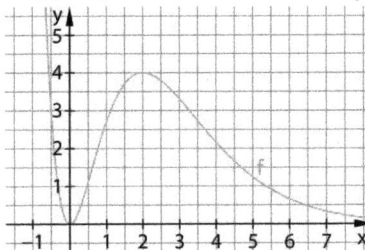

b) $F'(x) = (-2x - 2) \cdot e^{-x+2} + (-x^2 - 2x - 2) \cdot (-1) \cdot e^{-x+2} = (-2x - 2 + x^2 + 2x + 2)e^{-x+2} = x^2 \cdot e^{-x+2} = f(x)$

c) $g(x) = -2x + 8$

$A = \int_0^2 f(x)\,dx + \int_2^4 g(x)\,dx \approx 4{,}78 + 4 = 8{,}78$ [FE]

d) F ist streng monoton steigend auf $\mathbb{R}$, der Graph von F hat Wendestellen bei $x = 0$ (Sattelstelle) und bei $x = 2$ und keine Extremstellen.

Seite 139 | Aufgabe 20

a) Für die Faktoren im Funktionsterm von f gilt für $x \to \infty$: $x^2 \to \infty$ und $e^{-x} \to 0$

Für die Faktoren im Funktionsterm von g gilt für $x \to -\infty$: $x^2 \to \infty$ und $e^x \to 0$

Das Produkt der Grenzwerte "$\infty \cdot 0$" ist aber nicht eindeutig bestimmt.

b)

x	f(x)
1	0,37
10	0,0045
100	$3{,}72 \cdot 10^{-40}$

x	g(x)
-1	0,37
-10	0,0045
-100	$3{,}72 \cdot 10^{-40}$

Also $f(x) \to 0$ für $x \to \infty$ Also $g(x) \to 0$ für $x \to -\infty$

c) Für $x \to \infty$ gilt für alle $n \in \mathbb{N}$: $x^n \to \infty$ und $e^{-x} \to 0$

Für $x \to -\infty$ gilt für alle $n \in \mathbb{N}$: $x^n \to \infty$ oder $x^n \to -\infty$ und $e^x \to 0$

Die e-Funktion strebt aber schneller gegen null als die Potenz x^n gegen $\pm\infty$. Somit dominiert der Exponentialterm und das Produkt strebt gegen null.

Seite 139 | Aufgabe 21

a)

x	f(x)
1	0,37
5	$6{,}94 \cdot 10^{-11}$
10	$3{,}72 \cdot 10^{-43}$

x	f(x)
-1	$-0{,}37$
-5	$-6{,}94 \cdot 10^{-11}$
-10	$-3{,}72 \cdot 10^{-43}$

Also $f(x) \to 0$ für $x \to \infty$ und für $x \to -\infty$; waagerechte Asymptote von f: $y = 0$

b) Nullstelle: $x = 0$

$f'(x) = (1 - 2x^2)e^{-x^2}$; $f''(x) = 2x(2x^2 - 3)e^{-x^2}$; Extrempunkte: $T\left(\frac{1}{\sqrt{2}}\Big|\frac{1}{\sqrt{2e}}\right)$; $H\left(-\frac{1}{\sqrt{2}}\Big|-\frac{1}{\sqrt{2e}}\right)$

$f''(x) = 0$ ergibt $x_1 = 0$; $x_2 = \sqrt{1{,}5} \approx 1{,}22$ und $x_3 = -\sqrt{1{,}5} \approx -1{,}22$

$f'''(x) = (-8x^4 + 24x^2 - 6)e^{-x^2}$; $f'''(0) \neq 0$; $f'''(\sqrt{1{,}5}) \neq 0$; $f'''(-\sqrt{1{,}5}) \neq 0$

Wendepunkte: $W_1(0|0)$; $W_2(1{,}22|0{,}27)$ und $W_3(-1{,}22|-0{,}27)$

c)

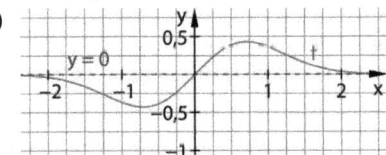

d) Der Graph der Funktion schmiegt sich für $x \to \infty$ und für $x \to -\infty$ an die Asymptote an.

Seite 140 | Aufgabe 22

a) $f'(x) = \frac{1}{250}(1000 - x)e^{-0{,}001x}$; Hochpunkt $H(1000|1771{,}52)$

Die höchste Stelle des Geländes ist ca. 1772 m hoch.

b) $f''(x) = \frac{1}{250\,000}(x - 2000)e^{-0{,}001x}$; Rechts-Links-Wendestelle bei $x = 2000$

$f'(2000) \approx -0{,}541$; $f'(0) = 4$; $f'(6000) \approx -0{,}050$

Das größte Gefälle befindet sich an der Stelle $x = 2000$ mit einer Steigung von ca. $-0{,}541$, die größte Steigung bei $x = 0$ mit einer Steigung von 4.

c) $F'(x) = 300 + (-4000)e^{-0{,}001x} + (-4000x - 4\,000\,000) \cdot (-0{,}001) \cdot e^{-0{,}001x} = 300 + 4xe^{-0{,}001x} = f(x)$

$A = \int_0^{6000} f(x)\,dx = F(6000) - F(0) \approx 1\,730\,595 - (-4\,000\,000) = 5\,730\,595$

Die Querschnittsfläche ist ca. 5,73 km² groß.

Seite 140 | Aufgabe 23

a) $f'(x) = (-0,5x + 3)e^{-0,125x}$; Hochpunkt: $H(6|15,12)$
   Die größte Höhe des Endabschnitts ist ca. 15,12 m (bei $x = 6$).

b) 40 ° Gefälle entsprechen einer Steigung von $\tan(-40°) \approx -0,84$.
   $f''(x) = \frac{1}{16}(x - 14)e^{-0,125x}$; Rechts-Links-Wendestelle bei $x = 14$; $f'(14) \approx -0,70$
   Das größte Gefälle wird bei $x = 14$ erreicht, die Steigung beträgt dort ca. $-0,70$. Also dürfen Kinder, die kleiner als 100 cm sind, auch ohne Eltern mit der Achterbahn fahren.

c) $\int_0^{40} f(x)\, dx = F(40) - F(0) \approx 309,2$
   Da die Fläche auf beiden Seiten gestrichen wird, beträgt die Gesamtfläche etwa $618,4$ m^2.

d) $f'(28) \approx -0,332$; Steigung der Normalen an dieser Stelle: $m_n \approx 3,01$; $f(28) \approx 3,62$
   Gleichung der Normalen: $n(x) = 3,01x - 80,66$ mit der Nullstelle $x \approx 26,80$
   Die Stütze erstreckt sich also vom Punkt $P(28|3,62)$ zum Bodenpunkt $N(26,80|0)$.
   Länge der Stütze in Meter: $d \approx \sqrt{(26,80 - 28)^2 + (3,62 - 0)^2} \approx 3,82$

Seite 140 | Aufgabe 24

a) Nullstelle von f: $x \approx -0,67$; Die waagerechte Länge beträgt ca. 6 cm $- 0,67$ cm $= 5,33$ cm.

b) $f'(x) = (-45x - 45)e^{3x}$; $f''(x) = (-135x - 180)e^{3x}$
   Die höchste Steigung der oberen Kurve befindet sich im Wendepunkt $W(-1,333|0,183)$ von f.
   Das Auge soll genau 0,3 cm senkrecht darunter platziert werden, dieser Punkt liegt etwa bei $A(-1,333|-0,117)$.

c) Ableitung mithilfe der Produkt- und Kettenregel:
   $F'(x) = -\frac{5}{3}((3 \cdot e^{3x} + (3x + 1) \cdot (3e^{3x})) = -\frac{5}{3}(9x + 6)e^{3x} = (-15x - 10)e^{3x} = f(x)$

d) $g(x) = f(-0,2) \approx -3,84$ gilt für $x = \ln(0,384) \approx -0,96$
   Der Flächeninhalt des Vereinslogos in cm^2:
   $\int_{-6}^{-0,96}(f(x) - g(x))dx + \int_{-0,96}^{-0,2}(f(x) + 3,84)dx = \left[\frac{1}{9}(-45x - 15)e^{3x} + 10e^x\right]_{-6}^{-0,96} + \left[\frac{1}{9}(-45x - 15)e^{3x} + 3,84x\right]_{-0,96}^{-0,2}$
   $\approx 3,98 + 2,38 = 6,36$

Seite 140 | Aufgabe 25

a) $D_f = \{x \in \mathbb{R} \,|\, x \neq 0\}$

b)

x	f(x)
1	2,71
10	2202,65
100	$2,69 \cdot 10^{41}$

x	f(x)
-1	$-0,37$
-10	$-4,54 \cdot 10^{-6}$
-100	$-3,72 \cdot 10^{-46}$

x	f(x)
0,1	11,05
0,01	101,005
0,001	1001,0005

x	f(x)
$-0,1$	$-9,05$
$-0,01$	$-99,005$
$-0,001$	$-999,0005$

$f(x) \to \infty$ für $x \to \infty$ $\quad$ $f(x) \to 0$ für $x \to -\infty$ $\quad$ $f(x) \to \infty$ für $x \to 0, x > 0$ $\quad$ $f(x) \to -\infty$ für $x \to 0, x < 0$

c) $f'(x) = \frac{(x-1)\,e^x}{x^2}$; $f''(x) = \frac{(x^2 - 2x + 2)\,e^x}{x^3}$
   Es gibt keine Nullstelle und keine Wendepunkte. Es gibt einen Tiefpunkt bei $T(1|e)$.

d)
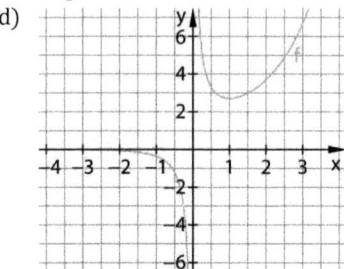

4.3 Bestände und Änderungsraten bei zusammengesetzten Funktionen

Seite 141 | Einstieg

Dem Graphen kann entnommen werden, dass der Läufer zunächst stark beschleunigt und nach der 11. Sekunde an Tempo verliert.
$f'(t) = 2,64 \cdot (1 - 0,091t)e^{-0,091t}$; $f''(t) = -0,24024 \cdot (2 - 0,091t)e^{-0,091t}$
$f'(t) = 0$ für $t = \frac{1000}{91} \approx 10,989$; $f''(10,989) < 0$; Hochpunkt $H(10,989|10,67)$
Der Läufer erreicht nach etwa 11 Sekunden seine maximale Geschwindigkeit mit $10,67\frac{m}{s}$.

Seite 143 | Aufgabe 1

a) An den Nullstellen ist die Beleuchtungsstärke gleich 0 ist. Die Lichtquelle ist also aus.

b) Die Beleuchtungsstärke ist dann am höchsten, wenn der Graph ein Maximum hat. Dies ist nach etwa 12 Stunden der Fall.

c) Da der Graph von f eine Rechtskurve ist, ist die Zunahme maximal bei $t = 0$ und die Abnahme maximal für $t = 24$.

Seite 143 | Aufgabe 2

a) $f(0) = 5$, die Drohne hat eine Anfangshöhe von 5 m. Wegen $\lim_{t\to\infty} f(t) = 5$ nähert sich die Drohne langfristig der Höhe von 5 m.

b) $f'(t) = (t - 2)\, e^{-0,5t}$; $f''(t) = (2 - 0,5t)\, e^{-0,5t}$
   $f'(2) = 0$ und $f''(2) > 0$, also lokales Minimum bei $x = 2$
   Die Drohne erreicht nach 2 Sekunden ihre minimale Höhe.

c) $f''(4) = 0$ mit Vorzeichenwechsel von + nach – bei f'' an der Stelle $t = 4$. Es handelt sich um einen Links-Rechts-Wendepunkt. Nach 4 Sekunden ist die Steigung der Drohne maximal.

Seite 143 | Aufgabe 3

Fehler im 1. Druck des Schülerbuchs: Es fehlt das GTR-Symbol. Die Aufgabe soll mit einem GTR bearbeitet werden.

a) Temperatur für $t = 0$ in °C: $f(0) = 1,6e^{1,2} + 20 \approx 25,3$

b) Die maximale Temperatur wird direkt zu Beobachtungsbeginn erreicht und beträgt $f(t) = 25,31$ °C. Die minimale Temperatur beträgt $18,76°$ C.
Hinweis: $f'(t) = 0,025(4,2 - 0,3t)(t - 4)^2 \, e^{-0,3t+1,2}$; Minimum von f bei $t = 14$ und Sattelpunkt bei $t = 4$

c) Der maximale Temperaturanstieg findet nach 19,77 min statt.2

d)
t	f(t)
1	21,66
10	19,11
100	20
1000	20

Die Temperatur nähert sich langfristig 20 °C, denn es gilt $f(t) \to 20$ für $t \to \infty$.

Seite 143 | Aufgabe 4

a) Die Temperatur steigt in den ersten 10 Stunden rapide auf über 40 °C an und sinkt danach langsam wieder in Richtung des Normalwertes von 36,5 °C.

b) $f'(t) = (1 - 0,1t) \, e^{-0,1t}$; $f''(t) = (0,01t - 0,2) \, e^{-0,1t}$
$f'(10) = 0$ und $f''(10) < 0$, also Hochpunkt $H(10|40,18)$
Die Temperatur ist nach 10 Stunden mit etwa 40,18 °C am höchsten.

c) $f''(20) = 0$ mit Vorzeichenwechsel von – nach + bei f'' an der Stelle $t = 20$; $f'(20) = -e^{-2} \approx -0,135$
Die Temperatur nimmt nach 20 Stunden am schnellsten ab mit einer Rate von ca. $0,135 \, \frac{°C}{h}$.

d) Die Temperatur nimmt direkt zu Beobachtungsbeginn $(t = 0)$ am stärksten zu mit einer Rate von $1 \, \frac{°C}{h}$.

Seite 145 | Aufgabe 5

a) Die Wachstumsgeschwindigkeit ist nach 20 Jahren am größten.

b) Die Nullstelle der Wachstumsgeschwindigkeit liegt ungefähr bei $t \approx 23$. Im Zeitraum von 23 bis 24 Jahren ist die Wachstumsgeschwindigkeit negativ, dort nimmt die Anzahl der Füchse ab.

c) Nach etwa 23 Jahren ist die Anzahl der Füchse maximal.

d) Das bedeutet, dass die Fuchspopulation im Zeitintervall [0; 24] um 233 Füchse gewachsen ist.

Seite 145 | Aufgabe 6

a) Der Kontostand wird für alle negativen Funktionswerte niedriger, das bedeutet im Intervall von [0;7].
Am niedrigsten ist der Kontostand demnach kurz bevor wieder Gewinne erzielt werden, also bei $t = 7$.

b) Der Kontostand nimmt etwa nach 2 Monaten am stärksten ab, die Änderungsrate beträgt etwa $-6100 \, \frac{€}{Monat}$.
Der Kontostand nimmt etwa nach 13 Monaten am stärksten zu, die Änderungsrate beträgt etwa $3000 \, \frac{€}{Monat}$.

c) $F'(t) = (-8t - 4) \cdot e^{-0,25t} + (-4t^2 - 4t - 16) \cdot (-0,25 \cdot e^{-0,25t}) = (t^2 - 7t)e^{-0,25t} = k(t)$
Für den Kontostand in 1000 Euro gilt: $K(t) = F(t) + C$
Mit $K(0) = -11$ ergibt sich $C = 5$, also $K(t) = (-4t^2 - 4t - 16) \cdot e^{-0,25t} + 5$

Seite 146 | Aufgabe 7

a) $f(4) \approx 0,2747$; 4 Monate nach Beobachtungsbeginn beträgt die Zuflussrate ca. 275 m^3 pro Monat.

b) $f(t) < 0$ für $0 \leq t < 1$, im ersten Monat nimmt die Wassermenge ab.
Nach dem ersten Monat hat die Wassermenge ihren minimalen Wert erreicht.
Wegen $f(t) > 0$ für $t > 1$ wird nach 13 Monaten der maximale Wert erreicht.

c) $f'(t) = (-t^2 + 2t + 1) \cdot e^{-t}$; $f''(t) = (t^2 - 4t + 1) \cdot e^{-t}$
Nur die Nullstelle $t_1 = 1 + \sqrt{2}$ von f' liegt im betrachteten Bereich.
$f'(t_1) = 0$ und $f''(t_1) \approx -0,26 < 0$; $f(t_1) \approx 0,4318$
Nach ca. 2,41 Monaten nimmt die Wassermenge mit ca. 432 m^3 pro Monat am stärksten zu. Zu Beginn bei $t = 0$ nimmt die Wassermenge mit 1000 m^3 pro Monat am stärksten ab.

d) $\int_0^{13} f(t) \, dt = [(-t^2 - 2t - 1) \cdot e^{-t}]_0^{13} \approx 0,9996$
Während der Beobachtungsdauer hat sich die Wassermenge im See um ca. 1000 m^3 vergrößert.

Seite 146 | Aufgabe 8

a) $f(0) = 60$; Das Anfangsgewicht der Person beträgt 60 kg.

b) $f(23) \approx 53,37$: Die Person hat nach 23 Tagen ca. 6,63 kg an Gewicht verloren.

c) $f'(t) = 0,125(t^2 - 20t) \, e^{-0,1t}$
Die Person erreicht nach 20 Tagen das niedrigste Gewicht mit ca. 53,23 kg.

d) Das ist falsch, da $f(t)$ nicht die Änderungsrate des Gewichts, sondern das momentane Gewicht beschreibt.

Seite 146 | Aufgabe 9

a) $f(3) \approx 4,12$; Die Wirkstoffkonzentration im Blut beträgt nach 3 Stunden ca. $4,12\,\frac{mg}{l}$.

b) $f'(t) = (2,5 - 0,5t)\,e^{-0,2t}$; Die maximale Wirkstoffkonzentration wird nach 5 Stunden erreicht und beträgt $4,60\,\frac{mg}{l}$.

c) $f(16,6) \approx 1,500$; Nach ca. 16 Stunden und 36 Minuten sinkt die Wirkstoffkonzentration unter $1,5\,\frac{mg}{l}$.

d) $f''(t) = (0,1t - 1)\,e^{-0,2t}$; Die Konzentration nimmt nach 10 Stunden am stärksten ab.

e) $f'(10) \approx -0,338$; $f(10) \approx 3,38$; Tangente bei $t = 10$: $y = -0,338 + 6,76$; Nullstelle der Tangente bei $t = 20$
   Nach 20 Stunden ist nach dem neuen Modell kein Wirkstoff mehr im Blut vorhanden.

Seite 147 | Aufgabe 10

A: ⑤   B: ①   C: ④

Seite 147 | Aufgabe 11

a) $f(0) = 21,25\left(\frac{MB}{s}\right)$; $f(4) \approx 9,24\left(\frac{MB}{s}\right)$

b) $f'(t) = 0,625e^{0,5t} + 2,5t - 10$
   $f'(2,92) \approx -0,009$; $f'(2,93) \approx 0,03$; $f'(t) = 0$ für $t \approx 2,92$ mit Vorzeichenwechsel von – nach +.
   Die geringste Datenübertragungsrate tritt nach ca. 2,92 Sekunden auf und beträgt ca. $6,84\,\frac{MB}{s}$.

c) $\int_0^{14} f(t)\,dt = \left[2,5e^{0,5t} + \frac{1,25}{3}t^3 - 5t^2 + 20t\right]_0^{14} \approx 3182,4$ MB.
   Die Datei benötigt etwa 3182 MB Speicherplatz und passt somit auf den USB-Stick mit 4 GB.

d) $\frac{1}{10-0}\int_0^{10} f(t)\,dt = \frac{1}{10}\left[2,5e^{0,5t} + \frac{1,25}{3}t^3 - 5t^2 + 20t\right]_0^{10} \approx 48,52\left(\frac{MB}{s}\right)$

Seite 147 | Aufgabe 12

a) Gleichungssystem: $16 = 64a \cdot e^{8b}$ und $6 = 144a \cdot e^{12b}$ Es folgt: $b = \frac{1}{4}\ln\left(\frac{1}{6}\right)$ und $a = 9$

   Die Funktion lautet demnach: $f(t) = 9t^2 e^{\frac{1}{4}\ln\left(\frac{1}{6}\right)t}$

b) $F'(t) = -\frac{9\ln(6)}{4}e^{-\frac{\ln(6)}{4}t} \cdot \left(-\frac{4}{\ln(6)}t^2 - \frac{32}{\ln(6)^2}t - \frac{128}{\ln(6)^3}\right) + 9e^{-\frac{\ln(6)}{4}t} \cdot \left(-\frac{8}{\ln(6)}t - \frac{32}{\ln(6)^2}\right)$

   $= 9e^{-\frac{\ln(6)}{4}t} \cdot \left(t^2 + \frac{8}{\ln(6)}t + \frac{32}{\ln(6)^2} - \frac{8}{\ln(6)}t - \frac{32}{\ln(6)^2}\right) = 9t^2 e^{-\frac{\ln(6)}{4}t} = f(t)$, da $\ln\left(\frac{1}{6}\right) = \ln(1) - \ln(6) = -\ln(6)$

c) $F(t) = 9e^{-\frac{\ln(6)}{4}t}\left(-\frac{4}{\ln(6)}t^2 - \frac{32}{\ln(6)^2}t - \frac{128}{\ln(6)^3}\right) + 211,27$

Seite 147 | Aufgabe 13

a) $2019 - 1845 = 174$; $f(174) = 4,91$
   2019 beträgt die Einwohnerzahl Irlands etwa 4,91 Millionen. Das sind etwa 61,4 % der Einwohnerzahl von 1845.

b) 3,52 Millionen bei $t = 100$, also im Jahr 1945

c) Mittlere Bevölkerungsänderung von 1845 bis 1945 in Millionen pro Jahr:
   $\frac{f(100)-f(0)}{100-0} = \frac{3,51-8}{100} \approx -0,045$
   Mittlere Bevölkerungsänderung von 1945 bis 2019 in Millionen pro Jahr:
   $\frac{f(174)-f(100)}{174-100} = \frac{4,91-3,51}{74} \approx 0,019$

d) Es gilt $4,91 = a \cdot e^{174k}$ und $5 = a \cdot e^{175k}$. Durch Division der Gleichungen erhält man: $k \approx 0,0182$ und $a \approx 0,2081$.
   $g(t) = 0,2081 \cdot e^{0,0182t}$

4.4 Abiturtraining

Seite 148 | Aufgabe 1

a) $f''(x) = (x^2 - 4x + 2)\,e^{-x}$
   $f'(x) = 0$ ergibt $x_1 = 0$ und $x_2 = 2$; $f''(0) = 2 > 0$, also Tiefpunkt $T(0|0)$; $f''(2) = -2e^{-2} < 0$, also Hochpunkt $H(2|4e^{-2})$

b) $F'(x) = -(2x + 2) \cdot e^{-x} - (x^2 + 2x + 2) \cdot (-e^{-x}) = (x^2 - 2x + 2x - 2 + 2) \cdot e^{-x} = x^2 e^{-x} = f(x)$

c) $F'(0) = f(0) = 0$; $F''(0) = f'(0) = 0$ und $F'''(0) = f''(0) \neq 0$, also Sattelpunkt des Graphen von F bei $x = 0$

d) $\int_0^2 f'(x)\,dx = [x^2 e^{-x}]_0^2 = 4e^{-2} - 0 = 4e^{-2}$

Seite 148 | Aufgabe 2

a) Term ③ ist die Ableitung $f'(x)$ der Funktion $f(x)$.

b) Für $x = -1$ wird die zweite Ableitung gleich 0, was die notwendige Bedingung für eine Wendestelle ist.
   Für $x = -2$ wird die zweite Ableitung ungleich 0 und die erste Ableitung 0, sodass hier sowohl die notwendige als auch die hinreichende Bedingung für ein Extremum erfüllt werden.

c) Graph ② gehört zu f', da nur dieser die Nullstelle -2 hat.
   Es ist zu sehen, dass $f'(-2) < 0$ ist. Also ist dort ein Hochpunkt von f. Weiterhin ist zu sehen, dass $f''(-1) = 0$ ist und somit die Voraussetzungen für eine Wendestelle von f gegeben sind.

Seite 148 | Aufgabe 3

a) Nullstelle von f: $N(2|0)$

$f'(x) = \frac{1}{2}(-2x \cdot e^{-2x} + 5e^{-2x}) = (-x + 2{,}5)e^{-2x}$; Nullstelle von f': $N(2{,}5|0)$

b) $F'(x) = -\frac{1}{4}e^{-2x} - \frac{1}{4}\cdot\left(x - \frac{3}{2}\right)\cdot(-2e^{-2x}) = \left(-\frac{1}{4} + \frac{1}{2}x - \frac{3}{4}\right)\cdot e^{-2x} = \frac{1}{2}(x-2)\cdot e^{-2x} = f(x)$

$G(1{,}5) = 3$ für $G(x) = -\frac{1}{4}\cdot\left(x - \frac{3}{2}\right)\cdot e^{-2x} + 3$

c) $F'(x) = f(x) = 0$ für $x = 2$; $F''(2) = f'(2) > 0$; Tiefpunkt an der Stelle $x = 2$

Seite 148 | Aufgabe 4

a) $n'(t) = 3\left(1 - \frac{1}{5}t\right)e^{-\frac{1}{5}t}$; $n''(t) = \frac{3}{25}(t - 10)e^{-\frac{1}{5}t}$

$n'(t) = 0$ für $t = 5$; $n''(5) < 0$; Hochpunkt bei $t = 5$

b) Der Term beschreibt die absolute Zunahme der Anzahl Neuerkrankter von der 2. bis zur 8. Woche.

c) ③, da $\left(-15(t + 5)e^{-\frac{1}{5}t}\right)' = -15e^{-\frac{1}{5}t} - 15(t + 5)\left(-\frac{1}{5}e^{-\frac{1}{5}t}\right) = (-15 + 3t + 15)e^{-\frac{1}{5}t} = 3te^{-\frac{1}{5}t} = n(t)$

d) $F(t) = -15(t + 5)e^{-0{,}2t} + 78$

Seite 149 | Aufgabe 5

a) ① 150 Minuten entsprechen 2,5 Stunden: $f(2{,}5) \approx 22{,}74$

Nach 150 Minuten befinden sich etwa 22,74 mg des Wirkstoffs im Blut.

② 33,6 Minuten entsprechen 0,56 Stunden: $f(0{,}56) \approx 7{,}5$

③ $f'(t) = (15 - 3t)\,e^{-0{,}2t}$; $f'(t) = 0$ für $t = 5$

Nach 5 Stunden ist der Wirkstoffgehalt mit ca. 27,59 mg pro Liter Blut maximal.

b) ① $F'(t) = (-75)\,e^{-0{,}2t} + (-75t - 375)\cdot(-0{,}2)\,e^{-0{,}2t} = 15t\cdot e^{-0{,}2t} = f(t)$

② $\frac{1}{20-0}\int_0^{20} f(t)\,dt = \frac{1}{20}\left(F(20) - F(0)\right) = \frac{1}{20}(-1875e^{-4} - (-375)) \approx 17{,}03$ (mg pro Liter Blut)

c) $f''(t) = (0{,}6t - 6)\,e^{-0{,}2t}$; $f''(t) = 0$ für $t = 10$; $f'(10) \approx -2{,}03$

Nach 10 Stunden nimmt die Wirkstoffmenge mit ca. 2,03 mg pro Stunde (pro Liter Blut) am stärksten ab.

d) $f(10) \approx 20{,}3$; Wendetangente: $y = -2{,}03t + 40{,}6$ mit Nullstelle bei $t = 20$

Der Wirkstoff ist nach 20 Stunden vollständig abgebaut.

Seite 149 | Aufgabe 6

a) $f'(x) = \left(-\frac{1}{20000}x + \frac{7}{1000}\right)e^{0{,}05x}$; $f''(x) = \left(-\frac{1}{400000}x + \frac{6}{20000}\right)e^{0{,}05x}$

$f'(x) = 0$ für $x = 140$; $f''(140) < 0$; Hochpunkt $H(140|21{,}93)$

b) Die durchschnittliche Steigung des Hügels bis zur Herberge beträgt $\frac{f(140) - f(0)}{140 - 0} = \frac{21{,}93 - 0{,}16}{140} = 0{,}16$.

c) Der Punkt mit dem steilsten Anstieg ist der Wendepunkt von f:

$f''(x) = 0$ für $x = 120$; Wendepunkt $W(120|16{,}14)$.

Der Anstieg beträgt hier $f'(120) \approx 0{,}4$, also $\tan^{-1}(0{,}4) \approx 21{,}8\,° > 20\,°$.

Herr Lebhaft schafft es also nicht den Einkaufswagen den Hügel hochzuschieben.

d) Die Gleichung der Geraden lautet: $g(x) = -2{,}48x + 313{,}58$

5. Geraden und Ebenen

5.1 Wiederholung: Vektoren

Seite 156 | Einstieg

Lage von A vom Ursprung aus: 1 nach hinten, 1 nach links, 2 nach oben.
Lage von B vom Ursprung aus: 1 nach vorne, 3 nach rechts, 3 nach oben.
Von A nach B: 2 nach vorne, 4 nach rechts, 1 nach oben.

Seite 157 | Aufgabe 1

$A(3|-1|0)$; $B(3|3|0)$; $C(0|3|0)$; $D(0|-1|0)$; $E(3|-1|3)$; $F(3|3|3)$; $G(0|3|3)$; $H(0|-1|3)$

Seite 157 | Aufgabe 2

a) 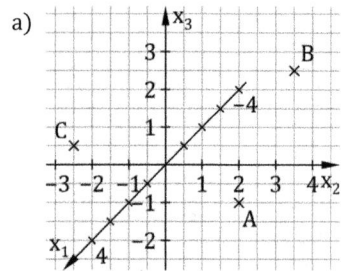   b) 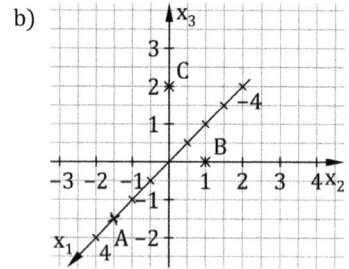   c)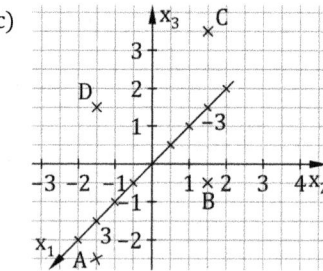

Seite 157 | Aufgabe 3

Die gezeichneten Pfeile in x_1-, x_2- und x_3-Richtung enden unabhängig von der Reihenfolge der Pfeile alle im Punkt P.

Seite 157 | Aufgabe 4

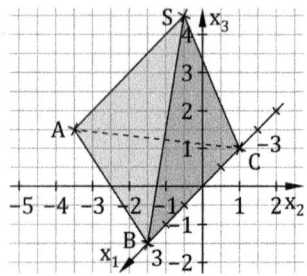

Seite 157 | Aufgabe 5

Zeichnungen individuell
Allgemein gilt für die Vektorpfeile in a) bis d):

a) Anfangspunkt $A(a_1|a_2)$; Endpunkt: $B(a_1 + 1| a_2 + 2)$ b) Anfangspunkt $A(a_1|a_2)$; Endpunkt: $B(a_1| a_2 - 1)$

c) Anfangspunkt $A(a_1|a_2)$; Endpunkt: $B(a_1 + 2| a_2)$ d) Anfangspunkt $A(a_1|a_2)$; Endpunkt: $B(a_1 - 1| a_2 - 3)$

Allgemein gilt für die Vektorpfeile in e) bis h):

e) Anfangspunkt $A(a_1|a_2|a_3)$; Endpunkt: $(a_1 + 2|a_2| a_3)$ f) Anfangspunkt $A(a_1|a_2|a_3)$; Endpunkt: $(a_1 + 1|a_2|a_3 - 1)$

g) Anfangspunkt $A(a_1|a_2|a_3)$; Endpunkt: $(a_1 + 1|a_2 + 3|a_3 - 2)$ h) Anfangspunkt $A(a_1|a_2|a_3)$; Endpunkt: $(a_1 - 2|a_2 - 1|a_3 + 3)$

Seite 157 | Aufgabe 6

a) $\overrightarrow{PQ} = \binom{5 - 0}{-2 - 0} = \binom{5}{-2}$ b) $\overrightarrow{PQ} = \binom{7 - 2}{4 - 3} = \binom{5}{1}$ c) $\overrightarrow{PQ} = \begin{pmatrix} 0 + 4 \\ 4 + 3 \\ -2 + 1 \end{pmatrix} = \begin{pmatrix} 4 \\ -7 \\ -1 \end{pmatrix}$

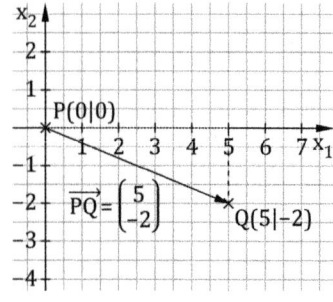   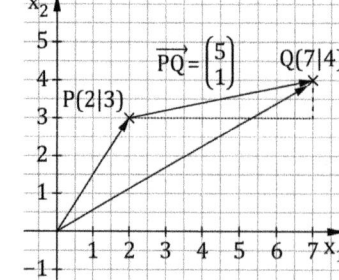   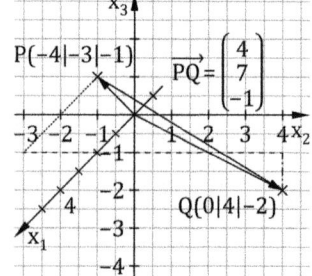

d) $\overrightarrow{PQ} = \begin{pmatrix} 2+1 \\ -3-4 \\ -4+2 \end{pmatrix} = \begin{pmatrix} 3 \\ -7 \\ -2 \end{pmatrix}$

e) $\overrightarrow{PQ} = \begin{pmatrix} 0-4 \\ 0-6 \\ 0-5 \end{pmatrix} = \begin{pmatrix} -4 \\ -6 \\ -5 \end{pmatrix}$

f) $\overrightarrow{PQ} = \begin{pmatrix} 7-7 \\ 3-3 \\ 1-1 \end{pmatrix} = \begin{pmatrix} 0 \\ 0 \\ 0 \end{pmatrix}$

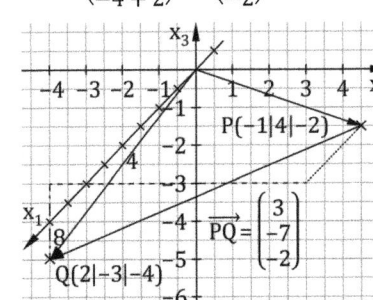

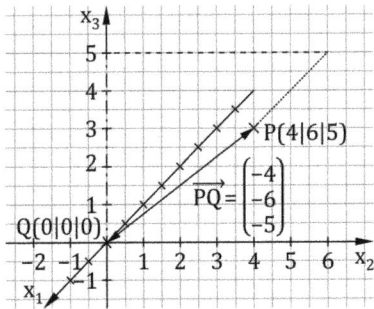

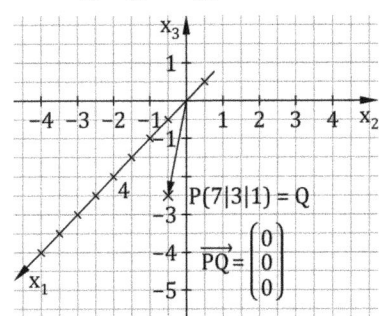

Seite 158 | Aufgabe 7

a) $\overrightarrow{AB} = \overrightarrow{EF}$

b) $\overrightarrow{AB} = \overrightarrow{HG}$

c) $\overrightarrow{FE} = \overrightarrow{CD}$

d) $\overrightarrow{HD} = \overrightarrow{GC}$

e) $\overrightarrow{EH} = \overrightarrow{AD} = \overrightarrow{FG}$

f) $\overrightarrow{DG} = \overrightarrow{AF}$

g) $\overrightarrow{HF} = \overrightarrow{DB}$

h) $\overrightarrow{BC} = \overrightarrow{EH} = \overrightarrow{FG} = \overrightarrow{AD}$

Seite 158 | Aufgabe 8

a) $A(4|0|1)$, $B(4|8|1)$, $C(1|2|1)$, $D(4|0|4)$

$\overrightarrow{AB} = \begin{pmatrix} 0 \\ 8 \\ 0 \end{pmatrix}$, $\overrightarrow{AC} = \begin{pmatrix} -3 \\ 2 \\ 0 \end{pmatrix}$, $\overrightarrow{AD} = \begin{pmatrix} 0 \\ 0 \\ 3 \end{pmatrix}$, $\overrightarrow{BC} = \begin{pmatrix} -3 \\ -6 \\ 0 \end{pmatrix}$

b) $\overrightarrow{AB} = \overrightarrow{DE}$, $\overrightarrow{AC} = \overrightarrow{DF}$, $\overrightarrow{AD} = \overrightarrow{BE} = \overrightarrow{CF}$, $\overrightarrow{BC} = \overrightarrow{EF}$

Seite 158 | Aufgabe 9

Zeichnungen individuell, Beträge der Vektoren:

a) 4

b) 2

c) 5

d) 5

e) $\sqrt{29} \approx 5{,}39$

Seite 158 | Aufgabe 10

a) 9

b) 3

c) $\sqrt{8} \approx 2{,}83$

d) $\sqrt{38} \approx 6{,}16$

e) 0

Seite 159 | Aufgabe 11

a) $\left| \begin{pmatrix} -3 \\ 4 \\ 0 \end{pmatrix} \right| = \sqrt{25} = 5$

b) $\left| \begin{pmatrix} -6 \\ -3 \end{pmatrix} \right| = \sqrt{45} \approx 6{,}71$

c) $\left| \begin{pmatrix} 12 \\ -5 \end{pmatrix} \right| = \sqrt{169} = 13$

d) $\left| \begin{pmatrix} 1 \\ 1 \\ -2 \end{pmatrix} \right| = \sqrt{6} \approx 2{,}45$

e) $\left| \begin{pmatrix} -3 \\ -9 \\ -2 \end{pmatrix} \right| = \sqrt{94} \approx 9{,}69$

f) $\left| \begin{pmatrix} 0 \\ 0 \\ 0 \end{pmatrix} \right| = 0$

Seite 159 | Aufgabe 12

$\overrightarrow{AB} = \begin{pmatrix} 0 \\ 6 \\ 0 \end{pmatrix}$

$\overrightarrow{BC} = \begin{pmatrix} -5 \\ -5 \\ 2 \end{pmatrix}$

$\overrightarrow{AC} = \begin{pmatrix} -5 \\ 1 \\ 2 \end{pmatrix}$

$|\overrightarrow{AB}| = 6$

$|\overrightarrow{BC}| = \left| \begin{pmatrix} -5 \\ -5 \\ 2 \end{pmatrix} \right| = \sqrt{54} \approx 7{,}3$

$|\overrightarrow{AC}| = \left| \begin{pmatrix} -5 \\ 1 \\ 2 \end{pmatrix} \right| = \sqrt{30} \approx 5{,}5$

Seite 159 | Aufgabe 13

Aus den Koordinaten eines zweidimensionalen Vektors $\vec{v} = \begin{pmatrix} v_1 \\ v_2 \end{pmatrix}$ ergeben sich die Katheten eines rechtwinkligen Dreiecks. Für

$|\vec{v}|$ gilt dann nach dem Satz des Pythagoras: $|\vec{v}| = \sqrt{v_1^2 + v_2^2}$

Beim dreidimensionalen Vektor $\vec{v} = \begin{pmatrix} v_1 \\ v_2 \\ v_3 \end{pmatrix}$ entspricht ein Pfeil der Raumdiagonalen eines Quaders mit den Kantenlängen v_1, v_2

und v_3. Um seine Länge zu ermitteln, wird der Satz des Pythagoras zweimal angewendet.

Flächendiagonale: $|\vec{v_0}|^2 = v_1^2 + v_2^2$ mit $\vec{v_0} = \begin{pmatrix} v_1 \\ v_2 \\ 0 \end{pmatrix}$

Raumdiagonale: $|\vec{v}| = \sqrt{|\vec{v_0}|^2 + v_3^2} = \sqrt{(v_1^2 + v_2^2) + v_3^2} = \sqrt{v_1^2 + v_2^2 + v_3^2}$

Seite 159 | Aufgabe 14

a) $|\overrightarrow{AB}| = \left| \begin{pmatrix} -2 \\ 4 \\ 3 \end{pmatrix} \right| = \sqrt{29}$ $\quad |\overrightarrow{AC}| = \left| \begin{pmatrix} -5 \\ -2 \\ 0 \end{pmatrix} \right| = \sqrt{29}$ $\quad |\overrightarrow{BC}| = \left| \begin{pmatrix} -3 \\ -6 \\ -3 \end{pmatrix} \right| = \sqrt{54}$

Das Dreieck ist also gleichschenklig, aber nicht gleichseitig.

b) $|\overrightarrow{AB}| = \left|\begin{pmatrix} -3 \\ 3 \\ -7 \end{pmatrix}\right| = \sqrt{67}$ $\quad$ $|\overrightarrow{AC}| = \left|\begin{pmatrix} -3 \\ 0 \\ 0 \end{pmatrix}\right| = \sqrt{9} = 3$ $\quad$ $|\overrightarrow{BC}| = \left|\begin{pmatrix} 0 \\ -3 \\ 7 \end{pmatrix}\right| = \sqrt{58}$

Das Dreieck ist weder gleichschenklig noch gleichseitig.

Seite 159 | Aufgabe 15

Zeichnungen individuell

a) $\overrightarrow{AB} = \begin{pmatrix} -4 \\ 3 \\ -2 \end{pmatrix} = \overrightarrow{DC}$ $\qquad$ $\overrightarrow{BC} = \begin{pmatrix} 0 \\ 5 \\ 2 \end{pmatrix}$ $\qquad$ Seitenlängen $|\overrightarrow{AB}| = \sqrt{29} = |\overrightarrow{BC}|$

Das Viereck ist ein Parallelogramm und eine Raute.

b) $\overrightarrow{AB} = \begin{pmatrix} 4 \\ 3 \\ -1 \end{pmatrix} = \overrightarrow{DC}$ $\qquad$ $\overrightarrow{BC} = \begin{pmatrix} -2 \\ 2 \\ -2 \end{pmatrix}$ $\qquad$ Seitenlängen $|\overrightarrow{AB}| = \sqrt{26} \neq |\overrightarrow{BC}| = \sqrt{12}$

Das Viereck ist ein Parallelogramm, aber keine Raute.

Seite 160 | Aufgabe 16

a) $\begin{pmatrix} -1 \\ 4 \\ 11 \end{pmatrix}$ $\qquad$ b) $\begin{pmatrix} 2{,}2 \\ 4{,}3 \\ -18{,}3 \end{pmatrix}$ $\qquad$ c) $\begin{pmatrix} 4 \\ -16 \\ 13 \end{pmatrix}$ $\qquad$ d) $\begin{pmatrix} 5 \\ 0 \\ -14 \end{pmatrix}$

Seite 160 | Aufgabe 17

a) $\vec{a} + \vec{b} = \begin{pmatrix} 3 \\ -1 \end{pmatrix} + \begin{pmatrix} 2 \\ 3 \end{pmatrix} = \begin{pmatrix} 5 \\ 2 \end{pmatrix}$

$\vec{a} - \vec{b} = \begin{pmatrix} 3 \\ -1 \end{pmatrix} - \begin{pmatrix} 2 \\ 3 \end{pmatrix} = \begin{pmatrix} 1 \\ -4 \end{pmatrix}$

b) $\vec{a} + \vec{b} = \begin{pmatrix} 5 \\ 2 \end{pmatrix} + \begin{pmatrix} -4 \\ 2 \end{pmatrix} = \begin{pmatrix} 1 \\ 4 \end{pmatrix}$

$\vec{a} - \vec{b} = \begin{pmatrix} 5 \\ 2 \end{pmatrix} - \begin{pmatrix} -4 \\ 2 \end{pmatrix} = \begin{pmatrix} 9 \\ 0 \end{pmatrix}$

c) $\vec{a} + \vec{b} = \begin{pmatrix} 2 \\ -4 \end{pmatrix} + \begin{pmatrix} 0 \\ 3 \end{pmatrix} = \begin{pmatrix} 2 \\ -1 \end{pmatrix}$

$\vec{a} - \vec{b} = \begin{pmatrix} 2 \\ -4 \end{pmatrix} - \begin{pmatrix} 0 \\ 3 \end{pmatrix} = \begin{pmatrix} 2 \\ -7 \end{pmatrix}$

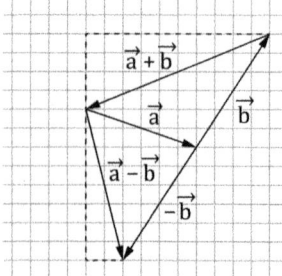
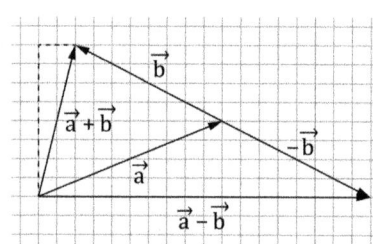
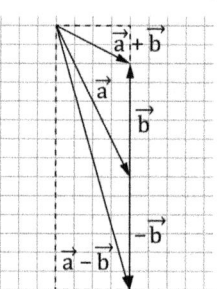

Seite 160 | Aufgabe 18

a) ① $-\vec{v} = \begin{pmatrix} -10 \\ -4 \\ 6 \end{pmatrix}$ $\qquad$ ② $-\vec{v} = \begin{pmatrix} 2 \\ 11 \\ 6 \end{pmatrix}$

b) Vektor und Gegenvektor sind gleich lang, parallel zueinander und entgegengesetzt orientiert.

Seite 161 | Aufgabe 19

a) $\begin{pmatrix} 2 \\ -3 \\ 1 \end{pmatrix} + \begin{pmatrix} -6 \\ 5 \\ 2 \end{pmatrix} = \begin{pmatrix} -4 \\ 2 \\ 3 \end{pmatrix}$, also $\overrightarrow{PQ} = \begin{pmatrix} -6 \\ 5 \\ 2 \end{pmatrix}$

b) $\overrightarrow{PQ} = \begin{pmatrix} -4 - 2 \\ 2 - (-3) \\ 3 - 1 \end{pmatrix} = \begin{pmatrix} -6 \\ 5 \\ 2 \end{pmatrix}$

c) $\overrightarrow{PQ} = -\begin{pmatrix} 2 \\ -3 \\ 1 \end{pmatrix} + \begin{pmatrix} -4 \\ 2 \\ 3 \end{pmatrix} = \begin{pmatrix} -6 \\ 5 \\ 2 \end{pmatrix}$

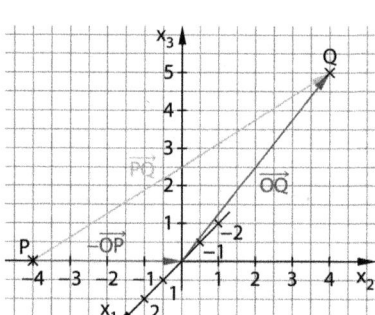

Seite 161 | Aufgabe 20

a) $\vec{a} + \vec{b} + \vec{a} = \overrightarrow{AE} = \overrightarrow{BD}$ $\qquad$ b) $\overrightarrow{CD} = \vec{a}$, $\overrightarrow{DE} = -\vec{b}$, $\overrightarrow{AC} = \vec{b} + \vec{a} + \vec{b}$, $\overrightarrow{BE} = \vec{a} + \vec{a}$, $\overrightarrow{CF} = -\vec{b} - \vec{b}$, $\overrightarrow{AD} = \vec{a} + \vec{b} + \vec{a} + \vec{b}$

Seite 161 | Aufgabe 21

a) $\overrightarrow{BC} + \overrightarrow{CA} = \overrightarrow{BA}$ $\qquad\qquad$ b) $\overrightarrow{PQ} - \overrightarrow{RQ} = \overrightarrow{PQ} + \overrightarrow{QR} = \overrightarrow{PR}$

c) $\overrightarrow{TS} + \overrightarrow{ST} = \vec{0}$ $\qquad\qquad$ d) $\overrightarrow{DC} + \overrightarrow{CB} + \overrightarrow{BA} = \overrightarrow{DA}$

e) $\overrightarrow{FG} + \overrightarrow{HI} + \overrightarrow{GH} = \overrightarrow{FG} + \overrightarrow{GH} + \overrightarrow{HI} = \overrightarrow{FI}$ $\qquad\qquad$ f) $-\overrightarrow{PR} + \overrightarrow{ST} + \overrightarrow{PS} = \overrightarrow{RP} + \overrightarrow{PS} + \overrightarrow{ST} = \overrightarrow{RT}$

g) $\overrightarrow{KN} - \overrightarrow{KM} + \overrightarrow{LM} = \overrightarrow{LM} + \overrightarrow{MK} + \overrightarrow{KN} = \overrightarrow{LN}$ $\qquad\qquad$ h) $\overrightarrow{UV} + \overrightarrow{WU} + \overrightarrow{VW} = \overrightarrow{UV} + \overrightarrow{VW} + \overrightarrow{WU} = \vec{0}$

Seite 161 | Aufgabe 22

$\overrightarrow{OE} = \vec{a} + \vec{a} + \vec{c}$ $\qquad$ $\overrightarrow{AC} = \vec{c} + \vec{b} - \vec{a}$ $\qquad$ $\overrightarrow{DH} = \vec{c} + \vec{b} - \vec{a}$ $\qquad$ $\overrightarrow{EB} = \vec{b} - \vec{c} - \vec{a} - \vec{a}$ $\qquad$ $\overrightarrow{BD} = \vec{a} + \vec{a} - \vec{b}$

Seite 161 | Aufgabe 23

a) ①

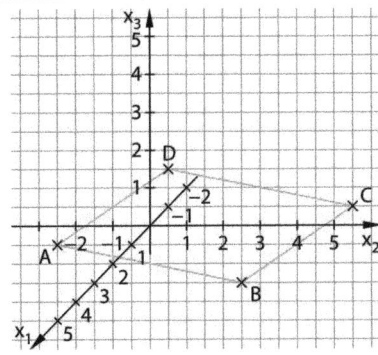

②

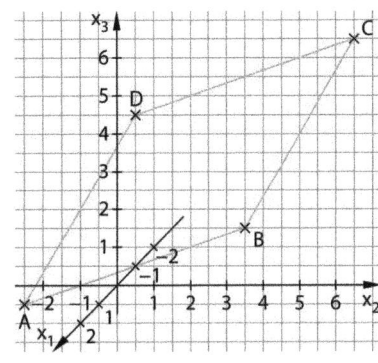

$\overrightarrow{AB} = \begin{pmatrix} -2 \\ 4 \\ -2 \end{pmatrix}$; $\overrightarrow{DC} = \begin{pmatrix} -4 \\ 3 \\ -3 \end{pmatrix}$; ABCD ist kein Parallelogramm.

$\overrightarrow{AB} = \begin{pmatrix} -2 \\ 5 \\ 1 \end{pmatrix}$; $\overrightarrow{DC} = \begin{pmatrix} -2 \\ 5 \\ 1 \end{pmatrix}$; ABCD ist ein Parallelogramm.

b) ①

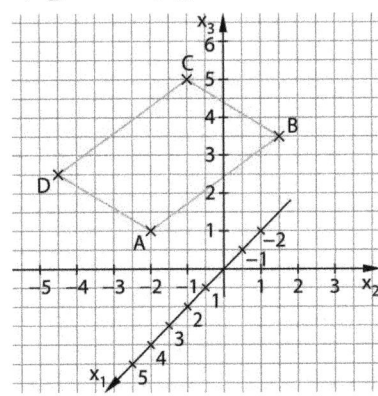

②

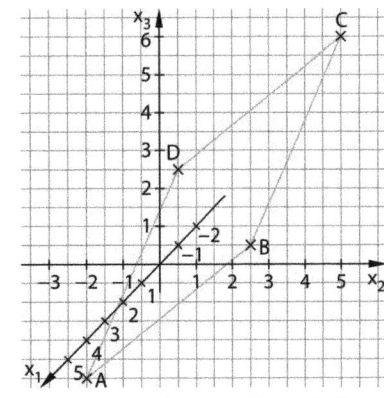

$\overrightarrow{OD} = \overrightarrow{OA} + \overrightarrow{BC} = \begin{pmatrix} 0 \\ -2 \\ 1 \end{pmatrix} + \begin{pmatrix} -3 \\ -4 \\ 0 \end{pmatrix} = \begin{pmatrix} -3 \\ -6 \\ 1 \end{pmatrix}$; D(-3|-6|1)

$\overrightarrow{OC} = \overrightarrow{OB} + \overrightarrow{AD} = \begin{pmatrix} 1 \\ 3 \\ 1 \end{pmatrix} + \begin{pmatrix} -3 \\ 1 \\ 4 \end{pmatrix} = \begin{pmatrix} -2 \\ 4 \\ 5 \end{pmatrix}$; C(-2|4|5)

Seite 162 | Aufgabe 24

a) $\begin{pmatrix} 0 \\ 15 \\ 0 \end{pmatrix}$

b) $\begin{pmatrix} -28 \\ 4 \\ -16 \end{pmatrix}$

c) $\begin{pmatrix} 2 \\ -3 \\ 0,5 \end{pmatrix}$

d) $\begin{pmatrix} 0 \\ 0 \\ 0 \end{pmatrix}$

e) $\begin{pmatrix} 3 \\ 18 \\ 5 \end{pmatrix}$

Seite 162 | Aufgabe 25

a) $\left| \begin{pmatrix} 26 \\ 13 \\ -39 \end{pmatrix} \right| = 13 \cdot \left| \begin{pmatrix} 2 \\ 1 \\ -3 \end{pmatrix} \right| = 13 \cdot \sqrt{4+1+9} = 13\sqrt{14}$

b) $\left| \begin{pmatrix} 15 \\ -10 \\ 45 \end{pmatrix} \right| = 5 \cdot \left| \begin{pmatrix} 3 \\ -2 \\ 9 \end{pmatrix} \right| = 5 \cdot \sqrt{9+4+81} = 5\sqrt{94}$

c) $\left| \begin{pmatrix} 8 \\ 12 \\ 20 \end{pmatrix} \right| = 4 \cdot \left| \begin{pmatrix} 2 \\ 3 \\ 5 \end{pmatrix} \right| = 4 \cdot \sqrt{4+9+25} = 4\sqrt{38}$

d) $\left| \begin{pmatrix} \frac{1}{6} \\ \frac{7}{3} \\ \frac{1}{3} \end{pmatrix} \right| = \frac{1}{6} \cdot \left| \begin{pmatrix} 1 \\ 14 \\ 2 \end{pmatrix} \right| = \frac{1}{6} \cdot \sqrt{1+196+4} = \frac{1}{6}\sqrt{201}$

e) $\left| \begin{pmatrix} 0,5 \\ 4 \\ 1,5 \end{pmatrix} \right| = 0,5 \cdot \left| \begin{pmatrix} 1 \\ 8 \\ 3 \end{pmatrix} \right| = 0,5 \cdot \sqrt{1+64+9} = 0,5\sqrt{74}$

Seite 162 | Aufgabe 26

a) ja, mit Faktor 2.

b) nein

c) nein

d) ja, mit Faktor $-\frac{5}{7}$

e) nein

f) ja, mit Faktor $\frac{3}{4}$

Seite 163 | Aufgabe 27

a) Der Arzt bewegt sich insgesamt 0 Einheiten in x_1-Richtung und 12 Einheiten in x_2-Richtung, also $\begin{pmatrix} 0 \\ 12 \end{pmatrix}$.

b) $\begin{pmatrix} 30 \\ 42 \end{pmatrix}$

Seite 163 | Aufgabe 28

a) Maja: Das ist fast korrekt. Da r aber auch negativ sein kann und ein Betrag immer positiv ist, hat das Produkt immer den |r|-fachen Betrag von a.

b) Tom: Das ist falsch, da die reelle Zahl –1 dann die Kollinearitätsbedingung erfüllt. Kollinear heißt auf einer Gerade liegend, nicht in dieselbe Richtung zeigend.

c) Lea: Das gilt nur, falls $\vec{a}$ und $\vec{b}$ in die gleiche Richtung zeigen und die gleiche Orientierung haben. Ansonsten können sich Teile der Längen gegenseitig aufheben.

Seite 163 | Aufgabe 29

a) $B(1|1,5|0)$

b) $A'(1|1,5|-2)$, $C'(4|-1|-3)$

Seite 163 | Aufgabe 30

$\vec{PQ} = \begin{pmatrix} 2 \\ -1 \\ 2 \end{pmatrix}$; $|\vec{PQ}| = \sqrt{2^2 + (-1)^2 + 2^2} = 3$. Der Betrag gibt die Strecke an, die der Ballon in einer Sekunde geflogen ist.

Geschwindigkeit: $3\,\frac{m}{s} = 10,8\,\frac{km}{h}$

Seite 163 | Aufgabe 31

a) $\vec{AB} = \begin{pmatrix} -6 \\ 3 \\ -2 \end{pmatrix}$; $\vec{AF} = \begin{pmatrix} 2 \\ 6 \\ 3 \end{pmatrix}$; $\vec{AG} = \begin{pmatrix} -3 \\ -2 \\ 6 \end{pmatrix}$ $|\vec{AB}| = |\vec{AF}| = |\vec{AG}| = \sqrt{49} = 7$

b) $\vec{OL} = \vec{OC} + \vec{AF} + \vec{AG} = \begin{pmatrix} -12 \\ 12 \\ 5 \end{pmatrix}$ $L(-12|12|5)$

c) $\vec{CH} = -\vec{AB} + \vec{AG} = \begin{pmatrix} 3 \\ -5 \\ 8 \end{pmatrix}$ $\vec{DG} = -\vec{AF} - \vec{AB} - \vec{AB} + \vec{AG} = \begin{pmatrix} 7 \\ -14 \\ 7 \end{pmatrix}$

d) $\vec{CN} = -\vec{AB} - \vec{AB} + \vec{AF} + \vec{AG} = \begin{pmatrix} 11 \\ -2 \\ 13 \end{pmatrix}$ $|\vec{CN}| = \sqrt{294} \approx 17,15$

$\vec{BN} = -\vec{AB} + \vec{AF} + \vec{AG} = \begin{pmatrix} 5 \\ 1 \\ 11 \end{pmatrix}$ $|\vec{BN}| = \sqrt{147} \approx 12,12$ $|\vec{CN}| \approx 1,4 \cdot |\vec{BN}|$

Seite 163 | Aufgabe 32

a) Die Länge aller Seiten beträgt $\sqrt{12^2 + 12^2 + 0} = 2\sqrt{12} = 4\sqrt{3}$.

b) $\vec{OM_{BC}} = \frac{1}{2}\begin{pmatrix} -3-3 \\ 8-4 \\ -2+10 \end{pmatrix} = \begin{pmatrix} -3 \\ 2 \\ 4 \end{pmatrix}$

$\vec{OS} = \vec{OA} + \frac{2}{3}\vec{AM_{AB}} = \begin{pmatrix} 9 \\ -4 \\ -2 \end{pmatrix} + \frac{2}{3}\begin{pmatrix} -9-3 \\ 4+2 \\ 2+4 \end{pmatrix} = \begin{pmatrix} 9 \\ -4 \\ -2 \end{pmatrix} + \begin{pmatrix} -8 \\ 4 \\ 4 \end{pmatrix} = \begin{pmatrix} 1 \\ 0 \\ 2 \end{pmatrix}$

c) Die Kanten des Würfels sind parallel zu den Koordinatenachsen. Punkt W stimmt mit B und C in der ersten Koordinate, mit B und D in der zweiten Koordinate sowie mit C und D in der dritten Koordinate überein; $W(-3|8|10)$

d) $M_{AB}(3|2|-2)$ $M_{BC}(-3|2|4)$ $M_{CD}(3|2|10)$ $M_{DA}(9|2|4)$

Das Viereck $M_{AB}M_{BC}M_{CD}M_{DA}$ ist ein Quadrat mit der Seitenlänge $6 \cdot \sqrt{2}$.

Die Seitenlängen lassen sich berechnen. Da für alle 4 Eckpunkte $x_2 = 2$ gilt, kann man die rechten Winkel erkennen, indem man die Eckpunkte in die Ebene $x_2 = 2$ (also die Koordinaten x_1 und x_3 in ein zweidimensionales rechtwinkliges x_1x_3-Koordinatensystem) zeichnet.

Seite 163 | Aufgabe 33

$\vec{OS} = \vec{OA} + \frac{2}{3}\vec{AM_{BC}} = \vec{OA} + \frac{2}{3}\left(-\vec{OA} + \vec{OM_{BC}}\right) = \vec{OA} + \frac{2}{3}\left(-\vec{OA} + \frac{1}{2}(\vec{OB} + \vec{OC})\right) = \vec{OA} + \frac{2}{3}\left(-\vec{OA} + \frac{1}{2}\vec{OB} + \frac{1}{2}\vec{OC}\right)$

$= \vec{OA} - \frac{2}{3}\vec{OA} + \frac{1}{3}\vec{OB} + \frac{1}{3}\vec{OC} = \frac{1}{3}\vec{OA} + \frac{1}{3}\vec{OB} + \frac{1}{3}\vec{OC} = \frac{1}{3}(\vec{OA} + \vec{OB} + \vec{OC})$

5.2 Lineare Gleichungssysteme

Seite 164 | Einstieg

a) $y = -1$, $x = 3$

b) Durch Addieren der zweiten und dritten Zeile des linken LGS erhält man $z = 3$ als dritte Zeile des linken LGS.

Seite 165 | Aufgabe 1

a) $x = 25,5$, $y = 35,5$, $z = -11$

b) $x = 1$, $y = 1$, $z = -1$

c) $x = 4$, $y = 2$, $z = 3$

d) $x = -1,25$, $y = 1$, $z = 1$

e) $x = 1$, $y = 2$, $z = 5$

f) $x = 6$, $y = 7$, $z = 8$

Seite 165 | Aufgabe 2

a) $x = -3$, $y = 2$, $z = 1$

b) $x = 7$, $y = 5$, $z = 3$

c) $x = 5$, $y = 5$, $z = 5$

d) $x = 0,5$, $y = 1$, $z = 2$

e) $x = \frac{1}{3}$, $y = 2$, $z = -0,5$

f) $x = 1$, $y = 0$, $z = -1$

Seite 165 | Aufgabe 3

a) $x = -1$, $y = 2$, $z = 5$

b) $x = 0$, $y = 1$, $z = 3$

c) $x = -\frac{1}{2}$, $y = \frac{1}{3}$, $z = 0$

Seite 166 | Aufgabe 4

Preis für den Kaffee: 2,25 €; Preis für das Wasser: 1,80 €; Preis für den Eistee: 2,75 €

Seite 166 | Aufgabe 5

$a = \frac{1}{4}$, $b = -\frac{3}{2}$, $c = \frac{9}{4}$; also $f(x) = \frac{1}{4}x^2 - \frac{3}{2}x + \frac{9}{4}$

Seite 166 | Aufgabe 6

a) $x = 1, y = \frac{1}{2}, z = -\frac{1}{3}$

b) $x = -2, y = 5, z = 3$

c) $x_1 = 3, x_2 = -1, x_3 = 2, x_4 = 1$

d) $x_1 = 2, x_2 = 1, x_3 = -1, x_4 = 3$

Seite 166 | Aufgabe 7

a) $x = 3, y = \frac{14}{3}, z = \frac{17}{3}$

b) $x = 1, y = -1, z = 7$

c) $a = 13, b = -10, c = 15$

d) $x = -2, y = 0, z = = \frac{1}{3}$

Seite 167 | Aufgabe 8

a) eine Lösung: $L = \{(-7|-1|4)\}$

b) unendlich viele Lösungen: $L = \{(-5+ t \mid 4 -2t|t)\}$

c) keine Lösung

d) unendlich viele Lösungen: $L = \{(2+ 0{,}5t \mid -1 + t|t)\}$

e) eine Lösung: $L = \{(\frac{23}{3}|0|-2)\}$

f) keine Lösung

Seite 167 | Aufgabe 9

a) $L = \{(-2 + 4t|2 - 3t|t); t \in \mathbb{R}\}$

b) $L = \{(4 + 2t|8 - 2t|t); t \in \mathbb{R}\}$

c) $L = \{(3 - t|2 + t|t); t \in \mathbb{R}\}$

Seite 168 | Aufgabe 10

a) ja

b) nein

c) ja

d) ja

e) nein

Seite 168 | Aufgabe 11

a) $L = \{\}$

b) $L = \{(8|6|0)\}$

c) $L = \{(-1|0|2)\}$

d) $L = \{(1{,}4+ t|0{,}6+ t|t); t \in \mathbb{R}\}$

e) $L = \{(1|3|-2)\}$

f) $L = \{\}$

Seite 168 | Aufgabe 12

a) $L = \{(-2|3)\}$

b) $L = \{\}$

c) $L = \{-1 + t|1 - t|t); t \in \mathbb{R}\}$

Seite 168 | Aufgabe 13

a) Das LGS ist nicht eindeutig lösbar (Anzahl der frei wählbaren Variablen: 2)

b) Das LGS ist eindeutig lösbar: $L = \{(1{,}5|0{,}5)\}$

c) Das LGS ist nicht lösbar.

d) Das LGS ist eindeutig lösbar: $L = \{(-3|0|1)\}$

e) Das LGS ist nicht eindeutig lösbar (Anzahl der frei wählbaren Variablen: 1)

f) LGS ist nicht eindeutig lösbar (Anzahl der frei wählbaren Variablen: 2)

Seite 168 | Aufgabe 14

a) falsch, lösbar ist z. B. $\begin{pmatrix} x & y & | & 1 \\ 2x & -y & | & -4 \\ 0 & y & | & 2 \end{pmatrix}$

b) falsch, unlösbar ist z. B. $\begin{pmatrix} x & y & | & 1 \\ x & 2y & | & 1 \\ 0 & y & | & 2 \end{pmatrix}$

c) wahr

b) falsch, z. B. $\begin{pmatrix} 1 & 1 & 1 & | & 2 \\ 1 & 1 & 1 & | & 4 \end{pmatrix}$

e) falsch, z. B. $\begin{pmatrix} 1 & 1 & 1 & | & 0 \\ 1 & 1 & -1 & | & 0 \\ 1 & -1 & -1 & | & 0 \end{pmatrix}$

Seite 168 | Aufgabe 15

Die zweite Addition ist falsch ausgeführt: In der dritten Matrix steht nach der Addition in der dritten Zeile an erster Stelle eine 1, keine 0: (1 0 6 | 6).

Die richtige Lösung ist $L = \left\{ \left(\frac{-24}{7} \mid \frac{2}{7} \mid \frac{11}{7} \right) \right\}$.

Seite 168 | Aufgabe 16

a) $L = \{(2|-2|1)\}$

b) $L = \{(-2+2s|s|0); s \in \mathbb{R}\}$

c) $L = \{\}$

Seite 169 | Aufgabe 17

Es gibt zu jeder Matrix nur eine einzige reduzierte Zeilenstufenform. In ihr steht in jeder Zeile nur eine 1, ansonsten Nullen, sodass sich das Ergebnis direkt ablesen lässt.

$\begin{pmatrix} 2 & 0 & -4 & | & 6 \\ 0 & 3 & 6 & | & 9 \\ 0 & 0 & -2 & | & 4 \end{pmatrix}$ erste Zeile :2, zweite Zeile :3, dritte Zeile: (−2)

$\begin{pmatrix} 1 & 4 & -2 & | & 3 \\ 0 & 1 & 2 & | & 3 \\ 0 & 0 & 1 & | & -2 \end{pmatrix}$ erste Zeile + dritte Zeile mal 2, zweite Zeile: + dritte Zeile mal (−2)

$\begin{pmatrix} 1 & 4 & 0 & | & -1 \\ 0 & 1 & 0 & | & 7 \\ 0 & 0 & 1 & | & -2 \end{pmatrix}$ erste Zeile + zweite Zeile mal (−4)

$\begin{pmatrix} 1 & 0 & 0 & | & -29 \\ 0 & 1 & 0 & | & 7 \\ 0 & 0 & 1 & | & -2 \end{pmatrix}$

Seite 169 | Aufgabe 18

a) $L = \{(3|-2|4)\}$

b) $L = \{(-2 - t|1 - 2t|t); t \in \mathbb{R}\}$

c) $L = \{\}$

Seite 169 | Aufgabe 19

a) $L = \{(4|-2|-1)\}$

b) $L = \{(22|-3|4)\}$

c) $L = \{(3|5|3)\}$

Seite 169 | Aufgabe 20

a) $L = \{(12|24|15)\}$

b) $L = \{\}$

c) $L = \{(1+2t|2 - t|t); t \in \mathbb{R}\}$

Seite 169 | Aufgabe 21

a) $L = \{(2|-1|2)\}$

b) $L = \{(1|1|1|2)\}$

Seite 169 | Aufgabe 22

a) $\begin{pmatrix} r & h & e & | & 135 \\ 4r & 2h & 2e & | & 420 \\ 0r & 2h & 2e & | & 120 \end{pmatrix}$; $L = \{(75|60 - t|t); t \in \mathbb{R}\}$

b) $60 - t = 3t \Rightarrow t = 15$; Es gibt 75 Rinder, 45 Hühner und 15 Enten.

Seite 169 | Aufgabe 23

a) x, y: Anteile der Legierungen 1 und 3

Aufstellen eines LGS: $\begin{pmatrix} 0,14 & 0,24 & | & 0,18 \\ 0,10 & 0,05 & | & 0,08 \end{pmatrix}$; Lösung: $(0,6|0,4)$

Man muss 0,6 t der ersten Sorte und 0,4 t der zweiten Sorte nehmen.

b) x_1, x_2, x_3 und x_4 sind die Anteile der vier Legierungen 1 bis 4.

$\begin{pmatrix} 1 & 1 & 1 & 1 & | & 1 \\ 0,24 & 0,04 & 0,14 & 0,14 & | & 0,18 \\ 0,04 & 0,12 & 0 & 0,16 & | & 0,08 \end{pmatrix}$

Lösung: $L = \{(0,8 - t|0,4 - t| - 0,2 + t|t)\}; t \in [0,2; 0,4]$

Setzt man $t = 0,3$, so verwendet man 0,5 t der Legierung 1, 0,1 t der Legierung 2, 0,1 t der Legierung 3 und 0,3 t der Legierung 4.

Seite 170 | Aufgabe 24

a) Stellt man ein LGS auf, bekommt man als Lösung für $B = 0$, $C = \frac{3}{2}$ und für $D = -\frac{1}{2}$. Da negative Werte hier keinen Sinn ergeben, kann der Nährstoffgehalt von E durch die Mischung von B, D und C nicht erreicht werden.

b) $L = \{(t|0|1,5 - 2t|-0,5 + t); t \in \mathbb{R}\}$.

Die frei wählbare Variable t (Speise A) kann hier nur Werte im Intervall [0,5;0,75] annehmen, damit sich keine negativen Werte ergeben.

c) Auf B muss verzichtet werden. Außerdem kann, wenn es von A = 0,5 gibt, auf Speise D verzichtet werden. Genauso kann auf C verzichtet werden, wenn es von A = 0,75 gibt.

Seite 170 | Aufgabe 25

a) Substanz 1: 27,5 %,; Substanz 2: 37,5 %, Substanz 3: 3,75 %; Substanz 4: 31,25 %

b) $L = \{(t|-0,25 + t | 1,25 - 2t); t \in \mathbb{R}\}$

Alle Komponenten sind nicht negativ, wenn $t \in [0,25; 0,625]$

Den kleinsten Anteil von A erhält man also für $t = 0,25$. Dann hat B den Anteil 0 und C den Anteil 0,75.

c) Das LGS ist dann nur lösbar, wenn $D = 0$ ist. A hat dann einen Anteil von $\frac{5}{8}$ und B von $\frac{3}{8}$.

Seite 170 | Aufgabe 26

a) Es gibt unendlich viele Möglichkeiten, z. B. 40 g Spinat, 10 g Rotkohl, 120 g Paprika und 30 g Pastinake.

b) Auch hier gibt es unendlich viele Möglichkeiten, z. B. 40 g Spinat, 70 g Rotkohl und 90 g Paprika.

Seite 170 | Aufgabe 27

a) Für $\vec{v}$ erhält man: $\begin{pmatrix} r & s & t & & \\ 1 & -2 & -1 & | & 5 \\ -1 & 0 & 1 & | & 1 \\ 0 & 1 & 2 & | & 1 \end{pmatrix}$

Lösung: $t = 2$; $s = -3$; $r = 1$; also $\vec{v} = \vec{a} - 3\vec{b} + 2\vec{c}$

Für $\vec{w}$ erhält man: $\begin{pmatrix} r & s & t & & \\ 1 & -2 & -1 & | & 3 \\ -1 & 0 & 1 & | & 1 \\ 0 & 1 & 2 & | & -2 \end{pmatrix}$

Lösung: $t = 0$; $s = -2$; $r = -1$; also $\vec{v} = -\vec{a} - 2\vec{b} + 0\vec{c}$

b) Für $\vec{v}$ erhält man: $\begin{pmatrix} r & s & t & & \\ 1 & -2 & 1 & | & 5 \\ -1 & 0 & 3 & | & 1 \\ 0 & 1 & -2 & | & 1 \end{pmatrix}$

LGS nicht lösbar; $\vec{v}$ kann nicht durch $\vec{a}, \vec{b}$ und $\vec{c}$ dargestellt werden.

Für $\vec{w}$ erhält man: $\begin{pmatrix} r & s & t & & \\ 1 & -2 & 1 & | & 3 \\ -1 & 0 & 3 & | & 1 \\ 0 & 1 & -2 & | & -2 \end{pmatrix}$

Lösung: t frei wählbar; $s = 2t - 2$ $r = 3t - 1$; also $\vec{w} = (3t - 1)\vec{a} + (2t - 2)\vec{b} + t\vec{c}$

Seite 170 | Aufgabe 28

x: Alter der Großmutter, y: Alter der Mutter, z: Alter der Tochter

$x + y + z = 140$

$y = x + 28$ $\qquad y = z - 36$; Lösung: $x = 80, y = 44, z = 16$

Seite 171 | Aufgabe 29

a) ① C: $x_1 = x_4$; H: $4x_1 = 2x_3$; O: $2x_2 = x_3 + 2x_4$

Setzt man $x_1 = 1$ ergibt sich: $CH_4 + 2O_2 \rightarrow 2H_2O + CO_2$

② $2C_8H_{18} + 25O_2 \rightarrow 16CO_2 + 18H_2O$

③ $3H_2SO_4 + 2Al(OH)_3 \rightarrow 6H_2O + Al_2(SO_4)_3$

④ $3Cu + 8HNO_3 \rightarrow 2NO + 3Cu(NO_3)_2 + 4H_2O$

⑤ $16HCl + 2KMnO_4 \rightarrow 5Cl_2 + 2MnCl_2 + 2KCl + 8H_2O$

b) Mit einer frei wählbaren Variablen sind die Proportionen festgelegt, nicht aber die absolute Menge.

Seite 171 | Aufgabe 30

a) Keine Lösung für $c = 0$, eindeutige Lösungen für $c \in \mathbb{R}\backslash\{0\}$: $L = \left\{\left(1 - \frac{1}{c}|1 - \frac{1}{c}|\frac{1}{c}\right)\right\}$

b) Für beliebiges c erhält man:

$$\begin{pmatrix} 4 & 2c+4 & 2c-4 & | & 16 \\ 1 & 2 & 0 & | & 4 \\ 0 & c+1 & -1 & | & 6 \end{pmatrix} \rightarrow \begin{pmatrix} 4 & 2c+4 & 2c-4 & | & 16 \\ 0 & 2c-4 & 2c-4 & | & 0 \\ 0 & -2c & 22c & | & 8 \end{pmatrix} \rightarrow \begin{pmatrix} 4 & 2c+4 & 2c-4 & | & 16 \\ 0 & 2c-4 & 2c-4 & | & 0 \\ 0 & 0 & 8c^2-16c & | & -16c+32 \end{pmatrix}$$

Für c = 0 erhält man keine Lösung:

$$\begin{pmatrix} 4 & 4 & -4 & | & 16 \\ 0 & -4 & -4 & | & 0 \\ 0 & 0 & 0 & | & 32 \end{pmatrix}$$

Für c = 2 erhält man unendlich viele Lösungen:

$$\begin{pmatrix} 1 & 2 & 0 & | & 4 \\ 0 & 0 & 0 & | & 0 \\ 0 & 0 & 0 & | & 0 \end{pmatrix}$$

Für $c \neq 2$ und $c \neq 0$ erhält man die eindeutige Lösung $\left(4 - \frac{4}{c} \Big| \frac{2}{c} \Big| -\frac{2}{c}\right)$, für c = 1 also $(0|2|-2)$.

a) $f(x) = \frac{1}{8}x^3 - \frac{9}{8}x^2 + \frac{15}{8}x + \frac{17}{8}$

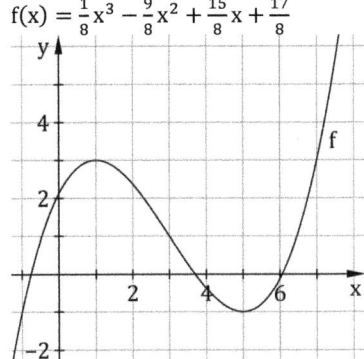

b) $f(x) = \frac{1}{4}x^3 - \frac{3}{2}x^2 + \frac{9}{4}x - \frac{1}{2}$

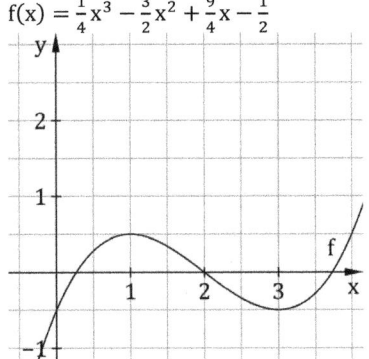

c) $f(x) = 0{,}5x^4 - 2x^3 + 3x^2 - 1{,}5x$

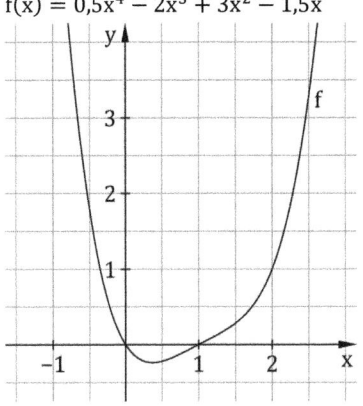

$f(2) = -3 = 8a + 4b + 2c + d$ $\quad$ $f'(4) = -3 = 48a + 8b$ $\quad$ $f''(4) = 0 = 24a + 2b$

y durch die Wendetangente bestimmen: y = -1: f(4) = -1 = 64a + 16b + 4c + d

$f(x) = x^3 - 12x^2 + 45x - 53$

$f(x) = ax^4 + bx^3 + cx^2 + dx + e$ $\qquad$ $f'(x) = 4ax^3 + 3bx^2 + 2cx + d$

$f'(0) = 0 \qquad \Rightarrow d = 0$

$f(1) = 0 \qquad \Rightarrow a + b + c + e = 0$

$f'(1) = 2 \qquad \Rightarrow 4a + 3b + 2c = 2$

$f(-1) = 0 \qquad \Rightarrow a - b + c + e = 0$

$f'(-1) = -2 \qquad \Rightarrow -4a + 3b - 2c = -2$

$$\begin{array}{cccc} e & c & b & a \end{array}$$

LGS: $\begin{pmatrix} 1 & 1 & 1 & 1 & | & 0 \\ 1 & 1 & -1 & 1 & | & 0 \\ 0 & 2 & 3 & 4 & | & 2 \\ 0 & -2 & 3 & -4 & | & -2 \end{pmatrix} \rightarrow \begin{pmatrix} 1 & 1 & 1 & 1 & | & 0 \\ 0 & 0 & 2 & 0 & | & 0 \\ 0 & 2 & 3 & 4 & | & 2 \\ 0 & 0 & 6 & 0 & | & 0 \end{pmatrix} \rightarrow \begin{pmatrix} 1 & 1 & 1 & 1 & | & 0 \\ 0 & 2 & 3 & 4 & | & 2 \\ 0 & 0 & 1 & 0 & | & 0 \\ 0 & 0 & 0 & 0 & | & 0 \end{pmatrix}$

Lösung: a ist frei wählbar; b = 0; c = 1 - 2a; e = a - 1 $\qquad$ $f_a(x) = ax^4 + (1 - 2a)x^2 + (a - 1)$

Es muss noch geprüft werden, ob alle Funktionen dieser Schar auf der y-Achse einen Extrempunkt haben.

$f_a'(x) = 4ax^3 + (2 - 4a)x$ $\qquad$ $f_a''(x) = 12ax^2 + (2 - 4a)$

Für $a \neq \frac{1}{2}$ ist $f_a'(0) = 0$ und $f_a''(0) = (2 - 4a) \neq 0$ erfüllt.

Für $a = \frac{1}{2}$ ist $f_{0,5}(x) = \frac{1}{2}x^4 - \frac{1}{2}$ eine nach unten verschobene Potenzfunktion mit geradem Exponenten und hat deshalb bei x = 0 ein Minimum.

a) $f_1(x) = ax^3 + bx^2 + cx + d$ $\qquad$ $f_1'(x) = 3ax^2 + 2bx + c$

$f_1(1) = 0 \quad \Rightarrow a + b + c + d = 0$

$f_1(3) = 2 \quad \Rightarrow 27a + 9b + 3c + d = 2$

$f_1'(1) = 7{,}4 \Rightarrow 3a + 2b + c = 7{,}4$

$f_1'(3) = -1 \Rightarrow 27a + 6b + c = -1$

$$\begin{array}{cccc} a & b & c & d \end{array}$$

LGS: $\begin{pmatrix} 1 & 1 & 1 & 1 & | & 0 \\ 27 & 9 & 3 & 1 & | & 2 \\ 3 & 2 & 1 & 0 & | & 7{,}4 \\ 27 & 6 & 1 & 0 & | & -1 \end{pmatrix}$

Lösung: a = 1,1; b = -8,7; c = 21,5; d = -13,9

$f_1(x) = 1{,}1x^3 - 8{,}7x^2 + 21{,}5x - 13{,}9$

b) $f_2'(x) = (2 - x)e^{3-x}$

$f_2(1) = 0; f_2(3) = (3 - 1)e^0 = 2; f_2'(1) = (2 - 1)e^{3-1} = e^2 \approx 7{,}389 \approx 7{,}4; f_2'(3) = (2 - 3)e^0 = -1$

Damit erfüllt der Graph von f_2 alle Bedingungen.

c) $f_1(2) = 3{,}1$ und $f_2(2) = e \approx 2{,}7$; Wegen $f_2(2) < f_1(2)$ gehört der untere, rote Graph zu f_2.

Bemerkung: Der Graph von f_2 scheint besser zu verlaufen, die Kurve ist weniger eng. Tatsächlich geht dieser Graph in Q auch ruckfrei in die Gerade über: $f_2''(x) = (x - 3)e^{3-x}$ und $f_2''(3) = 0$, was der Krümmung der Geraden entspricht.

5.3 Parametergleichung einer Geraden

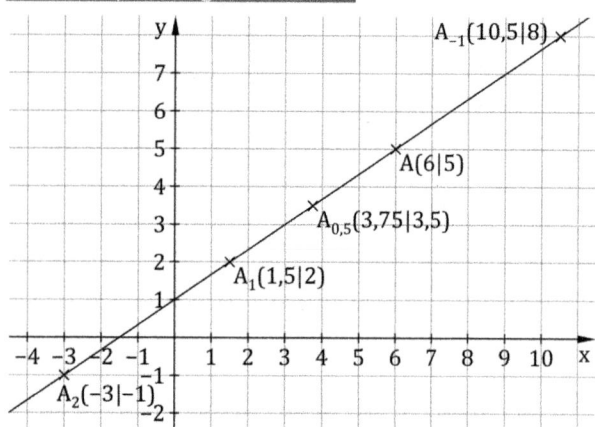

a) Beispiele: $A_0(-6|-1)$; $A_1(-3|-3)$; $A_2(0|-5)$; $A_3(3|-8)$ 　　　 b) Beispiele: $B_0(0|2|-3)$; $B_1(2|1|0)$; $B_2(4|0|3)$; $B_3(6|-1|6)$

a) Es ergeben sich die Punkte $(-6|-1)$; $(-3|0)$; $(0|1)$; $(3|2)$; $(6|3)$; $(9|4)$.

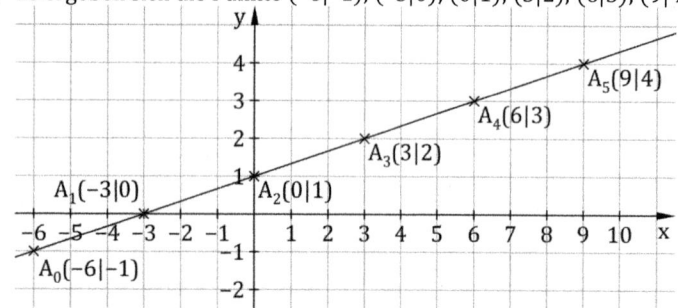

b) Es ergeben sich die Punkte $(4|-1|6)$; $(3|0|4)$; $(2|1|2)$; $(1|2|6)$; $(6|3|-2)$; $(-1|4|-4)$.

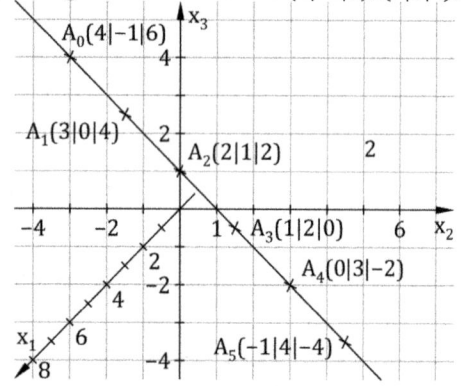

Als Stützvektor kann jeder beliebige Punkt auf der Geraden g gewählt werden. Der Richtungsvektor muss ein Vielfaches vom angegebenen Richtungsvektor sein. Beispiel: g_{neu}: $\vec{x} = \begin{pmatrix} 0 \\ 0 \\ 1 \end{pmatrix} + r \cdot \begin{pmatrix} -1 \\ 2 \\ 3 \end{pmatrix}$

Da die Parametergleichung einer Geraden nicht eindeutig bestimmt ist, gibt es keine eindeutige Lösung. Beispielsweise kann $\overrightarrow{OA}$ als Stützvektor und $\overrightarrow{AB}$ als Richtungsvektor verwendet werden:

a) g: $\vec{x} = \begin{pmatrix} 3 \\ -4 \\ 1 \end{pmatrix} + r \cdot \begin{pmatrix} -9 \\ 12 \\ -3 \end{pmatrix}$ 　　 b) g: $\vec{x} = \begin{pmatrix} 8 \\ -1 \\ 1 \end{pmatrix} + r \cdot \begin{pmatrix} -12 \\ -2 \\ 4 \end{pmatrix}$ 　　 c) g: $\vec{x} = \begin{pmatrix} 2 \\ 1 \\ 3 \end{pmatrix} + r \cdot \begin{pmatrix} -2 \\ -1 \\ -3 \end{pmatrix}$ 　　 d) g: $\vec{x} = \begin{pmatrix} 0 \\ 2 \\ 5 \end{pmatrix} + r \cdot \begin{pmatrix} 0 \\ 0 \\ -6 \end{pmatrix}$

a) P auf g, Q nicht auf g 　　 b) P nicht auf g, Q auf g 　　 c) P und Q liegen auf g. 　　 d) P nicht auf g, Q auf g.

a) $r = 0$ 　　 b) $r = 1$ 　　 c) $0 \leq r \leq 1$ 　　 d) $r = \frac{1}{2}$ 　　 e) $r > 1$ 　　 f) $r < 0$

Seite 174 | Aufgabe 7

a) Die Strecke $\overline{AB}$ beschreibt alle Punkte, die sich zwischen Punkt A und Punkt B befinden, sowie die Punkte A und B selbst. Eine Parametergleichung der Geraden AB beschreibt darüber hinaus alle Punkte, die von B aus gesehen hinter A und die von A aus gesehen hinter B liegen. Die beiden Gleichungen unterscheiden sich nur durch die Bedingung für den Parameter r: Liegt er zwischen 0 und 1 ($0 \leq r \leq 1$), so liegt der Punkt auf der Strecke.

b) $\vec{x} = \begin{pmatrix} -5 \\ -8 \\ 11 \end{pmatrix} + r \cdot \begin{pmatrix} 12 \\ 8 \\ -4 \end{pmatrix}$ mit $0 \leq r \leq 1$

c) Beispiele: $r = 0{,}25$ ergibt $C_1(-2|-6|10)$; $r = 0{,}5$ ergibt $C_2(1|-4|9)$; $r = 0{,}75$ ergibt $C_3(4|-2|8)$.

Seite 174 | Aufgabe 8

a) $\vec{x} = \begin{pmatrix} -2 \\ 1 \\ 7 \end{pmatrix} + r \cdot \begin{pmatrix} 3 \\ -9 \\ 6 \end{pmatrix}$ mit $0 \leq r \leq 1$

b) A liegt auf der Geraden, aber nicht auf der Strecke $\overline{PQ}$. B liegt auf der Strecke $\overline{PQ}$. C liegt auf der Geraden, aber nicht auf der Strecke $\overline{PQ}$. D liegt nicht auf der Geraden.

Seite 174 | Aufgabe 9

a) $g: \vec{x} = \begin{pmatrix} 0 \\ 3 \\ 0 \end{pmatrix} + r \cdot \begin{pmatrix} 1 \\ 0 \\ 0 \end{pmatrix}$

b) $h: \vec{x} = \begin{pmatrix} 0 \\ 0 \\ 0 \end{pmatrix} + r \cdot \begin{pmatrix} 5 \\ 3 \\ 0 \end{pmatrix}$

c) $\overline{BC}: \vec{x} = \begin{pmatrix} 5 \\ 0 \\ 0 \end{pmatrix} + r \cdot \begin{pmatrix} 0 \\ 3 \\ 0 \end{pmatrix}$ mit $0 \leq r \leq 1$

d) $\overline{BE}: \vec{x} = \begin{pmatrix} 5 \\ 0 \\ 0 \end{pmatrix} + r \cdot \begin{pmatrix} -2 \\ 2 \\ 3 \end{pmatrix}$ mit $0 \leq r \leq 1$

Seite 174 | Aufgabe 10

a) $g: \vec{x} = \begin{pmatrix} 10 \\ -12 \\ 1{,}8 \end{pmatrix} + t \cdot \begin{pmatrix} -3 \\ 5 \\ 0{,}1 \end{pmatrix}$ mit $0 \leq t \leq 20$

b) Der Luftballon befindet sich in der Flugbahn ($t = 7$).

Seite 174 | Aufgabe 11

a) $\overrightarrow{OM_a} = \frac{1}{2}(\overrightarrow{OB} + \overrightarrow{OC}) = \begin{pmatrix} -1 \\ 7 \\ 1 \end{pmatrix}$; Seitenhalbierende durch M_a: $\vec{x} = \vec{a} + r \cdot (\overrightarrow{OM_a} - \vec{a}) = \begin{pmatrix} -1 \\ 0 \\ 1 \end{pmatrix} + r \cdot \begin{pmatrix} 0 \\ 7 \\ 0 \end{pmatrix}$

$\overrightarrow{OM_b} = \frac{1}{2}(\overrightarrow{OA} + \overrightarrow{OC}) = \begin{pmatrix} -3 \\ 3 \\ 3 \end{pmatrix}$; Seitenhalbierende durch M_b: $\vec{x} = \begin{pmatrix} 3 \\ 8 \\ -3 \end{pmatrix} + r \cdot \begin{pmatrix} -6 \\ -5 \\ 6 \end{pmatrix}$

$\overrightarrow{OM_c} = \frac{1}{2}(\overrightarrow{OA} + \overrightarrow{OB}) = \begin{pmatrix} 1 \\ 4 \\ -1 \end{pmatrix}$; Seitenhalbierende durch M_c: $\vec{x} = \begin{pmatrix} -5 \\ 6 \\ 5 \end{pmatrix} + r \cdot \begin{pmatrix} 6 \\ -2 \\ -6 \end{pmatrix}$

b) $M_bM_c: \vec{x} = \begin{pmatrix} 3 \\ 8 \\ -3 \end{pmatrix} + r \cdot \begin{pmatrix} 4 \\ 1 \\ -4 \end{pmatrix}$; $M_aM_b: \vec{x} = \begin{pmatrix} -1 \\ 7 \\ 1 \end{pmatrix} + r \cdot \begin{pmatrix} -2 \\ -4 \\ 2 \end{pmatrix}$; $M_cM_a: \vec{x} = \begin{pmatrix} 1 \\ 4 \\ -1 \end{pmatrix} + r \cdot \begin{pmatrix} -2 \\ 3 \\ 2 \end{pmatrix}$

c) Beispiel für $r = 0{,}5$: $P(0|5{,}5|0)$

Seite 175 | Aufgabe 12

a) $S_{12}(2|3|0)$, $S_{13}(1|0|1)$, $S_{23}(0|-3|2)$

b) $g: \vec{x} = \begin{pmatrix} 2 \\ 3 \\ 0 \end{pmatrix} + r \cdot \begin{pmatrix} -1 \\ -3 \\ 1 \end{pmatrix}$

c) Es gilt: $x_1 = 0$, also $2 - r = 0 \Leftrightarrow r = 2$: $\overrightarrow{OS_{23}} = \begin{pmatrix} 2 \\ 3 \\ 0 \end{pmatrix} + 2 \cdot \begin{pmatrix} -1 \\ -3 \\ 1 \end{pmatrix} = \begin{pmatrix} 0 \\ -3 \\ 2 \end{pmatrix}$; $S_{23}(0|-3|2)$

Seite 175 | Aufgabe 13

a) $S_{12}(3|2|0)$, $S_{13}(1|0|4)$, $S_{23}(0|-1|6)$

b) $S_{12}(-1|1{,}5|0)$, $S_{13}(2|0|3)$, $S_{23}(0|1|1)$

c) $S_{12}(3|-2|0)$, $S_{13}(2|0|1)$, $S_{23}(0|4|3)$

d) $S_{12}(-4|-4|0)$, $S_{13}(-2|0|3)$, $S_{23}(0|4|6)$

e) $S_{12}(-1|-2|0)$, $S_{13}(0|0|1{,}5)$, $S_{23}(0|0|1{,}5)$

Seite 175 | Aufgabe 14

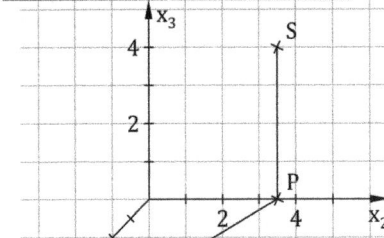

$g: \vec{x} = \begin{pmatrix} -2 \\ 2{,}5 \\ 3 \end{pmatrix} + r \begin{pmatrix} 2 \\ -0{,}5 \\ -1 \end{pmatrix}$

Beim Schattenpunkt S' gilt:

$x_3 = 0 \Leftrightarrow r = 3 \Leftrightarrow \overrightarrow{OS'} = \begin{pmatrix} 4 \\ 1 \\ 0 \end{pmatrix}$, also $S'(4|1|0)$

Seite 176 | Aufgabe 15

a) $g_{AB}: \vec{x} = \begin{pmatrix} -2 \\ 1 \\ 7 \end{pmatrix} + r \begin{pmatrix} -1 \\ 4 \\ -2 \end{pmatrix}$; $\vec{x} = \begin{pmatrix} 1 \\ -11 \\ 13 \end{pmatrix}$ mit $r = -3$. Die drei Punkte liegen auf einer Geraden.

b) $g_{AB}: \vec{x} = \begin{pmatrix} 14 \\ 0 \\ 2 \end{pmatrix} + r \begin{pmatrix} -16 \\ 3 \\ 6 \end{pmatrix}$; $\vec{x} \neq \begin{pmatrix} -10 \\ 1{,}5 \\ 11 \end{pmatrix}$, wird für kein r erfüllt. Die drei Punkte liegen nicht auf einer Geraden.

Seite 176 | Aufgabe 16

Mia hat mit ihrer Behauptung recht, denn $\vec{x} = \begin{pmatrix} 0 \\ 2 \\ 0 \end{pmatrix} + r_1 \begin{pmatrix} 0 \\ 1 \\ -2 \end{pmatrix}$ und $\vec{x} = \begin{pmatrix} 0 \\ 2 \\ 0 \end{pmatrix} + r_2 \begin{pmatrix} 0 \\ 2 \\ -4 \end{pmatrix}$ beschreiben dieselbe Gerade: Der Stützpunkt ist beide Male gleich und die Richtungsvektoren sind kollinear, zeigen also in die gleiche Richtung. Mit $r_1 = 2 \cdot r_2$ ergibt sich die gleiche Gleichung. Moritz Vermutung ist falsch, denn sein gewählter Stützvektor liegt nicht auf g.

Seite 176 | Aufgabe 17

a) g schneidet die x_1-Achse und verläuft parallel zur x_2x_3-Ebene.

b) g schneidet die x_3-Achse und verläuft in der x_2x_3-Ebene, parallel zur x_2-Achse.

c) g verläuft durch den Ursprung und diagonal durch den ersten Quadranten.

d) g ist gleich der x_3-Achse

e) g verläuft durch den Ursprung in der x_1x_3-Ebene.

f) g schneidet die x_2-Achse und verläuft in der x_2x_3-Ebene.

Seite 176 | Aufgabe 18

a) $g: \vec{x} = \begin{pmatrix} 2 \\ -2 \\ 3 \end{pmatrix} + r\begin{pmatrix} 1 \\ 0 \\ 0 \end{pmatrix}$

b) $h: \vec{x} = r\begin{pmatrix} 2 \\ 5 \\ 3 \end{pmatrix}$

c) $k: \vec{x} = \begin{pmatrix} -2 \\ 7 \\ -1 \end{pmatrix} + r\begin{pmatrix} 2 \\ 5 \\ 3 \end{pmatrix}$

d) $l: \vec{x} = r\begin{pmatrix} 0 \\ 1 \\ 0 \end{pmatrix}$

e) $m: \vec{x} = r\begin{pmatrix} 1 \\ 0 \\ 0 \end{pmatrix}$

f) $n: \vec{x} = \begin{pmatrix} 0 \\ 0 \\ -2 \end{pmatrix} + r\begin{pmatrix} 0 \\ 1 \\ 0 \end{pmatrix}$

Seite 176 | Aufgabe 19

a) $S_{12}(-3|-2|0)$, $S_{13}(-3|0|1)$, $h: \vec{x} = \begin{pmatrix} -3 \\ -2 \\ 0 \end{pmatrix} + r\begin{pmatrix} 0 \\ 2 \\ 1 \end{pmatrix}$

b) Die Gerade h liegt parallel zur x_2x_3-Ebene, weswegen sie diese nicht schneidet und es keinen Spurpunkt S_{23} gibt.

c) $g_1: S_{12} = S_{13} = S_{23}(0|0|0)$: ein Spurpunkt im Ursprung $\qquad$ $g_2: S_{12} = S_{13}(3|0|0)$, $S_{23}(0|8|1)$: zwei Spurpunkte

   $g_3: S_{12} = S_{13}(4|0|0)$: ein Spurpunkt $\qquad\qquad\qquad\qquad$ $g_4: S_{12}(2|1|0)$, ein Spurpunkt

d) g_1 verläuft durch den Ursprung, alle drei Spurpunkte fallen dort zusammen.

   g_2 schneidet die x_1-Achse im Punkt $(3|0|0)$ und dadurch sowohl die x_1x_2-Ebene, als auch die x_1x_3-Ebene in diesem Punkt. Der dritte Spurpunkt existiert.

   g_3 schneidet ebenfalls eine Koordinatenachse (x_1), der dritte Spurpunkt existiert aber nicht, da die Gerade parallel zur x_2x_3-Ebene verläuft.

   g_4 verläuft parallel zur x_3-Achse und dadurch auch zur x_2x_3-Ebene und zur x_1x_3-Achse. Sie hat nur einen Spurpunkt.

e) ① Die Gerade schneidet eine der drei Koordinatenachsen und hat mit der durch die beiden anderen Koordinatenachsen aufgespannten Ebene einen Spurpunkt außerhalb der Achsen.

   ② Die Gerade ist parallel zu einer Koordinatenebene, aber zu keiner Achse parallel.

Seite 177 | Aufgabe 20

a) $g_{SB}: \vec{x} = \begin{pmatrix} -2 \\ 3 \\ 6 \end{pmatrix} + r\begin{pmatrix} 2 \\ 5 \\ -6 \end{pmatrix}$; $g_{SC}: \vec{x} = \overrightarrow{OS} + r\overrightarrow{SM} = \begin{pmatrix} -2 \\ 3 \\ 6 \end{pmatrix} + r\begin{pmatrix} -2 \\ 3 \\ -6 \end{pmatrix}$; $g_{CB}: \vec{x} = \begin{pmatrix} -4 \\ 6 \\ 0 \end{pmatrix} + r\begin{pmatrix} 4 \\ 2 \\ 0 \end{pmatrix}$ mit $\overrightarrow{OC} = \overrightarrow{OS} + 2\overrightarrow{SM}$, also $C(-4|6|0)$

b) $\overrightarrow{OD} = \overrightarrow{BC}$; $g_{BD}: \vec{x} = \begin{pmatrix} 0 \\ 8 \\ 0 \end{pmatrix} + r\begin{pmatrix} -4 \\ -10 \\ 0 \end{pmatrix} = \overrightarrow{OF}$ für $r = \frac{1}{2}$; $g_{FS}: \vec{x} = \begin{pmatrix} -2 \\ 3 \\ 0 \end{pmatrix} + r\begin{pmatrix} 0 \\ 0 \\ 6 \end{pmatrix}$; Der Richtungsvektor $\vec{v} = \begin{pmatrix} 0 \\ 0 \\ 6 \end{pmatrix}$ zeigt, dass die Gerade

   durch die Punkte F und S parallel zur x_3-Achse verläuft und F somit senkrecht unter S liegt.

Seite 177 | Aufgabe 21

a)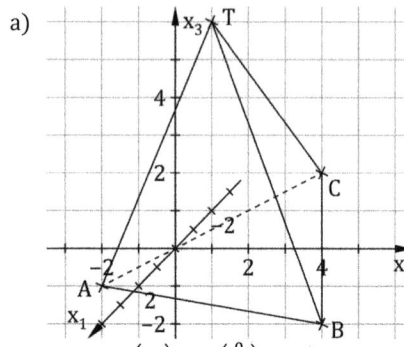

$g_{AC}: \vec{x} = \begin{pmatrix} 2 \\ -1 \\ 0 \end{pmatrix} + r\begin{pmatrix} -4 \\ 4 \\ 1 \end{pmatrix}$ $\vec{x} \neq \begin{pmatrix} 0 \\ 0 \\ 0 \end{pmatrix}$; ist für kein k erfüllt.

g_{AC} ist damit keine Ursprungsgerade.

Die Ursprungsgerade, die in der Zeichnung mit g_{AC} zusammenfällt, hat die Gleichung

$g_{\text{Ursprungsgerade}}: \vec{x} = \begin{pmatrix} 0 \\ 0 \\ 0 \end{pmatrix} + r\begin{pmatrix} -4 \\ 4 \\ 1 \end{pmatrix}$

b) $g_{AB}: \vec{x} = \begin{pmatrix} 2 \\ -1 \\ 0 \end{pmatrix} + r\begin{pmatrix} 0 \\ 6 \\ -1 \end{pmatrix}$, auf g_{AB} liegen zum Beispiel die Punkte $R(2|11|-2)$ und $Q(2|-7|1)$.

c) $\begin{pmatrix} 2 \\ -1 \\ 0 \end{pmatrix} + r\begin{pmatrix} 0 \\ 6 \\ -1 \end{pmatrix} = \begin{pmatrix} 2 \\ 2 \\ -\frac{1}{2} \end{pmatrix}$ für $r = \frac{1}{2}$. P ist der Mittelpunkt der Strecke $\overline{AB}$.

d) $g_C: \vec{x} = \begin{pmatrix} -2 \\ 3 \\ 1 \end{pmatrix} + r\begin{pmatrix} 4 \\ -1 \\ -1,5 \end{pmatrix}$; $\overrightarrow{CS} = \frac{2}{3} \cdot \begin{pmatrix} 4 \\ -1 \\ -\frac{3}{2} \end{pmatrix} = \begin{pmatrix} \frac{8}{3} \\ -\frac{2}{3} \\ -1 \end{pmatrix}$; $\overrightarrow{OS} = \overrightarrow{OC} + \overrightarrow{CS} = \begin{pmatrix} -2 \\ 3 \\ 1 \end{pmatrix} + \frac{2}{3}\begin{pmatrix} 4 \\ -1 \\ -1,5 \end{pmatrix} = \begin{pmatrix} \frac{2}{3} \\ \frac{7}{3} \\ 0 \end{pmatrix} \Rightarrow S\left(\frac{2}{3}|\frac{7}{3}|0\right)$

$g_{TS}: \vec{x} = \begin{pmatrix} 0 \\ 1 \\ 6 \end{pmatrix} + r\begin{pmatrix} \frac{2}{3} \\ \frac{4}{3} \\ -6 \end{pmatrix}$; $\vec{x} = \begin{pmatrix} 2 \\ 5 \\ -12 \end{pmatrix}$ für $r = 3$. Die Punkte T, S und Q liegen damit auf einer Geraden.

Seite 177 | Aufgabe 22

a) Wenn man den Koordinatenursprung an der vorderen linken Ecke wählt, gilt für die Punkte T und Z: $T(2|2|1,5)$, $Z(4|12|3)$.

   Gerade durch T und Z: $g_{TZ}: \vec{x} = \overrightarrow{OT} + r \cdot \overrightarrow{TZ} = \begin{pmatrix} 2 \\ 2 \\ 1,5 \end{pmatrix} + r\begin{pmatrix} 2 \\ 10 \\ 1,5 \end{pmatrix}$ Für Punkte A bis D gilt $x_2 = 6$ gilt, also $2 + 10r = 6 \Leftrightarrow r = 0,4$

   $\begin{pmatrix} 2 \\ 2 \\ 1,5 \end{pmatrix} + 0,4\begin{pmatrix} 2 \\ 10 \\ 1,5 \end{pmatrix} = \begin{pmatrix} 2,8 \\ 6 \\ 2,1 \end{pmatrix}$. Dies entspricht den Koordinaten von Punkt D, der also als Bohrpunkt gewählt werden sollte.

b) Blick von „oben" unter Betrachtung der x_2-Koordinaten; $\frac{x}{2} = \frac{4}{10} \Leftrightarrow x = 2{,}8$

x entspricht hier der x_1-Koordinate des gesuchten Punktes, somit kommt nur Punkt D infrage.

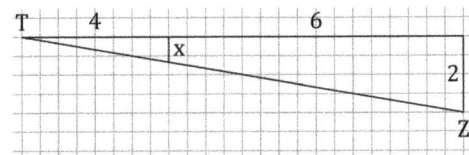

Seite 177 | Aufgabe 23

a) $L(-1|-2|4)$; $F(2|0|2)$; $G(2|3|2)$; $H(0|3|2)$

g_{FL}: $\vec{x} = \begin{pmatrix} -1 \\ -2 \\ 4 \end{pmatrix} + r \begin{pmatrix} 3 \\ 2 \\ -2 \end{pmatrix}$

Aus $x_3 = 0$ folgt $r = 2$ und damit $F_S(5|2|0)$.

g_{GL}: $\vec{x} = \begin{pmatrix} -1 \\ -2 \\ 4 \end{pmatrix} + r \begin{pmatrix} 3 \\ 5 \\ -2 \end{pmatrix}$

Aus $x_3 = 0$ folgt $r = 2$ und damit $G_S(5|8|0)$.

g_{HL}: $\vec{x} = \begin{pmatrix} -1 \\ -2 \\ 4 \end{pmatrix} + r \begin{pmatrix} 1 \\ 5 \\ -2 \end{pmatrix}$

Aus $x_3 = 0$ folgt $r = 2$ und damit $H_S(1|8|0)$.

b)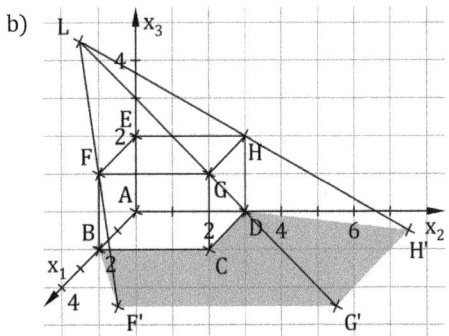

Seite 177 | Aufgabe 24

a) $\vec{x} = \overrightarrow{OA} + r \cdot \overrightarrow{AC} = \begin{pmatrix} -7 \\ 3 \\ -8 \end{pmatrix} + r \begin{pmatrix} 6 \\ 3 \\ 15 \end{pmatrix}$, für $r = \frac{2}{3}$ ergibt sich $(-3|5|2)$, also B.

Der Punkt B liegt zwischen den beiden anderen Punkten.

b) In der Mitte liegt der Punkt, dessen erste Koordinate zwischen den ersten Koordinaten der beiden anderen Punkte liegt.

Seite 178 | Aufgabe 25

Fehler im 1. Druck des Schülerbuchs: Für den Punkt A_0 gilt $A_0(-50|75)$.

a) Segler 1: $\vec{x} = \begin{pmatrix} -50 \\ 75 \end{pmatrix} + r \begin{pmatrix} 100 \\ -50 \end{pmatrix}$; $\vec{x} = \begin{pmatrix} 400 \\ -150 \end{pmatrix}$ für $r = 4{,}5$ \qquad Segler 2: $\vec{x} = \begin{pmatrix} -200 \\ -350 \end{pmatrix} + r \begin{pmatrix} 150 \\ 50 \end{pmatrix}$; $\vec{x} = \begin{pmatrix} 400 \\ -150 \end{pmatrix}$ für $r = 4$.

b) Segler 1 legt $\begin{pmatrix} 100 \\ -50 \end{pmatrix}$ pro Minute zurück, braucht also 4,5 Minuten zum Anlegeplatz. Segler 2 legt pro zwei Minuten die Strecke $\begin{pmatrix} 150 \\ 50 \end{pmatrix}$ zurück und braucht dadurch 8 Minuten zum Anlegeplatz. Folglich erreicht Segler 1 den Anlegeplatz H als erster.

Seite 178 | Aufgabe 26

a) Flugbahn: g: $\vec{x} = \begin{pmatrix} 1{,}5 \\ 9 \\ 0{,}5 \end{pmatrix} + t \begin{pmatrix} -1 \\ 5 \\ 0{,}2 \end{pmatrix}$; t in Minuten. \qquad g_4: $\vec{x} = \begin{pmatrix} 1{,}5 \\ 9 \\ 0{,}5 \end{pmatrix} + 4 \cdot \begin{pmatrix} -1 \\ 5 \\ 0{,}2 \end{pmatrix} = \begin{pmatrix} -2{,}5 \\ 29 \\ 1{,}3 \end{pmatrix}$.

Da die x_3-Koordinate der Höhe entspricht, befindet sich das Flugzeug nach 4 Minuten auf 1300 m Höhe.

b) g_x: $\vec{x} = \begin{pmatrix} 1{,}5 \\ 9 \\ 0{,}5 \end{pmatrix} + t \begin{pmatrix} -1 \\ 5 \\ 0{,}2 \end{pmatrix}$; $\vec{x} = \begin{pmatrix} x_1 \\ x_2 \\ 2{,}5 \end{pmatrix}$ für $t = 10$. Nach 10 Minuten ist sich das Flugzeug auf 2500 m Höhe im Punkt $Q(-8{,}5|59|2{,}5)$.

c) g_y: $\vec{x} = \begin{pmatrix} 1{,}5 \\ 9 \\ 0{,}5 \end{pmatrix} + t \begin{pmatrix} -1 \\ 5 \\ 0{,}2 \end{pmatrix}$; $\vec{x} = \begin{pmatrix} -4{,}5 \\ 39 \\ x_3 \end{pmatrix}$ für $t = 6$. Es ergibt sich $x_3 = 1{,}7$. Flughöhe: 1700 m, also 1600 m über dem Anstoßpunkt.

Seite 178 | Aufgabe 27

a) Der Luftballon befindet sich im Punkt $B(280|600|5t)$. Das Flugzeug befindet sich im Punkt $F(0|-1350 + 40t|650)$.

Der Abstand ist also gegeben durch $\overrightarrow{FB}_t = \begin{pmatrix} 280-0 \\ 600-(-1350+40t) \\ 5t-650 \end{pmatrix} = \begin{pmatrix} 280 \\ 1950-40t \\ -650+5t \end{pmatrix}$

b) $d_{F;B} = |\overrightarrow{FB}_t| = \sqrt{280^2 + (1950 - 40t)^2 + (-650 + 5t)^2}$ ist minimal, wenn die Funktion f mit

$f(t) = 280^2 + (1950 - 40t)^2 + (-650 + 5t)^2$ minimal ist

$f'(t) = 0 + 2 \cdot (40t - 1950) \cdot 40 + 2 \cdot (5t - 650) \cdot 5 = 3250t - 162\,500$ \qquad $f'(t) = 0$ bei $t - 50$; $d_{FB}(50) = 490{,}8$

Hier wird der Sicherheitsabstand nicht mehr eingehalten und der Pilot muss reagieren.

c) $d_{FB}(t) = 500$ für $t = 47{,}63$. Nach 47,63 Sekunden wird der Sicherheitsabstand das erste Mal unterschritten.

Seite 179 | Aufgabe 28

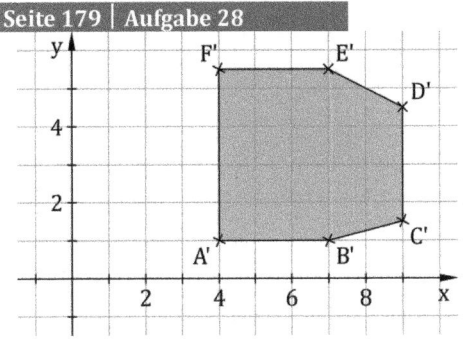

$A'(0|4|1)$, $B'(0|7|1)$, $C'(0|9|1{,}5)$, $E'(0|4|5{,}5)$, $F'(0|7|5{,}5)$, $G'(0|9|4{,}5)$

Die unsichtbaren Bildpunkte sind $D'(0|7|1{,}5)$, $H'(0|7|4{,}5)$

a) m beschreibt die Steigung der Geraden. b gibt den Schnittpunkt mit der y-Achse im Punkt (0|b) an.

b) $\vec{x} = \begin{pmatrix} 0 \\ -3 \end{pmatrix} + r \cdot \begin{pmatrix} 1 \\ 2 \end{pmatrix}$

c) h: $\vec{x} = \begin{pmatrix} 0 \\ 1 \end{pmatrix} + r \cdot \begin{pmatrix} 2 \\ -1 \end{pmatrix}$ j: $\vec{x} = \begin{pmatrix} 0 \\ 0 \end{pmatrix} + r \cdot \begin{pmatrix} 1 \\ -1 \end{pmatrix}$ k: $\vec{x} = \begin{pmatrix} 0 \\ 4 \end{pmatrix} + r \cdot \begin{pmatrix} 1 \\ 0 \end{pmatrix}$

Eine Geradengleichung ordnet jedem x_1-Wert einen festen x_2-Wert und einen festen x_3-Wert zu.
In der angegebenen Gleichung sind x_2 und x_3 dagegen voneinander unabhängig. Einem beliebigen x_3-Wert wird kein eindeutiger x_1- bzw. x_2-Wert zugeordnet.

a) $S_{12}(4|6|0)$, $S_{13}(-2|0|6)$, $S_{23}(0|2|4)$

b) S_{12} befindet sich in der x_1x_2-Ebene und liegt folglich auch auf h. Da an der x_1x_2-Ebene gespiegelt wird, ändert sich das

Vorzeichen der x_3-Koordinate des Richtungsvektors: h: $\vec{x} = \begin{pmatrix} 4 \\ 6 \\ 0 \end{pmatrix} + r \cdot \begin{pmatrix} 1 \\ 1 \\ 1 \end{pmatrix}$.

a) $L = \{(2 - 3t|5 + 2t|t)\}$

b) Beispiele: $(8|1|-2)$; $(5|3|-1)$; $(2|5|0)$; $(-1|7|1)$
Alle vier Punkte liegen auf einer Geraden.

c) g: $\vec{x} = \begin{pmatrix} 2 \\ 5 \\ 0 \end{pmatrix} + t \cdot \begin{pmatrix} -3 \\ 2 \\ 1 \end{pmatrix}$

d) $x = -1 + 6 \cdot r$; $y = 7 - 4 \cdot r$; $z = 1 - 2 \cdot r$
Setzt man dies in das lineare Gleichungssystem ein, erhält man nur wahre Werte. Die Punkte der Geraden h sind alle Lösung des Gleichungssystems.

e) Da $\vec{v_g} = -2 \cdot \vec{v_h}$ gilt, muss nur noch untersucht werden, ob die Geraden einen gemeinsamen Punkt haben.

$\begin{pmatrix} 2 \\ 5 \\ 0 \end{pmatrix} + t \cdot \begin{pmatrix} -3 \\ 2 \\ 1 \end{pmatrix} = \begin{pmatrix} -1 \\ 7 \\ 1 \end{pmatrix}$ gilt für $r = 1$, folglich sind die Geraden g und h gleich.

5.4 Lagebeziehungen zwischen Geraden

Zwei Geraden im Raum können sich schneiden, zueinander parallel sein, identisch oder windschief zueinander. Windschief bedeutet, dass sie nicht parallel sind, sich aber dennoch nicht schneiden. Dieser Fall kommt in der Ebene nicht vor.

a) $r = 10$; $s = -7$; $S(3|1|2)$ b) $r = -2$; $s = 1$; $S(-3|6|-2)$ c) $r = -1$; $s = 2$; $S(5|-1|2)$ d) $r = 1$; $s = 0$; $S(-2|6|0)$

Die Geraden g und h sind zueinander...

a) windschief; $\begin{pmatrix} 8 \\ -4 \\ 2 \end{pmatrix} = r \cdot \begin{pmatrix} -4 \\ 2 \\ 1 \end{pmatrix}$ für kein r erfüllt   b) echt parallel; $\begin{pmatrix} 8 \\ -4 \\ 2 \end{pmatrix} = -2 \cdot \begin{pmatrix} -4 \\ 2 \\ -1 \end{pmatrix}$

c) windschief; $\begin{pmatrix} 2 \\ -4 \\ 1 \end{pmatrix} = r \cdot \begin{pmatrix} -1 \\ -1 \\ 2 \end{pmatrix}$ für kein r erfüllt.

Samira hat mit ihrer Behauptung recht, dies ist ein gängiges Verfahren. Die Geraden sind zueinander...

a) echt parallel,   b) windschief,   c) echt parallel.

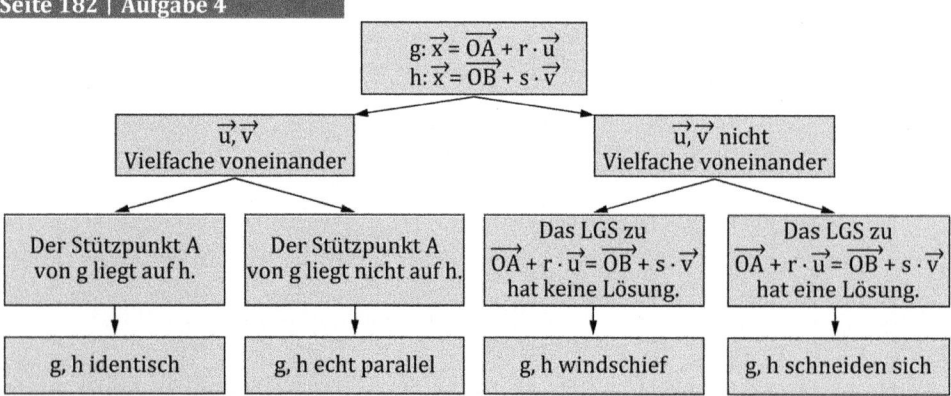

Die Geraden g und h sind zueinander...

a) sind zueinander parallel,   b) sind zueinander windschief,

c) sind identisch,   d) schneiden sich im Punkt $S(3|-2|4)$ bei $r = s = 0$,

e) schneiden sich im Punkt $P(9|0|0)$ bei $r = 1$, $s = 9$,   f) sind zueinander parallel.

Seite 183 | Aufgabe 6

Die beiden Geraden...

a) sind parallel oder windschief, b) sind identisch, c) schneiden sich,

d) sind parallel oder windschief, e) schneiden sich,

f) sind parallel, da im Koeffiziententeil zwei Nullzeilen entstehen, die Richtungsvektoren also kollinear sind.

Seite 183 | Aufgabe 7

a) LGS unerfüllbar, Richtungsvektoren sind kollinear: Die Geraden sind parallel.

b) Die Geraden schneiden sich in S(3,2|2|−4,2).

c) Das LGS hat unendlich viele Lösungen, die Geraden sind identisch.

d) Die Geraden schneiden sich in S(−7|0,4|−19,5).

Seite 183 | Aufgabe 8

a)

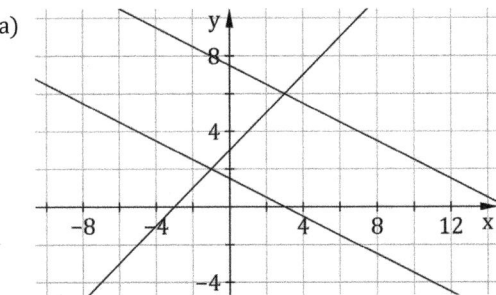

b) Das LGS hat die Lösung $r = -2$; $s = 5$; der Schnittpunkt ist $(3|6)$.

c) $\vec{v_k} = -2 \cdot \vec{v_g}$; Die Richtungsvektoren sind kollinear, also sind die Geraden parallel.

d) Wenn das LGS eindeutig lösbar ist, schneiden sich die Geraden in einem Punkt.
Wenn das LGS nicht lösbar ist, sind die Geraden parallel.
Wenn das LGS unendlich viele Lösungen hat, sind die Geraden identisch.
Windschiefe Geraden gibt es in der Ebene nicht.

Seite 183 | Aufgabe 9

a)

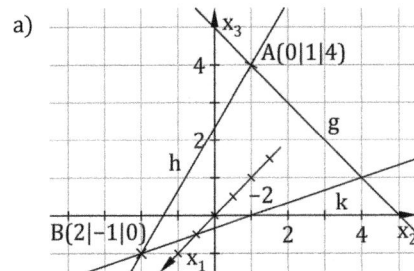

b) Nach der Skizze sieht es aus, als ob sich für $s = 2$ und $r = -1$ ein Schnittpunkt der Geraden g und h ergibt.

c) Einsetzen in die Geradengleichungen: $\begin{pmatrix}1\\3\\3\end{pmatrix} + (-1) \cdot \begin{pmatrix}1\\2\\-1\end{pmatrix} = \begin{pmatrix}0\\1\\4\end{pmatrix}$; $\begin{pmatrix}2\\-1\\0\end{pmatrix} + 2 \cdot \begin{pmatrix}-1\\1\\2\end{pmatrix} = \begin{pmatrix}0\\1\\4\end{pmatrix}$: Der Schnittpunkt ist $S(0|1|4)$.

d) Nach der Skizze vermutet man $r = 1$, $t = 3$: Setzt man dies ein, ergibt sich:

$$\begin{pmatrix}1\\3\\3\end{pmatrix} + \begin{pmatrix}1\\2\\-1\end{pmatrix} = \begin{pmatrix}2\\5\\2\end{pmatrix}; \begin{pmatrix}1\\0\\0\end{pmatrix} + 3 \cdot \begin{pmatrix}-1\\1\\0\end{pmatrix} = \begin{pmatrix}-2\\3\\0\end{pmatrix}$$

Die Geraden g und k schneiden sich nicht, sie sind windschief.

Seite 184 | Aufgabe 10

a) Lösung des LGS: $r = 2$; $s = \frac{2}{3}$. Die Geraden schneiden sich im Punkt $(3|1|4)$.

b) Das LGS hat keine Lösung und die Richtungsvektoren sind kollinear. Die Geraden sind parallel.

Seite 184 | Aufgabe 11

g_{AB}: $\vec{x} = \begin{pmatrix}5\\-1\\2\end{pmatrix} + r \cdot \begin{pmatrix}-4\\6\\4\end{pmatrix}$

g_{CD}: $\vec{x} = \begin{pmatrix}8\\7,5\\8\end{pmatrix} + s \cdot \begin{pmatrix}-5\\-7,5\\-5\end{pmatrix}$

g_{FE}: $\vec{x} = \begin{pmatrix}0\\-1,5\\3,5\end{pmatrix} + t \cdot \begin{pmatrix}3\\7,5\\-1,5\end{pmatrix}$

g_{HG}: $\vec{x} = \begin{pmatrix}-1\\-2\\6\end{pmatrix} + u \cdot \begin{pmatrix}10\\10\\-5\end{pmatrix}$

g_{AB} und g_{HC} scheiden sich bei $r = \frac{1}{2}$; $s = \frac{2}{5}$ im Punkt $S(3|2|4)$. Leitung $\overrightarrow{AB}$ kam mit der Leitung $\overrightarrow{HG}$ im Punkt $(3|2|4)$ in Kontakt.

Seite 184 | Aufgabe 12

a) h: $\vec{x} = \begin{pmatrix}-8\\3\\3\end{pmatrix} + r \cdot \begin{pmatrix}5\\0\\-2\end{pmatrix}$

b) h: $\vec{x} = \begin{pmatrix}x\\y\\z\end{pmatrix} + r \cdot \begin{pmatrix}5\\0\\-2\end{pmatrix}$ mit $\begin{pmatrix}x\\y\\z\end{pmatrix} \neq \begin{pmatrix}2\\3\\-1\end{pmatrix}$

c) Richtungsvektor darf nicht kollinear zum Richtungsvektor von g sein. Beispiel: h: $\vec{x} = \begin{pmatrix}2\\3\\-1\end{pmatrix} + r \cdot \begin{pmatrix}1\\1\\1\end{pmatrix}$

d) Das LGS hat keine Lösung und die Richtungsvektoren sind nicht kollinear. Beispiel: $\vec{x} = \begin{pmatrix}2\\4\\1\end{pmatrix} + r \cdot \begin{pmatrix}1\\0\\1\end{pmatrix}$

Seite 184 | Aufgabe 13

a) richtig; Da die Richtungsvektoren von g und h Vielfache voneinander sind, ist der Richtungsvektor von k weder ein Vielfaches von g, noch von h. Folglich können h und k nicht parallel zueinander sein.

b) falsch; Trotz den gegebenen Bedingungen können h und k windschief sein. Gegenbeispiel: Die x_1-Achse und $\vec{x} = \begin{pmatrix} 0 \\ 2 \\ 0 \end{pmatrix} + r \cdot \begin{pmatrix} 0 \\ 0 \\ 1 \end{pmatrix}$
schneiden beide die x_2-Achse und sind dennoch windschief zueinander.

c) falsch; Die Darstellung im dreidimensionalen Koordinatensystem kann den Betrachter auch täuschen. Folglich sollte die Vermutung stets mit einer Rechnung überprüft werden. Beispiel: Es sei $\vec{v} = \begin{pmatrix} 2 \\ 1 \\ 1 \end{pmatrix}$ und $\vec{u} \neq 0$ sei kein Vielfaches von $\vec{v}$. Dann scheinen $\vec{u}$ und $\vec{v} + \vec{u}$ im Koordinatensystem gleich, also kollinear, zu sein, sind es aber offensichtlich nicht.

Seite 184 | Aufgabe 14

a) Da die x_2- und die x_3-Koordinate von h gleich null sind, muss $r = -3$ gelten. Dann ist $s = 1{,}6$ und der Schnittpunkt $(0|0|0)$.

b) Man setzt für $r = 0$ und $s = -2$; Schnittpunkt $(0|0|0)$

Seite 184 | Aufgabe 15

Die x_1-Koordinate der Gerade g nimmt stets den Wert 3 an, die der Gerade h stets den Wert -2. Die beiden Geraden schneiden sich nicht. Da zudem die Richtungsvektoren nicht Vielfache voneinander sind, sind die beiden Geraden windschief zueinander.

Seite 185 | Aufgabe 16

a) Es wurde vergessen, die Gleichung der x_3-Koordinaten zu überprüfen. Es ist $-1 + 0 \cdot (-1) \neq 2 \cdot 9$. Also schneiden sich die Geraden nicht.

b) Beim Gleichsetzen der Geraden darf nicht derselbe Parameter gewählt werden.
$\begin{pmatrix} 2 \\ 6 \\ -1 \end{pmatrix} + r \cdot \begin{pmatrix} 5 \\ 0 \\ -2 \end{pmatrix} = \begin{pmatrix} -7 \\ 7 \\ 5 \end{pmatrix} + s \cdot \begin{pmatrix} 6 \\ 1 \\ 0 \end{pmatrix}$.
Das LGS hat die Lösung $r = -3$ und $s = -1$. Die Geraden schneiden sich in $S(-13|6|5)$.

Seite 185 | Aufgabe 17

Die Eckpunkte sind die Schnittpunkte von jeweils zwei Geraden. Paarweises Gleichsetzen ergibt:
$A(3|-3|2)$, $B(5|-2|-1)$, $C(2|1|-1)$
Die Seitenlängen sind die Beträge der Vektoren zwischen zwei Eckpunkten: $|\overrightarrow{AB}| = \sqrt{14}$, $|\overrightarrow{AC}| = \sqrt{26}$, $|\overrightarrow{BC}| = \sqrt{18}$

Seite 185 | Aufgabe 18

$g_{AB}: \vec{x} = \begin{pmatrix} 1 \\ -3 \\ 3 \end{pmatrix} + t \cdot \begin{pmatrix} -3 \\ 6 \\ -6 \end{pmatrix}$.

Wenn man g_{AB} mit h_1 schneidet, erhält man $r = -1$, $t = \frac{2}{3}$ und $H_1(-1|1|-1)$. Wegen $0 < t < 1$ liegt H_1 innerhalb der Strecke $\overline{AB}$.

Wenn man g_{AB} mit h_2 schneidet, erhält man $s = 3$, $t = \frac{4}{3}$ und $H_2(-3|5|-5)$. Wegen $t > 1$ liegt H_2 außerhalb der Strecke $\overline{AB}$.

Seite 185 | Aufgabe 19

a) $\overrightarrow{LP} = \begin{pmatrix} 6 \\ 6 \\ 4 \end{pmatrix}$; $\overrightarrow{LM} = \begin{pmatrix} 2 \\ 5 \\ 2 \end{pmatrix}$; $\overrightarrow{MN} = \begin{pmatrix} 3 \\ 3 \\ 2 \end{pmatrix}$; $\overrightarrow{NP} = \begin{pmatrix} -1 \\ 2 \\ 0 \end{pmatrix}$ $\qquad \overline{PL} \parallel \overline{MN}$ und $|\overline{LM}| \neq |\overline{NP}|$

Das Viereck hat ein Paar paralleler Seiten, ist also ein Trapez. Da $|\overrightarrow{PN}| \neq |\overline{LM}|$ sind die Schenkel nicht gleich lang.

b) Die Diagonalengeraden sind $g_{MP}: \vec{x} = \begin{pmatrix} -2 \\ 5 \\ 1 \end{pmatrix} + r \cdot \begin{pmatrix} 4 \\ 1 \\ 2 \end{pmatrix}$ und $g_{LN}: \vec{x} = \begin{pmatrix} -4 \\ 0 \\ -1 \end{pmatrix} + r \cdot \begin{pmatrix} 5 \\ 8 \\ 4 \end{pmatrix}$. Der Schnittpunkt ist $P\left(-\frac{2}{3}|5\frac{1}{3}|1\frac{1}{3}\right)$.

c) Die nicht parallelen Seiten sind auf den Geraden $g_{LM}: \vec{x} = \begin{pmatrix} -4 \\ 0 \\ -1 \end{pmatrix} + r \cdot \begin{pmatrix} 2 \\ 5 \\ 2 \end{pmatrix}$ und $g_{NP}: \vec{x} = \begin{pmatrix} 1 \\ 8 \\ 3 \end{pmatrix} + r \cdot \begin{pmatrix} 1 \\ -2 \\ 0 \end{pmatrix}$. Schnittpunkt der beiden Geraden ist $Q(0|10|3)$.

Seite 185 | Aufgabe 20

a) $s_A: \vec{x} = r \cdot \begin{pmatrix} 7 \\ 0 \end{pmatrix}$; $s_B: \vec{x} = \begin{pmatrix} 8 \\ -2 \end{pmatrix} + r \cdot \begin{pmatrix} -5 \\ 3 \end{pmatrix}$; $s_C: \vec{x} = \begin{pmatrix} 6 \\ 2 \end{pmatrix} + r \cdot \begin{pmatrix} -2 \\ -3 \end{pmatrix}$
Die drei Seitenhalbierenden schneiden sich im Punkt $P\left(\frac{14}{3}|0\right)$.

b) Das Verhältnis der Teilstrecken zueinander beträgt 1:2.

c) $s_A: \vec{x} = \begin{pmatrix} 3 \\ -1 \\ -2 \end{pmatrix} + r \cdot \begin{pmatrix} -3 \\ 6 \\ 3 \end{pmatrix}$; $s_B: \vec{x} = \begin{pmatrix} 3 \\ 5 \\ 0 \end{pmatrix} + r \cdot \begin{pmatrix} -3 \\ -3 \\ 0 \end{pmatrix}$; $s_C: \vec{x} = \begin{pmatrix} -3 \\ 5 \\ 2 \end{pmatrix} + r \cdot \begin{pmatrix} 6 \\ -2 \\ -3 \end{pmatrix}$.
Die drei Seitenhalbierenden schneiden sich im Punkt $P(1|3|0)$. Das Verhältnis der Teilstrecken zueinander beträgt 1:2.

Seite 186 | Aufgabe 21

a) Geraden $g_a: \vec{x} = \begin{pmatrix} 2 \\ 0 \\ -2 \end{pmatrix} + r \cdot \begin{pmatrix} -1 \\ 3 \\ -2 \end{pmatrix}$, $g_b: \vec{x} = \begin{pmatrix} 2 \\ 2 \\ -2 \end{pmatrix} + r \cdot \begin{pmatrix} -1 \\ -1 \\ -2 \end{pmatrix}$ und $g_c: \vec{x} = \begin{pmatrix} -1 \\ 1 \\ -2 \end{pmatrix} + r \cdot \begin{pmatrix} 5 \\ 1 \\ -2 \end{pmatrix}$ schneiden sich im Punkt $S(1{,}5|1{,}5|-3)$.

b) $\frac{1}{4}(\overrightarrow{OA} + \overrightarrow{OB} + \overrightarrow{OC}) = \frac{1}{4}\left(\begin{pmatrix} 4 \\ 0 \\ -4 \end{pmatrix} + \begin{pmatrix} 4 \\ 4 \\ -4 \end{pmatrix} + \begin{pmatrix} -2 \\ 2 \\ -4 \end{pmatrix}\right) = \frac{1}{4}\left(\begin{pmatrix} 6 \\ 6 \\ -12 \end{pmatrix}\right) = \begin{pmatrix} 1{,}5 \\ 1{,}5 \\ -3 \end{pmatrix} = \overrightarrow{OS}$

Seite 186 | Aufgabe 22

a) Der hintere linke Punkt der Grundfläche wird in den Ursprung des Koordinatensystems gelegt.
linke vordere Kante: $g_v: \vec{x} = \begin{pmatrix} 10 \\ 0 \\ 0 \end{pmatrix} + r \cdot \begin{pmatrix} -2 \\ 2 \\ 3 \end{pmatrix}$. $\qquad$ linke hintere Kante: $g_h: \vec{x} = \begin{pmatrix} 10 \\ 10 \\ 0 \end{pmatrix} + r \cdot \begin{pmatrix} -2 \\ -2 \\ 3 \end{pmatrix}$.
Der Schnittpunkt dieser Geraden und damit aus Symmetriegründen die Spitze der Pyramide ist $S(5|5|7{,}5)$.

b) $V = \frac{1}{3} \cdot G \cdot h = \frac{1}{3} \cdot (10\text{ m})^2 \cdot 7{,}5\text{ m} = 250\text{ m}^3$ $\qquad$ c) $V_{\text{Stumpf}} = 250\text{ m}^3 - \frac{1}{3} \cdot (6\text{ m})^2 \cdot 4{,}5\text{ m} = 196\text{ m}^3$

Seite 186 | Aufgabe 23

a) ① $g_{AC}: \vec{x} = \begin{pmatrix} 4 \\ -2 \\ 0 \end{pmatrix} + r \cdot \begin{pmatrix} -4 \\ 5 \\ -2 \end{pmatrix}$; $g_{BD}: \vec{x} = \begin{pmatrix} 4 \\ 4 \\ -1 \end{pmatrix} + s \cdot \begin{pmatrix} -8 \\ -4 \\ -1 \end{pmatrix}$

Beide Geraden sind windschief zueinander, das Viereck ist deswegen nicht eben.

② $g_{AC}: \vec{x} = \begin{pmatrix} 3 \\ 0 \\ 0 \end{pmatrix} + r \cdot \begin{pmatrix} -2 \\ 5 \\ -1 \end{pmatrix}$; $g_{BD}: \vec{x} = \begin{pmatrix} 5 \\ 4 \\ -1 \end{pmatrix} + s \cdot \begin{pmatrix} -7 \\ -3 \\ 1 \end{pmatrix}$

Beide Geraden sind windschief zueinander, das Viereck ist deswegen nicht eben.

b) Individuelle Lösungen

c) Eine Möglichkeit ist es, das Dreieck ABD zum Parallelogramm zu ergänzen:

$\overrightarrow{OC} = \overrightarrow{OB} + \overrightarrow{AD} = \begin{pmatrix} 6 \\ 4 \\ 0 \end{pmatrix} + \begin{pmatrix} -3 \\ 7 \\ -1 \end{pmatrix} = \begin{pmatrix} 3 \\ 11 \\ -1 \end{pmatrix}$. Folglich ist C(3|11|-1) ein möglicher Punkt.

d) Jeder beliebige Punkt, für den gilt, dass die Geraden $\overline{AC}$ und $\overline{BD}$ windschief sind, ist geeignet.

Beispielsweise kann man nur eine Koordinate des in c) gefundenen Punktes verändern: C'(3|4|-1).

Seite 186 | Aufgabe 24

a) $\overrightarrow{AD} = \begin{pmatrix} -4 \\ 12 \\ -2 \end{pmatrix}$; $\overrightarrow{BC} = \begin{pmatrix} -1 \\ 3 \\ -0,5 \end{pmatrix}$; $\overrightarrow{AB} = \begin{pmatrix} 30 \\ 54 \\ -3 \end{pmatrix}$; $\overrightarrow{DC} = \begin{pmatrix} 33 \\ 45 \\ -1,5 \end{pmatrix}$

Es gilt: $\overrightarrow{AD} \parallel \overrightarrow{BC}$ und $\overrightarrow{AB}$ nicht parallel zu $\overline{CD}$. Folglich handelt es sich um ein Trapez.

$|\overrightarrow{AB}| = |\begin{pmatrix} 30 \\ 54 \\ -3 \end{pmatrix}| = \sqrt{30^2 + 54^2 + 3^2} = \sqrt{3825}$ und $|\overrightarrow{CD}| = |\begin{pmatrix} -33 \\ -45 \\ 1,5 \end{pmatrix}| = \sqrt{33^2 + 45^2 + 1,5^2} = \sqrt{3116,25}$

Das Trapez ist nicht gleichschenklig.

b) $g_{AB}: \vec{x} = \begin{pmatrix} -10 \\ -22 \\ 26 \end{pmatrix} + r \cdot \begin{pmatrix} 30 \\ 54 \\ -3 \end{pmatrix}$ und $g_{CD}: \vec{x} = \begin{pmatrix} 19 \\ 35 \\ 22,5 \end{pmatrix} + r \cdot \begin{pmatrix} -33 \\ -45 \\ 1,5 \end{pmatrix}$ g_{AB} schneidet g_{CD} im Punkt S(30|50|22).

Die Stange muss 2,2 m hoch sein und im Punkt (30|50) der x_1x_2-Ebene aufgestellt werden.

Seite 187 | Aufgabe 25

a) Für k = 4 schneiden sich die Geraden im Punkt S(-11|1|9).

b) Für k = -2 schneiden sich die Geraden im Punkt S(17|28|9).

Seite 187 | Aufgabe 26

a) t = 1 (10 Sekunden): $F_1(10,95|-1,92|0,69)$, $F_2(0,42|8,52|1,38)$, $d_{F1;F2} = 14,8$ km

t = 5 (50 Sekunden): $F_1(9,15|-0,48|0,81)$, $F_2(1,7|6,6|1,3)$, $d_{F1;F2} = 10,3$ km

t = 14 (140 Sekunden): $F_1(5,1|2,76|1,08)$, $F_2(4,58|2,28|1,12)$, $d_{F1;F2} = 0,7$ km

Nach 140 Sekunden beträgt der Abstand also nur noch 700 m, was sicher zu wenig ist.

b) Die Geraden schneiden sich: Für $t_1 = 18$ und $t_2 = 10$ erhält man jeweils S(3,3|4,2|1,2).

Die Flugzeuge erreichen S mit 80 Sekunden Zeitunterschied.

c) Es kommt zu keiner Kollision, da Flugzeug 1 den Punkt P nach 180 s und Flugzeug 2 den Punkt nach 100 s erreicht.

Seite 187 | Aufgabe 27

a) Gerade auf der sich das Schmugglerboot bewegt $g_S: \vec{x} = \begin{pmatrix} 2 \\ 7 \end{pmatrix} + t \cdot \begin{pmatrix} 2,5 \\ -1 \end{pmatrix}$.

Gerade auf welcher sich das Boot der Küstenwache befindet $g_K: \vec{x} = \begin{pmatrix} 1,5 \\ 0 \end{pmatrix} + t \cdot \begin{pmatrix} 2 \\ 1 \end{pmatrix}$.

Die Geraden schneiden sich im Punkt P(9,5|4).

b) Abstand der Boote: $d_{S;K} = |\begin{pmatrix} 2 \\ 7 \end{pmatrix} + t \cdot \begin{pmatrix} 2,5 \\ -1 \end{pmatrix} - (\begin{pmatrix} 1,5 \\ 0 \end{pmatrix} + t \cdot \begin{pmatrix} 2 \\ 1 \end{pmatrix})| = |\begin{pmatrix} 0,5+0,5t \\ 7-2t \end{pmatrix}| = \sqrt{4,25t^2 - 27,5t + 49,25}$

Der Abstand wird minimal, wenn der Radikand minimal ist:

$r(t) = 4,25t^2 - 27,5t + 49,25$; $r'(t) = 8,5 t - 27,5$; $r'(t) = 0$ für $t = \frac{55}{17}$

$d\left(\frac{55}{17}\right) = \frac{9}{\sqrt{17}} \approx 2,2 > 1$

Die Küstenwache wird das Schmugglerboot nicht sehen können.

Seite 187 | Aufgabe 28

a) $M_C(0,5|0)$, $M_b(0|0,5)$

$g_C: \vec{x} = \begin{pmatrix} 0,5 \\ 0 \end{pmatrix} + t \cdot \begin{pmatrix} -0,5 \\ 1 \end{pmatrix}$, $g_B: \vec{x} = \begin{pmatrix} 0 \\ 0,5 \end{pmatrix} + s \cdot \begin{pmatrix} 1 \\ -0,5 \end{pmatrix}$. Die Gerade g_C schneidet g_B im Punkt $P\left(\frac{1}{3} | \frac{1}{3}\right)$.

b) $M_C(2,5|1)$, $M_b(2|1,5)$

$g_C: \vec{x} = \begin{pmatrix} 2,5 \\ 1 \end{pmatrix} + t \cdot \begin{pmatrix} 0,5 \\ 1 \end{pmatrix}$, $g_B: \vec{x} = \begin{pmatrix} 2 \\ 1,5 \end{pmatrix} + t \cdot \begin{pmatrix} 2 \\ -0,5 \end{pmatrix}$. Die Geraden schneiden sich im Punkt $P\left(2\frac{1}{3} | 1\frac{1}{3}\right)$.

5.5 Parametergleichung einer Ebene

Seite 188 | Einstieg

$\vec{x} = \begin{pmatrix} -1 \\ 0,5 \\ 1 \end{pmatrix} + r \cdot \begin{pmatrix} 0 \\ 2 \\ 1 \end{pmatrix} + s \cdot \begin{pmatrix} 1 \\ 2,5 \\ 0 \end{pmatrix}$

Mithilfe von g und h lassen sich alle Punkte auf der Ebene angeben, in der die beiden Geraden liegen.

Seite 189 | Aufgabe 1

a) A(-7|11|-3) b) B(1|13|5) c) C(7|12|11) d) D(-1|5|3)

e) E(-5|4|-1) f) F(-9|3|-5) g) G(-2|11|2) h) H(3|3,5|7)

Seite 189 | Aufgabe 2

a) Die Punkte A, B und C spannen eine Ebene auf. $E: \vec{x} = \begin{pmatrix} 2 \\ -4 \\ 1 \end{pmatrix} + r \cdot \begin{pmatrix} -1 \\ 11 \\ -4 \end{pmatrix} + s \cdot \begin{pmatrix} -6 \\ 6 \\ 0 \end{pmatrix}$

b) Die Punkte A, B und C spannen eine Ebene auf. $E: \vec{x} = \begin{pmatrix} 4 \\ 0 \\ 0 \end{pmatrix} + r \cdot \begin{pmatrix} -4 \\ 5 \\ 0 \end{pmatrix} + s \cdot \begin{pmatrix} -4 \\ 0 \\ 6 \end{pmatrix}$

c) Die Punkte A, B und C spannen eine Ebene auf. $E: \vec{x} = \begin{pmatrix} 4 \\ 6 \\ 8 \end{pmatrix} + r \cdot \begin{pmatrix} -7 \\ 0 \\ -8 \end{pmatrix} + s \cdot \begin{pmatrix} -5 \\ -4 \\ -8 \end{pmatrix}$

d) Die Vektoren $\overrightarrow{AB}$ und $\overrightarrow{AC}$ sind kollinear. Die Punkte A, B und C spannen keine Ebene auf.

Seite 189 | Aufgabe 3

Sind $\vec{u}$ und $\vec{v}$ kollinear, so wird durch die Parametergleichung eine Gerade beschrieben.

Anschauliche Begründung: Da $\vec{u}$ und $\vec{v}$ in die gleiche Richtung zeigen, erreicht man auch nur Punkte, die von A aus in dieser Richtung liegen, also nur die Punkte einer Geraden.

Rechnerische Begründung: Alle Punkte, die man durch $\vec{x} = \overrightarrow{OA} + r\vec{u} + s\vec{v}$ darstellen kann, lassen sich auch durch $\vec{x} = \overrightarrow{OA} + k\vec{u}$ darstellen. Wegen Kollinearität ist $\vec{v} = t\vec{u}$, also $\overrightarrow{OA} + r\vec{u} + s \cdot (t\vec{u}) = \overrightarrow{OA} + (r + st)\vec{u} = \overrightarrow{OA} + k\vec{u}$, das ist eine Geradengleichung.

Seite 189 | Aufgabe 4

a) $E: \vec{x} = \begin{pmatrix} 1 \\ -3 \\ -4 \end{pmatrix} + r \cdot \begin{pmatrix} 0,5 \\ -1 \\ 0,25 \end{pmatrix} + s \cdot \begin{pmatrix} \frac{2}{3} \\ \frac{2}{3} \\ \frac{1}{3} \\ -2 \end{pmatrix}$

b) $E: \vec{x} = \begin{pmatrix} -3 \\ 0 \\ 1 \end{pmatrix} + r \cdot \begin{pmatrix} 2 \\ -4 \\ 1 \end{pmatrix} + s \cdot \begin{pmatrix} 2 \\ 1 \\ -6 \end{pmatrix}$

c) Beispielsweise: $E: \vec{x} = \begin{pmatrix} -3 \\ 0 \\ 1 \end{pmatrix} + r \cdot \begin{pmatrix} 0,5 \\ -1 \\ 0,25 \end{pmatrix} + s \cdot \begin{pmatrix} 2 \\ 6 \\ -13 \end{pmatrix}$

d) Beispielsweise: $E: \vec{x} = \begin{pmatrix} -5 \\ 4 \\ 0 \end{pmatrix} + r \cdot \begin{pmatrix} 2 \\ -4 \\ 1 \end{pmatrix} + s \cdot \begin{pmatrix} 4 \\ -3 \\ -5 \end{pmatrix}$

Seite 190 | Aufgabe 5

a) $\begin{pmatrix} -4 \\ 6 \\ 7 \end{pmatrix} = \begin{pmatrix} -2 \\ 5 \\ 1 \end{pmatrix} + r \cdot \begin{pmatrix} -2 \\ 0 \\ 3 \end{pmatrix} + s \cdot \begin{pmatrix} 1 \\ 1 \\ 0 \end{pmatrix}$: LGS nicht lösbar, der Punkt P liegt nicht in der Ebene E.

$\begin{pmatrix} -4 \\ 1 \\ -2 \end{pmatrix} = \begin{pmatrix} -2 \\ 5 \\ 1 \end{pmatrix} + r \cdot \begin{pmatrix} -2 \\ 0 \\ 3 \end{pmatrix} + s \cdot \begin{pmatrix} 1 \\ 1 \\ 0 \end{pmatrix}$: Gilt für $r = -1$ und $s = -4$, der Punkt Q liegt in der Ebene E.

b) $\begin{pmatrix} 1 \\ 0 \\ -8 \end{pmatrix} = \begin{pmatrix} 1 \\ 7 \\ -9 \end{pmatrix} + r \cdot \begin{pmatrix} 4 \\ 2 \\ 6 \end{pmatrix} + s \cdot \begin{pmatrix} -1 \\ 3 \\ -2 \end{pmatrix}$: Gilt für $s = -2$ und $r = -0,5$, der Punkt P liegt in der Ebene E.

$\begin{pmatrix} 6 \\ 10 \\ -1 \end{pmatrix} = \begin{pmatrix} 1 \\ 7 \\ -9 \end{pmatrix} + r \cdot \begin{pmatrix} 4 \\ 2 \\ 6 \end{pmatrix} + s \cdot \begin{pmatrix} -1 \\ 3 \\ -2 \end{pmatrix}$: LGS nicht lösbar, der Punkt Q liegt nicht in der Ebene E.

c) $\begin{pmatrix} 13 \\ 5 \\ -10 \end{pmatrix} = \begin{pmatrix} 2 \\ 1 \\ 3 \end{pmatrix} + r \cdot \begin{pmatrix} -7 \\ -1 \\ 3 \end{pmatrix} + s \cdot \begin{pmatrix} -3 \\ 2 \\ -7 \end{pmatrix}$: Gilt für $r = -2$ und $s = 1$: der Punkt P liegt in der Ebene E.

Seite 190 | Aufgabe 6

$E: \vec{x} = \begin{pmatrix} 1 \\ -1 \\ 3 \end{pmatrix} + r \cdot \begin{pmatrix} -3 \\ 1,5 \\ -3 \end{pmatrix} + s \cdot \begin{pmatrix} -6 \\ 2 \\ -2 \end{pmatrix}$

a) $E_4(-5|1|1)$, $D_3(4|-2,5|6)$, $C_5(4|-1,5|2)$, $B_5(10|-3,5|4)$, $B_6(7|-2|1)$

b) $M(8,5|-3,25|4,5)$

c) Die Punkte P und Q liegen in E, an einer Ecke des Parallelogrammgitters.
   Die Punkte R und T liegen in der Ebene E, innerhalb eines Parallelogrammgitters.
   Der Punkt S liegt nicht in der Ebene E.

Seite 190 | Aufgabe 7

a) $E: \vec{x} = \begin{pmatrix} 8 \\ 7 \\ 11 \end{pmatrix} + r \cdot \begin{pmatrix} -2 \\ 1 \\ 0 \end{pmatrix} + s \cdot \begin{pmatrix} -2 \\ -4 \\ 2 \end{pmatrix}$

b) $R(2|5|13)$, $S(12|-5|15)$, $T_1(4|6,5|12)$, $T_2(14|-3,5|14)$

c) K liegt auf der Ebene E und in der Fläche ABCD, also dem Dachrechteck.
   L liegt auf der Ebene E, allerdings nicht in dem Dachrechteck ABCD, da $s = 4$.

d) Es muss gelten: $-6 \leq r \leq 3$ und $-1 \leq s \leq 2$

Seite 190 | Aufgabe 8

a) $E: \vec{x} = r \begin{pmatrix} 1 \\ 0 \\ 0 \end{pmatrix} + s \begin{pmatrix} 0 \\ 0 \\ 1 \end{pmatrix}$

b) $E: \vec{x} = \begin{pmatrix} 2 \\ -3 \\ 5 \end{pmatrix} + r \begin{pmatrix} 1 \\ 0 \\ 0 \end{pmatrix} + s \begin{pmatrix} 0 \\ 0 \\ 1 \end{pmatrix}$

c) $E: \vec{x} = \begin{pmatrix} 1 \\ -1 \\ 4 \end{pmatrix} + r \begin{pmatrix} 3 \\ -1 \\ -5 \end{pmatrix} + s \begin{pmatrix} 6 \\ -8 \\ 1 \end{pmatrix}$

d) $E: \vec{x} = \begin{pmatrix} -5 \\ 4 \\ -1 \end{pmatrix} + r \begin{pmatrix} 1 \\ 1 \\ 0 \end{pmatrix} + s \begin{pmatrix} -3 \\ 0 \\ 5 \end{pmatrix}$

Seite 191 | Aufgabe 9

a) Die Ebene E liegt parallel zur x_1x_2-Ebene und enthält nicht den Koordinatenursprung.

b) Die Ebene E enthält den Koordinatenursprung (für $r = s = 0$) und liegt zu keiner Koordinatenebene oder -achse parallel.

c) Die Ebene E liegt parallel zur x_2x_3-Achse und enthält den Punkt $P(5|0|0)$.

d) Die Ebene E liegt parallel zur x_2-Achse, aber nicht parallel zu den Koordinatenebenen und enthält nicht den Ursprung.

Seite 191 | Aufgabe 10

a) $E: \vec{x} = \begin{pmatrix} 6 \\ 0 \\ 0 \end{pmatrix} + r \cdot \begin{pmatrix} -2 \\ 0 \\ 1 \end{pmatrix} + s \cdot \begin{pmatrix} -6 \\ 5 \\ 0 \end{pmatrix} = \begin{pmatrix} 4 \\ 0 \\ 1 \end{pmatrix}$ für $r = 1$ und $s = 0$

b) Da der Punkt $A(4|0|1)$ in der Ebene liegt und einer der Richtungsvektoren $\begin{pmatrix} -2 \\ 0 \\ 1 \end{pmatrix}$ ist, liegt die Gerade h in der Ebene E.

c) Beispiellösung: $g_1: \vec{x} = \begin{pmatrix} 4 \\ 0 \\ 1 \end{pmatrix} + k \cdot \begin{pmatrix} -6 \\ 5 \\ 0 \end{pmatrix}$

Seite 191 | Aufgabe 11

a) $r = 0, s = 0$

b) B: $r = 1, s = 0$; C: $r = 0, s = 1$

c) $0 \leq r \leq 1, s = 0$

d) $r = 0; 0 \leq s \leq 1$

e) $r = 1, s = 1$

f) $r = 1; 0 \leq s \leq 1$

g) $0 \leq r \leq 1, s = 1$

h) $r = \frac{1}{2}, s = \frac{1}{2}$

i) $0 \leq r, s \leq 1$

Seite 191 | Aufgabe 12

a) Lara hat beide Richtungsvektoren und den Ortsvektor $\overrightarrow{OA}$ verkürzt. Den Ortsvektor darf man jedoch keinesfalls kürzen, da dies eine Parallelverschiebung der Ebene zur Folge hat. Das Verkürzen der Richtungsvektoren ist dagegen in Ordnung.

E wird also auch durch die folgende Gleichung beschrieben: E: $\vec{x} = \begin{pmatrix} 16 \\ -4 \\ 0 \end{pmatrix} + r \cdot \begin{pmatrix} 4 \\ 2 \\ -1 \end{pmatrix} + s \cdot \begin{pmatrix} 3 \\ 2 \\ 3 \end{pmatrix}$.

b) Dennis Aussage ist falsch, da er die Richtungsvektoren gekürzt hat. In seiner Ebenengleichung stehen nicht mehr die Vektoren $\vec{u}$ und $\vec{v}$, sondern $\frac{1}{14}\vec{u}$ und $\frac{1}{9}\vec{v}$. Es gilt also

$\overrightarrow{OP} = \overrightarrow{OA} + 2 \cdot \frac{1}{14}\vec{u} + 3 \cdot \frac{1}{9}\vec{v} = \overrightarrow{OA} + \frac{1}{7}\vec{u} + \frac{1}{3}\vec{v}$ Wegen $0 \leq \frac{1}{7}; \frac{1}{3} \leq 1$ liegt P im Parallelogramm.

Seite 191 | Aufgabe 13

Gleichung der Ebene, in der das Parallelogramm liegt: $\vec{x} = \begin{pmatrix} -1 \\ -2 \\ 1 \end{pmatrix} + r \cdot \begin{pmatrix} 3 \\ 4,5 \\ 3 \end{pmatrix} + s \cdot \begin{pmatrix} 2 \\ 2 \\ 1 \end{pmatrix}$

Für A erhält man $r = 2, s = -1$. A liegt zwar in der Ebene, aber wegen $s < 0$ und $r > 1$ nicht in dem Parallelogramm.

Für B erhält man $r = \frac{1}{3}; s = \frac{1}{2}$. B liegt in der Ebene und im Parallelogramm.

Für C ist das LGS nicht lösbar. C liegt nicht in der Ebene und damit auch nicht im Parallelogramm,

Seite 191 | Aufgabe 14

Eine Ebene lässt sich festlegen durch

- eine Gerade und einen Punkt, der nicht auf dieser Gerade liegt,
- zwei parallel Geraden,
- zwei sich schneidenden Geraden.

Seite 192 | Aufgabe 15

a) P liegt auf g (für $r = -0,4$), daher ist mit diesen Angaben keine eindeutige Ebene definiert.

b) $P \notin g$, damit ist also die folgende Ebene definiert: E: $\vec{x} = \begin{pmatrix} 1 \\ 0 \\ -5 \end{pmatrix} + r \cdot \begin{pmatrix} 3 \\ -2 \\ 4 \end{pmatrix} + s \cdot \begin{pmatrix} 6 \\ -4 \\ 4 \end{pmatrix}$

Seite 192 | Aufgabe 16

a) E: $\vec{x} = \begin{pmatrix} 11 \\ -13 \\ -9 \end{pmatrix} + r \cdot \begin{pmatrix} -2 \\ 5 \\ 1 \end{pmatrix} + s \cdot \begin{pmatrix} -4 \\ -1 \\ 3 \end{pmatrix}$

b) Die Geraden sind windschief, es ist keine Ebene definiert.

c) Die Geraden sind zwar parallel, sodass mit ihnen keine Ebene definiert werden kann. Man kann als zweiten Richtungsvektor aber dien Verbindungsvektor der beiden Stützpunkte nehmen:

E: $\vec{x} = \begin{pmatrix} 2 \\ -1 \\ 0 \end{pmatrix} + r \cdot \begin{pmatrix} -2 \\ 0 \\ 1 \end{pmatrix} + s \cdot \begin{pmatrix} -1 \\ 1 \\ 4 \end{pmatrix}$

d) Die Geraden sind identisch, es ist keine eindeutige Ebene definiert. Es gibt unendlich viele Ebenen, in denen die Gerade liegt.

Seite 192 | Aufgabe 17

Vorgehensweise: Aufstellen einer Ebenengleichung mit drei der gegebenen Punkte, überprüfen, ob der vierte Punkt in dieser Ebene liegt.

a) $\vec{x} = \begin{pmatrix} 5 \\ -7 \\ 9 \end{pmatrix} + r \cdot \begin{pmatrix} -2 \\ 0 \\ 1 \end{pmatrix} + s \cdot \begin{pmatrix} 1 \\ 3 \\ 4 \end{pmatrix}$; $\begin{pmatrix} 4 \\ -4 \\ 14 \end{pmatrix}$ liegt in dieser Ebene bei $r = 1; s = 1$. Die vier Punkte liegen in einer Ebene,

b) $\vec{x} = \begin{pmatrix} 3 \\ -1 \\ 0 \end{pmatrix} + r \cdot \begin{pmatrix} 1 \\ 0 \\ 1 \end{pmatrix} + s \cdot \begin{pmatrix} 2 \\ 1 \\ 0 \end{pmatrix}$; $\begin{pmatrix} 7 \\ 1 \\ 3 \end{pmatrix}$ liegt nicht in dieser Ebene (LGS nicht lösbar). Die vier Punkte liegen nicht in einer Ebene,

Seite 192 | Aufgabe 18

Seitenflächen:

$E_1: \vec{x} = \begin{pmatrix} 3 \\ 0 \\ 0 \end{pmatrix} + r \cdot \begin{pmatrix} 0 \\ 6 \\ 0 \end{pmatrix} + s \cdot \begin{pmatrix} 0 \\ 0 \\ 2 \end{pmatrix}$

$E_2: \vec{x} = \begin{pmatrix} 0 \\ 0 \\ 2 \end{pmatrix} + r \cdot \begin{pmatrix} 3 \\ 0 \\ 0 \end{pmatrix} + s \cdot \begin{pmatrix} 0 \\ 6 \\ 0 \end{pmatrix}$

$E_3: \vec{x} = \begin{pmatrix} 0 \\ 6 \\ 0 \end{pmatrix} + r \cdot \begin{pmatrix} 3 \\ 0 \\ 0 \end{pmatrix} + s \cdot \begin{pmatrix} 0 \\ 0 \\ 2 \end{pmatrix}$

Diagonalflächen:

$E_1\vec{x} = \begin{pmatrix} 3 \\ 6 \\ 2 \end{pmatrix} + r \cdot \begin{pmatrix} 0 \\ -6 \\ -2 \end{pmatrix} + s \cdot \begin{pmatrix} -3 \\ 0 \\ 0 \end{pmatrix}$

$E_2: \vec{x} = \begin{pmatrix} 3 \\ 6 \\ 2 \end{pmatrix} + r \cdot \begin{pmatrix} -3 \\ -6 \\ 0 \end{pmatrix} + s \cdot \begin{pmatrix} 0 \\ 0 \\ -2 \end{pmatrix}$

$E_3: \vec{x} = \begin{pmatrix} 3 \\ 6 \\ 2 \end{pmatrix} + r \cdot \begin{pmatrix} -3 \\ 0 \\ -2 \end{pmatrix} + s \cdot \begin{pmatrix} 0 \\ -6 \\ 0 \end{pmatrix}$

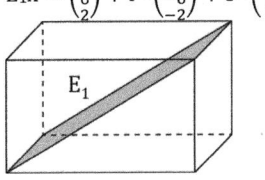

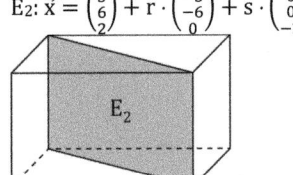

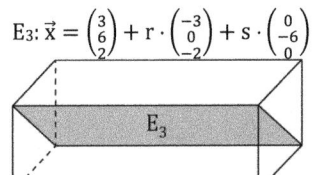

Seite 192 | Aufgabe 19

Punkt B liegt bei $(15|10|x_3)$ Dachebene des Carports E: $\vec{x} = \begin{pmatrix} 0 \\ 0 \\ 7,5 \end{pmatrix} + r \cdot \begin{pmatrix} 15 \\ 0 \\ -1,5 \end{pmatrix} + s \cdot \begin{pmatrix} 0 \\ 10 \\ -1,5 \end{pmatrix}$

$\begin{pmatrix} 0 \\ 0 \\ 7,5 \end{pmatrix} + r \cdot \begin{pmatrix} 15 \\ 0 \\ -1,5 \end{pmatrix} + s \cdot \begin{pmatrix} 0 \\ 10 \\ -1,5 \end{pmatrix} = \begin{pmatrix} 15 \\ 10 \\ x_3 \end{pmatrix}$ ist erfüllt für $r = 1; s = 1$ und $x_3 = 4,5$ Die Stütze unter dem Punkt B muss 4,5 Meter hoch sein.

Seite 192 | Aufgabe 20

a) Im Viereck ABCD gilt: $\overrightarrow{AB} = \overrightarrow{DC} = \begin{pmatrix} -3 \\ 6 \\ 0 \end{pmatrix}$ und $\overrightarrow{AD} = \overrightarrow{BC} = \begin{pmatrix} -3 \\ 3 \\ 1 \end{pmatrix}$, also ist ABCD ein Parallelogramm.

Im Viereck ABEF gilt: $\overrightarrow{AB} = \overrightarrow{EF} = \begin{pmatrix} -3 \\ 6 \\ 0 \end{pmatrix}$ und $\overrightarrow{AF} = \overrightarrow{BE} = \begin{pmatrix} -1 \\ 1 \\ 5 \end{pmatrix}$, also ist ABEF ein Parallelogramm.

Im Viereck DCEF gilt: $\overrightarrow{DC} = \overrightarrow{FE} = \begin{pmatrix} -3 \\ 6 \\ 0 \end{pmatrix}$ und $\overrightarrow{DF} = \overrightarrow{CE} = \begin{pmatrix} 2 \\ -2 \\ 4 \end{pmatrix}$, also ist DCEF ein Parallelogramm.

b) Es ist $\begin{pmatrix} 1 \\ 4 \\ 1 \end{pmatrix} = \begin{pmatrix} 1 \\ 3 \\ -1 \end{pmatrix} + \frac{1}{2} \cdot \begin{pmatrix} 2 \\ -2 \\ 4 \end{pmatrix} + \frac{1}{3} \cdot \begin{pmatrix} -3 \\ 6 \\ 0 \end{pmatrix}$ und damit gilt: Der Punkt P liegt im Parallelogramm DCEF.

Seite 193 | Aufgabe 21

a) C(-1|5|0)

b) $|\overrightarrow{AB}| = |\overrightarrow{DC}| = |\overrightarrow{AD}| = |\overrightarrow{BC}| = 5$: Die Seiten sind gleich lang.

$|\overrightarrow{AC}| = |\overrightarrow{BD}| = \sqrt{50}$: Die Diagonalen sind gleich lang.

Eine Raute mit gleich langen Diagonalen ist ein Quadrat.

c) $\overrightarrow{OM} = \overrightarrow{OA} + \frac{1}{2}\overrightarrow{AC} = \begin{pmatrix} 3 \\ 0 \\ -3 \end{pmatrix} + \frac{1}{2} \begin{pmatrix} -4 \\ 5 \\ 3 \end{pmatrix} = \begin{pmatrix} 1 \\ 2,5 \\ -1,5 \end{pmatrix}$, also M(1|2,5|-1,5)

$h: \vec{x} = \begin{pmatrix} -7 \\ 2,5 \\ 6,5 \end{pmatrix} + r \begin{pmatrix} -1 \\ 0 \\ 1 \end{pmatrix} = \begin{pmatrix} 1 \\ 2,5 \\ -1,5 \end{pmatrix}$ für r = -8, also M ∈ h

d) $|\overrightarrow{AS}| = |\overrightarrow{BS}| = |\overrightarrow{CS}| = |\overrightarrow{DS}| = \sqrt{112,5}$.

Die Strecke $\overrightarrow{MS} = \begin{pmatrix} -8 \\ 0 \\ 8 \end{pmatrix}$ stellt die Höhe der Pyramide dar. Ihre Länge ist $|\overrightarrow{MS}| = \sqrt{128} \approx 11,31$.

e) $V = \frac{1}{3} \cdot G \cdot h = \frac{1}{3} \cdot 25 \cdot 10 = 83,33 \text{ m}^3$

Seite 193 | Aufgabe 22

a) Für $x_2 = 0, x_3 = 0$ gilt s = -1, r = 2, also $S_1 = \begin{pmatrix} 4 \\ 0 \\ 0 \end{pmatrix}$, Erklärung: S_1 liegt auf einer Koordinatenachse.

b) $r = \frac{2}{3}, s = \frac{1}{3}$ und $S_2(0|8|0)$ Schnittpunkt von E mit der x_2-Achse

c) $S_3 = \begin{pmatrix} 0 \\ 0 \\ 2 \end{pmatrix}$

d)

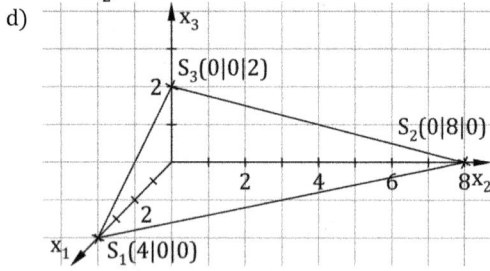

Seite 193 | Aufgabe 23

a) $\overrightarrow{OP'} = \overrightarrow{OA} + r \cdot \vec{b} + (1 - r) \cdot \vec{c} = \overrightarrow{OA} + r \cdot (\vec{b} - \vec{c}) + \vec{c} = \overrightarrow{OA} + \vec{c} + r \cdot \overrightarrow{CB} = \overrightarrow{OC} + r\overrightarrow{CB}$ und $0 \leq r \leq 1$, also liegt P' auf $\overline{OP}$.

b) P liegt genau dann im Dreieck, wenn ein Punkt P' existiert, für den gilt: $\overrightarrow{OP} = \overrightarrow{OA} + k \cdot \overrightarrow{AP'}$ wobei $0 \leq k \leq 1$

Damit ist $\overrightarrow{OP} = \overrightarrow{OA} + k(r \cdot \vec{b} + s \cdot \vec{c}) = \overrightarrow{OA} + kr \cdot \vec{b} + ks \cdot \vec{c}$ und $0 \leq r, s, k \leq 1$ und r + s = 1

Wenn r + s = 1 und $0 \leq k \leq 1$, dann ist $0 \leq kr + ks \leq 1$

Also liegt $\overrightarrow{OP} = \overrightarrow{OA} + r \cdot \vec{b} + s \cdot \vec{c}$ im Dreieck, falls $0 \leq r, s$ und $r + s \leq 1$ gilt.

5.6 Lagebeziehungen zwischen Ebene und Gerade

Seite 194 | Einstieg

Gerade und Eben können sich in einem Punkt schneiden. Die Gerade kann in der Ebene liegen. Die Gerade kann zur Ebene parallel sein.

Seite 195 | Aufgabe 1

a) S(2|-9|13); für t = -2, s = 3, r = -1

b) S(-5|9|-5); für $t = \frac{1}{3}$, s = -2, r = 4

c) S(-7|13|-12); für t = -3, $s = \frac{1}{2}$, r = -2

d) S(0|0|0); für $t = \frac{1}{2}$, s = 1, r = 1

Seite 195 | Aufgabe 2

a) g und E liegen parallel zueinander.

b) g und E schneiden sich in einem Punkt.

c) g und E schneiden sich in einem Punkt.

d) g liegt in E.

Seite 195 | Aufgabe 3

a) g verläuft parallel zu E.

b) g schneidet E im Punkt S(3|-8|8).

c) g verläuft parallel zu E.

d) g liegt in E.

e) g schneidet E im Punkt S(0|0|5).

f) g liegt in E.

Seite 196 | Aufgabe 4

a) Die Gerade verläuft parallel zur Ebene.

b) Die Gerade schneidet die Ebene in einem Punkt.

c) Die Gerade verläuft in der Ebene.

Seite 196 | Aufgabe 5

E_1 und g_1: Schnittpunkt $S(10|-74|-76)$ E_1 und g_2: g_2 verläuft in E_1 E_1und g_3: g_3 verläuft parallel zu E_1

E_2 und g_1: verläuft parallel zu E_2 E_2 und g_2: Schnittpunkt $S(36|-26|8)$ E_2 und g_3: g_3 verläuft in E_2

Seite 196 | Aufgabe 6

a) Die Gerade g verläuft in der Ebene E.

b) Erste Zeile: $3 + (2 + 3t) + 2 \cdot (-2t) = 5 - t$; zweite Zeile: $-1 - 2 \cdot (2 + 3t) - 2t = -5 - 8t$; dritte Zeile: $2 + 3t - 3 \cdot (-2t) = 2 + 9t$

Seite 196 | Aufgabe 7

Die Geraden zwischen L und den vorderen Eckpunkten des Würfels muss mit der Ebene E: $x_1 = -4$ geschnitten werden.

Die Eckpunkte sind $A(3|0|0)$; $B(3|3|0)$; $C(3|3|3)$; $D(3|0|3)$.

Die dazugehörenden Schattenpunkte sind $A'(-4|-1|0)$, $B'(-4|5|0)$, $C'(-4|5|6)$, $D'(-4|-1|6)$.

Seite 196 | Aufgabe 8

Tinas Aussage ist richtig. Steves Aussage ist falsch. Eine Gerade kann echt parallel oder identisch zu einer Ebene verlaufen, auch wenn ihr Richtungsvektor keinem der Richtungsvektoren der Ebene entspricht. Dies ist zum Beispiel der Fall, wenn der Richtungsvektor der Gerade eine Linearkombination der Richtungsvektoren der Ebene ist.

Seite 196 | Aufgabe 9

Die Punkte C und D sind die Schnittpunkte der Geraden zwischen L und A bzw. B und der Ebene E. Ihre Koordinaten sind $C(-5|1|3)$, $D(-2|4|3)$.

$|\overrightarrow{AB}| = 2\sqrt{2}$, $|\overrightarrow{CD}| = 3\sqrt{2}$ Die Strecke $\overline{CD}$ ist 1,5-mal so lang wie die Strecke $\overline{AB}$.

Seite 197 | Aufgabe 10

a) $\overrightarrow{OD} = \overrightarrow{OA} + \overrightarrow{BC}$, damit ergibt sich $D(-4|10|3)$.

b) $E: \vec{x} = \begin{pmatrix} 2 \\ 1 \\ 0 \end{pmatrix} + r \cdot \begin{pmatrix} 6 \\ 4 \\ 2 \end{pmatrix} + s \cdot \begin{pmatrix} 0 \\ 13 \\ 5 \end{pmatrix} = \begin{pmatrix} 3 \\ 19 \\ -23 \end{pmatrix} + t \cdot \begin{pmatrix} -1 \\ -5 \\ 13 \end{pmatrix}$ für $r = -\frac{1}{6}$, $s = \frac{2}{3}$ und $t = 2$, es ergibt sich der Schnittpunkt $S(1|9|3)$.

c) $\begin{pmatrix} 6 \\ 4 \\ 2 \end{pmatrix} \cdot \begin{pmatrix} -1 \\ -5 \\ 13 \end{pmatrix} = \begin{pmatrix} 0 \\ 13 \\ 5 \end{pmatrix} \cdot \begin{pmatrix} -1 \\ -5 \\ 13 \end{pmatrix} = 0$: Gerade steht senkrecht auf E. $d_{P;E} = d_{P;S} = \sqrt{780}$

Seite 197 | Aufgabe 11

$E: \vec{x} = \begin{pmatrix} 5 \\ 1 \\ -0,1 \end{pmatrix} + r \cdot \begin{pmatrix} -3 \\ 9 \\ 0,2 \end{pmatrix} + s \cdot \begin{pmatrix} -12 \\ 6 \\ 0,2 \end{pmatrix} = \begin{pmatrix} -1 \\ -46 \\ 5 \end{pmatrix} + t \cdot \begin{pmatrix} 0 \\ 10 \\ -1 \end{pmatrix}$ für $r = 0$, $s = \frac{1}{2}$ und $t = 5$

Der Schnittpunkt ist $S(-1|4|0)$.

Das Flugzeug setzt auf der Landebahn auf, da $0 \le r \le 1$ und $0 \le s \le 1$.

Seite 197 | Aufgabe 12

a) Es ist $\vec{u} \cdot \vec{v} = 0$, also stehen die Vektoren $\overrightarrow{DC}$ und $\overrightarrow{DA}$ senkrecht aufeinander und ABCD ist ein Rechteck.

$D(16|-7|15)$; $C(-2|2|15)$; $\overrightarrow{DE} = \begin{pmatrix} -4 \\ -8 \\ -4 \end{pmatrix}$, $\overrightarrow{DC} = 9 \begin{pmatrix} -2 \\ 1 \\ 0 \end{pmatrix}$; es ist $\overrightarrow{DE} \cdot \overrightarrow{DC} = 0$, also ist auch DCFE ein Rechteck.

b) Flächeninhalt des Rechtecks ABCD: $A_{ABCD} = 9|\vec{u}| \cdot 3|\vec{v}| = 27\sqrt{5} \cdot \sqrt{24}$

Flächeninhalt des Rechtecks DCEF: $A_{DCFE} = \left| \begin{pmatrix} -4 \\ -8 \\ -4 \end{pmatrix} \cdot 9 \begin{pmatrix} -2 \\ 1 \\ 0 \end{pmatrix} \right| = 27\sqrt{5} \cdot \sqrt{24}$

Also ist $A_{DCFE} = \frac{2}{3} \cdot A_{ABCD}$, man kann auf CDFE damit $\frac{2}{3} \cdot 27 = 18$ Paneelen unterbringen.

c) $\overrightarrow{OP} + \vec{v} - 2\vec{u} = \overrightarrow{OR}$; da $\vec{v}$ und $\vec{u}$ mit ganzzahligen Faktoren multipliziert werden, liegt R auf einer Kante zwischen zwei Paneelen, damit nicht im Inneren eines Paneels.

d) $E_{EDCF}: \vec{x} = \begin{pmatrix} 16 \\ -7 \\ 15 \end{pmatrix} + r \cdot \begin{pmatrix} -4 \\ -8 \\ -4 \end{pmatrix} + s \cdot \begin{pmatrix} -18 \\ 9 \\ 0 \end{pmatrix}$; $\vec{x} = \vec{g}$ bei $r = \frac{1}{2}$, $s = \frac{1}{3}$, $t = 1$:

g schneidet E_{EDCF} im Punkt $S(8|-8|13)$. Wegen $0 \le r, s, t \le 1$ liegt S im Rechteck DCFE.

e) $E_{ABCD}: \vec{x} = \begin{pmatrix} 22 \\ 5 \\ 9 \end{pmatrix} + r \cdot \begin{pmatrix} -6 \\ -12 \\ 6 \end{pmatrix} + s \cdot \begin{pmatrix} -10 \\ 9 \\ 0 \end{pmatrix}$

Spitze des Mastes $M(10|1|21)$ Gerade der Sonnenstrahlen durch die Spitze $g_M: \vec{x} = \begin{pmatrix} 10 \\ 1 \\ 21 \end{pmatrix} + t \cdot \begin{pmatrix} 0 \\ 1 \\ -2 \end{pmatrix}$;

g_M schneidet E_{ABCD} im Punkt $M'(10|6|11)$; $d_{R;M'} = |\overrightarrow{M'R}| = \sqrt{29} \approx 5,39$.   Die Länge des Schattens beträgt etwa 5,39 m.

Seite 197 | Aufgabe 13

a) Schnittpunkt für $a \in \mathbb{R} \setminus \{-1; 1\}$ b) g_a in E für $a = 1$ c) g_a parallel zu E für $a = -1$

Seite 197 | Aufgabe 14

a) $\vec{x} = \begin{pmatrix} -4 \\ 2 \\ -28 \end{pmatrix} + t \cdot \begin{pmatrix} -4 \\ 3 \\ -2 \end{pmatrix}$

b) $S(8|-7|-22)$; $d_{S;P} = \sqrt{261}$

c) $|\overrightarrow{AB}| = |\overrightarrow{AD}| = |\overrightarrow{BC}| = |\overrightarrow{CD}| = 5$; $|\overrightarrow{AB}| \cdot |\overrightarrow{AD}| = |\overrightarrow{CB}| \cdot |\overrightarrow{CD}| = 0$; $d_{ABCD;S} = 10$; $V = \frac{1}{3} \cdot 25 \cdot 10 = 83,3$ VE

5.7 Skalarprodukt und orthogonale Vektoren

Seite 198 | Einstieg

a) $\vec{b} = \begin{pmatrix} -1 \\ 1 \end{pmatrix}$ ist orthogonal zu $\vec{v}$.

b) $\vec{a}: -2 \cdot 2 + 1 \cdot 2 = -2; \vec{b}: -1 \cdot 2 + 1 \cdot 2 = 0; \vec{c}: -2 \cdot 2 + 3 \cdot 2 = 2$

Bei senkrechten Vektoren scheint die Summe der Koordinatenpunkte Null zu ergeben.

Seite 199 | Aufgabe 1

a) 6 b) 0 c) 4 d) 3 e) 31 f) 31

Seite 199 | Aufgabe 2

a) $\begin{pmatrix} 2 \\ 0 \\ 0 \end{pmatrix} \cdot \begin{pmatrix} 0 \\ 3 \\ 5 \end{pmatrix} = 0$: orthogonal

b) $\begin{pmatrix} 2 \\ 3 \\ -9 \end{pmatrix} \cdot \begin{pmatrix} 5 \\ 1 \\ 1 \end{pmatrix} = 4$: nicht orthogonal

c) $\begin{pmatrix} 1 \\ 1 \\ 7 \end{pmatrix} \cdot \begin{pmatrix} -3 \\ -4 \\ 1 \end{pmatrix} = 0$: orthogonal

d) $\begin{pmatrix} 0 \\ 9 \\ 17 \end{pmatrix} \cdot \begin{pmatrix} 21 \\ 17 \\ -9 \end{pmatrix} = 0$: orthogonal

e) $\begin{pmatrix} 13 \\ 1 \\ -6 \end{pmatrix} \cdot \begin{pmatrix} -2 \\ 7 \\ -3 \end{pmatrix} = -7$: nicht orthogonal

f) $\begin{pmatrix} -4 \\ 9 \\ -3 \end{pmatrix} \cdot \begin{pmatrix} 3 \\ 7 \\ 17 \end{pmatrix} = 0$: orthogonal

Seite 199 | Aufgabe 3

a) $\begin{pmatrix} -1 \\ -2 \end{pmatrix} \cdot \begin{pmatrix} 5 \\ -2 \end{pmatrix} = -1$: nicht orthogonal

b) $\begin{pmatrix} 2 \\ 3 \end{pmatrix} \cdot \begin{pmatrix} 1{,}5 \\ -1 \end{pmatrix} = 0$: orthogonal

c) $\begin{pmatrix} -1 \\ -2 \end{pmatrix} \cdot (4) = 0$: orthogonal

Seite 199 | Aufgabe 4

a) $\vec{a} \cdot \vec{v} = \vec{b} \cdot \vec{v} = \vec{c} \cdot \vec{v} = 0$: $\vec{a}$; $\vec{b}$ und $\vec{c}$ sind orthogonal zu $\vec{v}$.

b) Um aus $\vec{v}$ einen der Vektoren: $\vec{a}$; $\vec{b}$, $\vec{c}$ zu erzeige, wurde eine Koordinate gleich 0 gesetzt, die beiden anderen Koordinaten getauscht und eines der Vorzeichen umgedreht. Entsprechend kann man die folgenden Vektoren erzeugen, die senkrecht zu $\vec{w}$ sind: $\vec{d} = \begin{pmatrix} 0 \\ 8 \\ 3 \end{pmatrix}$, $\vec{e} = \begin{pmatrix} 8 \\ 0 \\ 6 \end{pmatrix}$, $\vec{f} = \begin{pmatrix} -3 \\ 6 \\ 0 \end{pmatrix}$.

Seite 199 | Aufgabe 5

a) $\vec{c} = \begin{pmatrix} 0 \\ 0 \\ 1 \end{pmatrix}$

b) $\vec{c} = \begin{pmatrix} -1 \\ 2 \\ 0 \end{pmatrix}$

c) $\vec{c} = \begin{pmatrix} -1 \\ -1 \\ 3 \end{pmatrix}$

d) $\vec{c} = \begin{pmatrix} -9 \\ -5 \\ 1 \end{pmatrix}$

e) $\vec{c} = \begin{pmatrix} -1 \\ -1 \\ 2 \end{pmatrix}$

f) $\vec{c} = \begin{pmatrix} 1 \\ 2 \\ 13 \end{pmatrix}$

Seite 201 | Aufgabe 6

Die Geraden g und h verlaufen zueinander...

a) nicht orthogonal, b) orthogonal, c) orthogonal, d) nicht orthogonal.

Seite 201 | Aufgabe 7

a) Die Geraden durch BC, durch AD, durch FB und durch EA verlaufen orthogonal zu AB und schneiden AB.

b) Die Geraden durch FG, durch EH, durch HD und durch GC verlaufen orthogonal zu AB und schneiden AB nicht.

c) Die Geraden durch EF, durch HG, durch AB und durch DC verlaufen orthogonal zur Ebene durch die Punkte A, E und H.

Seite 201 | Aufgabe 8

a) Für s = 0 und r = 1 schneiden sich die Geraden im Punkt P(5|−6|9).

$\begin{pmatrix} 2 \\ -7 \\ 5 \end{pmatrix} \cdot \begin{pmatrix} 1 \\ 1 \\ 1 \end{pmatrix} = 0$: Die Geraden verlaufen orthogonal zueinander.

b) Für s = 0 und r = 1 schneiden sich die Geraden im Punkt P(0|1|0).

$\begin{pmatrix} -3 \\ 1 \\ -1 \end{pmatrix} \cdot \begin{pmatrix} 1 \\ 2 \\ 2 \end{pmatrix} = -3$: Die Geraden verlaufen nicht orthogonal zueinander.

Seite 201 | Aufgabe 9

Die Gerade g verläuft zur Ebene E...

a) nicht orthogonal, b) orthogonal, c) nicht orthogonal.

Seite 201 | Aufgabe 10

Es gibt unendlich viele Geraden, die jeweils auf der gegebenen senkrecht stehen. Es muss nur ein Richtungsvektor gewählt werden, der auf dem gegebenen senkrecht steht. Beispiele:

a) h: $\vec{x} = \overrightarrow{OA} + s \cdot \begin{pmatrix} -4 \\ 0 \\ 3 \end{pmatrix}$

b) h: $\vec{x} = \overrightarrow{OA} + s \cdot \begin{pmatrix} 1 \\ -2 \\ 1 \end{pmatrix}$

c) h: $\vec{x} = \overrightarrow{OA} + s \cdot \begin{pmatrix} 1 \\ 4 \\ 1 \end{pmatrix}$

Seite 201 | Aufgabe 11

a) Beispielsweise: g: $\vec{x} = \begin{pmatrix} 1 \\ 0 \\ 0 \end{pmatrix} + r \cdot \begin{pmatrix} 0 \\ 1 \\ 0 \end{pmatrix}$; h: $\vec{x} = \begin{pmatrix} 1 \\ 0 \\ 0 \end{pmatrix} + s \cdot \begin{pmatrix} 0 \\ 2 \\ 3 \end{pmatrix}$; k: $\vec{x} = \begin{pmatrix} 1 \\ 0 \\ 0 \end{pmatrix} + t \cdot \begin{pmatrix} 0 \\ 0 \\ 1 \end{pmatrix}$

b) g: $\vec{x} = s \cdot \begin{pmatrix} 0 \\ 3 \\ 3 \end{pmatrix}$. Eine Ebene, die die Vorgaben erfüllt, ist beispielsweise E: $\vec{x} = \begin{pmatrix} 0 \\ 3 \\ 3 \end{pmatrix} + r \cdot \begin{pmatrix} 5 \\ -1 \\ 1 \end{pmatrix} + s \cdot \begin{pmatrix} 3 \\ 3 \\ -3 \end{pmatrix}$.

Seite 202 | Aufgabe 12

a) Beispielsweise $\begin{pmatrix} 3 \\ 3 \\ 3 \end{pmatrix} \cdot \begin{pmatrix} 3 \\ 3 \\ 3 \end{pmatrix} = 3 \cdot 3 + 3 \cdot 3 + 3 \cdot 3 = 27$; $\left| \begin{pmatrix} 3 \\ 3 \\ 3 \end{pmatrix} \right|^2 = \sqrt{3^2 + 3^2 + 3^2}^2 = \sqrt{27}^2 = 27$

$\begin{pmatrix} 5 \\ -2 \\ 1 \end{pmatrix} \cdot \begin{pmatrix} 5 \\ -2 \\ 1 \end{pmatrix} = 5 \cdot 5 + (-2) \cdot (-2) + 1 \cdot 1 = 30$; $\left| \begin{pmatrix} 3 \\ 3 \\ 3 \end{pmatrix} \right|^2 = \sqrt{5^2 + (-2)^2 + 1^2}^2 = \sqrt{30}^2 = 30$

b) $\begin{pmatrix} x_1 \\ x_2 \\ x_3 \end{pmatrix} \cdot \begin{pmatrix} x_1 \\ x_2 \\ x_3 \end{pmatrix} = x_1 \cdot x_1 + x_2 \cdot x_1 + x_3 \cdot x_3 = x_1^2 + x_2^2 + x_3^2$; $\left| \begin{pmatrix} x_1 \\ x_2 \\ x_3 \end{pmatrix} \right|^2 = \sqrt{x_1^2 + x_2^2 + x_3^2}^2 = x_1^2 + x_2^2 + x_3^2$

c) $\sqrt{\vec{a} \cdot \vec{a}} = \sqrt{x_1^2 + x_2^2 + x_3^2} = \left| \begin{pmatrix} x_1 \\ x_2 \\ x_3 \end{pmatrix} \right|$

Seite 202 | Aufgabe 13

a) Das ist in der Ebene richtig.

b) Das ist im Raum nicht richtig. Drei Kanten eines Würfels, die an einer Ecke zusammenstoßen, sind paarweise orthogonal, aber nicht kollinear.

c) Das ist richtig.

Seite 202 | Aufgabe 14

a) Individuelle Lösungen

b) h_c: $\vec{x} = \binom{4}{2} + s \cdot \binom{2}{6}$

c) $H(2,5|-2,5)$

d) $A = \frac{1}{2} \cdot |\overrightarrow{AB}| \cdot |\overrightarrow{CH}| = 15$ FE

e) g_{AB}: $\vec{x} = \binom{0}{-3} + r \cdot \binom{6}{3}$; h_c: $\vec{x} = \binom{-1}{4} + s \cdot \binom{3}{-6}$; $H(2|-2)$; $A = 22,5$ FE

Seite 202 | Aufgabe 15

Michael hat zunächst die Gleichung der Geraden aufgestellt, auf der die Grundseite AB liegt. Dann hat er die Gleichung einer Geraden aufgestellt, die senkrecht auf AB steht. Auf dieser Geraden sollte die Höhe des Dreiecks liegen.

Dieser Weg entspricht dem Vorgehen in Aufgabe 14, in der Ebene würde er zum Erfolg führen.

Allerdings gibt es im Dreidimensionalen zu einer Geraden unendlich viele orthogonale Vektoren. Michaels gefundener Vektor ist zwar orthogonal zu der Geraden AB, schneidet aber nicht den Punkt C.

Seite 202 | Aufgabe 16

a) Vektoren des Skalarprodukts kann man kürzen. Claudia arbeitet mit $\vec{u}' = \frac{1}{7}\vec{u}$. $\vec{u}'$ und $\vec{u}$ sind kollinear, also folgt aus $\vec{u}' \cdot \vec{v} = 0$, dass auch gilt $\vec{u} \cdot \vec{v} = 0$. Das Rechengesetz dazu lautet: aus $(r\vec{u}) \cdot \vec{v} = r \cdot (\vec{u} \cdot \vec{v})$ mit $r = \frac{1}{7}$.

b) $\left[7 \cdot \binom{2}{3}{-4}\right] \cdot \binom{3}{2}{-1} = \binom{14}{21}{-28} \cdot \binom{3}{2}{-1} = 42 + 42 + 28 = 112$

$7 \cdot \left[\binom{2}{3}{-4} \cdot \binom{3}{2}{-1}\right] = 7 \cdot (6 + 6 + 4) = 7 \cdot 16 = 112$

c) Mit $\vec{a} = \binom{3}{-1}{4}$; $\vec{b} = \binom{-2}{5}{1}$ und $\vec{c} = \binom{6}{0}{5}$ hat Aufgabe 1e) die Form $\vec{a} \cdot (\vec{b} + \vec{c})$ und 1f) die Form $\vec{a} \cdot \vec{b} + \vec{a} \cdot \vec{c}$. Da sich bei beiden Teilaufgaben das gleiche Resultat ergab, wird damit die Regeln bestätigt.

Seite 202 | Aufgabe 17

Beispiellösungen:

a) $\vec{c} = \binom{-1}{2}{0}$

b) $\vec{c} = \binom{0}{4}{3}$

c) $\vec{c} = \binom{6}{3}{0}$

Seite 203 | Aufgabe 18

a) $\overrightarrow{AB} = \binom{-5}{6}{-1}$; $\overrightarrow{BC} = \binom{1}{-4}{4}$; $\overrightarrow{AC} = \binom{-4}{2}{3}$

$\overrightarrow{AB} \cdot \overrightarrow{BC} \neq 0$; $\overrightarrow{AB} \cdot \overrightarrow{AC} \neq 0$; $\overrightarrow{BC} \cdot \overrightarrow{AC} = 0$: Das Dreieck ist rechtwinklig, der rechte Winkel liegt bei C.

b) $\overrightarrow{AB} = \binom{2}{6}{-2}$; $\overrightarrow{BC} = \binom{-4}{2}{2}$; $\overrightarrow{AC} = \binom{-2}{8}{0}$

$\overrightarrow{AB} \cdot \overrightarrow{BC} = 0$; $\overrightarrow{AB} \cdot \overrightarrow{AC} \neq 0$; $\overrightarrow{BC} \cdot \overrightarrow{AC} \neq 0$: Das Dreieck ist rechtwinklig, der rechte Winkel liegt bei B.

Seite 203 | Aufgabe 19

a) $\overrightarrow{AB} = \binom{-3}{2}{0}$; $\overrightarrow{AD} = \binom{0}{0}{4}$; $\overrightarrow{CD} = \binom{3}{-2}{0}$

$\overrightarrow{AB} \parallel \overrightarrow{CD}$: ja; $|\overrightarrow{AB}| = 5$; $|\overrightarrow{AD}| = 4$; $\overrightarrow{AB} \cdot \overrightarrow{AD} = 0$: Rechteck

b) $\overrightarrow{AB} = \binom{2}{-1}{6}$; $\overrightarrow{AD} = \binom{-6}{2}{1}$; $\overrightarrow{CD} = \binom{-2}{1}{-6}$

$\overrightarrow{AB} \parallel \overrightarrow{CD}$: ja; $|\overrightarrow{AB}| = \sqrt{41}$; $|\overrightarrow{AD}| = \sqrt{41}$; $\overrightarrow{AB} \cdot \overrightarrow{AD} = -8$: Raute

c) $\overrightarrow{AB} = \binom{5}{0}{0}$; $\overrightarrow{AD} = \binom{0}{-3}{4}$; $\overrightarrow{CD} = \binom{-5}{0}{0}$

$\overrightarrow{AB} \parallel \overrightarrow{CD}$: ja; $|\overrightarrow{AB}| = 5$; $|\overrightarrow{AD}| = 5$; $\overrightarrow{AB} \cdot \overrightarrow{AD} = 0$: Quadrat

d) $\overrightarrow{AB} = \binom{4}{-3}{2}$; $\overrightarrow{AD} = \binom{4}{6}{1}$; $\overrightarrow{CD} = \binom{-2}{3}{-4}$

$\overrightarrow{AB} \parallel \overrightarrow{CD}$: nein; $|\overrightarrow{AB}| = \sqrt{29}$; $|\overrightarrow{AD}| = \sqrt{41}$; $\overrightarrow{AB} \cdot \overrightarrow{AD} = 0$: keine der Figuren

Seite 203 | Aufgabe 20

Mit $\overrightarrow{AB} = \binom{10}{5}{10}$; $\overrightarrow{BC} = \binom{5}{10}{-10}$ ist $|\overrightarrow{AC}| = |\overrightarrow{BD}| = 15$ und $\overrightarrow{AC} \cdot \overrightarrow{DB} = 0$

Die Diagonalen des Vierecks sind gleichlang und stehen senkrecht aufeinander.

Das Viereck ist jedoch kein Quadrat, da $|\overrightarrow{AB}| \neq |\overrightarrow{BC}|$ und $\overrightarrow{AB} \cdot \overrightarrow{BC} \neq 0$.

Seite 203 | Aufgabe 21

a) $\overrightarrow{AB} = \binom{-4}{12}{-4}$, $\overrightarrow{AD} = \binom{-4}{2}{10}$, es ist $\overrightarrow{AB} \cdot \overrightarrow{AD} = 0$, also spannen die Vektoren ein Rechteck auf.

Das Rechteck liegt in der Ebene E: $\vec{x} = \binom{4}{-6}{-1} + s \cdot \binom{-4}{12}{-4} + t \cdot \binom{-4}{2}{10}$

$\vec{x} = \binom{-1}{4}{1}$ für $s = \frac{3}{4}$ und $t = \frac{1}{2} \Leftrightarrow$ Der Punkt P ist ein innerer Punkt des Rechtecks.

b) $\binom{31}{18}{11} + r \cdot \binom{-16}{-7}{-5} = \binom{-1}{4}{1}$ für $r = 2$: Der Punkt P liegt auf der Flugbahn.

c) Der Ball trifft orthogonal auf die Platte, denn der Richtungsvektor der Flugbahn $\binom{-16}{-7}{-5}$ ist zu beiden Richtungsvektoren der Ebene orthogonal. Es ist dann $\binom{-1}{4}{1} + r \cdot \binom{-16}{-7}{-5} = \binom{31}{18}{11}$ für $r = -2$

Seite 203 | Aufgabe 22

a) $\overrightarrow{AB} = \begin{pmatrix} -6 \\ 3 \\ 3 \end{pmatrix}$, $\overrightarrow{AD} = \begin{pmatrix} 1 \\ -2 \\ 4 \end{pmatrix}$; $\overrightarrow{AB} \cdot \overrightarrow{AD} = 0$: $\overrightarrow{AB}$ und $\overrightarrow{AD}$ stehen senkrecht aufeinander. $\overrightarrow{OC} = \overrightarrow{OA} + \overrightarrow{AB} + \overrightarrow{AD} = \begin{pmatrix} -2 \\ 2 \\ 6 \end{pmatrix}$, also C(−2|2|6)

b) Das Rechteck liegt in der Ebene E: $\vec{x} = \begin{pmatrix} 3 \\ 1 \\ -1 \end{pmatrix} + s \cdot \begin{pmatrix} -6 \\ 3 \\ 3 \end{pmatrix} + t \cdot \begin{pmatrix} 1 \\ -2 \\ 4 \end{pmatrix}$; $\vec{x} = \begin{pmatrix} -0,5 \\ 2 \\ 3 \end{pmatrix}$ für $s = \frac{2}{3}$ und $t = \frac{1}{2}$

Der Punkt P liegt im Rechteck ABCD, da $0 \leq r, s \leq 1$. Er ist aber nicht dessen Mittelpunkt, da $s \neq \frac{1}{2}$.

c) Der Richtungsvektor von g steht auf den beiden Richtungsvektoren der Grundebene senkrecht, der Stützvektor ist P(−0,5|2|3). Damit ergibt sich g: $\vec{x} = \begin{pmatrix} -0,5 \\ 2 \\ 3 \end{pmatrix} + s \cdot \begin{pmatrix} 2 \\ 3 \\ 1 \end{pmatrix}$.

d) $\vec{x} = \begin{pmatrix} -0,5 \\ 2 \\ 3 \end{pmatrix} + s \cdot \begin{pmatrix} 2 \\ 3 \\ 1 \end{pmatrix} = \begin{pmatrix} 5,5 \\ 11 \\ 6 \end{pmatrix}$ für $s = 3$

e) $V = \frac{1}{3} |\overrightarrow{AB}| \cdot |\overrightarrow{AD}| \cdot |\overrightarrow{PS}| = \frac{1}{3} \cdot \sqrt{54} \cdot \sqrt{21} \cdot \sqrt{126} = 126 \text{ VE}$

Seite 203 | Aufgabe 23

a) $t = 0$: $\overrightarrow{OQ_0} = \begin{pmatrix} 2 \\ -1 \\ 1 \end{pmatrix}$; $\overrightarrow{PQ_0} = \begin{pmatrix} -4 \\ -5 \\ -7 \end{pmatrix}$; $\overrightarrow{PQ_0} \cdot \begin{pmatrix} -4 \\ 6 \\ 2 \end{pmatrix} = -28$ $t = 1$: $\overrightarrow{OQ_1} = \begin{pmatrix} -2 \\ 5 \\ 3 \end{pmatrix}$; $\overrightarrow{PQ_1} = \begin{pmatrix} -8 \\ 1 \\ -5 \end{pmatrix}$; $\overrightarrow{PQ_1} \cdot \begin{pmatrix} -4 \\ 6 \\ 2 \end{pmatrix} = 28$

$t = 2$: $\overrightarrow{OQ_2} = \begin{pmatrix} -6 \\ 11 \\ 5 \end{pmatrix}$; $\overrightarrow{PQ_2} = \begin{pmatrix} -12 \\ 7 \\ -3 \end{pmatrix}$; $\overrightarrow{PQ_2} \cdot \begin{pmatrix} -4 \\ 6 \\ 2 \end{pmatrix} = 84$ Für keinen der genannten Werte steht $\overrightarrow{PQ}$ senkrecht auf g.

b) $\overrightarrow{PQ_t} = \begin{pmatrix} -4-4t \\ -5+6t \\ -7+2t \end{pmatrix}$; $\overrightarrow{PQ_t} \cdot \begin{pmatrix} -4 \\ 6 \\ 2 \end{pmatrix} = 56t - 28 = 0$ für $t = \frac{1}{2}$.

$\overrightarrow{PQ_{0,5}} = \begin{pmatrix} -6 \\ -2 \\ -6 \end{pmatrix}$; $|\overrightarrow{PQ_{0,5}}| = \sqrt{76} \approx 8,72$

Der Abstand von P zu g ist $\sqrt{76}$, da der kürzeste Abstand einer Gerade zu einem Punkt erreicht wird, wenn der Verbindungsvektor senkrecht auf der Geraden steht.

c) $\overrightarrow{PQ_r} = \begin{pmatrix} -3+2r \\ -17-3r \\ -3+r \end{pmatrix}$; $\overrightarrow{PQ_r} \cdot \begin{pmatrix} 2 \\ -3 \\ 1 \end{pmatrix} = 14r + 42 = 0$ für $r = -3$. $\overrightarrow{PQ_{-3}} = \begin{pmatrix} -9 \\ -8 \\ -6 \end{pmatrix}$; $|\overrightarrow{PQ_{-3}}| = \sqrt{181} \approx 13,45$

d) g_{AB}: $\vec{x} = \begin{pmatrix} 2 \\ 0 \\ 3 \end{pmatrix} + s \cdot \begin{pmatrix} 9 \\ -12 \\ 6 \end{pmatrix}$; $\overrightarrow{CH_t} = \begin{pmatrix} 3 \\ 6 \\ -7 \end{pmatrix} + t \cdot \begin{pmatrix} 9 \\ -12 \\ 6 \end{pmatrix}$;

g_{AB} und $\overrightarrow{CH_t}$ stehen senkrecht aufeinander für: $\left[\begin{pmatrix} 3 \\ 6 \\ -7 \end{pmatrix} + t \cdot \begin{pmatrix} 9 \\ -12 \\ 6 \end{pmatrix} \right] \cdot \begin{pmatrix} 9 \\ -12 \\ 6 \end{pmatrix} = -87 + 216t = 0$ für $t = \frac{1}{3}$.

Die Höhe h ist der Abstand von C zu g_{AB}: $\overrightarrow{CH_{\frac{1}{3}}} = \begin{pmatrix} 6 \\ 2 \\ -5 \end{pmatrix}$; $h = |\overrightarrow{CH_{\frac{1}{3}}}| = \sqrt{65}$

Grundseite: $|\overrightarrow{AB}| = \left| \begin{pmatrix} 9 \\ -12 \\ 6 \end{pmatrix} \right| = \sqrt{261}$ Flächeninhalt: $A = \frac{1}{2} \cdot \sqrt{65} \cdot \sqrt{261} = 65,12 \text{ FE}$

5.8 Winkel zwischen Vektoren und Geraden

Seite 204 | Einstieg

a) Die x_1- und x_2-Komponente von $\vec{b}$ berechnet man mit den trigonometrischen Beziehungen im rechtwinkligen Dreieck.
Skalarprodukt: $\vec{a} \cdot \vec{b} = |\vec{a}| \cdot |\vec{b}| \cdot \cos(\alpha) + 0 \cdot |\vec{b}| \cdot \sin(\alpha) = |\vec{a}| \cdot |\vec{b}| \cdot \cos(\alpha)$

b) $\cos(\alpha) = \frac{\vec{a} \cdot \vec{b}}{|\vec{a}| \cdot |\vec{b}|} = \frac{12}{6 \cdot \sqrt{13}} \approx 0,55$; $\cos^{-1}\left(\frac{2}{\sqrt{13}}\right) \approx 56,03$

Seite 205 | Aufgabe 1

a) $\vec{a} \cdot \vec{b} = 14$; $\alpha \approx 14,96°$ b) $\vec{a} \cdot \vec{b} = -40$; $\alpha \approx 135,12°$ c) $\vec{a} \cdot \vec{b} = -65$; $\alpha \approx 159,3°$ d) $\vec{a} \cdot \vec{b} = -4$; $\alpha \approx 105,0°$

Seite 205 | Aufgabe 2

a)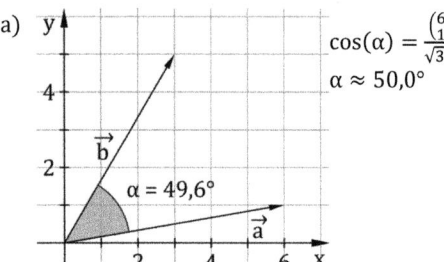
$\cos(\alpha) = \frac{\begin{pmatrix} 6 \\ 1 \end{pmatrix} \cdot \begin{pmatrix} 3 \\ 5 \end{pmatrix}}{\sqrt{37} \cdot \sqrt{34}} \approx 0,65$
$\alpha \approx 50,0°$

b)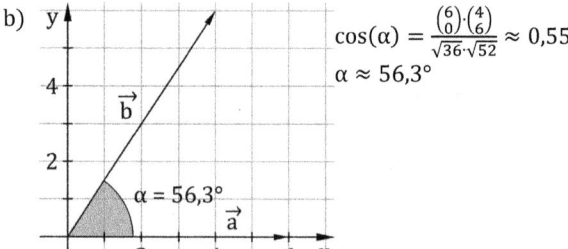
$\cos(\alpha) = \frac{\begin{pmatrix} 6 \\ 0 \end{pmatrix} \cdot \begin{pmatrix} 4 \\ 6 \end{pmatrix}}{\sqrt{36} \cdot \sqrt{52}} \approx 0,55$
$\alpha \approx 56,3°$

c)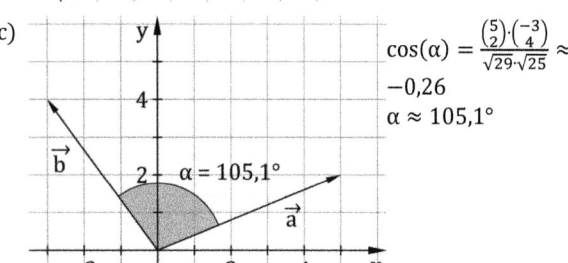
$\cos(\alpha) = \frac{\begin{pmatrix} 5 \\ 2 \end{pmatrix} \cdot \begin{pmatrix} -3 \\ 4 \end{pmatrix}}{\sqrt{29} \cdot \sqrt{25}} \approx -0,26$
$\alpha \approx 105,1°$

d)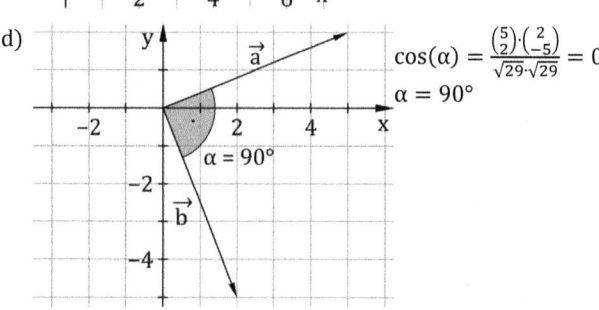
$\cos(\alpha) = \frac{\begin{pmatrix} 5 \\ 2 \end{pmatrix} \cdot \begin{pmatrix} 2 \\ -5 \end{pmatrix}}{\sqrt{29} \cdot \sqrt{29}} = 0$
$\alpha = 90°$

Seite 205 | Aufgabe 3

a) $\alpha = 118{,}7°$

b) ① Verlängert man beide Vektoren, dann ändert sich der Winkel nicht: $\alpha' = 118{,}7°$
② Durch Umdrehen der Richtung eines Vektors erhält man den Nebenwinkel: $\alpha' = 180° - \alpha = 180° - 118{,}7° = 61{,}3°$
③ Auch hier erhält man einen Nebenwinkel: $\alpha' = 180° - \alpha = 180° - 118{,}7° = 61{,}3°$
④ Man erhält einen Scheitelwinkel, also: $\alpha' = 118{,}7°$

Seite 205 | Aufgabe 4

a) $\cos^{-1}$ eines negativen Wertes ist größer als 90°. $\cos^{-1}$ eines positiven Wertes ist kleiner als 90°.

b) Die Aussage ist wahr, weil die Kosinusfunktion im Intervall $[0; \pi]$ streng monoton fällt.

Seite 205 | Aufgabe 5

a) $\vec{a} \cdot \vec{b} = 8 > 0$: Der Winkel ist spitz.

b) $\vec{a} \cdot \vec{b} = -6 < 0$: Der Winkel ist stumpf.

Seite 205 | Aufgabe 6

a) Die beiden Vektoren müssen kollinear sein, $\vec{a} = x \cdot \vec{b}$; Beispiel: $\vec{a} = \begin{pmatrix} 3 \\ 2 \\ -1 \end{pmatrix}$; $\vec{a} = \begin{pmatrix} 9 \\ 6 \\ -3 \end{pmatrix}$

b) Die beiden Vektoren müssen kollinear und mit unterschiedlicher Orientierung sein: $\vec{a} = -x \cdot \vec{b}$. Beispiel: $\vec{a} = \begin{pmatrix} 2 \\ 0 \\ 4 \end{pmatrix}$; $\vec{a} = \begin{pmatrix} -1 \\ 0 \\ -2 \end{pmatrix}$

Seite 205 | Aufgabe 7

Wenn die Vektoren $\vec{a}$ und $\vec{b}$ kollinear mit gleicher Orientierung sind, ist $\alpha = 0°$ und es gilt $\vec{a} \cdot \vec{b} = |\vec{a}| \cdot |\vec{b}|$.
Wenn die Vektoren $\vec{a}$ und $\vec{b}$ kollinear mit unterschiedlicher Orientierung sind, ist $\alpha = 180°$ und es gilt $\vec{a} \cdot \vec{b} = -|\vec{a}| \cdot |\vec{b}|$.

Seite 206 | Aufgabe 8

a) $\cos(\alpha) = \dfrac{\begin{pmatrix} 3 \\ 0 \\ -1 \end{pmatrix} \cdot \begin{pmatrix} 1 \\ -2 \\ 1 \end{pmatrix}}{\sqrt{10} \cdot \sqrt{6}} \approx 0{,}26;\ \alpha \approx 75{,}0°$
Schnittwinkel $\gamma = \alpha \approx 75{,}0°$

b) $\cos(\alpha) = \dfrac{\begin{pmatrix} 8 \\ 1 \\ -2 \end{pmatrix} \cdot \begin{pmatrix} -1 \\ 2 \\ 1 \end{pmatrix}}{\sqrt{69} \cdot \sqrt{3}} \approx -0{,}63;\ \alpha \approx 128{,}7°$
Schnittwinkel $\gamma = 180° - \alpha \approx 51{,}3°$

c) $\cos(\alpha) = \dfrac{\begin{pmatrix} 7 \\ -2 \\ 3 \end{pmatrix} \cdot \begin{pmatrix} 1 \\ 2 \\ -1 \end{pmatrix}}{\sqrt{62} \cdot \sqrt{6}} = 0;\ \alpha = 90°$
Schnittwinkel $\gamma = \alpha = 90{,}0°$

d) $\cos(\alpha) = \dfrac{\begin{pmatrix} 2{,}1 \\ -3{,}1 \\ 1{,}6 \end{pmatrix} \cdot \begin{pmatrix} -6{,}3 \\ 9{,}3 \\ -4{,}8 \end{pmatrix}}{\sqrt{16{,}58} \cdot \sqrt{149{,}22}} = -1;\ \alpha = 180°$
Schnittwinkel $\gamma = 180° - \alpha = 0°$ (g und h sind identisch.)

Seite 206 | Aufgabe 9

a) $\begin{pmatrix} 1 \\ -3 \\ -3 \end{pmatrix} + r \cdot \begin{pmatrix} 2 \\ 1 \\ 1 \end{pmatrix} = \begin{pmatrix} 0 \\ 0 \\ -8 \end{pmatrix} + s \cdot \begin{pmatrix} 3 \\ -2 \\ 4 \end{pmatrix}$: Lösung $r = 1$ und $s = 1$; $P(3|-2|-4)$, $\alpha = 90°$

b) $\begin{pmatrix} 1 \\ 0 \\ -2 \end{pmatrix} + r \cdot \begin{pmatrix} 1 \\ 3 \\ 0 \end{pmatrix} = \begin{pmatrix} 3 \\ 2 \\ 1 \end{pmatrix} + s \cdot \begin{pmatrix} 1 \\ -1 \\ 3 \end{pmatrix}$: Lösung $r = 1$ und $s = -1$; $P(2|3|-2)$, $\alpha = 79°$

Seite 206 | Aufgabe 10

a) $|\overrightarrow{AB}| = \sqrt{50}$, $|\overrightarrow{AC}| = 5$, $|\overrightarrow{BC}| = 5$, $\alpha = 45°$, $\beta = 45°$, $\gamma = 90°$

b) $|\overrightarrow{AB}| = 9$, $|\overrightarrow{AC}| = 5$, $|\overrightarrow{BC}| = 6$, $\alpha = 38{,}9°$, $\beta = 31{,}6°$, $\gamma = 109{,}5°$

Seite 206 | Aufgabe 11

$\cos(\alpha) = \dfrac{\begin{pmatrix} 50 \\ 10 \\ -3 \end{pmatrix} \cdot \begin{pmatrix} 50 \\ 10 \\ 0 \end{pmatrix}}{\sqrt{2609} \cdot \sqrt{2600}} \approx 0{,}998;\ \alpha \approx 3{,}4°$ Das Flugzeug trifft mit einem Winkel von etwa 3,4° auf der Landebahn auf.

Seite 207 | Aufgabe 12

a) richtig   b) richtig   c) richtig   d) falsch, z.B. $\vec{a} = \begin{pmatrix} 1 \\ 0 \\ 0 \end{pmatrix}$; $\vec{b} = \begin{pmatrix} 1 \\ 0 \\ 1 \end{pmatrix}$; $\vec{c} = \begin{pmatrix} 1 \\ 0 \\ -1 \end{pmatrix}$ e) richtig

Seite 207 | Aufgabe 13

Das Ergebnis widerspricht dem Innenwinkelsatz im Dreieck. Die Berechnung von a ist korrekt. Bei der Berechnung von h wurde der Winkel zwischen $\overrightarrow{AB}$ und $\overrightarrow{BC}$ berechnet statt dem zwischen $\overrightarrow{BA}$ und $\overrightarrow{BC}$. Richtig ist: $\cos(\beta) = \dfrac{\overrightarrow{BA} \cdot \overrightarrow{BC}}{|\overrightarrow{BA}| \cdot |\overrightarrow{BC}|}$; $\beta \approx 32°$

Seite 207 | Aufgabe 14

a) Der Winkel bei N ist der Winkel zwischen $\overrightarrow{BA} = \begin{pmatrix} 0 \\ -6 \\ 0 \end{pmatrix}$ und $\overrightarrow{NS} = \begin{pmatrix} 0 \\ -3 \\ 3 \end{pmatrix}$; $\cos(\alpha) = \dfrac{\overrightarrow{BA} \cdot \overrightarrow{NS}}{|\overrightarrow{BA}| \cdot |\overrightarrow{NS}|}$; $\alpha = 45°$

$M(2|-1|5)$; Der Winkel bei M ist der Winkel zwischen $\overrightarrow{BC} = \begin{pmatrix} -10 \\ 0 \\ 0 \end{pmatrix}$ und $\overrightarrow{MS} = \begin{pmatrix} -2 \\ 0 \\ 3 \end{pmatrix}$; $\cos(\beta) = \dfrac{\overrightarrow{BC} \cdot \overrightarrow{MS}}{|\overrightarrow{BC}| \cdot |\overrightarrow{MS}|}$; $\beta \approx 56{,}31°$

b) $\overrightarrow{MS_a} = \begin{pmatrix} -2 \\ 0 \\ a \end{pmatrix}$; Aus $\frac{1}{2} = \cos(60°) = \dfrac{\overrightarrow{BC} \cdot \overrightarrow{MS_a}}{|\overrightarrow{BC}| \cdot |\overrightarrow{MS_a}|} = \dfrac{20}{10 \cdot \sqrt{(-2)^2 + 0^2 + a^2}}$ folgt $16 = 4 + a^2$ und $a = \sqrt{12} \approx 3{,}46$.

Seite 207 | Aufgabe 15

a) $|\vec{a}| = |\vec{b}| = |\vec{c}| = 5$: Die Seiten sind gleich lang. $\vec{a} \cdot \vec{b} = 0$, $\vec{a} \cdot \vec{c} = 0$, $\vec{b} \cdot \vec{c} = 0$: Die Winkel betragen 90°.
Diagonalen: $\vec{d_1} = \vec{a} + \vec{b} + \vec{c} = \begin{pmatrix} 1 \\ 7 \\ 5 \end{pmatrix}$; $\vec{d_2} = -\vec{a} + \vec{b} + \vec{c} = \begin{pmatrix} -7 \\ 1 \\ 5 \end{pmatrix}$; $\alpha \approx 70{,}5°$

Die anderen Raumdiagonalen und die Winkel zwischen ihnen sind aus Symmetriegründen gleich groß.

b) $|\vec{a}| = |\vec{b}| = |\vec{c}| = 15$: Die Seiten sind gleich lang. $\vec{a} \cdot \vec{b} = 0, \vec{a} \cdot \vec{c} = 0, \vec{b} \cdot \vec{c} = 0$: Die Winkel betragen 90°.

Diagonalen: $\overrightarrow{d_1} = \vec{a} + \vec{b} + \vec{c} = \begin{pmatrix} 3 \\ -21 \\ -15 \end{pmatrix}$; $\overrightarrow{d_2} = -\vec{a} + \vec{b} + \vec{c} = \begin{pmatrix} -1 \\ 7 \\ -25 \end{pmatrix}$; $\alpha \approx 70{,}5°$

Die anderen Raumdiagonalen und die Winkel zwischen ihnen sind aus Symmetriegründen gleich groß.

Seite 207 | Aufgabe 16

a) A(0|0|0), B(7|24|0), C(-13|36|9), D(-20|12|9), E(-12|-15|16), F(-5|9|16), G(-25|21|25), H(-32|-3|25)

b) $|\overrightarrow{AB}| = |\overrightarrow{AE}| = |\overrightarrow{AD}| = 25$

c) Der Winkel zwischen $\overrightarrow{AB}$ und $\overrightarrow{AD}$ beträgt etwa 76,3°.

Der Winkel zwischen $\overrightarrow{AD}$ und $\overrightarrow{AE}$ beträgt etwa 70,9°.

Der Winkel zwischen $\overrightarrow{AB}$ und $\overrightarrow{AE}$ beträgt etwa 135,3°.

d) AG: $\vec{x} = r \cdot \begin{pmatrix} -25 \\ 21 \\ 25 \end{pmatrix}$; BH: $\vec{x} = \begin{pmatrix} 7 \\ 24 \\ 0 \end{pmatrix} + s \cdot \begin{pmatrix} -39 \\ -27 \\ 25 \end{pmatrix}$; CE: $\vec{x} = \begin{pmatrix} -13 \\ 36 \\ 9 \end{pmatrix} + st \cdot \begin{pmatrix} 1 \\ -51 \\ 7 \end{pmatrix}$;

Für $r = s = t = \frac{1}{2}$ erhält man den Schnittpunkt der Diagonalen: P(-12,5|10,5|12,5).

Der Schnittwinkel von $\overrightarrow{AG}$ und $\overrightarrow{BH}$ beträgt etwa 62,1°, der Schnittwinkel von $\overrightarrow{AG}$ und $\overrightarrow{CE}$ beträgt 115,8°.
Die Schnittwinkel sind nicht gleich.

Seite 208 | Aufgabe 17

a) Ebene, in der die Punkte A, B und C liegen: E: $\vec{x} = \begin{pmatrix} 2 \\ -1 \\ 0 \end{pmatrix} + r \cdot \begin{pmatrix} -2 \\ 1 \\ 0 \end{pmatrix} + s \cdot \begin{pmatrix} -4 \\ 2 \\ -1 \end{pmatrix}$

Das Gleichungssystem, das sich aus $\vec{x} = \begin{pmatrix} -2 \\ 2 \\ 4 \end{pmatrix}$ ergibt, ist nicht lösbar. Also liegt D nicht in dieser Ebene und das Viereck ist

nicht eben.

b) Winkel zwischen $\overrightarrow{AB}$ und $\overrightarrow{AD}$: $\alpha = 39{,}8°$ Winkel zwischen $\overrightarrow{BA}$ und $\overrightarrow{BC}$: $\beta = 155{,}9°$

Winkel zwischen $\overrightarrow{CB}$ und $\overrightarrow{CD}$: $\gamma = 71{,}3°$ Winkel zwischen $\overrightarrow{DA}$ und $\overrightarrow{DC}$: $\delta = 45{,}2°$

$\alpha + \beta + \gamma + \delta \neq 360°$

Da das Viereck nicht eben ist, gilt der Winkelsummensatz nicht.

c) Nein, bei einem Dreieck im Raum kann die Summe der Innenwinkel nicht von 180° abweichen. Ein Dreieck ist immer eben, da drei Punkte immer in einer Ebene liegen.

Seite 208 | Aufgabe 18

a) $\cos(\alpha) = \dfrac{\overrightarrow{AC} \cdot \overrightarrow{AB}}{|\overrightarrow{AC}| \cdot |\overrightarrow{AB}|} = \dfrac{\begin{pmatrix} -6 \\ 0 \\ 6 \end{pmatrix} \cdot \begin{pmatrix} -6 \\ 6 \\ 0 \end{pmatrix}}{\sqrt{72} \cdot \sqrt{72}} = \dfrac{1}{2}$; $\alpha = 60°$

b) $|\overrightarrow{AB}| = |\overrightarrow{AC}| = \sqrt{72}$: Das Dreieck ist gleichschenklig. Weil ein Innenwinkel 60° beträgt, ist es sogar gleichseitig.

c) Die Gerade s_C verläuft offensichtlich durch B. Der Mittelpunkt der Strecke $\overrightarrow{AC}$ ist M(1|-1|0). Es gilt
$\begin{pmatrix} 1 \\ -1 \\ 0 \end{pmatrix} = \begin{pmatrix} -2 \\ 5 \\ -3 \end{pmatrix} + 3 \cdot \begin{pmatrix} 1 \\ -2 \\ 1 \end{pmatrix}$, die Gerade s_C geht also auch durch den Mittelpunkt der Seite gegenüber von B und ist damit eine
Seitenhalbierende.
$\begin{pmatrix} 1 \\ -2 \\ 1 \end{pmatrix} \cdot \begin{pmatrix} -6 \\ 0 \\ 6 \end{pmatrix} = 0$, s_C und $\overrightarrow{AC}$ sind orthogonal.

d) $A = \frac{1}{2} \cdot |\overrightarrow{AC}| \cdot |\overrightarrow{MB}| = \frac{1}{2} \cdot \sqrt{72} \cdot \sqrt{54} \approx 31{,}18$ FE

Seite 208 | Aufgabe 19

a) ① $\cos(\gamma) = \dfrac{\begin{pmatrix} -4 \\ -1 \end{pmatrix} \cdot \begin{pmatrix} 2 \\ -2 \end{pmatrix}}{\sqrt{17} \cdot \sqrt{8}} \approx -0{,}51$; $\gamma \approx 121°$; $A = \frac{1}{2} \cdot |\overrightarrow{CA}| \cdot |\overrightarrow{CB}| \cdot \sin(\gamma) \approx 5$ FE

② $\cos(\gamma) = \dfrac{\begin{pmatrix} 3 \\ -2 \\ -3 \end{pmatrix} \cdot \begin{pmatrix} 1 \\ 2 \\ -9 \end{pmatrix}}{\sqrt{22} \cdot \sqrt{86}} \approx 0{,}46$; $\gamma \approx 62{,}3°$; $A = \frac{1}{2} \cdot |\overrightarrow{CA}| \cdot |\overrightarrow{CB}| \cdot \sin(\gamma) \approx 19{,}4$ FE

b) $\sin \gamma = \dfrac{\text{Gegenkathete}}{\text{Hypotenuse}} = \dfrac{h_b}{a} \Leftrightarrow h_b = a \cdot \sin(\gamma)$
$A = \frac{1}{2} \cdot b \cdot h_b = \frac{1}{2} \cdot b \cdot a \cdot \sin(\gamma)$

Seite 208 | Aufgabe 20

a) $S_1(5|0|0)$, $S_2(0|4|0)$, $S_3(0|0|3)$

b) $V = \frac{1}{3} \cdot \left(\frac{1}{2} \cdot \left| \begin{pmatrix} 0 \\ 0 \\ 3 \end{pmatrix} \right| \cdot \left| \begin{pmatrix} 5 \\ 0 \\ 0 \end{pmatrix} \right| \right) \cdot \left| \begin{pmatrix} 0 \\ 4 \\ 0 \end{pmatrix} \right| = \frac{1}{3} \cdot \frac{1}{2} \cdot 3 \cdot 5 \cdot 4 = 10$ FE

c) Winkel zwischen $\overrightarrow{S_1O} = \begin{pmatrix} -5 \\ 0 \\ 0 \end{pmatrix}$ und $\overrightarrow{S_1S_2} = \begin{pmatrix} -5 \\ 4 \\ 0 \end{pmatrix}$: $\cos(\alpha) \approx 0{,}78$; $\alpha \approx 38{,}7°$

Winkel zwischen $\overrightarrow{S_1O} = \begin{pmatrix} -5 \\ 0 \\ 0 \end{pmatrix}$ und $\overrightarrow{S_1S_3} = \begin{pmatrix} -5 \\ 0 \\ 3 \end{pmatrix}$: $\cos(\alpha) \approx 0{,}86$; $\alpha \approx 31{,}0°$

Winkel zwischen $\overrightarrow{S_1S_2} = \begin{pmatrix} -5 \\ 4 \\ 0 \end{pmatrix}$ und $\overrightarrow{S_1S_3} = \begin{pmatrix} -5 \\ 0 \\ 3 \end{pmatrix}$: $\cos(\alpha) \approx 0{,}67$; $\alpha \approx 48{,}0°$

Seite 208 | Aufgabe 21

a) ① In einem rechtwinkligen Dreieck können die trigonometrischen Beziehungen verwendet werden:
$\cos(\alpha) = \dfrac{\text{Ankathete}}{\text{Hypotenuse}}$, die Ankathete ist $|\overrightarrow{b_p}|$, die Hypotenuse $|\vec{b}|$, damit folgt $|\overrightarrow{b_p}| \cdot |\vec{b}| \cdot \cos(\alpha)$.

② $\vec{a} \cdot \vec{b} = |\vec{a}| \cdot |\vec{b}| \cdot \cos(\alpha) = |\vec{a}| \cdot |\overrightarrow{b_p}|$

③ Der Winkel, den $\vec{a}$ und $\vec{b_p}$ einschließen, beträgt 0°.

$\dfrac{\vec{a} \cdot \vec{b_p}}{|\vec{a}| \cdot |\vec{b_p}|} = \cos(0) = 1$ Formel für den Winkel zwischen zwei Vektoren

$|\vec{a}| \cdot |\vec{b_p}| = \vec{a} \cdot \vec{b_p}$

$\vec{a} \cdot \vec{b} = \vec{a} \cdot \vec{b_p}$ Nach dem Ergebnis aus ②

④ Es ist $|\vec{b_p}| = |\vec{b}| \cdot \cos(\alpha)$ und $\vec{a} \cdot \vec{b} = \vec{a} \cdot \vec{b_p} = |\vec{a}| \cdot |\vec{b_p}|$.

$A_{SB''PA} = |\vec{a}| \cdot |\vec{b}| \cdot \cos(\alpha) = \vec{a} \cdot \vec{b} = \vec{a} \cdot \vec{b_p}$.

b) ② Das Skalarprodukt der Vektoren $\vec{a}$ und $\vec{b}$ hat den gleichen Wert wie das Produkt aus dem Betrag des Vektors $\vec{a}$ und dem Betrag der Projektion von $\vec{b}$ auf $\vec{a}$, also von $\vec{b_p}$.

③ Das Skalarprodukt der Vektoren $\vec{a}$ und $\vec{b}$ ist gleich das Skalarprodukt der Vektoren $\vec{a}$ und $\vec{b_p}$.

Seite 209 | Aufgabe 22

$W = |\vec{F_H}| \cdot |\vec{s}| = \vec{F_H} \cdot \vec{s} = \vec{F} \cdot \vec{s}$ $W = \begin{pmatrix} 3 \\ 2 \end{pmatrix} \cdot \begin{pmatrix} 12 \\ 4 \end{pmatrix} = 34$, also 34 Nm.

Seite 209 | Aufgabe 23

$W = \vec{F} \cdot \vec{s} = \begin{pmatrix} 30 \\ 15 \end{pmatrix} \cdot \begin{pmatrix} 1200 \\ 200 \end{pmatrix} = 39\,000$, also 39 000 Nm.

Seite 209 | Aufgabe 24

a) Gleichsetzen liefert den Schnittpunkt $P_1(12|4|4)$ für $r = 3$ und $s = -4$. Der Schnittwinkel ist $\alpha \approx 9{,}76°$.

b) F_1 befindet sich 3 Minuten nach 8 Uhr im Schnittpunkt P_1 ($r = 3$ in g_1 einsetzen). F_2 befindet sich im Punkt $P_2(36{,}5|28{,}5|1{,}5)$ ($r = 3$ in g_2 einsetzen). Der Abstand in km beträgt $|\overrightarrow{OP_1 OP_2}| = 34{,}7$.

c) Das LGS $\begin{pmatrix} 8 \\ -1 \\ -13 \end{pmatrix} = r \cdot \begin{pmatrix} -4 \\ -3 \\ -1 \end{pmatrix} + s \cdot \begin{pmatrix} 3 \\ 3 \\ -1 \end{pmatrix}$ hat keine Lösung $\Rightarrow g_1$ und g_3 schneiden sich nicht

Die Geraden sind windschief, da die Richtungsvektoren keine Vielfachen voneinander sind.

Es gilt $\begin{pmatrix} 10 \\ 14 \\ 8 \end{pmatrix} = \begin{pmatrix} -8 \\ -4 \\ 14 \end{pmatrix} + t \cdot \begin{pmatrix} 3 \\ 3 \\ -1 \end{pmatrix}$ für $t = 6$. F_3 ist um 8:06 Uhr im Punkt P.

d) Aus $\vec{n} \cdot \begin{pmatrix} 4 \\ 3 \\ 1 \end{pmatrix} = 0$ und $\vec{n} \cdot \begin{pmatrix} 3 \\ 3 \\ -1 \end{pmatrix} = 0$ ergibt sich ein Richtungsvektor. h: $\vec{x} = \overrightarrow{OP} + k \cdot \vec{n} = \begin{pmatrix} 10 \\ 14 \\ 8 \end{pmatrix} + k \cdot \begin{pmatrix} 6 \\ -7 \\ -3 \end{pmatrix}$

e) $\begin{pmatrix} 0 \\ -5 \\ 1 \end{pmatrix} = r \cdot \begin{pmatrix} 4 \\ 3 \\ 1 \end{pmatrix} = \begin{pmatrix} 10 \\ 14 \\ 8 \end{pmatrix} + k \cdot \begin{pmatrix} 6 \\ -7 \\ -3 \end{pmatrix}$ liefert Schnittpunkt S(16|7|) für $k = 1$ und $r = 4$.

Der Abstand von g_1 und g_3 entspricht $|\overrightarrow{PS}| \approx 9{,}7$.

f) $\overrightarrow{F_1 F_3} = \begin{pmatrix} 0 \\ -5 \\ 0 \end{pmatrix} + r \cdot \begin{pmatrix} 4 \\ 3 \\ 1 \end{pmatrix} - [\begin{pmatrix} -8 \\ -4 \\ 14 \end{pmatrix} + r \cdot \begin{pmatrix} 3 \\ 3 \\ -1 \end{pmatrix}] = \begin{pmatrix} 8 \\ -1 \\ -13 \end{pmatrix} + r \cdot \begin{pmatrix} 1 \\ 0 \\ 2 \end{pmatrix}$

Abstand $|\overrightarrow{F_1 F_3}| = \sqrt{5r^2 - 36r + 234}$ ist minimal genau dann, wenn $f(r) = 5r^2 - 36r + 234$ minimal wird.

mit $f'(r) = 10r - 36$ und $f''(r) = 10$ ergibt sich ein Minimum für $r = 3{,}6$ mit $f(3{,}6) = 169{,}2$. Der minimale Abstand beträgt also $\sqrt{169{,}2} \approx 13$ (km) und ist größer als der Abstand der Flugbahnen.

Seite 209 | Aufgabe 25

a) $|\vec{a} \times \vec{b}|^2 = (a_2 b_3 - a_3 b_2)^2 + (a_3 b_1 - a_1 b_3)^2 + (a_1 b_2 - a_2 b_1)^2$

$= a_2^2 b_3^2 - 2a_2 a_3 b_2 b_3 + a_3^2 b_2^2 + a_3^2 b_1^2 - 2a_1 a_3 b_1 b_3 + a_1^2 b_3^2 + a_1^2 b_1^2 - 2a_1 a_1 b_1 b_2 + a_2^2 b_1^2$

b) $|\vec{a}|^2 \cdot |\vec{b}|^2 - |\vec{a} \cdot \vec{b}|^2 = (a_1^2 + a_2^2 + a_3^2)(b_1^2 + b_2^2 + b_3^2) - (a_1 b_1 + a_2 b_2 + a_3 b_3)^2$

$= a_1^2 b_1^2 + a_1^2 b_2^2 + a_1^2 b_3^2 + a_2^2 b_1^2 + a_2^2 b_2^2 + a_2^2 b_3^2 + a_3^2 b_1^2 + a_3^2 b_2^2 + a_3^2 b_3^2$

$\quad - a_1^2 b_1^2 - a_2^2 b_2^2 - a_3^2 b_3^2 - 2a_1 a_2 b_1 b_2 - 2a_1 a_3 b_1 b_3 - 2a_2 a_3 b_2 b_3 = |\vec{a} \times \vec{b}|^2$

c) $|\vec{a} \times \vec{b}|^2 = |\vec{a}|^2 \cdot |\vec{b}|^2 - |\vec{a} \cdot \vec{b}|^2 = |\vec{a}|^2 \cdot |\vec{b}|^2 - \big||\vec{a}| \cdot |\vec{b}| \cdot \cos(\alpha)\big|^2 = |\vec{a}|^2 \cdot |\vec{b}|^2 (1 - \cos^2(\alpha)) = |\vec{a}|^2 \cdot |\vec{b}|^2 \cdot \sin^2(\alpha)$ (I)

Es gilt $0 \leq \alpha < 180°$ und damit $\sin(\alpha) > 0$. Also folgt aus (I), dass $|\vec{a} \times \vec{b}| = |\vec{a}| \cdot |\vec{b}| \cdot \sin(\alpha)$ gilt.

d) Für die Parallelogrammfläche A gilt A = Grundseite * Höhe. Ist die Grundseite durch den Vektor $\vec{a}$ gegeben, folgt für die Länge der Höhe: $h = |\vec{b}| \cdot \sin(\alpha)$. Also ist $A = |\vec{a}| \cdot |\vec{b}| \cdot \sin(\alpha)$.

Streifzug: Vektorprodukt

Seite 210 | Einstieg

a) $\begin{pmatrix} 2 \\ 1 \\ -5 \end{pmatrix} \cdot \begin{pmatrix} n_1 \\ n_2 \\ n_3 \end{pmatrix} = 2n_1 + n_2 - 5n_3 = 0$; $\begin{pmatrix} -3 \\ 4 \\ -2 \end{pmatrix} \cdot \begin{pmatrix} n_1 \\ n_2 \\ n_3 \end{pmatrix} = -3n_1 + 4n_2 - 2n_3 = 0$ ergibt $n_t = \begin{pmatrix} \frac{18}{11}t \\ \frac{19}{11}t \\ t \end{pmatrix}$

b) $\begin{pmatrix} 2 \\ 1 \\ -5 \end{pmatrix} \cdot \begin{pmatrix} 18 \\ 19 \\ 11 \end{pmatrix} = 0$ und $\begin{pmatrix} -3 \\ 4 \\ -2 \end{pmatrix} \cdot \begin{pmatrix} 18 \\ 19 \\ 11 \end{pmatrix} = 0$ $\vec{n}$ ist der betragsmäßig kleinste Vektor mit natürlichen Koordinaten.

Seite 210 | Aufgabe 1

a) $\begin{pmatrix} -11 \\ 5 \\ 9 \end{pmatrix} = \vec{a} \times \vec{b}$ b) $\begin{pmatrix} 0 \\ 0 \\ 0 \end{pmatrix} = \vec{a} \times \vec{b}$ c) $\begin{pmatrix} 22 \\ -4 \\ -6 \end{pmatrix} = \vec{a} \times \vec{b}$

Seite 211 | Aufgabe 2

a) $\begin{pmatrix} -6 \\ 10 \\ 28 \end{pmatrix} = \vec{a} \times \vec{b}$, also $\vec{n} = \begin{pmatrix} -3 \\ 5 \\ 14 \end{pmatrix}$ b) $\begin{pmatrix} -36 \\ 28 \\ 68 \end{pmatrix} = \vec{a} \times \vec{b}$, also $\vec{n} = \begin{pmatrix} -9 \\ 7 \\ 17 \end{pmatrix}$ c) $\begin{pmatrix} -32 \\ -4 \\ -20 \end{pmatrix} = \vec{a} \times \vec{b}$, also $\vec{n} = \begin{pmatrix} 8 \\ 1 \\ 5 \end{pmatrix}$

a) $\begin{pmatrix} 5 \\ -15 \\ 10 \end{pmatrix} = \vec{a} \times \vec{b}$

b) $\begin{pmatrix} -93 \\ 45 \\ 9 \end{pmatrix} = \vec{a} \times \vec{b}$

c) $\begin{pmatrix} 144 \\ -72 \\ -216 \end{pmatrix} = \vec{a} \times \vec{b}$

a) $\begin{pmatrix} 0 \\ 0 \\ -7 \end{pmatrix} = \vec{a} \times \vec{b}$; $\vec{a}$ und $\vec{b}$ sind parallel zur x_1x_2–Ebene. Deshalb ist das Vektorprodukt parallel zur x_3–Achse.

b) $\begin{pmatrix} 0 \\ -12 \\ 0 \end{pmatrix} = \vec{a} \times \vec{b}$; $\vec{a}$ ist parallel zur x_1-Achse und $\vec{b}$ parallel zur x_3–Achse. Deshalb ist das Vektorprodukt parallel zur x_2–Achse.

c) $\begin{pmatrix} 0 \\ 0 \\ 0 \end{pmatrix} = \vec{a} \times \vec{b}$; $\vec{a}$ und $\vec{b}$ sind kollinear.

a) $\vec{a} \cdot \vec{b} = 0$, also orthogonal; $|\vec{a}| = |\vec{b}|$, also gleich lang; $\begin{pmatrix} 28 \\ 42 \\ -84 \end{pmatrix} = \vec{a} \times \vec{b}$; $\frac{|\vec{a} \times \vec{b}|}{14 * 14} = \vec{c} = \begin{pmatrix} 2 \\ 3 \\ -6 \end{pmatrix}$; $V = |\vec{a}| \cdot |\vec{b}| \cdot |\vec{c}| = 686$ VE

b) $\vec{a} \cdot \vec{b} = 0$, also orthogonal; $|\vec{a}| = |\vec{b}|$, also gleich lang; $\begin{pmatrix} 9 \\ -36 \\ 72 \end{pmatrix} = \vec{a} \times \vec{b}$; $\frac{|\vec{a} \times \vec{b}|}{9 * 9} = \vec{c} = \begin{pmatrix} 1 \\ -4 \\ 8 \end{pmatrix}$; $V = |\vec{a}| \cdot |\vec{b}| \cdot |\vec{c}| = 729$ VE

Fehler 1: In der ersten Zeile wurde anstatt $a_2b_3 - a_3b_2$ falsch $a_3b_2 - a_2b_3$ gerechnet

Fehler 2: In der zweiten Zeile wurde ein falsches Rechenzeichen benutzt

Fehler 3: In der dritten Zeile wurde skalar gerechnet, anstatt über Kreuz; $\begin{pmatrix} -2 \\ 3 \\ 5 \end{pmatrix} \times \begin{pmatrix} 1 \\ 4 \\ -6 \end{pmatrix} = \begin{pmatrix} -38 \\ -7 \\ -11 \end{pmatrix}$

$\vec{a} \times \vec{b} = \begin{pmatrix} a_2b_3 - a_3b_2 \\ a_3b_1 - a_1b_3 \\ a_1b_2 - a_2b_1 \end{pmatrix}$, also $(\vec{a} \times \vec{b}) \cdot \vec{a} = a_2b_3a_1 - a_3b_2a_1 + a_3b_1a_2 - a_1b_3a_2 + a_1b_2a_3 - a_2b_1a_3 = 0$, aufgrund der Vertauschbarkeit durch das Kommutativgesetz. $(\vec{a} \times \vec{b}) \cdot \vec{b} = 0$ analog

a) $\vec{a} \times \vec{b} = \begin{pmatrix} 3 \\ -6 \\ 5 \end{pmatrix} = -\vec{b} \times \vec{a}$; $\vec{a} \times \vec{b} = \begin{pmatrix} a_2b_3 - a_3b_2 \\ a_3b_1 - a_1b_3 \\ a_1b_2 - a_2b_1 \end{pmatrix} = \begin{pmatrix} -b_2a_3 + b_3a_2 \\ -b_3a_1 + b_1a_3 \\ -b_1a_2 + b_2a_1 \end{pmatrix} = -\vec{b} \times \vec{a}$

b) Beispiel 1: $(r\,\vec{a}) \times \vec{b} = \begin{pmatrix} 6 \\ 8 \\ 21 \end{pmatrix} = \vec{a} \times (r\,\vec{b}) = r \cdot (\vec{a} \times \vec{b})$; Beispiel 2: $(r\,\vec{a}) \times \vec{b} = \begin{pmatrix} -24 \\ 9 \\ -30 \end{pmatrix} = \vec{a} \times (r\,\vec{b}) = r \cdot (\vec{a} \times \vec{b})$

c) Wenn $\vec{a}$ und $\vec{b}$ kollinear, so kann man $\vec{b} = k \cdot \vec{a}$ annehmen, $\vec{a} \times (k \cdot \vec{a}) = k \cdot (\vec{a} \times \vec{a}) = k \cdot \begin{pmatrix} a_2a_3 - a_3a_2 \\ a_3a_1 - a_1a_3 \\ a_1a_2 - a_2a_1 \end{pmatrix} = \begin{pmatrix} 0 \\ 0 \\ 0 \end{pmatrix}$

a) $(\vec{a} \cdot \vec{b})^2 = (a_1b_1 + a_2b_2 + a_3b_3)^2 = 0 \Leftrightarrow a_1^2b_1^2 + a_2^2b_2^2 + a_3^2b_3^2 + 2(a_1b_1a_2b_2 + a_2b_2a_3b_3 + a_1b_1a_3b_3) = 0$

$\Leftrightarrow a_1^2b_1^2 + a_2^2b_2^2 + a_3^2b_3^2 = -2 \cdot (a_1b_1a_2b_2 + a_2b_2a_3b_3 + a_1b_1a_3b_3)$

b) $|\vec{a} \times \vec{b}|^2 = a_2^2b_3^2 + a_3^2b_2^2 + a_3^2b_1^2 + a_1^2b_3^2 + a_1^2b_2^2 + a_2^2b_1^2 - 2(a_1b_1a_2b_2 + a_2b_2a_3b_3 + a_1b_1a_3b_3)$

$|\vec{a}|^2 \cdot |\vec{b}|^2 = a_1^2b_1^2 + a_2^2b_2^2 + a_3^2b_3^2 + a_2^2b_3^2 + a_3^2b_2^2 + a_3^2b_1^2 + a_1^2b_3^2 + a_1^2b_2^2 + a_2^2b_1^2$

c) $|\vec{a} \times \vec{b}|^2 = |\vec{a}|^2 \cdot |\vec{b}|^2$, wenn man a) und b) zusammen betrachtet; $|\vec{a}| \cdot |\vec{b}|$ ist der Flächeninhalt.

5.9 Abiturtraining

a) Gerade durch A und B: g_{AB}: $\vec{x} = \begin{pmatrix} 5 \\ 0 \\ 0 \end{pmatrix} + t \cdot \begin{pmatrix} -1 \\ -3 \\ 2 \end{pmatrix}$

Das Gleichungssystem $\begin{pmatrix} 5 \\ 0 \\ 0 \end{pmatrix} + t \cdot \begin{pmatrix} -1 \\ -3 \\ 2 \end{pmatrix} = \begin{pmatrix} 6 \\ 1 \\ 1 \end{pmatrix}$ hat keine Lösung, D liegt nicht auf g_{AB}.

b) E_{ABD}: $\vec{x} = \begin{pmatrix} 5 \\ 0 \\ 0 \end{pmatrix} + r \cdot \begin{pmatrix} -1 \\ -3 \\ 2 \end{pmatrix} + s \cdot \begin{pmatrix} 1 \\ 1 \\ 1 \end{pmatrix}$; $\vec{x} = \begin{pmatrix} 6 \\ -1 \\ 4 \end{pmatrix}$ für $r = 1$ und $s = 2$

P liegt in der Ebene, aber nicht im Parallelogramm, das von $\overrightarrow{AB}$ und $\overrightarrow{AD}$ aufgespannt wird, da $s > 1$.

c) $\overrightarrow{AB} \cdot \overrightarrow{AD} = \begin{pmatrix} -1 \\ -3 \\ 2 \end{pmatrix} \cdot \begin{pmatrix} 1 \\ 1 \\ 1 \end{pmatrix} = -2 \neq 0$: Das Parallelogramm ist kein Rechteck.

$|\overrightarrow{AB}| = \sqrt{14}$; $|\overrightarrow{AD}| = \sqrt{3}$: Die Seiten sind nicht gleich lang, es handelt sich nicht um eine Raute.

a) g: $\vec{x} = \begin{pmatrix} -1 \\ 4 \\ 9 \end{pmatrix} + t \cdot \begin{pmatrix} 2 \\ -3 \\ 6 \end{pmatrix} = \begin{pmatrix} -5 \\ 10 \\ -3 \end{pmatrix}$ für $t = -2$

b) Beispiellösung: $\vec{u} = \begin{pmatrix} 3 \\ 2 \\ 0 \end{pmatrix}$, $\vec{v} = \begin{pmatrix} -3 \\ 0 \\ 1 \end{pmatrix}$

c) E: $\vec{x} = \begin{pmatrix} -5 \\ 10 \\ -3 \end{pmatrix} + r \cdot \begin{pmatrix} 6 \\ 0 \\ -2 \end{pmatrix} + s \cdot \begin{pmatrix} 3 \\ 2 \\ 0 \end{pmatrix}$

a) Das Gleichungssystem $\begin{pmatrix} -2 \\ 1 \\ 0 \end{pmatrix} + r \cdot \begin{pmatrix} 1 \\ -1 \\ 1 \end{pmatrix} = \begin{pmatrix} 4 \\ 0 \\ 1 \end{pmatrix} + s \cdot \begin{pmatrix} 1 \\ 2 \\ 0 \end{pmatrix}$ hat keine Lösung und die Richtungsvektoren sind nicht kollinear.

b) g_3: $\vec{x} = \begin{pmatrix} 4 \\ 4 \\ 2 \end{pmatrix} + t \cdot \begin{pmatrix} 1 \\ -1 \\ 1 \end{pmatrix}$

c) Beispielsweise E_1: $\vec{x} = \begin{pmatrix} 4 \\ 0 \\ 1 \end{pmatrix} + r \cdot \begin{pmatrix} 1 \\ 2 \\ 0 \end{pmatrix} + s \cdot \begin{pmatrix} 0 \\ 4 \\ 1 \end{pmatrix}$

d) Der zweite Richtungsvektor von E_2 ist der Verbindungsvektor des Stützpunktes von g_1 zu P: E_2: $\vec{x} = \begin{pmatrix} -2 \\ 1 \\ 0 \end{pmatrix} + r \cdot \begin{pmatrix} 6 \\ 3 \\ 2 \end{pmatrix} + s \cdot \begin{pmatrix} 1 \\ -1 \\ 1 \end{pmatrix}$

Seite 212 | Aufgabe 4

a) g: $\vec{x} = \begin{pmatrix} 1 \\ -1 \\ 1 \end{pmatrix} + r \cdot \begin{pmatrix} 2 \\ 3 \\ -6 \end{pmatrix}$ Die Punkte $P_1(1|-1|1)$ und $P_2(5|5|-11)$ auf g haben von B den Abstand 7.

b) E: $\vec{x} = \begin{pmatrix} 1 \\ -1 \\ 1 \end{pmatrix} + r \cdot \begin{pmatrix} 3 \\ 0 \\ 1 \end{pmatrix} + s \cdot \begin{pmatrix} 3 \\ 2 \\ 2 \end{pmatrix}$ mit Normalenvektor $\vec{n} = \begin{pmatrix} 2 \\ 3 \\ -6 \end{pmatrix}$ ergibt sich E: $-2x_1 - 3x_2 + 6x_3 = 7$

g verläuft orthogonal zu E, weil der Richtungsvektor von g kollinear ist zum Normalenvektor von E.

Seite 212 | Aufgabe 5

a) E: $\vec{x} = \begin{pmatrix} 4 \\ 0 \\ 0 \end{pmatrix} + r \cdot \begin{pmatrix} -4 \\ -6 \\ 0 \end{pmatrix} + s \cdot \begin{pmatrix} -4 \\ 0 \\ 6 \end{pmatrix}$

b) $\overrightarrow{OM} = \frac{1}{2}\begin{pmatrix} 0+0 \\ -6+0 \\ 0+6 \end{pmatrix} = \begin{pmatrix} 0 \\ -3 \\ 3 \end{pmatrix}$, also $M(0|-3|3)$; g: $\vec{x} = \begin{pmatrix} 0 \\ 0 \\ 0 \end{pmatrix} + r \cdot \begin{pmatrix} 0 \\ -3 \\ 3 \end{pmatrix}$

c) Gerade durch Spurpunkte S_2 und S_3: g_{23}: $\vec{x} = \begin{pmatrix} 0 \\ -6 \\ 0 \end{pmatrix} + r \cdot \begin{pmatrix} 0 \\ 6 \\ 6 \end{pmatrix}$ $\begin{pmatrix} 0 \\ -3 \\ 3 \end{pmatrix} \cdot \begin{pmatrix} 0 \\ 6 \\ 6 \end{pmatrix} = 0$, also ist g senkrecht zu g_{23}.

Seite 213 | Aufgabe 6

a) g_{AB}: $\vec{x} = \begin{pmatrix} 2 \\ 4 \\ -1 \end{pmatrix} + r \cdot \begin{pmatrix} 2 \\ -1 \\ 3 \end{pmatrix}$; das Gleichungssystem $\vec{x} = \begin{pmatrix} 8 \\ 2 \\ 8 \end{pmatrix}$ hat keine Lösung, C liegt nicht auf g_{AB}.

b) $\vec{x} = \begin{pmatrix} 2 \\ 4 \\ -1 \end{pmatrix} + r \cdot \begin{pmatrix} 2 \\ -1 \\ 3 \end{pmatrix} = \begin{pmatrix} -4 \\ k \\ -3-k \end{pmatrix}$ für k = 7; $R_7(-4|7|-10)$

c) $x_2 = 0$ gilt für r = 4, daraus folgt der Spurpunkt $S_{13}(10|0|11)$.

d) Schnittbedingung von g und h: $\begin{pmatrix} 2 \\ 4 \\ -1 \end{pmatrix} + r \cdot \begin{pmatrix} 2 \\ -1 \\ 3 \end{pmatrix} = \begin{pmatrix} 9 \\ 0 \\ 0 \end{pmatrix} + s \cdot \begin{pmatrix} -4 \\ 2 \\ -6 \end{pmatrix}$

Das LGS hat keine Lösung. Für die Richtungsvektoren gilt: $(-2) \cdot \begin{pmatrix} 2 \\ -1 \\ 3 \end{pmatrix} = \begin{pmatrix} -4 \\ 2 \\ -6 \end{pmatrix}$, g und h verlaufen parallel.

Seite 213 | Aufgabe 7

a) $\vec{a} \cdot \vec{b} = 3$; spitzer Winkel

b) $\vec{a} \cdot \vec{b} = -9$; stumpfer Winkel

c) $\vec{a} \cdot \vec{b} = 0$; rechter Winkel

Seite 213 | Aufgabe 8

a) $S_1(6|0|0)$, $S_2(0|8|0)$, $S_3(0|0|12)$

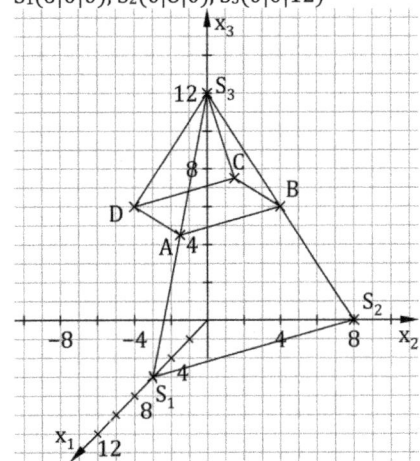

b) Der Richtungsvektor von g entspricht einem Richtungsvektor von g. Ebenso ist der Stützpunkt von g in E enthalten. Folglich liegt die Gerade in g.

Für alle Punkte von g gilt $x_1 = x_3$. Für alle Punkte der Ebene mit $x_1 = x_3$ gilt s = 0, also die Gleichung $\vec{x} = \begin{pmatrix} 3 \\ 2 \\ 3 \end{pmatrix} + s \cdot \begin{pmatrix} 1 \\ -2 \\ 1 \end{pmatrix}$. Dies ist eine weitere Gleichung von g, denn mit s = -3 ergibt sich der Stützpunkt $(0|8|0)$ von g und die Richtungsvektoren sind gleich. Somit besteht g aus allen Punkten der Ebene mit dieser Eigenschaft.

c) Da g durch S_2 verläuft, wird der Schnittpunkt von g und der Geraden S_1S_3 bestimmt:

$\begin{pmatrix} 6 \\ 0 \\ 0 \end{pmatrix} + s \cdot \begin{pmatrix} -6 \\ 0 \\ 12 \end{pmatrix} = \begin{pmatrix} 0 \\ 8 \\ 0 \end{pmatrix} + t \cdot \begin{pmatrix} 1 \\ -2 \\ 1 \end{pmatrix}$

Lösung: t = 4. $s = \frac{1}{3}$, Schnittpunkt $Q(4|0|4)$. Wegen $0 \le s \le 1$ liegt Q auf der Dreiecksseite $\overline{S_1S_3}$. Wegen r = 4 liegen alle Punkte von g mit $0 \le t \le 4$ auf der Strecke $\overline{S_2Q}$.

d) $A(3|0|6)$, $B(0|4|6)$, $C(-3|0|6)$; $\overrightarrow{OD} = \overrightarrow{OA} + \overrightarrow{BC}$ ergibt $D(0|-4|6)$.

$\overrightarrow{AD} = \overrightarrow{BC} = \begin{pmatrix} -3 \\ -4 \\ 0 \end{pmatrix}$, $|\overrightarrow{AD}| = |\overrightarrow{AB}| = |\overrightarrow{BD}| = |\overrightarrow{BC}| = 5$

Da alle x_3-Koordinaten identisch sind, ist das Parallelogramm eben, da die Seiten gleich lang sind, ist es eine Raute.

e) Diagonalen der Raute: $|\overrightarrow{AC}| = \left|\begin{pmatrix} -6 \\ 0 \\ 0 \end{pmatrix}\right| = 6$; $|\overrightarrow{BD}| = \left|\begin{pmatrix} 0 \\ -8 \\ 0 \end{pmatrix}\right| = 8$

Flächeninhalt $A_{Raute} = \frac{1}{2} \cdot 6 \cdot 8 = 24$ FE

Für alle Punkte der Raute gilt $x_3 = 6$, der Punkt S_3 hat die x_3-Koordinate 12, also hat die Pyramide die Höhe $h = 6$.

$V = \frac{1}{3} \cdot 24 \cdot 6 = 48$ VE

f) $\cos(\alpha) = \frac{\overrightarrow{S_3A} \cdot \overrightarrow{S_3C}}{|\overrightarrow{S_3A}| \cdot |\overrightarrow{S_3C}|} = \frac{\begin{pmatrix} 3 \\ 0 \\ -6 \end{pmatrix} \cdot \begin{pmatrix} -3 \\ 0 \\ -6 \end{pmatrix}}{\sqrt{45} \cdot \sqrt{45}} = 0,6; \alpha \approx 53,1°$

$\overrightarrow{T_ZA} = \begin{pmatrix} 3 \\ 0 \\ 6-z \end{pmatrix}$; $\overrightarrow{T_ZC} = \begin{pmatrix} -3 \\ 0 \\ 6-z \end{pmatrix}$; $\overrightarrow{T_ZA} \cdot \overrightarrow{T_ZC} = 0$ für $z_1 = 3$ und $z_2 = 9$: $T_9(0|0|9)$; $T_3(0|0|3)$

g) Für $s = 0$ gilt für alle Punkte in E $x_1 = x_3$. Gesucht ist nun ein Punkt mit $x_1 = x_2$.

Daraus folgt $3 + r = 2 - 2r$ und $r = -\frac{1}{3}$ sowie der Punkt $P\left(\frac{8}{3}\middle|\frac{8}{3}\middle|\frac{8}{3}\right)$.

h) Die Gerade h enthält alle Punkte des Raumes mit $x_1 = x_2 = x_3$. Eine Ebene, welche h nicht schneidet, enthält deshalb auch keinen Punkt mit $x_1 = x_2 = x_3$.

Seite 213 | Aufgabe 9

a) $g: \vec{x} = \begin{pmatrix} -7 \\ -2 \\ 1,5 \end{pmatrix} + t \cdot \begin{pmatrix} 3,5 \\ 3 \\ -0,25 \end{pmatrix}$

t ist die Anzahl der Minuten, die seit der Position P vergangen sind.

10:07 Uhr: $t = 2$; $R(0|4|1)$

10:08 Uhr: $t = 3$: $S(3,5|7|0,75)$

b) $x_3 = 0$ gilt für $t = 6$, also um 10:11 Uhr im Punkt $T(14|16|0)$

c) Bestimmung des Punktes, an dem sich das Flugzeug genau über der Domspitze befindet:

$\begin{pmatrix} 7 \\ 10 \\ h \end{pmatrix} = \begin{pmatrix} -7 \\ -2 \\ 1,5 \end{pmatrix} + 4 \cdot \begin{pmatrix} 3,5 \\ 3 \\ -0,25 \end{pmatrix}$, daraus folgt $h = 0,5$.

Nach vier Minuten befindet sich das Flugzeug genau über dem Dom in einer Höhe von 500 m, also 340 m über der Domspitze. Bei guten Wetter können die Passagiere den Dom sehen.

d) Pro Minute legt das Flugzeug die Strecke von $\left|\begin{pmatrix} 3,5 \\ 3 \\ -0,25 \end{pmatrix}\right| = 4,6$ km zurück. Dies entspricht 276 km/h.

e) $g': \vec{x} = \begin{pmatrix} -7 \\ -2 \\ 0 \end{pmatrix} + t \cdot \begin{pmatrix} 3,5 \\ 3 \\ 0 \end{pmatrix}$

Winkel zwischen g' und g

$\cos(\alpha) = \frac{\begin{pmatrix} 3,5 \\ 0 \\ -0,25 \end{pmatrix} \cdot \begin{pmatrix} 3,5 \\ 3 \\ 0 \end{pmatrix}}{\sqrt{21,25} \cdot \sqrt{21,3125}} \approx 0,9985; \alpha \approx 3,10°$

f) Fluggerade des Luftballons: $h: \vec{x} = \begin{pmatrix} 9,25 \\ 13 \\ 0 \end{pmatrix} + s \cdot \begin{pmatrix} 0,25 \\ 0 \\ 0,05 \end{pmatrix}$

Die Flugbahnen kreuzen sich für $t = s = 5$ im Punkt $L(10,5|13|0,25)$. Da aber $t = 5$ für das Flugzeug 10:10 Uhr bedeutet, $s = 5$ für den Luftballon dagegen 10:08, kommt es nicht zu einer Kollision.

g) Die Flugbahn des Luftballons wird so beschrieben, dass er die gleiche Startzeit hat wir das Flugzeug (10:05).

$h': \vec{x} = \begin{pmatrix} 9,75 \\ 13 \\ 0,1 \end{pmatrix} + t \cdot \begin{pmatrix} 0,25 \\ 0 \\ 0,05 \end{pmatrix}$.

Ort des Luftballons nach t Minuten $P_L(9,75+0,25t|13|0,1+0,05t)$.

Ort des Flugzeugs nach t Minuten $P_F(-7+3,5t|-2+3t|1,5-0,25t)$.

$\overrightarrow{P_FP_L} = \begin{pmatrix} 16,75-3,25t \\ 15-3t \\ -1,4+0,3t \end{pmatrix}$

$|\overrightarrow{P_FP_L}| = \sqrt{(16,75-3,25t)^2 + (15-3t)^2 + (-1,4+0,3t)^2}$

Der Abstand zwischen dem Flugzeug und dem Luftballon ist minimal für $t = 5$, also um 10:10 Uhr. Er beträgt dann ca. 130 m.

6. Grundbegriffe der Wahrscheinlichkeitsrechnung

6.1 Lage- und Streumaße einer Stichprobe

Seite 220 | Einstieg

a) Max muss zunächst die Datenbasis für statistische Auswertungen schaffen, also genug Schüler fragen, wie viel Taschengeld sie bekommen. Diese Daten werden in eine sogenannte Urliste eingetragen.

b) Es ist nicht nur die Zahl der Befragten entscheidend. Wichtig ist, dass Max auch versucht, einen repräsentativen Querschnitt zu befragen, also z. B. Jungen und Mädchen, Jugendliche aus verschiedenen Wohngebieten.
Bei einer kleinen Datenbasis – beispielsweise innerhalb eines Kurses – ist die Aussagekraft der ermittelten Werte entsprechend zu relativieren.

Seite 221 | Aufgabe 1

a) Der Median beträgt 5,5 und das arithmetische Mittel beträgt 4,875.

b) Der Median beträgt 6 und das arithmetische Mittel beträgt 5,2.

c) Der Median beträgt 331,5 g und das arithmetische Mittel beträgt 370,5 g.

d) Der Median beträgt 90 cm und das arithmetische Mittel beträgt 140 cm.

Seite 221 | Aufgabe 2

a) 23 Schüler haben mitgeschrieben.

b) Das arithmetische Mittel beträgt 2,3.

Seite 221 | Aufgabe 3

a) $\bar{x} = \frac{1\cdot2+2\cdot3+3\cdot10+4\cdot11+5\cdot7+6\cdot2}{35} = 3,69$

b) $\bar{x} = 1\cdot\frac{2}{35}+2\cdot\frac{3}{35}+3\cdot\frac{10}{35}+4\cdot\frac{11}{35}+5\cdot\frac{7}{35}+6\cdot\frac{2}{35} = 3,69$

Beide Rechenwege sind äquivalent, in b) kann $\frac{1}{35}$ ausgeklammert werden.

Seite 221 | Aufgabe 4

a) Die Grundgesamtheit beträgt 127.

b) Der Median ist der Wert, der in der Mitte einer sortierten Gruppe steht. Bei 127 Nennungen ist das die 64. Zahl. Somit beträgt der Median 1.

Seite 221 | Aufgabe 5

a)

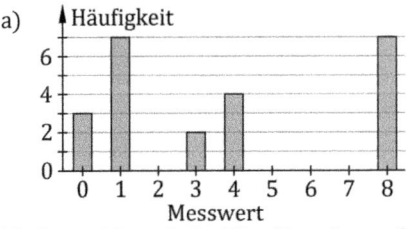

b) Das arithmetische Mittel beträgt ca. 3,70.

c) Der Median beträgt 3.

Seite 222 | Aufgabe 6

a) $\bar{x} = 11; s^2 \approx 62,86; s \approx 7,93$

b) $\bar{x} \approx 3,14$ cm; $s^2 = 3,27$ cm²; $s = 1,81$ cm

Seite 223 | Aufgabe 7

a) Kurs 2 hat einen deutlicheren Schwerpunkt um die Note 3 herum und wird daher die kleinere Standardabweichung haben.

b) Kurs 1: $\bar{x} = 3,84; s^2 \approx 2,69; s \approx 1,64$ Kurs 2: $\bar{x} = 3,375; s^2 \approx 0,90; s \approx 0,95$

Seite 223 | Aufgabe 8

a) $\bar{x} = 2,75; s^2 \approx 0,94; s \approx 0,97$ b) $\bar{x} = 2,75; s^2 \approx 6,19; s \approx 2,49$

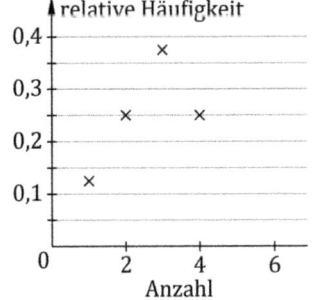

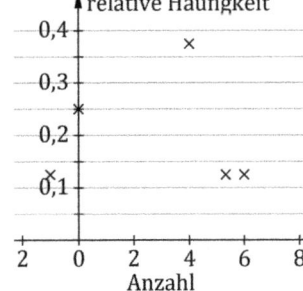

Seite 223 | Aufgabe 9

a) Bei den Mädchen beträgt die Durchschnittsnote 3,2 und die Spannweite 4. Bei den Jungen beträgt die Durchschnittsnote 3,1875 und die Spannweite 5.

b) Die Standardabweichung bei den Mädchen beträgt 0,98 und die Standardabweichung bei den Jungen beträgt 1,70. Die Abweichungen um den Mittelwert sind bei den Jungen größer, was sich auch gut aus dem Diagramm heraus erkennen lässt. Die Noten der Mädchen sind recht kompakt um die Noten 3 und 4 konzentriert. Welcher Kurs nun „besser" ist, lässt sich nicht klar entscheiden. Zwar gibt es bei den Jungen mehr ausgeprägt schlechte, aber eben auch mehr ausgeprägt gute Noten, während sich die Mädchen im Mittelmaß bewegen. Eine klare Interpretation ist hier kaum möglich.

Seite 223 | Aufgabe 10

a) Sportler A:
Median: 175 kg; arithmetisches Mittel: 171,7 kg; Standardabweichung: 10,27 kg; Spannweite: 30 kg
Sportler B:
Median: 183,5 kg; arithmetisches Mittel: 183,3 kg; Standardabweichung: 2,81 kg; Spannweite: 8 kg
Sportler A hatte eine geringe Anfangsleistung und konnte sie recht schnell steigern. Anfangs gab es einen großen Schub und zum Ende hin stagniert es eher. Dies führt insgesamt zur großen Spannweite und die damit einhergehende große Standardabweichung und Varianz.
Die möglichen Interpretationen sind vielfältig. Die Daten sind dabei genau zu betrachten. Zunächst besonders wichtig ist der fehlende Leistungsstand der beiden Sportler. Handelt es sich um Anfänger oder um Fortgeschrittene, wie oft trainieren sie, mit welcher Zielsetzung, wie ernst nehmen sie den Sport etc.? All dies kann nur rückwirkend aus den Daten ermittelt werden und daher nicht wirklich viel zu ihrer eigentlichen Interpretation beitragen. Ferner spielt die Veranlagung zum Kraftsport, die sportliche Vorgeschichte sowie das Alter eine wichtige Rolle, alles ebenfalls nicht bekannt. Beide Sportler konnten sich deutlich steigern, Sportler A jedoch in erheblicherem Maße, was auf einen Anfängerstatus hindeutet. Sportler B scheint im fortgeschrittenen Gewichtheberstadium zu sein, da sich seine Leistungswerte nur wenig ändern, über einen längeren Zeitraum hinweg gesehen jedoch noch erhebliche Änderungen erfahren (Spannweite).

b) Der professionelle Gewichtheber bewegt sich bereits nahe seines absoluten Maximums. Daher wird er eine sehr kleine Spannweite und eine kleine Streuung um den Mittelwert (Standardabweichung) haben. Der Hobbysportler hingegen wird sich erheblich steigern können, was in einer größeren Spannweite resultiert, ebenso wie in einer größeren Standardabweichung. Das Maximum wird beim Profi selbstverständlich deutlich höher liegen als beim Hobbysportler.

Seite 223 | Aufgabe 11

a) Das arithmetische Mittel beträgt dann $\bar{x} = \frac{29 \cdot 70 + 50}{30} \approx 69,3$.

b) Da nicht bekannt ist, wie groß die Standardabweichung zuvor war, kann man dies nicht beurteilen. Für den Extremfall, dass zuvor die Standardabweichung 0 war, also alle Schüler genau 70 kg wogen, so ist sie jetzt größer geworden.

Seite 224 | Aufgabe 12

Gruppe A: Das arithmetische Mittel ist 55,75 s, der Median ist 55,5 s.
Gruppe B: Das arithmetische Mittel ist 58 s, der Median ist 52 s.
Im Durchschnitt schneidet Gruppe A mit etwa 56 s zwar besser ab als Gruppe B mit 58 s, jedoch hat Gruppe B den schnellsten Teilnehmer. Demnach könnte man der Gruppe A den Preis geben, da sie als gesamte Gruppe die schnellste waren und der Gruppe B, da sie den schnellsten Lauf hatten.

Seite 224 | Aufgabe 13

Die Aussage von Chris muss nicht stimmen, wie man am folgenden Beispiel sieht: drei Schüler haben eine 1, sechs Schüler haben eine 2, ein Schüler (Chris) eine 3, keiner hat eine 4 oder 5 und acht Schüler haben eine 6. Damit ist die Durchschnittsnote 3,67, aber es gibt dennoch mehr Schüler mit einer besseren Note als Chris, als Schüler mit einer schlechteren.

Seite 224 | Aufgabe 14

a) Das neue Durchschnittsgewicht beträgt $\frac{20 \cdot 5\,\text{g} + 7\,\text{g}}{21} \approx 5,095\,\text{g}$.

b) Die neue Schraube müsste 26 g wiegen.

c) Die neue Schraube müsste 22 g wiegen.

Seite 224 | Aufgabe 15

Für die sieben Zahlen gilt: $10 + 32 + 11 + x + 20 + 10 + 47 = 30 \cdot 7$
Daraus folgt $x = 80$.

Seite 224 | Aufgabe 16

$\bar{x} = 1 \cdot 0,02 + 2 \cdot 0,1 + 3 \cdot 0,45 + 4 \cdot 0,25 + 5 \cdot 0,18 + 6 \cdot 0 = 3,47 \approx 3,5$

Seite 224 | Aufgabe 17

Anhand der Klassen lassen sich keine Durchschnittswerte errechnen, da man nicht weiß, ob sich das Gewicht der Kämpferinnen eher am unteren oder eher am oberen Rand der Klassen bewegt. Zudem sind die Klassen unterschiedlich groß, die unterste und oberste Klasse haben sogar jeweils keine untere bzw. obere Grenze. Um dieses Problem zu umgehen, kann man einfach die genauen Körpergewichte der einzelnen Kämpferinnen ermitteln und zur Berechnung des Durchschnitts heranziehen.

Seite 224 | Aufgabe 18

a) Beispiel für eine Klassenbreite von 0,5 m:

gesprungene Weite s (in m)	$2{,}75 \leq s < 3{,}25$	$3{,}25 \leq s < 3{,}75$	$3{,}75 \leq s < 4{,}25$	$4{,}25 \leq s < 4{,}75$	$4{,}75 \leq s < 5{,}25$
absolute Häufigkeit	6	3	11	7	3

b) Am einfachsten sind Histogramme zu zeichnen, wenn die Klassen gleich breit sind. Jede Klasse wird durch einen Balken repräsentiert. Der Flächeninhalt eines Balkens entspricht der relativen Häufigkeit der Klasse. Es gilt:

$$\text{Höhe} \cdot \text{Breite} = \frac{\text{absolute Häufigkeit}}{\text{Gesamtzahl}}$$

Für die Höhen der Balken zu den Sprungweiten ergibt sich damit:

$$\text{Höhe} = \frac{\text{absolute Häufigkeit}}{\text{Gesamtzahl} \cdot \text{Breite}} = \frac{\text{absolute Häufigkeit}}{30 \cdot 0{,}5} = \frac{\text{absolute Häufigkeit}}{15}$$

c) In Balken- oder Säulendiagramme haben die Breiten der Säulen in der Regel keine Bedeutung. Relative oder absolute Häufigkeiten werden als y-Werte dargestellt. In Histogrammen entspricht die Säulenbreite der Klassenbreite. Die relative oder absolute Häufigkeit einer Klasse entspricht dem Flächeninhalt ihrer Säule. Dadurch lassen sich relative Anteile der einzelnen Klassen besser erkennen. Wählt man gleiche Klassenbreiten mit Klassenbreite $= \frac{1}{N}$ (N – Gesamtzahl), so ergibt sich ein klassisches Säulendiagramm ohne Lücken zwischen den Säulen.

Seite 224 | Aufgabe 19

Wertet man die ungültigen Sprünge nicht aus, so hat Mike Powell eine Standardabweichung von 0,40 m und Carl Lewis eine Standardabweichung von 0,08 m. Zählt man ungültige Sprünge als 0 m, so hat Mike Powell eine Standardabweichung von 3,98 m und Carl Lewis eine Standardabweichung von 3,29 m. Man könnte für Carl Lewis argumentieren, dass er eine konstantere Leistung erbracht hat. Zwar hat Powell den weitesten Sprung gemacht, aber Lewis konnte konstanter weite Sprünge machen. Dies erkennt man daran, dass seine Standardabweichung stets geringer ist.

Seite 225 | Aufgabe 20

Individuelle Lösungen

Seite 225 | Aufgabe 21

Diese Aussage kann so allgemein nicht gemacht werden. Auch eine große Spannweite muss die Standardabweichung nicht sehr beeinflussen: Wenn sehr viele Daten vorliegen und davon nur jeweils einer sehr klein und einer sehr groß ist, ist zwar die Spannweite groß. Wenn gleichzeitig aber viele andere Werte nahe am Mittelwert sind, so kann die Standardabweichung dennoch klein ausfallen.

Seite 225 | Aufgabe 22

a) $20 + 15 + 12 + 20 + 8 + 6 + 8 + 10 + 12 + 18 = 129$
b) Es handelt sich hierbei um absolute Häufigkeiten. Die absolute Häufigkeit beschreibt, wie oft ein Ereignis tatsächlich aufgetreten ist. Die relative Häufigkeit beschreibt, wie oft ein Ereignis im Verhältnis zum Stichprobenumfang aufgetreten ist.
c) Der Median beträgt 12, das arithmetische Mittel beträgt 12,9 und die Standardabweichung 4,87.
d) ① Dieser Kontext ist realistisch. Wenn vor der Zählstelle eine Ampel steht, kommen Autos in Wellen, wie hier zu sehen.
   ② Jugendliche sind in der Lage, die Luft wesentlich länger anzuhalten, bis zu einer Minute und darüber. Dies ist kein realistischer Kontext.
   ③ Katzen wiegen für gewöhnlich zwischen 3 kg und 5 kg. Dies ist deshalb kein realistischer Kontext.
   ④ 6 m bis 20 m ist eine realistische Gebäudegröße z. B. in Wohngebieten mit Einfamilienhäusern und kleineren Blocks.

Seite 225 | Aufgabe 23

a) Daten (sinnvoll gerundet): 30,5; 30,5; 28; 24,5; 35; 20; 23; 28; 23,5; 21,5; 25,5; 27; 26:
   Der Median beträgt 26, die Standardabweichung beträgt 3,95 und die Spannweite beträgt 15.
b) Durch die Visualisierung der Daten sind diese ungenau und man muss den Wert stets abschätzen. Die daraus resultierenden Daten sind demnach auch ungenau. Bei Wurfweiten im Sportunterricht ist dies aber relativ irrelevant, da die Weiten sowieso nicht ganz genau gemessen werden können.

Seite 225 | Aufgabe 24

a)

Augensumme	2	3	4	5	6	7	8	9	10	11	12
relative Häufigkeit	$\frac{1}{36}$	$\frac{2}{36}$	$\frac{3}{36}$	$\frac{4}{36}$	$\frac{5}{36}$	$\frac{6}{36}$	$\frac{5}{36}$	$\frac{4}{36}$	$\frac{3}{36}$	$\frac{2}{36}$	$\frac{1}{36}$

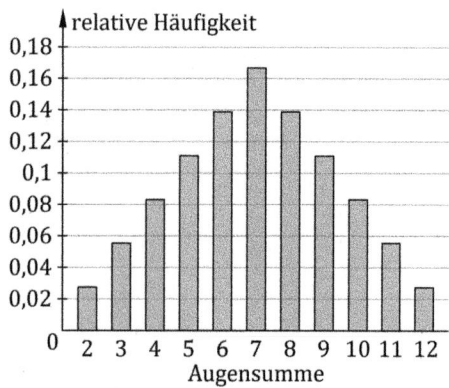

b) Beim Säulendiagramm fällt auf, dass die mittleren Werte viel häufiger auftreten als sehr kleine oder große Werte. Daraus lässt sich eine relativ kleine Standardabweichung herleiten. Aufgrund der Symmetrie der Verteilung ist das arithmetische Mittel gleich dem Median.

c) Das arithmetische Mittel beträgt 7, der Median ist 7 und die Standardabweichung beträgt 2,42.

d) Von den 36 möglichen Kombinationen führen 3 zum Gewinn von 1 Euro (die 6, die 7 oder die 8), deren Wahrscheinlichkeit $\frac{16}{36}$ beträgt. Die Verlustwahrscheinlichkeit beträgt $\frac{20}{36}$. Entsprechend sollte man sich nicht auf das Spiel einlassen.

6.2 Simulation von Zufallsexperimenten

Seite 226 | Einstieg

a) Da Alexander im Schnitt in 2 von 6 Würfen trifft, könnte man jeden Wurf mit einem Würfel simulieren. Zwei der möglichen Ereignisse (z. B. „5" und „6") stehen für einen Treffen, die anderen vier dafür, dass er nicht trifft. Eine Serie mit drei Pfeilen kann man durch das dreifache Werfen eines Würfels oder das Werfen mit drei Würfeln simulieren.

b) und c) Individuelle Lösungen

Seite 227 | Aufgabe 1

a) Dass die Spieler in drei verschiedene Felder treffen und somit drei Punkte erhalten, ist am wahrscheinlichsten (Wahrscheinlichkeit: $1 \cdot \frac{5}{6} \cdot \frac{4}{6} \approx 0{,}556$).

b) Die drei Würfel werden geworfen. Für drei gleiche Zahlen gibt es insgesamt einen Punkt, für zwei verschiedene Zahlen zwei Punkte und für drei unterschiedliche Zahlen drei Punkte.

c) Individuelle Lösungen

d) Individuelle Lösungen

Seite 227 | Aufgabe 2

Individuelle Lösungen; Beispiel:
In A2:A101 für Spieler 1 und in B2:B101 für Spieler 2 steht der Befehl =ZUFALLSBEREICH(1;6). In der Spalte C kann man die Differenz bilden. Den Befehl =A2–B2 in Zelle C2 kann man nach unten ziehen. Die Anzahl der Siege von Spieler 1 kann man mit dem Befehl =ZÄHLENWENN(C2:C101;">0") zählen, die von Spieler 2 mit =ZÄHLENWENN(C2:C101;"<0").

Seite 227 | Aufgabe 3

a) Die Zufallszahl liegt zwischen 0 und 1, ist sie größer als 0,78 = 78 %, dann zählt sie als „vorbei". Die Spalte „Auswertung" unterscheidet zwischen ≤ 0,78 und >0,78. Die Anzahl an „Treffer" und „vorbei" werden in Spalte D gezählt.

b) In der Spalte A benötigt man den Befehl =ZUFALLSZAHL().
In Spalte B in B2 steht =WENN(A2>0,78;"vorbei"; "Treffer") und in B3 entsprechend =WENN(A3>0,78;"vorbei"; "Treffer").

Seite 228 | Aufgabe 4

a) ② simuliert Ninas Würfelergebnis. Bei ① könnte beispielsweise auch „3" das Ergebnis sein, was aus keiner Verdopplung einer ganzen Zahl berechnet werden kann.

b) Individuelle Lösungen

c) Option ② ist fairer, da Nina im Mittel das Ergebnis 2,5 + 1 = 3,5 wie Patrick erhält, bei Option ① erhält sie im Mittel das Ergebnis 2,5 · 1,5 = 3,75.

Seite 228 | Aufgabe 5

a) In Spalte steht jeweils der Befehl =ZUFALLSBEREICH(1;6) und in Spalte D in D2 z.B. =A2+B2+C2.
In Spalte D werden die Spalten A, B und C addiert. In Spalte F wird untersucht, wie oft eine einzelne Summe vorkommt.

b) Individuelle Lösungen; z.B. absolute Häufigkeit: 700, 710 695, 718 und 721 und relative Häufigkeit: 0,47; 0,47; 0,46; 0,48 und 0,48.

c) Die Ergebnisse sind in jedem Durchgang etwas unterschiedlich, da die Anzahl der Summe der Augenzahlen voneinander abweicht. Trotzdem sind die Ergebnisse sehr ähnlich, da eine hohe Anzahl an Durchgängen gewählt wurde, die dafür verantwortlich ist, dass sich das Ergebnis bei der berechenbaren Wahrscheinlichkeit einpendelt.

d) ① In Spalte D werden nun die Werte in Spalte A, B und C multipliziert, in D2 steht z.B. =A2*B2*C2.
② Spalte D wird nach rechts in Spalte F verschoben. In Spalte D wird „Würfel D", in Spalte E wird „Würfel E" eingefügt. Der Befehl =ZUFALLSBEREICH(1;6) wird nach rechts und nach unten „gezogen".

Seite 228 | Aufgabe 6

a) Zieht Lea nach rechts, verändert sich der Befehl nicht nur wie gewünscht von E1 zu F1, G1, usw. sondern es ändert sich auch der Bereich, in dem gezählt werden soll von C:C zu D:D, E:E, usw.

b) Einen fixen Bezug kann man beispielsweise mithilfe des Befehls \$C:\$C herstellen, so ändert sich dieser Bereich beim „Ziehen" nicht. Alternativ kann man die möglichen Differenzen in Spalte D schreiben, sie in Spalte E zählen und den entsprechenden Befehl in Zelle E2 nach unten ziehen.

Seite 228 | Aufgabe 7

a) In die Spalte A tippt man den Befehl =ZUFALLSZAHL(). In die Spalte B tippt man den Befehl =WENN(A1>0,3;"B";"A").

b) In die Spalte A tippt man wieder den Befehl =ZUFALLSZAHL(). In Spalte B wird nun der Befehl =WENN(A1<0,5;"A";WENN(A1>0,8;"C";"B")).

c) In Spalte A verwendet man erneut den Befehl =ZUFALLSZAHL(). In Spalte B wird nun der Befehl =WENN(A1<0,1;"A";WENN(A1<0,4;"B";WENN(A1<0,8;"C";"D"))) geschrieben.

d) Individuelle Lösungen; Die Anzahl der Drehungen, in welchen das Feld A gedreht wurde, sollte nahe an der theoretischen Trefferwahrscheinlichkeit liegen.

Seite 228 | Aufgabe 8

Individuelle Lösungen; In A1 kann man eine beliebige Startzahl schreiben. Für 20 als vorgegebene Grenze, a = 1 und b = 7, steht beispielsweise in Zelle A2 der Befehl =WENN(A1<20;ZUFALLSBEREICH(1;7)+A1;"STOPP"). Diesen Befehl kann man nach unten ziehen. Die Anzahl der Schritte kann mit dem Befehl =ZÄHLENWENN(A:A;"<80") gezählt werden.

6.3 Zufallsgrößen und Wahrscheinlichkeitsverteilungen

Seite 229 | Einstieg

a) Der linke Würfel kann die Zahlen 1 und 2 zeigen, der rechte Würfel die Zahlen 3, 6 und 12. Mögliche Produkte sind also:
$1 \cdot 3 = 3; 1 \cdot 6 = 6; 1 \cdot 12 = 12; 2 \cdot 3 = 6; 2 \cdot 6 = 12; 2 \cdot 12 = 24$

b) $3: 1 \cdot 3;\ 6: 1 \cdot 6$ und $2 \cdot 3;\ 12: 1 \cdot 12$ und $2 \cdot 6;\ 24: 2 \cdot 12$

c) $P(3) = \frac{1}{2} \cdot \frac{1}{3} = \frac{1}{6}$; $P(6) = \frac{1}{2} \cdot \frac{1}{2} + \frac{1}{2} \cdot \frac{1}{3} = \frac{5}{12}$; $P(12) = \frac{1}{2} \cdot \frac{1}{6} + \frac{1}{2} \cdot \frac{1}{2} = \frac{1}{3}$; $P(24) = \frac{1}{2} \cdot \frac{1}{6} = \frac{1}{12}$

Seite 230 | Aufgabe 1

a) Möglich sind die Werte 1, 2 und 3.
x = 2 für die Ergebnisse 1, 3, 5, 7 und 9;
x = 1 für die Ergebnisse 2, 4, 6, 8, 10, 12, 14, 16, 18 und 20;
x = 3 für die Ergebnisse 11, 13, 15, 17 und 19

b)

x	1	2	3
P (X = x)	0,5	0,25	0,25

c) 0,5 + 0,25 + 0,25 = 1; Die Summe aller Wahrscheinlichkeiten muss 1 sein.

Seite 230 | Aufgabe 2

Die Summe der Wahrscheinlichkeiten muss jeweils 1 sein. Zufallsexperiment: individuelle Lösungen

a) P(X = 3) = 0,3   b) P(X = 3) = 0,2   c) P(X = 1) = 0,5   d) P(X = 3) = 0,15

Seite 231 | Aufgabe 3

a) 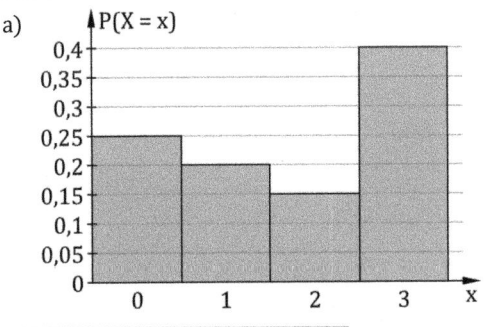   b)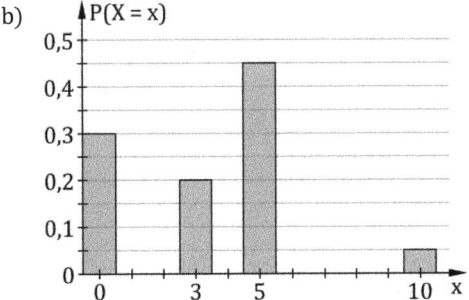

Seite 231 | Aufgabe 4

a) 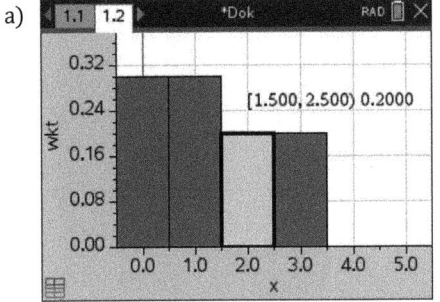   b)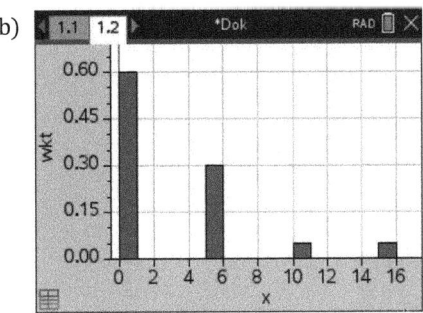

Seite 231 | Aufgabe 5

a) Die Zufallsgröße X kann die Werte 2, 3, 4, 5, 6, 7 und 8 annehmen.
Die Zufallsgröße Y kann die Werte 1, 2, 3, 4, 6, 8, 9, 12 und 16 annehmen.

b)

x	2	3	4	5	6	7	8
$P(X=x)$	$\frac{1}{16}$	$\frac{1}{8}$	$\frac{3}{16}$	$\frac{1}{4}$	$\frac{3}{16}$	$\frac{1}{8}$	$\frac{1}{16}$

y	1	2	3	4	6	8	9	12	16
$P(Y=y)$	$\frac{1}{16}$	$\frac{1}{8}$	$\frac{1}{8}$	$\frac{3}{16}$	$\frac{1}{8}$	$\frac{1}{8}$	$\frac{1}{16}$	$\frac{1}{8}$	$\frac{1}{16}$

c)

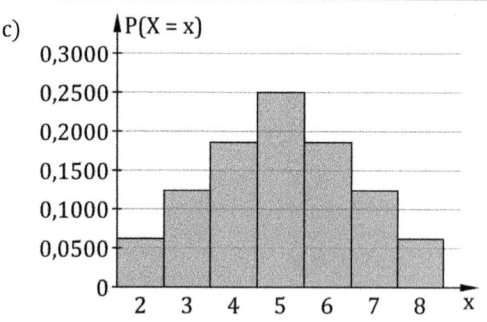 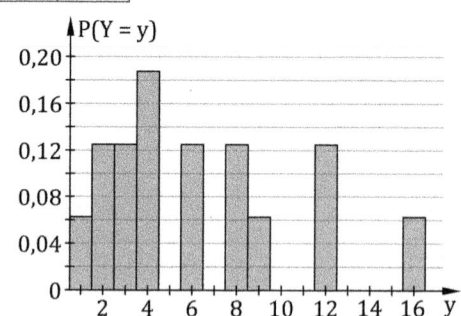

Seite 231 | Aufgabe 6

a) ① mit Zurücklegen

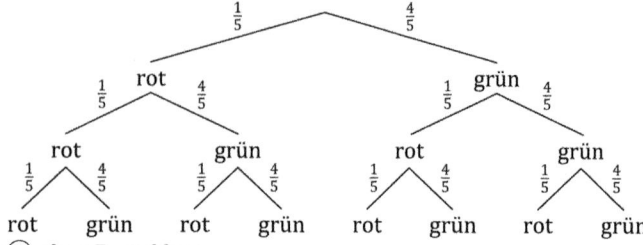

② ohne Zurücklegen

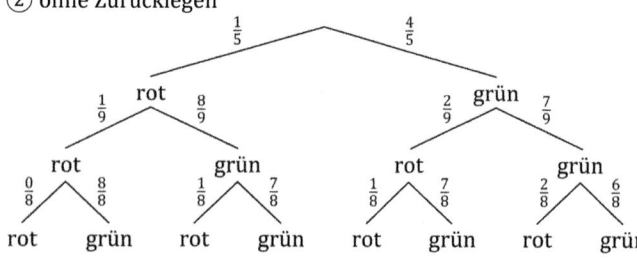

b) ①

x	0	1	2	3
$P(X=x)$	0,512	0,384	0,096	0,008

②

x	0	1	2	3
$P(X=x)$	$\frac{7}{15}$	$\frac{7}{15}$	$\frac{1}{15}$	0

Seite 231 | Aufgabe 7

① $P(X \leq 3) = P(X=1) + P(X=2) + P(X=3) = 0,1 + 0,15 + 0,25 = 0,5$
② $P(X \geq 3) = P(X=3) + P(X=4) + P(X=5) + P(X=6) = 0,25 + 0,25 + 0,15 + 0,1 = 0,75$
③ $P(X > 3) = P(X=4) + P(X=5) + P(X=6) = 0,25 + 0,15 + 0,1 = 0,5$
④ $P(X < 3) = P(X=1) + P(X=2) = 0,1 + 0,15 = 0,25$
⑤ $P(3 \leq X \leq 5) = P(X=3) + P(X=4) + P(X=5) = 0,25 + 0,25 + 0,15 = 0,65$
⑥ $P(3 < X < 5) = P(X=4) = 0,25$

Seite 231 | Aufgabe 8

a) $P(X \leq 2) = 0,7$ b) $P(X < 3) = 0,7$ c) $P(X \leq 3) = 0,85$ d) $P(1 \leq X \leq 4) = 0,85$
e) $P(X > 4) = 0,05$ f) $P(X \leq 5) = 1$ g) $P(X \geq 2) = 0,7$ h) $P(X=0) = 0,1$

Seite 232 | Aufgabe 9

a) Die Zufallsgröße X kann die Werte 0, 2, 3, 5 und 7 annehmen.

b)

x	0	2	3	5	7
$P(X=x)$	0,2	0,3	0,2	0,2	0,1

Seite 232 | Aufgabe 10

a) Carolin:

x	1	2	3	4	5	6
h	0,04	0,08	0,16	0,24	0,18	0,3

Nadine:

x	1	2	3	4	5	6
h	0,06	0,14	0,1	0,2	0,26	0,24

b) Individuelle Lösungen

c)

x	1	2	3	4	5	6
P (X = x)	$\frac{1}{36} \approx 0,03$	$\frac{3}{36} \approx 0,08$	$\frac{5}{36} \approx 0,14$	$\frac{7}{36} \approx 0,19$	$\frac{9}{36} = 0,25$	$\frac{11}{36} \approx 0,31$

d) Die Häufigkeitsverteilungen stimmen bei manchen Werten gut mit der Wahrscheinlichkeitsverteilung überein, es gibt aber auch größere Abweichungen: bei Carolin für x = 4 und x = 5, bei Nadine für x = 2 und x = 6. Bei der Wahrscheinlichkeitsverteilung werden die Wahrscheinlichkeiten mit zunehmendem x größer. Bei den relativen Häufigkeiten ist auch eine solche Tendenz erkennbar, es gibt aber Abweichungen.

Seite 232 | Aufgabe 11

a) Lisas Wahrscheinlichkeitsverteilung ist richtig.

b) Die Zufallsgröße X kann die Werte 1 und 10 annehmen. Tim und Ilka haben anstelle der Punktzahl für x die einzelnen Würfelergebnisse aufgezählt

Seite 232 | Aufgabe 12

a)

x	0	1	2	3	4	5	6	7	8
P (X = x)	0,05	0,1	0,15	0,25	0,15	0,1	0,1	0,05	0,05

b) Maximilian hat Recht. $P(X \leq 7) = 1 - P(X = 8) = 1 - 0,05 = 0,95$

Seite 233 | Aufgabe 13

a)

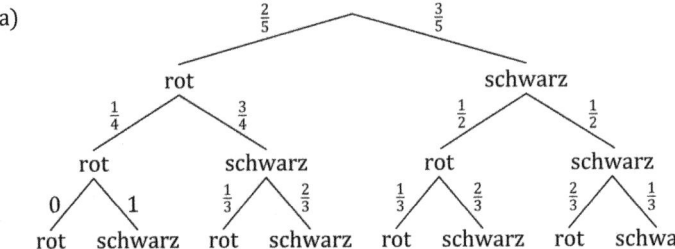

b) Die Zufallsgröße X gibt die Anzahl der roten Kugeln an. Die Zufallsgröße Y gibt die Anzahl der schwarzen Kugeln an.

c) Die Wahrscheinlichkeiten addieren sich nicht zu 1, da es auch die Möglichkeit gibt, dass nach drei Ziehungen noch keine rote Kugel gezogen wurde. Die Größe W ist keine Zufallsgröße, da sie dem Ergebnis, dass drei schwarze Kugeln gezogen werden, keine Zahl zuordnet.

Seite 233 | Aufgabe 14

a) In die Spalte A benötigt man für die Simulation des Spielwürfels den Befehl =ZUFALLSBEREICH(1;6). In Spalte B schreibt man für die Simulation des Glücksrads den Befehl =2*ZUFALLSBEREICH(0;3). Für die Auswertung verwendet man in Spalte C den Befehl =WENN(A1>B1;A1;B1) und als „Zähler" beispielsweise für den Fall, dass 1 die höhere Zahl ist, den Befehl =ZÄHLENWENN(C:C;"1").

b) Individuelle Lösungen

c)

x	0	1	2	3	4	5	6
P (X = x)	0	$\frac{1}{24}$	$\frac{1}{8}$	$\frac{1}{12}$	$\frac{1}{4}$	$\frac{1}{8}$	$\frac{9}{24}$

d) Auf lange Sicht nähert sich die relative Häufigkeitsverteilung der theoretischen Wahrscheinlichkeitsverteilung an. Doch die Aussage, dass sie sich in jedem Fall immer mehr der theoretischen Wahrscheinlichkeitsverteilung annähert, ist falsch.

Seite 233 | Aufgabe 15

a) Die Werte der drei Drehungen werden mithilfe des Befehls =ZUFALLSBEREICH(1;4) z.B. in den Spalten A bis C simuliert. Die Auswertung der einzelnen Drehungen erfolgt mit =WENN(A1<B1; WENN(A1<C1; A1; C1); WENN(B1<C1; B1; C1)), z.B. in Spalte D. Wie oft beispielsweise die 1 der kleinste gedrehte Wert ist, wird mithilfe des Befehls =ZÄHLENWENN(D:D; "1") ausgewertet.

b)

x	1	2	3	4
P(X = x)	$\frac{4^3 - 3^3}{64} = \frac{37}{64} \approx 57,8\%$	$\frac{3^3 - 2^3}{64} = \frac{19}{64} \approx 29,7\%$	$\frac{2^3 - 1^3}{64} = \frac{7}{64} \approx 10,9\%$	$\frac{1^3}{64} = \frac{1}{64} \approx 1,6\%$

c) Nun wird in Spalte E der Befehl =WENN(A1>B1; WENN(A1>C1; A1; C1); WENN(B1>C1; B1; C1)) benötigt. Die Summe des größten und des kleinsten gedrehten Wertes erhält man in einer separaten Spalte mithilfe von =D1+E1.
Ermittlung der Verteilung von Y:

y: Summe kleinster und größter Wert	kleinster Wert	größter Wert	weiterer Wert	Möglichkeiten der Reihenfolge	P(Y = y)
2	1	1	1	(1; 1; 1)	$\frac{1}{64} \approx 1,6\%$
3	1	2	1	(1; 1; 2); (1; 2; 1); (2; 1; 1)	$\frac{6}{64} = \frac{3}{32} \approx 9,4\%$
	1	2	2	(1; 2; 2); (2; 1; 2); (2; 2; 1)	
4	1	3	1	(1; 1; 3); (1; 3; 1); (3; 1; 1)	$\frac{13}{64} \approx 20,3\%$
	1	3	2	(1; 2; 3); (1; 3; 2); (2; 1; 3); (2; 3; 1); (3; 1; 2); (3; 2; 1)	
	1	3	3	(1; 3; 3); (3; 1; 3); (3; 3; 1)	
	2	2	2	(2; 2; 2)	

Aus Symmetriegründen gilt: $P(Y = 8) = \frac{1}{64} \approx 1{,}6\,\%$; $P(Y = 7) = \frac{6}{64} = \frac{3}{32} \approx 9{,}4\,\%$; $P(Y = 6) = \frac{13}{64} \approx 20{,}3\,\%$

Es folgt: $P(Y = 5) = 1 - \frac{40}{64} = \frac{3}{8} = 37{,}5\,\%$

Seite 233 | Aufgabe 16

a) Die Würfelergebnisse $(2; 3)$, $(3; 2)$ und $(4; 4)$ führen zu $Z = 4$; $P(Z = 4) = \frac{3}{16}$

b)

	1	2	3	4
1	$X = 0, Y = 1$, $Z = 1$	$X = 1, Y = 2$, $Z = 3$	$X = 2, Y = 3$, $Z = 5$	$X = 3, Y = 4$, $Z = 7$
2	$X = 1, Y = 2$, $Z = 3$	$X = 0, Y = 2$, $Z = 2$	$X = 1, Y = 3$, $Z = 4$	$X = 2, Y = 4$, $Z = 6$
3	$X = 2, Y = 3$, $Z = 5$	$X = 1, Y = 3$, $Z = 4$	$X = 0, Y = 3$, $Z = 3$	$X = 1, Y = 4$, $Z = 5$
4	$X = 3, Y = 4$, $Z = 7$	$X = 2, Y = 4$, $Z = 6$	$X = 1, Y = 4$, $Z = 5$	$X = 0, Y = 4$, $Z = 4$

x	1	2	3	4	5	6	7
$P(Z = x)$	$\frac{1}{16}$	$\frac{1}{16}$	$\frac{3}{16}$	$\frac{3}{16}$	$\frac{1}{4}$	$\frac{1}{8}$	$\frac{1}{8}$

c)

	1	2	3	4
1	$W = -1$, $U = -1$	$W = -1$, $U = 0$	$W = -1$, $U = 1$	$W = -1$, $U = 2$
2	$W = -1$, $U = 0$	$W = -2$, $U = -2$	$W = -2$, $U = -1$	$W = -2$, $U = 0$
3	$W = -1$, $U = 1$	$W = -2$, $U = -1$	$W = -3$, $U = -3$	$W = -3$, $U = -2$
4	$W = -1$, $U = 2$	$W = -2$, $U = 0$	$W = -3$, $U = -2$	$W = -4$, $U = -4$

x	-4	-3	-2	-1	0	1	2
$P(W = x)$	$\frac{1}{16}$	$\frac{3}{16}$	$\frac{5}{16}$	$\frac{7}{16}$	0	0	0
$P(U = x)$	$\frac{1}{16}$	$\frac{1}{16}$	$\frac{3}{16}$	$\frac{3}{16}$	$\frac{1}{4}$	$\frac{1}{8}$	$\frac{1}{8}$

6.4 Erwartungswert

Seite 234 | Einstieg

a) Da es mehr gelbe als rote Felder gibt, ist der Mittelwert kein fairer Einsatz.

b) In durchschnittlich $\frac{3}{12} \cdot 1000 = 250$ Fällen werden 5 € ausgezahlt, in $\frac{9}{12} \cdot 1000 = 750$ Fällen 1 €, also bei 1000 Spielen im Durchschnitt 2000 €.

c) Bei einem Einsatz von 2 € pro Spiel macht der Betreiber auf lange Sicht weder Verlust noch Gewinn.

Seite 235 | Aufgabe 1

a) $E(X) = 3$ b) $E(X) = 14$ c) $E(X) = 135$ d) $E(X) = 0$

Seite 235 | Aufgabe 2

a) $E(X) = 3\,€$ b) Das Spiel ist bei einem Einsatz von 3 € fair.

Seite 235 | Aufgabe 3

a) $E(X) = 2{,}6$

b) Bei einer Erhöhung von $P(X = 2)$ um 0,05 bei gleichzeitiger Verringerung von $P(X = 4)$ um 0,05 sinkt der Erwartungswert um 0,1. Bei einer Verringerung von $P(X = 2)$ um 0,05 bei gleichzeitiger Erhöhung von $P(X = 4)$ um 0,05 steigt der Erwartungswert um 0,1.

Seite 235 | Aufgabe 4

a) $E(X) = 2{,}5$ b) $E(X) = 9{,}4$

Seite 236 | Aufgabe 5

a) $E(X) = \frac{1}{9} \cdot 1\,€ + \frac{1}{3} \cdot 2\,€ + \frac{5}{9} \cdot 4\,€ = 3\,€$

b) Der langfristig zu erwartende durchschnittliche Gewinn beträgt 3 € – 2,50 € = 0,50 €. Da dieser Gewinn nicht 0 ist, ist das Spiel nicht fair.

c) Bei einem Einsatz von 3 € wäre das Spiel fair.

Seite 236 | Aufgabe 6

a) ①

x	1	2	3	4	5	6
$P(X = x)$	$\frac{1}{6}$	$\frac{1}{6}$	$\frac{1}{6}$	$\frac{1}{6}$	$\frac{1}{6}$	$\frac{1}{6}$

②

x	0	1	2	3	4	5	6	7	8	9
$P(X = x)$	$\frac{1}{10}$	$\frac{1}{10}$	$\frac{1}{10}$	$\frac{1}{10}$	$\frac{1}{10}$	$\frac{1}{10}$	$\frac{1}{10}$	$\frac{1}{10}$	$\frac{1}{10}$	$\frac{1}{10}$

③

x	0	1	2
$P(X = x)$	$\frac{1}{4}$	$\frac{1}{2}$	$\frac{1}{4}$

④

x	1	2	3	4	5
P (X = x)	$\frac{1}{5}$	$\frac{1}{5}$	$\frac{1}{5}$	$\frac{1}{5}$	$\frac{1}{5}$

⑤

x	2	3	4	5	6	7	8	9	10	11	12
P (X = x)	$\frac{1}{36}$	$\frac{1}{18}$	$\frac{1}{12}$	$\frac{1}{9}$	$\frac{5}{36}$	$\frac{1}{6}$	$\frac{5}{36}$	$\frac{1}{9}$	$\frac{1}{12}$	$\frac{1}{18}$	$\frac{1}{36}$

⑥

x	0	1	2	3
P (X = x)	$\frac{1}{8}$	$\frac{3}{8}$	$\frac{3}{8}$	$\frac{1}{8}$

b) Die Histogramme sind symmetrisch. Der Wert, um den das Histogramm symmetrisch ist, ist der Erwartungswert.

c) und d)   ① E(X) = 3,5   ② E(X) = 4,5   ③ E(X) = 1   ④ E(X) = 3   ⑤ E(X) = 7   ⑥ E(X) = 1,5

e) Der Erwartungswert von symmetrischen Verteilungen ist gleich dem Wert, zu dem die Verteilung symmetrisch ist. Dies entspricht dem arithmetischen Mittel und dem Median der Werte, den die Zufallsgröße annimmt.

Seite 236 | Aufgabe 7

a) Spiel 1: E(X) = 0,80, das Glücksspiel ist nicht fair.   Spiel 2: E(X) = 2,20, das Glücksspiel ist nicht fair.

b) Auf lange Sicht gesehen macht der Spieler Gewinn und der Anbieter des Glücksspiels Verlust. Dies ist nicht wirtschaftlich für den Anbieter.

c) Individuelle Lösungen; Bei Spiel 2 ist der Einsatz höher und man kann mehr Geld verlieren.

d) Beispiele:
Spiel 1: Das Drehen eines Glücksrads mit drei unterschiedlich großen Feldern mit den Zahlen 0,1 und 2.
Spiel 2: Ein Spielautomat, der eine Zufallszahl anzeigt. Die Zufallszahl kann die Werte 0,1, 2, 5 und 8 annehmen.

Seite 236 | Aufgabe 8

a) Die Zufallsgröße X gibt die Höhe der Auszahlung an. Die Zufallsgröße Y gibt an, wie groß der Gewinn des Spielers ist.

b) E(X) = 3,5   E(Y) = −0,5

c) Der Erwartungswert des Gewinns ist um 4 € geringer als der Erwartungswert der Auszahlung, da der Einsatz 4 € beträgt.

d) Der Erwartungswert von Y müsste bei einem fairen Spiel 0 sein.

Seite 237 | Aufgabe 9

a) Timos Rechnung für den Erwartungswert ist falsch, da nicht durch 3 geteilt werden darf. Es gilt E(X) = 2,2, sodass der Spieler auch nicht benachteiligt wird.

b) Michelles Berechnung des Erwartungswerts ist korrekt. Ihre Aussage, dass man beim Spiel durchschnittlich 2,20 € gewinnt ist jedoch falsch, sie hat den Einsatz von 2 € nicht berücksichtigt. Der durchschnittliche Gewinn beträgt 0,20 €.

c) Andrés Berechnung bezieht den Einsatz mit ein und gibt dadurch an, wieviel der Spieler auf lange Sicht hin gewinnt. Deswegen ist seine Einschätzung falsch. Das Spiel ist zum Vorteil des Spielers.

Seite 237 | Aufgabe 10

a) falsch; Der Erwartungswert der Augenzahl beim einmaligen Werfen eines Spielwürfels ist 3,5.

b) falsch. Der Erwartungswert der Zufallsgröße X mit P(X = 0) = 0,6 und P(X = 100) = 0,4 ist 40.

c) richtig

Seite 237 | Aufgabe 11

a) Individuelle Lösungen

b) Stand 1: arithmetisches Mittel 1,82   Stand 2: arithmetisches Mittel 1,72

c) Es gibt $\binom{5}{3}$ = 10 Möglichkeiten, 3 von 5 Zahlen auszuwählen.

X: Anzahl der Richtigen $P(X = 1) = \frac{3}{10} = 0{,}3$ $P(X = 2) = \frac{3 \cdot 2}{10} = 0{,}6$ $P(X = 3) = \frac{1}{10} = 0{,}1$

E(X) = 1,8

d) Der Erwartungswert beschreibt den Wert, den die Zufallsvariable im Durchschnitt auf lange Sicht gesehen, annimmt. Das arithmetische Mittel hängt vom konkreten Ausgang des Experiments ab, wird sich aber bei sehr vielen Durchführungen in der Nähe des Erwartungswerts einpendeln.

Seite 237 | Aufgabe 12

①

x	1	2	3	4	5
P (X = x)	$\frac{1}{6}$	$\frac{1}{6} \cdot \frac{5}{6}$	$\frac{1}{6} \cdot \left(\frac{5}{6}\right)^2$	$\frac{1}{6} \cdot \left(\frac{5}{6}\right)^3$	$\left(\frac{5}{6}\right)^4$

E(X) ≈ 3,59; Nach durchschnittlich 3,59 Würfen wird das erste Mal eine 6 geworfen bzw. abgebrochen.

②

x	3	4	5
P (X = x)	$\frac{1}{4}$	$\frac{3}{8}$	$\frac{3}{8}$

E(X) = 4,125; Nach durchschnittlich 4,125 Spielen ist ein Spiel entschieden.

③

x	3	4	5
P (X = x)	0,28	0,37	0,35

E(X) = 4,07: Nach durchschnittlich 4,07 Spielen ist ein Spiel entschieden.

④

x	2	3	4	5
P (X = x)	$\frac{1}{4}$	$\frac{1}{4}$	$\frac{1}{4}$	$\frac{1}{4}$

$E(X) = 3{,}5$; Nach durchschnittlich 3,5 weiteren Sätzen steht ein Sieger fest.

6.5 Varianz und Standardabweichung

Seite 238 | Einstieg

Die Zufallsgrößen X und Y haben beide den gleichen Erwartungswert 3,5. Bei Y sind die Werte in der Nähe des Erwartungswerts wahrscheinlicher und die Werte, die mehr vom Erwartungswert abweichen, unwahrscheinlicher als bei X. Die Werte von X streuen stärker als die Werte von Y.

Seite 239 | Aufgabe 1

a) $E(X) = 3$ $V(X) = (1-3)^2 \cdot 0{,}3 + (2-3)^2 \cdot 0{,}3 + (4-3)^2 \cdot 0{,}1 + (5-3)^2 \cdot 0{,}1 + (6-3)^2 \cdot 0{,}2 = 3{,}8$

b) $E(X) = 15$ $V(X) = (5-15)^2 \cdot 0{,}1 + (10-15)^2 \cdot 0{,}3 + (15-15)^2 \cdot 0{,}2 + (20-15)^2 \cdot 0{,}3 + (25-15)^2 \cdot 0{,}1 = 35$

c) $E(X) = -1$ $V(X) = (-2+1)^2 \cdot 0{,}6 + (-1+1)^2 \cdot 0{,}1 + (0+1)^2 \cdot 0{,}1 + (1+1)^2 \cdot 0{,}1 + (2+1)^2 \cdot 0{,}1 = 2$

d) $E(X) = 2$ $V(X) = (1-2)^2 \cdot 0{,}5 + (2-2)^2 \cdot 0{,}3 + (3-2)^2 \cdot 0{,}1 + (4-2)^2 \cdot 0{,}05 + (8-2)^2 \cdot 0{,}05 = 2{,}6$

Seite 239 | Aufgabe 2

a) $E(X) = 0{,}5$ $V(X) = (0-0{,}5)^2 \cdot 0{,}5 + (1-0{,}5)^2 \cdot 0{,}5 = 0{,}25$

b) $E(X) = 3{,}5$ $V(X) = (1-3{,}5)^2 \cdot \frac{1}{6} + (2-3{,}5)^2 \cdot \frac{1}{6} + (3-3{,}5)^2 \cdot \frac{1}{6} + (4-3{,}5)^2 \cdot \frac{1}{6} + (5-3{,}5)^2 \cdot \frac{1}{6} + (6-3{,}5)^2 \cdot \frac{1}{6} = \frac{35}{12}$

c) $E(X) = 5$ $V(X) = (2-5)^2 \cdot \frac{1}{16} + (3-5)^2 \cdot \frac{1}{8} + (4-5)^2 \cdot \frac{3}{16} + (5-5)^2 \cdot \frac{1}{4} + (6-5)^2 \cdot \frac{3}{16} + (7-5)^2 \cdot \frac{1}{8} + (8-5)^2 \cdot \frac{1}{16} = 2{,}5$

d) $E(X) = \frac{2}{3}$ $V(X) = \left(0-\frac{2}{3}\right)^2 \cdot \frac{4}{9} + \left(1-\frac{2}{3}\right)^2 \cdot \frac{4}{9} + \left(2-\frac{2}{3}\right)^2 \cdot \frac{1}{9} = \frac{4}{9}$

Seite 239 | Aufgabe 3

Der Erwartungswert ist bei allen Verteilungen 3,5. Es gilt: $\sigma_2 < \sigma_4 < \sigma_1 < \sigma_3$; Die Standardabweichung ist ein Maß für die Streuung der Wahrscheinlichkeitsverteilung um den Erwartungswert. Die Werte von ② streuen am geringsten, die von ③ am stärksten.

Seite 239 | Aufgabe 4

a) $\sigma_1 > \sigma_3 > \sigma_2$

b) ① $E(X) = 2{,}5$; $V(X) = 1{,}45$; $\sigma \approx 1{,}20$ ② $E(X) = 2{,}45$; $V(X) = 0{,}4475$; $\sigma \approx 0{,}67$
   ③ $E(X) = 1{,}65$; $V(X) = 0{,}7275$; $\sigma \approx 0{,}85$

Seite 239 | Aufgabe 5

a) Weniger risikoreich erscheint Glücksspiel 1.

b) X: Auszahlung in €

①

x	0,5	2
P (X = x)	$\frac{2}{3}$	$\frac{1}{3}$

②

x	0	1	5
P (X = x)	$\frac{4}{9}$	$\frac{4}{9}$	$\frac{1}{9}$

c) ① $E(X) = 1$; $V(X) = \frac{1}{2} = 0{,}50$ ② $E(X) = 1$; $V(X) = \frac{20}{9} \approx 2{,}22$

d) Je größer die Varianz in einem Glücksspiel ist, desto größer ist der jeweilige Gewinn oder Verlust, den man erzielen kann. Die Varianz eines Glücksspiels sagt also etwas über das Risiko, das der Spieler eingeht, voraus.

Seite 240 | Aufgabe 6

a) Die Zufallsgröße X gibt die Höhe der Auszahlung an. Die Zufallsgröße Y gibt an, wie groß der Gewinn des Spielers ist.

b) $E(X) = 3{,}5$; $V(X) = 15{,}42$; $\sigma(X) \approx 3{,}93$ $E(Y) = -0{,}5$; $V(Y) = 15{,}42$; $\sigma(Y) \approx 3{,}93$

c) Der Erwartungswert des Gewinns ist um 4 € geringer als der Erwartungswert der Auszahlung, da der Einsatz 4 € beträgt. Standardabweichung und Varianz sind beim Gewinn genauso groß wie bei der Auszahlung, da die Verteilungen nur um 4 € verschoben sind.

d) Der Erwartungswert von Y müsste bei einem fairen Spiel 0 sein.

Seite 240 | Aufgabe 7

Klasse 10a:

$E(X) = 1 \cdot \frac{1}{30} + 2 \cdot \frac{4}{30} + 3 \cdot \frac{10}{30} + 4 \cdot \frac{10}{30} + 5 \cdot \frac{4}{30} + 6 \cdot \frac{1}{30} = 3{,}5$

$\sigma(X) = \sqrt{(1-3{,}5)^2 \cdot \frac{1}{30} + (2-3{,}5)^2 \cdot \frac{4}{30} + (3-3{,}5)^2 \cdot \frac{10}{30} + (4-3{,}5)^2 \cdot \frac{10}{30} + (5-3{,}5)^2 \cdot \frac{4}{30} + (6-3{,}5)^2 \cdot \frac{1}{30}} \approx \sqrt{1{,}1833}$

Klasse 10b:

$E(X) = 1 \cdot \frac{1}{6} + 2 \cdot \frac{1}{6} + 3 \cdot \frac{1}{6} + 4 \cdot \frac{1}{6} + 5 \cdot \frac{1}{6} + 6 \cdot \frac{1}{6} = 3{,}5$

$\sigma(X) = \sqrt{(1-3{,}5)^2 \cdot \frac{1}{6} + (2-3{,}5)^2 \cdot \frac{1}{6} + (3-3{,}5)^2 \cdot \frac{1}{6} + (4-3{,}5)^2 \cdot \frac{1}{6} + (5-3{,}5) \cdot \frac{1}{6} + (6-3{,}5) \cdot \frac{1}{6}} = \sqrt{\frac{17{,}5}{6}} \approx 2{,}92$

Klasse 10c:

$E(X) = 3 \cdot 0{,}5 + 4 \cdot 0{,}5 = 3{,}5$

$\sigma(X) = \sqrt{(3-3{,}5)^2 \cdot 0{,}5 + (4-3{,}5)^2 \cdot 0{,}5} = 0{,}5$

Der Erwartungswert ist bei allen Klassen 3,5. Jedoch die Streuung ist unterschiedlich.

Seite 240 | Aufgabe 8

a) Firma A:

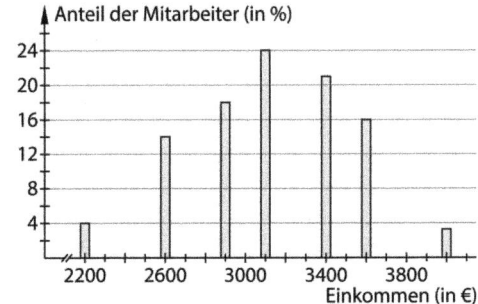

Firma B:

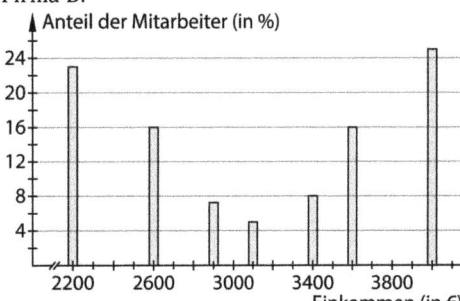

b) X, Y Gehalt bei Firma A bzw. B in €

$E(X) = 0{,}04 \cdot 2200 + 0{,}14 \cdot 2600 + 0{,}18 \cdot 2900 + 0{,}24 \cdot 3100 + 0{,}21 \cdot 3400 + 0{,}16 \cdot 3600 + 0{,}03 \cdot 4000 = 3128$

$V(X) = 0{,}04 \cdot (2200 - 3128)^2 + 0{,}14 \cdot (2600 - 3128)^2 + 0{,}18 \cdot (2900 - 3128)^2 + 0{,}24 \cdot (3100 - 3128)^2$
$\quad + 0{,}21 \cdot (3400 - 3128)^2 + 0{,}16 \cdot (3600 - 3128)^2 + 0{,}03 \cdot (4000 - 3128)^2 = 157\,016$

$\sigma(X) \approx 396{,}25$

$E(Y) = 0{,}23 \cdot 2200 + 0{,}16 \cdot 2600 + 0{,}07 \cdot 2900 + 0{,}05 \cdot 3100 + 0{,}08 \cdot 3400 + 0{,}16 \cdot 3600 + 0{,}25 \cdot 4000 = 3128$

$V(Y) = 0{,}23 \cdot (2200 - 3128)^2 + 0{,}16 \cdot (2600 - 3128)^2 + 0{,}07 \cdot (2900 - 3128)^2 + 0{,}05 \cdot (3100 - 3128)^2$
$\quad + 0{,}08 \cdot (3400 - 3128)^2 + 0{,}16 \cdot (3600 - 3128)^2 + 0{,}25 \cdot (4000 - 3128)^2 = 478\,016$

$\sigma(Y) \approx 691{,}39$

c) Individuelle Lösungen

Seite 240 | Aufgabe 9

a) fairer Einsatz in € beim Würfel: $\frac{1}{6} \cdot (1 + 2 + 3 + 4 + 5 + 6) = 3{,}5$

fairer Einsatz in € beim Glücksrad: $\frac{1}{4} \cdot (0 + 2 + 4 + 6) = 3$

b) Würfel: $V(X) = \frac{35}{12}$; Standardabweichung in €: $\sigma(X) \approx 1{,}71$

Glücksrad: $V(X) = 5$; Standardabweichung in €: $\sigma(X) \approx 2{,}24$

Die Wahrscheinlichkeit für größere Gewinne bzw. Verluste ist beim Glücksrad etwas größer als beim Würfel.

Seite 241 | Aufgabe 10

a) $E(X) = 5$

$V(X) = (2 - 5)^2 \cdot 0{,}1 + (4 - 5)^2 \cdot 0{,}5 + (6 - 5)^2 \cdot 0{,}2 + (8 - 5)^2 \cdot 0{,}2 = 9 \cdot 0{,}1 + 1 \cdot 0{,}5 + 1 \cdot 0{,}2 + 9 \cdot 0{,}2 = 1 \cdot 0{,}7 + 9 \cdot 0{,}3 = 3{,}4$

b) $(2 - 5)^2 = 9; (4 - 5)^2 = 1; (6 - 5)^2 = 1; (8 - 5)^2 = 9$

x	1	9
$P((X - E(X))^2 = x)$	0,7	0,3

$E((X - E(X))^2) = 1 \cdot 0{,}7 + 9 \cdot 0{,}3 = 3{,}4$

c) Bildet man für die Werte, die X annehmen kann, die jeweilige quadratische Abweichung vom Erwartungswert E(X), erhält man genau die Werte, die die Zufallsgröße $(X - E(X))^2$ annehmen kann. Multipliziert man die erhaltenen Werte mit den zugehörigen Wahrscheinlichkeiten und addiert die Produkte, erhält man einerseits die Varianz von X und andererseits den Erwartungswert von $(X - E(X))^2$.

Seite 241 | Aufgabe 11

a) n: Anzahl der gelben und roten Kugeln in der Urne   X: Auszahlung in €

$E(X) = 0{,}80 = 5 \cdot P(X = 5) = 5 \cdot \left(\frac{2}{n}\right)^2 \Rightarrow 0{,}16 = \frac{4}{n^2}$, also $n = 5$ In der Urne befinden sich drei rote Kugeln.

b) $E(X) = 0{,}50 = 5 \cdot P(X = 5) = 5 \cdot \frac{2}{n} \cdot \frac{1}{n-1} \Rightarrow 1 = \frac{20}{n^2 - n} \Rightarrow n^2 - n - 20 = 0$, also $n = 5$

In der Urne befinden sich drei rote Kugeln.

c) Variante 1: $V(X) = (0 - 0{,}8)^2 \cdot 0{,}84 + (5 - 0{,}8)^2 \cdot 0{,}16 = 3{,}36$

Variante 2: $V(X) = (0 - 0{,}5)^2 \cdot 0{,}9 + (5 - 0{,}5)^2 \cdot 0{,}1 = 2{,}25$

Variante 1 ist risikoreicher.

Seite 241 | Aufgabe 12

a) $d + c = 1 - \frac{5}{8} = \frac{3}{8}$ $E(X) = 7\,€ = c \cdot 0\,€ + \frac{1}{4} \cdot 4\,€ + \frac{1}{8} \cdot 8\,€ + \frac{1}{4} \cdot 12\,€ + d \cdot 16\,€$, es folgt $d = \frac{1}{8}$ und $c = \frac{1}{4}$.

$P(X = 0) = \frac{1}{4}$ $P(X = 16) = \frac{1}{8}$

b) $P(X = 0) = \frac{1}{4} \cdot \frac{1}{4} = \frac{1}{16}$ $P(X = 4) = 3 \cdot \frac{1}{4} \cdot \frac{1}{4} = \frac{3}{16}$ $P(X = 8) = 4 \cdot \frac{1}{8} \cdot \frac{1}{4} + \frac{1}{8} \cdot \frac{1}{8} = \frac{9}{64}$

$P(X = 12) = 5 \cdot \frac{1}{4} \cdot \frac{1}{4} + 2 \cdot \frac{1}{4} \cdot \frac{1}{8} = \frac{3}{8}$ $P(X = 16) = 6 \cdot \frac{1}{8} \cdot \frac{1}{4} + 3 \cdot \frac{1}{8} \cdot \frac{1}{8} = \frac{15}{64}$

x	0	4	8	12	16
P (X = x)	$\frac{1}{16}$	$\frac{3}{16}$	$\frac{9}{64}$	$\frac{3}{8}$	$\frac{15}{64}$

$E(X) = 10{,}125$; Der faire Einsatz für dieses Glücksspiel müsste 10,125 € betragen. Bei einem Einsatz von 10,12 € oder 10,13 € ist das Glücksspiel näherungsweise fair.

c) einmaliges Drehen: $V(X) = 31$; Standardabweichung in €: $\sigma(X) = \sqrt{31} \approx 5{,}57$

zweimaliges Drehen: $V(X) = \frac{1503}{64} \approx 23{,}48$; Standardabweichung in €: $\sigma(X) = \sqrt{\frac{1503}{64}} \approx 4{,}85$

Die Standardabweichung des Gewinns ist unabhängig von der Höhe des Einsatzes.
Die Chancen und Risiken sind beim einmaligen Drehen größer.

Seite 241 | Aufgabe 13

a) $P(|X - E(X)| > k) + P(|X - E(X)| \leq k) = 1$, also $P(|X - E(X)| > k) = 1 - P(|X - E(X)| \leq k)$
Daraus folgt:

$$1 - P(|X - E(X)| \leq k) \quad \leq \quad \frac{V(X)}{k^2} \qquad | - 1$$

$$- P(|X - E(X)| \leq k) \quad \leq \quad -1 + \frac{V(X)}{k^2} \qquad | \cdot (-1)$$

$$P(|X - E(X)| \leq k) \quad \geq \quad 1 - \frac{V(X)}{k^2}$$

b) $E(X) = 75\,000$; $V(X) = 2500^2$; $P(|X - 75\,000| \leq 5000) \geq 1 - \frac{2500^2}{5000^2} = \frac{3}{4}$
Mit einer Wahrscheinlichkeit von mindestens 75 % verkauft der Verlag zwischen 70 000 und 80 000 Bücher.

c) Die Ungleichung sagt aus, dass der Wert der Zufallsgröße X einer beliebigen Wahrscheinlichkeitsverteilung im Intervall $(E(X) - \sqrt{2 \cdot V(X)}; E(X) + \sqrt{2 \cdot V(X)})$ mit einer Wahrscheinlichkeit von mindestens 50 % liegt.

d) In der Klammer: $E(X) - \sqrt{2V(X)} \leq X \leq E(X) + \sqrt{2V(X)} \Leftrightarrow -\sqrt{2V(X)} \leq X - E(X) \leq \sqrt{2V(X)} \Leftrightarrow |X - E(X)| \leq \sqrt{2V(X)}$
Nach a) gilt für $k = \sqrt{2V(X)}$:

$$P(|X - E(X)| \leq \sqrt{2V(X)}) \geq 1 - \frac{V(X)}{(\sqrt{2V(X)})^2} = 1 - \frac{V(X)}{2V(X)} = 1 - \frac{1}{2} = 0{,}5$$

Mit der obigen Äquivalenz folgt die Ungleichung aus c).

6.6 Abiturtraining

Seite 242 | Aufgabe 1

a) $\bar{x} = \frac{2 \cdot 7 + 8 + 2 \cdot 9 + 11 + 14 + 15}{8} = \frac{80}{8} = 10$
Die Aussage ist irreführend. Die durchschnittlich erreichte Punktzahl reicht zum Bestehen des Tests, es haben aber nur 3 von 8 Teilnehmern den Test bestanden.

b) Sortiert man die Teilnehmer nach den erreichten Punkten, gibt der Median die Punktzahl der Teilnehmer in der Mitte an. Der Median ist der Mittelwert der viert- und fünftgrößten erreichten Punktzahl und somit 9.

c) Fehler im 1. Druck des Schülerbuchs: Es sollen zwei Ergebnisse hinzugefügt werden, sodass das arithmetische Mittel 11 wird, und auf die Aussage aus a) eingegangen werden.
Es müssen die Ergebnisse 15 Punkte und 15 Punkte hinzugefügt werden. Nun hat die Hälfte der Teilnehmer (5 von 10) den Test bestanden, die Aussage aus a) ist auch für diesen Fall ungünstig.

Seite 242 | Aufgabe 2

a) arithmetisches Mittel in °C bei Ort A: $\bar{x} = \frac{12+12+13+18+19+20+19+19+14+14}{10} = \frac{160}{10} = 16$

arithmetisches Mittel in °C bei Ort B: $\bar{x} = \frac{15+16+16+14+16+18+18+15+16+16}{10} = \frac{160}{10} = 16$

Das arithmetische Mittel sagt nichts darüber aus, wie stark die Temperatur schwankt.

b) Bei Ort A ist die empirische Standardabweichung höher, da die Werte stärker um das arithmetische Mittel 16 °C streuen.

Seite 242 | Aufgabe 3

a) ① $P(X) = \frac{1}{4} \cdot \frac{1}{4} \cdot \frac{1}{2} = \frac{1}{32}$

② $P(X) = 4 \cdot \frac{1}{4} \cdot \frac{1}{2} + 2 \cdot \frac{1}{4} \cdot \frac{1}{4} = \frac{5}{8}$

③ $P(X) = \left(\frac{1}{2}\right)^4 = \frac{1}{16}$

b) Der Term gibt die Wahrscheinlichkeit an, mit welcher bei zweimaligem Drehen zwei gleiche Farben gedreht werden.

c) $6 \cdot 0{,}25^2 \cdot 0{,}5$

Seite 242 | Aufgabe 4

a) $E(X) = 1{,}90$ € Auf lange Sicht gesehen macht der Spieler einen Verlust von 0,10 €.

b) $E(X) = 2$ € $= 0{,}90$ € $+ 0{,}1 \cdot x$, es folgt $x = 11$ €. Bei einem Auszahlungsbetrag von 11 € ist das Spiel fair.

c) $a + b = 0{,}5$ $E(Y) = 1{,}50$ € $= 0{,}3 \cdot 1$ € $+ 0{,}2 \cdot 3$ € $+ b \cdot 10$ €, es folgt $b = 0{,}06$ und $a = 0{,}44$.

Seite 243 | Aufgabe 5

a) ① $\left(\frac{4}{6}\right)^2 = \frac{4}{9}$ ② $\left(\frac{5}{6}\right)^3 = \frac{125}{216} \approx 0{,}579$ ③ $6 \cdot \frac{1}{6} \cdot \frac{4}{6} \cdot \frac{1}{6} = \frac{1}{9}$

b) E: Würfel A liefert die höhere Zahl. F: Würfel B liefert die höhere Zahl.
$P(E) = \frac{1}{6} \cdot \frac{6}{6} + \frac{4}{6} \cdot \frac{2}{6} = \frac{7}{18}$ $P(F) = \frac{4}{6} \cdot \frac{5}{6} = \frac{5}{9}$

Tim ist durch die Auswahlmöglichkeit im Vorteil. Er sollte Würfel B wählen, um höhere Gewinnchancen zu haben.

c) X gibt den Betrag der Auszahlung in Euro an.

Variante A:

x	0	3	6
P (X = x)	$\frac{1}{9}$	$\frac{4}{9}$	$\frac{4}{9}$

$E(X) = 4 \qquad V(X) = 4$

Variante B:

x	0	9
P (X = x)	$\frac{5}{9}$	$\frac{4}{9}$

$E(X) = 4 \qquad V(X) = 20$

Der faire Einsatz beträgt jeweils 4 €. Da die Varianz bei Variante B größer als bei Variante A ist, ist die Variante B risikoreicher.

d)

x	2	3	4	5	6
P (Z = x)	$\left(\frac{1}{3}\right)^2 = \frac{1}{9}$	$\left(\frac{2}{3}\right)^2 \cdot \frac{1}{3} + \frac{2}{3} \cdot \frac{1}{3} + \frac{1}{3} \cdot \frac{2}{3} = \frac{16}{27}$	$\left(\frac{2}{3}\right)^3 \cdot \frac{1}{3} = \frac{8}{81}$	$\left(\frac{2}{3}\right)^4 \cdot \frac{1}{3} = \frac{16}{243}$	$\left(\frac{2}{3}\right)^5 = \frac{32}{243}$

Seite 243 | Aufgabe 6

a)

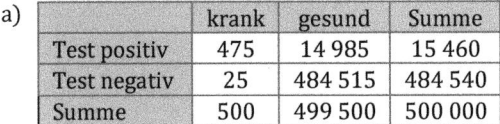

	krank	gesund	Summe
Test positiv	475	14 985	15 460
Test negativ	25	484 515	484 540
Summe	500	499 500	500 000

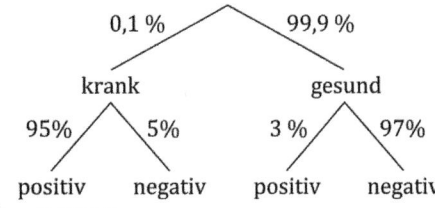

(1) 96,903 %   (2) 0,095 %   (3) ≈ 3,072 %

b) A: krank   B: Test positiv $P(A \cap B) = p \cdot 0,95$ $P(B) = p \cdot 0,95 + (1 - p) \cdot 0,03$

$P_B(A) = \frac{P(A \cap B)}{P(B)} = \frac{p \cdot 0,95}{p \cdot 0,95 + (1-p) \cdot 0,03} = f(p)$

$f(0,01) = \frac{0,01 \cdot 0,95}{0,01 \cdot 0,95 + (1-0,01) \cdot 0,03} \approx 0,242$ Von allen positiv getesteten Rindern sind ca. 24,2 % tatsächlich erkrankt.

$f(p) = 0,5 \qquad\qquad = \frac{p \cdot 0,95}{p \cdot 0,95 + (1-p) \cdot 0,03} \quad | \cdot (p \cdot 0,95 + (1 - p) \cdot 0,03)$

$0,475 \cdot p + (1 - p) \cdot 0,03 \cdot 0,5 = 0,95 \cdot p$

$0,475 \cdot p + 0,015 - 0,015 \cdot p = 0,95 \cdot p \qquad | -0,46 \cdot p$

$0,015 = 0,49 \cdot p$

$p \approx 0,0306$

Der Anteil p der erkrankten Rinder muss größer als ca. 3,06 % sein, damit ein positiv getestetes Tier zu mehr als 50 % tatsächlich erkrankt ist.

7. Binomialverteilung

7.1 Binomialkoeffizienten

Seite 250 | Einstieg

a) $8 \cdot 7 \cdot 6 = 336$

b) Da die Reihenfolge der drei Läufer egal ist, gibt es $\frac{336}{1 \cdot 2 \cdot 3} = 56$ Möglichkeiten.

Seite 251 | Aufgabe 1

a) 6   b) 2   c) 120   d) 24   e) 6   f) 10   g) 10   h) 1

Seite 251 | Aufgabe 2

a) $\binom{11}{3} = \frac{11 \cdot 10 \cdot 9 \cdot 8 \cdot 7 \cdot 6 \cdot 5 \cdot 4 \cdot 3 \cdot 2 \cdot 1}{3 \cdot 2 \cdot 1 \cdot 8 \cdot 7 \cdot 6 \cdot 5 \cdot 4 \cdot 3 \cdot 2 \cdot 1} = \frac{11 \cdot 10 \cdot 9}{3 \cdot 2 \cdot 1}$ $\binom{15}{4} = \frac{15 \cdot 14 \cdot 13 \cdot 12 \cdot 11 \cdot 10 \cdot 9 \cdot 8 \cdot 7 \cdot 6 \cdot 5 \cdot 4 \cdot 3 \cdot 2 \cdot 1}{4 \cdot 3 \cdot 2 \cdot 1 \cdot 11 \cdot 10 \cdot 9 \cdot 8 \cdot 7 \cdot 6 \cdot 5 \cdot 4 \cdot 3 \cdot 2 \cdot 1} = \frac{15 \cdot 14 \cdot 13 \cdot 12}{4 \cdot 3 \cdot 2 \cdot 1}$

b) $\binom{n}{k} = \frac{n(n-1)(n-2)\ldots(n-k+1)}{k!}$

c) ① 35   ② 66   ③ 66   ④ 210

Seite 251 | Aufgabe 3

$\binom{4}{3} = 4$

Seite 251 | Aufgabe 4

a) 5040   b) 3 628 800   c) 56   d) 3003

Seite 251 | Aufgabe 5

$\binom{5500}{2} = 15\ 122\ 250$

Seite 251 | Aufgabe 6

a) $4 \cdot 3 \cdot 2 \cdot 1 = 24$ Die Anzahl der möglichen Kombinationen beträgt 24.

b) $4^4 = 256$ Die Anzahl der möglichen Kombinationen beträgt 256.

Seite 252 | Aufgabe 7

a) ③ und ⑤ können als das Ziehen aus einer Urne ohne Zurücklegen und ohne Berücksichtigung der Reihenfolge interpretiert werden.

b) ③ $\binom{5}{3} = 10$ ⑤ $\binom{10}{2} = 45$

c) ③ MAT – MTH – MHE – MAE – MAH – MTE – ATH – AHE – THE – ATE
Es finden sich zehn verschiedene Möglichkeiten. Die Anzahl stimmt mit der Berechnung in b) überein.

Seite 252 | Aufgabe 8

Mark hat die beiden Zahlen verwechselt. Lisa hat vergessen, jeweils die Fakultäten zu berechnen. Franz hat vergessen, im Nenner mit 6! zu multiplizieren. Korrekt ist: $\binom{10}{4} = \frac{10 \cdot 9 \cdot 8 \cdot 7}{4 \cdot 3 \cdot 2} = 210$

Seite 252 | Aufgabe 9

a) $\binom{9}{5} = \binom{9}{4} = 126$

b) Um vom Punkt A aus zum Punkt B zu gelangen muss m-mal der Vektor $\vec{v}$ und n-mal der Vektor $\vec{w}$ gegangen werden.
n = m + n; k = m bzw. n;   Anzahl aller möglichen Wege = $\binom{m+n}{n}$

Seite 252 | Aufgabe 10

a) An jeder Stelle steht die Summe der beiden oberhalb gelegenen Zahlen. Am Rand steht stets eine eins.

b) Mit den Binomialkoeffizienten können die Anzahlen der Wege zu einem Punkt beschrieben werden. Dabei steht der obere Eintrag für die Stufen und der untere für die Anzahl der Abzweigungen, an denen nach rechts gegangen sein muss.

c) Für k = 0 bzw. k = n gilt $\binom{n}{k} = 1$. Für k = 1 gilt $\binom{n}{k} = n$. Für k = n – 1 gilt $\binom{n}{k} = n$.

Seite 253 | Aufgabe 11

a) Die Aussage ist falsch. Gegenbeispiel $\binom{9}{2} = 36 < \binom{9}{8} = 9$

b) Die Aussage ist falsch. Gegenbeispiel $\binom{5}{2} = \binom{5}{3} = 10$. Immer wenn n eine ungerade Zahl ist, gibt es zwei Werte für k, bei denen $\binom{n}{k}$ den größten Wert hat.

Seite 253 | Aufgabe 12

a) ① $\binom{n}{0}$ steht ebenso wie $\binom{n}{n}$ am Rand des Pascal'schen Dreiecks. Da hierhin jeweils nur ein Weg führt, gilt $\binom{n}{0} = \binom{n}{n} = 1$

② $\binom{n}{1}$ und $\binom{n}{n-1}$ bilden im Pascal'schen Dreieck ein inneres Dreieck, dessen Wert in der n-ten Zeile, identisch ist.

③ Diese Regel beschreibt die Symmetrie innerhalb einer Zeile des Pascal'schen Dreiecks.

④ Diese Regel verdeutlicht den Aufbau des Pascalschen Dreiecks. $\binom{n}{k}$ und $\binom{n}{k+1}$ stehen im Dreieck nebeneinander, der Wert unter diesen Werten ist gleich der Summe dieser: $\binom{n+1}{k+1}$. $\binom{n+1}{k+1}$ steht im Pascal'schen Dreieck unterhalb der beiden Summanden.

b) Mit 0! = 1: $\binom{n}{n-k} = \frac{n!}{(n-k)! \cdot (n-(n-k))!} = \frac{n!}{(n-k)! \cdot k!} = \frac{n!}{k! \cdot (n-k)!} = \binom{n}{k}$

c) ① $\binom{n}{0} = \frac{n!}{0! \cdot (n-0)!} = \frac{n!}{n!} = 1 = \binom{n}{n} = \frac{n!}{n! \cdot (n-n)!} = \frac{n!}{n!}$

② $\binom{n}{1} = \frac{n!}{1! \cdot (n-1)!} = \frac{n!}{(n-1)!} = n = \frac{n!}{(n-1)! \cdot (n-(n-1))!} = \frac{n!}{(n-1)! \cdot 1!} = \binom{n}{n-1}$

④ $\binom{n}{k} + \binom{n}{k+1} = \frac{n!}{k! \cdot (n-k)!} + \frac{n!}{(k+1)! \cdot (n-(k+1))!} = \frac{(k+1) \cdot n!}{(k+1) \cdot k! \times (n-k)!} + \frac{n! \cdot (n-k)}{(k+1)! \cdot (n-(k+1))! \times (n-k)} = \frac{(k+1) \cdot n!}{(k+1)! \cdot (n-k)!} + \frac{n! \cdot (n-k)}{(k+1)! \cdot (n-k)!} =$

$\frac{(k+1) \cdot n! + n! \cdot (n-k)}{(k+1)! \cdot (n-k)!} = \frac{n! \cdot ((k+1)+(n-k))}{(k+1)! \cdot (n-k)!} = \frac{n! \cdot (n+1)}{(k+1)! \cdot (n-k)!} = \frac{(n+1)!}{(k+1)! \cdot ((n+1)-(k+1))!} = \binom{n+1}{k+1}$

Seite 253 | Aufgabe 13

a) $(a+b)^2 = \sum_{k=0}^{2} \binom{2}{k} a^{n-k} \cdot b^k = \binom{2}{0} a^{2-0} \cdot b^0 + \binom{2}{1} a^{2-1} \cdot b^1 + \binom{2}{2} a^{2-2} \cdot b^2 = a^2 + 2ab + b^2$

b) Beim Ausmultiplizieren der n Klammern gibt es $\binom{n}{k}$ Möglichkeiten, k Klammern auszuwählen, aus denen das b in $a^{n-k} \cdot b^k$ stammt.

c) $(a+b)^5 = a^5 + 5a^4b + 10a^3b^2 + 10a^2b^3 + 5ab^4 + b^5$
$(a+b)^8 = a^8 + 8a^7b + 28a^6b^2 + 56a^5b^3 + 70a^4b^4 + 56a^3b^5 + 28a^2b^6 + 8ab^7 + b^8$
$(a-1)^{10} = a^{10} - 10a^9 + 45a^8 - 120a^7 + 210a^6 - 252a^5 + 210a^4 - 120a^3 + 45a^2 - 10a + 1$

Seite 253 | Aufgabe 14

Anzahl der Möglichkeiten: $\binom{20}{2} = 190$ Wahrscheinlichkeit, dass eine dieser Möglichkeiten eintritt: $\frac{1}{190}$

Laura und Melissa gewinnen mit einer Wahrscheinlichkeit von $\frac{1}{190} \approx 0{,}526\ \%$ die beiden Karten.

Seite 253 | Aufgabe 15

a) $P(E) = 1 - P(\overline{E})$: Für n Personen gilt: $P(\overline{E}) = \frac{365 \cdot (365-1) \cdot \ldots \cdot (365-n+1)}{365^n}$

b) $P(E) = 1 - \frac{n! \cdot \binom{365}{n}}{365^n} = 1 - \frac{n! \cdot \frac{365!}{n! \cdot (365-n)!}}{365^n} = 1 - \frac{\frac{365!}{(365-n)!}}{365^n} = 1 - \frac{365 \cdot (365-1) \cdot \ldots \cdot (365-n+1)}{365^n}$

c) $P(E) = 1 - \frac{23! \cdot \binom{365}{23}}{365^{23}} \approx 1 - 0{,}493 = 0{,}507$ d) $1 - \frac{n! \cdot \binom{365}{n}}{365^n} > 0{,}99$ gilt für n > 57.

Seite 253 | Aufgabe 16

$\binom{32}{10} \cdot \binom{22}{10} \cdot \binom{12}{10} \cdot \binom{2}{2} = 2{,}753 \cdot 10^{15}$

Streifzug: Lottomodell

Seite 254 | Einstieg

a) Anzahl möglicher Ziehungen: $\binom{5}{3} = 10$

Alle Ziehungen sind gleichwahrscheinlich, also ist die Wahrscheinlichkeit, dass ein Hauptgewinn gezogen wird, $\frac{1}{10} = 10\ \%$.

b) Anzahl Möglichkeiten für zwei richtige: $\binom{3}{2} \cdot \binom{2}{1} = 3 \cdot 2 = 6$; Wahrscheinlichkeit für zwei richtige: $\frac{6}{10} = \frac{3}{5} = 60\ \%$

Anzahl Möglichkeiten für eine richtige: $\binom{3}{1} \cdot \binom{2}{2} = 3 \cdot 1 = 3$; Wahrscheinlichkeit für eine richtige: $\frac{3}{10} = 30\ \%$

Seite 255 | Aufgabe 1

a) $\frac{\binom{6}{5} \cdot \binom{43}{1}}{\binom{49}{6}} \approx 0{,}0018\ \%$ b) $\frac{\binom{6}{3} \cdot \binom{43}{3}}{\binom{49}{6}} \approx 1{,}77\ \%$ c) $\frac{\binom{8}{2} \cdot \binom{17}{6}}{\binom{25}{8}} \approx 32{,}0\ \%$ d) $\frac{\binom{7}{5} \cdot \binom{28}{2}}{\binom{35}{7}} \approx 0{,}118\ \%$

Seite 255 | Aufgabe 2

eine Richtige	keine Richtige	mindestens zwei Richtige	höchstens vier Richtige
rund 41,3 %	rund 43,6 %	rund 15,1 %	rund 99,998 %

Seite 255 | Aufgabe 3

a) In einer Urne sind n = 18 Kugeln mit den Namen der Schüler. Es werden k = 5 Kugeln nacheinander ohne Zurücklegen gezogen, um die fünf Teilnehmer zu bestimmen. Es gibt r = 2 „Richtige", Daniel und sein Freund. Gesucht ist die Wahrscheinlichkeit, dass unter den 5 gezogenen Kugeln N = 2 Richtige sind.

b) $\frac{\binom{2}{2} \cdot \binom{16}{3}}{\binom{18}{5}} = \frac{560}{8568} \approx 6{,}54\ \%$

Seite 255 | Aufgabe 4

Richtig ist: $P(\text{"6 Mädchen"}) = \frac{\binom{55}{6} \cdot \binom{45}{4}}{\binom{100}{10}} \approx 24{,}95\ \%$

a) Im Zähler wurde die Anzahl der Möglichkeiten, vier Jungen auszuwählen, vergessen.

b) Im Nenner wurde nicht bedacht, dass aus den 100 Schülern nur 10 und nicht 55 ausgewählt werden. Außerdem ist der zweite Faktor im Zähler falsch.

Seite 255 | Aufgabe 5

a) $\binom{87}{20} = 23\,754\,560\,119\,180\,706\,655$ b) $\frac{\binom{20}{20} \cdot \binom{67}{0}}{\binom{87}{20}} = \frac{1 \cdot 1}{\binom{87}{20}} \approx 4{,}2 \cdot 10^{-18}\ \%$

c) $\frac{\binom{20}{4} \cdot \binom{67}{16}}{\binom{87}{20}} \approx 22{,}92\ \%$ d) $\frac{\binom{20}{0} \cdot \binom{67}{20}}{\binom{87}{20}} \approx 0{,}244\ \%$

e) $P(\text{„kein Schwarzfahrer"}) = \frac{\binom{4}{0} \cdot \binom{83}{20}}{\binom{87}{20}} \approx 34{,}43\ \%$; $P(\text{„mindestens ein Schwarzfahrer"}) = 1 - \frac{\binom{4}{0} \cdot \binom{83}{20}}{\binom{87}{20}} \approx 65{,}57\ \%$

Seite 255 | Aufgabe 6

a) $23! = 25\,852\,016\,738\,884\,976\,640\,000$

b) $3! \cdot 10! \cdot 5! \cdot 8! = 105\,345\,515\,520\,000$

c) $\binom{23}{7} = 245\,157$

d) $\binom{10}{3} \cdot \binom{5}{2} = 120 \cdot 10 = 1200$

e) $\binom{10}{4} \cdot \binom{5}{4} \cdot \binom{8}{4} = 210 \cdot 5 \cdot 70 = 73\,500$

7.2 Bernoulli-Ketten

Seite 256 | Einstieg

a) 53rd/8th; 52nd/Broadway; 51st/7th; 50th/6th

b) $0{,}5^7 = \frac{1}{128} \approx 0{,}78\,\%$; Mit einer Wahrscheinlichkeit von ca. 0,78 % geht er genau den eingezeichneten Weg.

c) Anzahl aller möglichen Wege: $\binom{7}{3} = 35$

Jeder Weg ist wegen des Münzwurfs gleich wahrscheinlich, also: $35 \cdot 0{,}5^7 = \frac{35}{128} \approx 27{,}3\,\%$

Mit einer Wahrscheinlichkeit von ca. 27,3 % kommt der Tourist an der Metro an.

Seite 257 | Aufgabe 1

a) Es liegt ein Bernoulli-Experiment vor, da man sich nur für Zahl oder nicht Zahl interessiert. $p = 0{,}5$; $1 - p = 0{,}5$

b) Es liegt kein Bernoulli-Experiment vor, da es vier mögliche Ergebnisse gibt.

c) Es liegt kein Bernoulli-Experiment vor, da es unendliche viele Ergebnisse gibt.

d) Es liegt ein Bernoulli-Experiment vor, da nur notiert wird, ob die Summe acht ergibt oder nicht. $p = \frac{5}{36}$; $1 - p = \frac{31}{36}$

e) Es liegt ein Bernoulli-Experiment vor, da nur notiert wird, ob die Summe größer als zwei ist oder nicht. $p = \frac{4}{6} = \frac{2}{3}$; $1 - p = \frac{1}{3}$

f) Es liegt kein Bernoulli-Experiment vor, da es vier mögliche Ergebnisse gibt.

Seite 257 | Aufgabe 2

a) Es handelt sich um ein Bernoulli-Experiment, da man nur zwei mögliche Ergebnisse betrachtet (Treffer: Augenzahl gerade). Länge der Bernoulli-Kette: $n = 4$

b) Es handelt sich nur dann um ein Bernoulli-Experiment, wenn alle Spieler mit derselben Wahrscheinlichkeit den Elfmeter verwandeln. Jeder der Spieler kann nur treffen oder nicht treffen kann (Treffer: Tor). Länge der Bernoulli-Kette: $n = 5$

c) Es handelt sich um ein Bernoulli-Experiment, wenn jedes Bauteil mit der gleichen Wahrscheinlichkeit defekt ist. Ein Bauteil ist entweder fehlerhaft oder fehlerfrei (Treffer: Fehler). Länge der Bernoulli-Kette: $n = 10$

d) Es handelt sich nicht um ein Bernoulli-Experiment. Da ohne Zurücklegen gezogen wird, ändert sich die Trefferwahrscheinlichkeit nach jedem Durchgang.

e) Es handelt sich um ein Bernoulli-Experiment (Treffer: gelbe Kugel bzw. blaue Kugel). Länge der Bernoulli-Kette: $n = 3$

Seite 257 | Aufgabe 3

a) Es handelt sich um eine Bernoulli-Kette, wenn bei allen Münzen Kopf mit der gleichen Wahrscheinlichkeit auftritt.
Treffer: z.B. Kopf   Länge der Bernoulli-Kette: $n = 4$ $p = 0{,}5$

b) Es handelt sich um eine Bernoulli-Kette, wenn die Kugeln nach dem Ziehen wieder zurückgelegt werden.
Treffer: z.B. Ziehen einer blauen Kugel Länge der Bernoulli-Kette: $n = 4$ $p = \frac{5}{8}$

c) Es handelt sich näherungsweise um eine Bernoulli-Kette, wenn das Land deutlich mehr als 100 Einwohner hat.
Treffer: z.B. Person älter als 60 Jahre   Länge der Bernoulli-Kette: $n = 100$ $p = 0{,}21$

d) Es handelt sich um eine Bernoulli-Kette, wenn die Wahrscheinlichkeit, dass der Fußballer trifft, bei jedem Schuss gleich ist.
Treffer: z.B. Schuss durch unteres Loch Länge der Bernoulli-Kette: $n = 3$ p hängt vom Fußballer ab.

e) Es handelt sich um eine Bernoulli-Kette, wenn beispielsweise betrachtet wird, ob das Kind schwerer als 3000 g ist, und die Wahrscheinlichkeit dafür bei allen Neugeborenen gleich ist.
Treffer: z.B. schwerer als 3000 g   Länge der Bernoulli-Kette: $n = 100$ p lässt sich aus Statistiken schätzen.

Seite 257 | Aufgabe 4

a) 0; 1; 2; 3; 4; 5

b) X kann $(n + 1)$ Werte annehmen.

Seite 257 | Aufgabe 5

a) T: Treffer

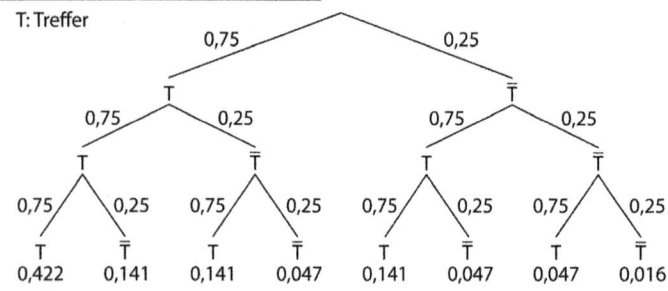

b)

k	0	1	2	3
$P(X = k)$	$0{,}25^3 \approx 0{,}016$	$3 \cdot 0{,}25^2 \cdot 0{,}75 \approx 3 \cdot 0{,}047 = 0{,}141$	$3 \cdot 0{,}25 \cdot 0{,}75^2 \approx 3 \cdot 0{,}141 \approx 0{,}422$	$0{,}75^3 \approx 0{,}422$

c) Wenn die Wahrscheinlichkeit, dass die Basketballspielerin trifft, bei jedem Freiwurf gleich bleibt, liegt eine Bernoulli-Kette vor.

Seite 259 | Aufgabe 6

a) $P(X = 3) = \binom{6}{3} \cdot 0{,}5^3 \cdot 0{,}5^3 = 0{,}3125$

b) $P(X = 4) = \binom{6}{4} \cdot 0{,}5^4 \cdot 0{,}5^2 \approx 0{,}234$

c) $P(X = 0) = \binom{6}{0} \cdot 0{,}5^0 \cdot 0{,}5^6 \approx 0{,}016$

Seite 259 | Aufgabe 7

a) $P(X = 2) = \binom{5}{2} \cdot 0{,}5^2 \cdot 0{,}5^3 = \frac{5}{16} = 0{,}3125$

b) $P(X = 5) = \binom{5}{5} \cdot 0{,}5^5 \cdot 0{,}5^0 = \frac{1}{32} = 0{,}03125$

c) $P(X = 3) = \binom{5}{3} \cdot 0{,}5^3 \cdot 0{,}5^2 = \frac{5}{16} = 0{,}3125$

d) $P(X = 0) = \binom{5}{0} \cdot 0{,}5^0 \cdot 0{,}5^5 = \frac{1}{32} = 0{,}03125$

e) $P(X > 0) = 1 - P(X = 0) = \frac{1}{32} = 0{,}96875$

f) $P(X \leq 1) = P(X = 0) + P(X = 1) = \frac{3}{16} = 0{,}1875$

g) $P(X > 1) = 1 - P(X = 1) - P(X = 0) = \frac{13}{16} = 0{,}8125$

h) $P(X \geq 4) = P(X = 4) + P(X = 5) = \frac{3}{16} = 0{,}1875$

i) $P(0 < X < 4) = P(X = 1) + P(X = 2) + P(X = 3) = \frac{25}{32} = 0{,}78125$

j) $P(0 < X < 4) = P(X = 2) + P(X = 3) + P(X = 4) = \frac{25}{32} = 0{,}78125$

Seite 259 | Aufgabe 8

① $P(X \leq 3) \approx 0{,}1737$ ② $P(X > 5) \approx 0{,}3154$ ③ $P(X < 3) \approx 0{,}0498$ ④ $P(X \geq 4) \approx 0{,}8263$

Seite 259 | Aufgabe 9

a) Der Term beschreibt die Wahrscheinlichkeit dafür, dass von zehn Schülern genau drei mit dem Fahrrad zur Schule fahren.

b) $P(X = 3) = 0{,}2304$; $P(X > 3) \approx 0{,}087$; $P(X < 2) \approx 0{,}337$

Seite 259 | Aufgabe 10

a) Das Ausfüllen des Tests ist eine Bernoulli-Kette, wenn man jede Frage unabhängig von den anderen mit der gleichen Wahrscheinlichkeit richtig beantwortet, also z.B., wenn man bei jeder Frage rät und zufällig eine der vier Antworten ankreuzt. Dann gilt: $p = 0{,}25$; $n = 25$

b) Der Term gibt die Wahrscheinlichkeit an, dass maximal drei Fragen richtig beantwortet werden, wenn bei jeder Frage geraten wird.

c) $P(10 < X < 15) = P(X = 11) + P(X = 12) + P(X = 13) + P(X = 14)$

$$= \binom{25}{11} \cdot 0{,}25^{11} \cdot 0{,}75^{14} + \binom{25}{12} \cdot 0{,}25^{12} \cdot 0{,}75^{13} + \binom{25}{13} \cdot 0{,}25^{13} \cdot 0{,}75^{12} + \binom{25}{14} \cdot 0{,}25^{14} \cdot 0{,}75^{11} \approx 0{,}029$$

Seite 259 | Aufgabe 11

Yannik und Fabian haben beide richtig gerechnet. Yannik berechnet, wie hoch die Wahrscheinlichkeit ist, dass genau 4 Ziffern ungleich null sind und wählt als Trefferwahrscheinlichkeit entsprechend $p = 0{,}9$. Fabian hat sich überlegt, dass wenn genau 4 Ziffern ungleich null sind, 2 Ziffern gleich null seien müssen, wählte entsprechend $p = 0{,}1$ als Treffer und berechnet die Wahrscheinlichkeit für genau 2 Nullen. Beide kommen aufs gleiche Ergebnis (beachte: $\binom{n}{k} = \binom{n}{n-k}$).

Die gesuchte Wahrscheinlichkeit beträgt ca. $0{,}098$.

Seite 259 | Aufgabe 12

a) $p = \frac{1}{6}$, $n = 10$:

① $P(3 \leq X \leq 4) = P(X = 3) + P(X = 4) = \binom{10}{3} \cdot \frac{1^3}{6} \cdot \frac{5^7}{6} + \binom{10}{4} \cdot \frac{1^4}{6} \cdot \frac{5^6}{6} \approx 0{,}155 + 0{,}054 = 0{,}209$

② $P(X \leq 4) = P(X = 3) + P(X = 4) + \binom{10}{2} \cdot \frac{1^2}{6} \cdot \frac{5^8}{6} + \binom{10}{1} \cdot \frac{1^1}{6} \cdot \frac{5^9}{6} + \frac{5^{10}}{6} \approx 0{,}209 + 0{,}291 + 0{,}323 + 0{,}162 = 0{,}985$

③ $P(X \geq 2) = 1 - P(X < 2) = 1 - P(X = 1) - P(X = 0) \approx 1 - 0{,}323 - 0{,}162 = 0{,}515$

④ $P(X < 5) = P(X \leq 4) \approx 0{,}985$

b) Ereignis E: Es wird maximal 8-mal die 6 gewürfelt, $X \leq 8$.

c) Dies entspricht dem Ereignis, dass genau 3-mal eine 6 gewürfelt wird. $P(X = 3) = \binom{10}{3} \cdot \frac{1^3}{6} \cdot \frac{5^7}{6} \approx 0{,}155$

d) In diesem Fall kommt es auf die Reihenfolge der Würfe an (keine Bernoulli-Kette); Wahrscheinlichkeit: $\frac{1^3}{6} \cdot \frac{5^7}{6} \approx 0{,}0013$

Seite 260 | Aufgabe 13

a) Das Drehen eines Glücksrades ist genau dann ein Bernoulli-Experiment, wenn nur zwischen zwei Ergebnissen (z.B. Gewinn und kein Gewinn) unterschieden wird.

b) Beispiel: Glücksrad mit fünf gleich großen und unterschiedlich farbigen Kreissektoren
Es wird beim 5-maligen Drehen zwei Mal ein Treffer (z.B. eine bestimmte Farbe) erzielt. Die Wahrscheinlichkeit für einen Treffer beträgt $p = 0{,}2$.

c) Wegen $\frac{4}{10} = \frac{2}{5}$ kann man vermuten, dass der Term für $p = \frac{2}{5}$ den höchsten Wert annimmt.

d) $p = \frac{1}{5}$: $\binom{10}{4} \cdot \left(\frac{1}{5}\right)^4 \cdot \left(\frac{4}{5}\right)^6 \approx 0{,}088$

$p = \frac{2}{5}$: $\binom{10}{4} \cdot \left(\frac{2}{5}\right)^4 \cdot \left(\frac{3}{5}\right)^6 \approx 0{,}251$

$p = \frac{3}{5}$: $\binom{10}{4} \cdot \left(\frac{3}{5}\right)^4 \cdot \left(\frac{2}{5}\right)^6 \approx 0{,}111$

$p = \frac{4}{5}$: $\binom{10}{4} \cdot \left(\frac{4}{5}\right)^4 \cdot \left(\frac{1}{5}\right)^6 \approx 0{,}055$

Für $p = \frac{2}{5}$ nimmt der Term mit rund $0{,}251$ den höchsten Wert an.

a) Lina hat die Wahrscheinlichkeit für die beiden Nicht-Brillenträger vergessen (mit $(1 - 0{,}635)^2$ zu multiplizieren).
   Kai hat nicht bedacht, dass „mehr als drei Brillenträger" „genau drei Brillenträger" ausschließt ($P(X > 3)$).
   Anna hat zwar eine Gegenwahrscheinlichkeit ausgerechnet, hätte aber $P(X = 1)$ abziehen müssen ($P(X > 1) = 1 - P(X \leq 1)$).

b) Lina: $P(X = 8) = \binom{10}{8} \cdot 0{,}635^8 \cdot 0{,}365^2 \approx 0{,}158$

   Kai: $P(X > 3) = P(X = 4) + P(X = 5) = \binom{5}{4} \cdot 0{,}635^4 \cdot 0{,}365^1 + \binom{5}{5} \cdot 0{,}635^5 \cdot 0{,}365^0 \approx 0{,}297 + 0{,}103 = 0{,}400$

   Anna:

   $P(X > 1) = 1 - P(X = 1) - P(X = 0) = 1 - \binom{6}{1} \cdot 0{,}635^1 \cdot 0{,}365^5 - \binom{6}{0} \cdot 0{,}635^0 \cdot 0{,}365^6 \approx 1 - 0{,}0247 - 0{,}0024 \approx 0{,}973$

a) Beim Ziehen mit Zurücklegen bleibt die Wahrscheinlichkeit, eine rote Kugel zu ziehen, bei jedem Ziehen gleich. Würden gezogene Kugeln nicht zurückgelegt, würde sich die Trefferwahrscheinlichkeit von anfänglich $p = 0{,}4$ mit jedem Ziehen ändern, sodass keine Bernoulli-Kette mehr vorläge.

b) X: Preisgeld in €

x	2,00	1,00	1,50	10,00
Anzahl roter Kugeln	0	1	2	3
P(X = x)	0,216	0,432	0,288	0,064

$P(X = 0) = (\frac{6}{10})^3 = 0{,}216$; $P(X = 1) = \binom{3}{1} \cdot 0{,}6^2 \cdot 0{,}4^1 = 0{,}432$; $P(X = 2) = \binom{3}{2} \cdot 0{,}6^1 \cdot 0{,}4^2 = 0{,}288$; $P(X = 3) = (\frac{4}{10})^3 = 0{,}064$

c) $E(X) = 2 \cdot 0{,}216 + 1 \cdot 0{,}432 + 1{,}5 \cdot 0{,}288 + 10 \cdot 0{,}064 = 1{,}936$
   Das erwartete Preisgeld beträgt durchschnittlich 1,936 € und ist kleiner als der Einsatz von 2 €. Das Spiel ist langfristig für den Anbieter vorteilhaft.

d) $E(X) = 2 \cdot 0{,}216 + 1 \cdot 0{,}432 + 1{,}5 \cdot 0{,}288 + x \cdot 0{,}064 = 2 \Rightarrow x = 11$
   Das Preisgeld für drei gezogene rote Kugeln muss 11 € betragen, damit das Spiel für beide Seiten fair ist.

a) $\binom{3}{2}$ deckt als Faktor alle Möglichkeiten ab, zwei Treffer bei drei Versuchen zu erzielen.

   Der zweite Faktor $\frac{40 \cdot 39 \cdot 60}{100 \cdot 99 \cdot 98}$ ist die Wahrscheinlichkeit für eine dieser Möglichkeiten. Da ohne Zurücklegen gezogen wird, ändert sich pro Ziehen der Nenner der Wahrscheinlichkeiten von 100 auf 99 und schließlich auf 98. Ebenso ändert sich die Wahrscheinlichkeit eine weitere rote Kugel zu ziehen, nachdem man bereits eine rote Kugel gezogen hat im Zähler von 40 auf 39. Da eine gelbe Kugel gezogen wird, steht im Zähler für dieses Ziehen die 60.

b)

x	0	1	2	3
P(X = x)	0,212	0,438	0,289	0,061

$P(X = 0) = \frac{60 \cdot 59 \cdot 58}{100 \cdot 99 \cdot 98} \approx 0{,}212$ $\qquad\qquad$ $P(X = 1) = \binom{3}{1} \cdot \frac{40 \cdot 60 \cdot 59}{100 \cdot 99 \cdot 98} \approx 0{,}438$

$P(X = 2) = \binom{3}{2} \cdot \frac{60 \cdot 40 \cdot 39}{100 \cdot 99 \cdot 98} \approx 0{,}289$ $\qquad\qquad$ $P(X = 3) = \frac{40 \cdot 39 \cdot 38}{100 \cdot 99 \cdot 98} \approx 0{,}061$

c) Die Abweichungen sind sehr gering, da mit einer großen Anzahl an Kugeln gespielt wird. Dadurch ändern sich die Wahrscheinlichkeiten ohne Zurücklegen nur geringfügig.

7.3 Binomialverteilung

a)

Anzahl k der Sechsen	0	1	2	3	4	5
P(X = k) gerundet	0,4019	0,4019	0,1608	0,0322	0,0032	0,0001

b)

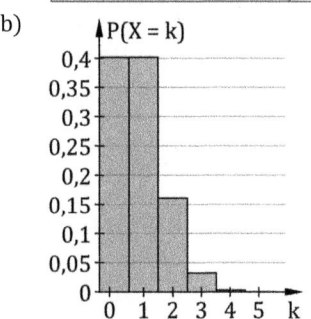

Tabellen

a)

k	0	1	2	3	4	5	6	7	8
P(X = k)	0,0007	0,008	0,041	0,124	0,232	0,279	0,209	0,090	0,017

b)

k	0	1	2	3	4	5	6	7	8	9	10	11	12
P(X = k)	ca. 0	ca. 0	ca. 0	0,0001	0,001	0,003	0,016	0,053	0,133	0,236	0,283	0,206	0,069

c)

k	0	1	2	3	4	5	6	7	8	9	10
P(X = k)	0,001	0,01	0,04	0,12	0,21	0,25	0,21	0,12	0,04	0,01	0,001

d)

k	0	1	2	3	4	5	6	7
P(X = k)	0,0004	0,005	0,022	0,063	0,127	0,186	0,207	0,177

k	8	9	10	11	12	13	14	15
P(X = k)	0,118	0,061	0,024	0,007	0,002	0,0003	ca. 0	ca. 0

Histogramme zu a) links, ... zu d) rechts

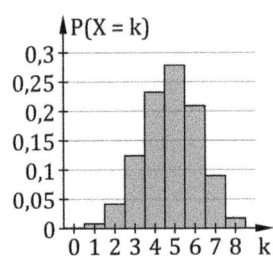 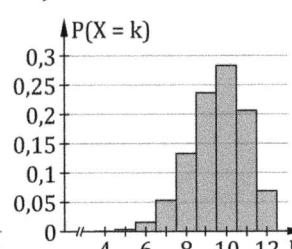 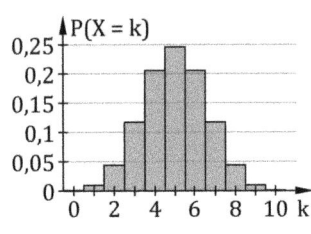 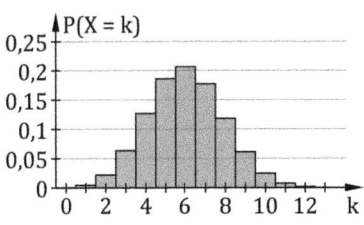

Seite 262 | Aufgabe 2

a) und b)

$P(X \le 3) \approx 0,055$ $P(X = 6) \approx 0,251$ $P(X \ge 8) \approx 0,167$

$P(X < 8) \approx 0,833$ $P(5 \le X \le 8) \approx 0,787$ $P(X > 3) \approx 0,945$

c)

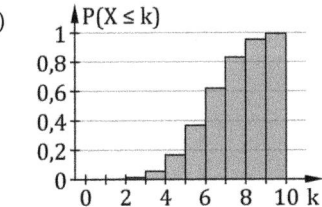

Seite 263 | Aufgabe 3

a) Das Histogramm ① passt zu einer Kette mit n = 5 und p = 0,25, da gilt:

$P(X = 0) \approx 0,24$ $P(X = 1) \approx 0,40$ $P(X = 2) \approx 0,26$

$P(X = 3) \approx 0,09$ $P(X = 4) \approx 0,01$ $P(X = 5) \approx 0,001$

b) Die Trefferwahrscheinlichkeit ist gleich 0,5, da das Histogramm symmetrisch ist.

Seite 263 | Aufgabe 4

a) $P(X \le 4) = 0,8$

b) $P(X > 3) = 1 - P(X \le 3) = 1 - 0,6 = 0,4$

c) $P(X \ge 5) = 1 - P(X \le 4) = 1 - 0,8 = 0,2$

d) $P(X = 3) = P(X \le 3) - P(X \le 2) = 0,6 - 0,3 = 0,3$

Seite 263 | Aufgabe 5

a) $P(X \le 25) \approx 99,88\,\%$

b) $P(X \ge 10) = 1 - P(X \le 9) \approx 98,44\,\%$

c) $P(15 \le X \le 30) = P(X \le 30) - P(X \le 14) \approx 68,26\,\%$

Seite 263 | Aufgabe 6

a) ① n = 25, p = 0,25   Bei 25 Durchführungen wird genau 3-mal ein Treffer erzielt.

② n = 10, p = 0,3   Bei 10 Durchführungen wird höchstens ein Treffer erzielt.

③ n − 15, p − 0,8   Bei 15 Durchführungen werden höchstens zwölf Treffer erzielt.

④ n = 60, p = 0,6   Bei 60 Durchführungen werden mindestens 20 Treffer und maximal 40 Treffer erzielt.

b) ① $P(X = 3) \approx 0,064$ ② $P(X \le 1) \approx 0,149$ ③ $P(X \le 12) \approx 0,602$

④ $P(20 \le X \le 40) \approx 0,883$

Seite 263 | Aufgabe 7

a) ① Der Term gibt die Wahrscheinlichkeit dafür an, dass maximal zwei Bauteile von zehn einen Fehler aufweisen.

② Der Term gibt die Wahrscheinlichkeit dafür an, dass von 50 ausgewählten mindestens 48 Bauteile in Ordnung sind.

b) ① n = 5000, p = 0,001; $P(X \le 10) \approx 0,986$

② n = 7500, p = 0,999; $P(X \ge 7450) = 1 - P(X \le 7449) \approx 1 - 1,6 \cdot 10^{-25} \approx 1$

③ n = 12 500, p = 0,999; $P(X \ge 12\,450) = 1 - P(X \le 12\,449) \approx 1 - 2,6 \cdot 10^{-16} \approx 1$

④ Montag höchstens 5 fehlerhaft: n = 5000; p = 0,001; $P(X \le 5) \approx 0,616$

Dienstag höchstens 10 fehlerhaft: n = 7500; p = 0,001; $P(Y \le 10) \approx 0,862$

$P(X \le 5) \cdot P(Y \le 10) \approx 0,616 \cdot 0,862 \approx 0,531$

Seite 263 | Aufgabe 8

a) $k = 10$; $P(X = 10) \approx 0{,}176$ b) $k = 6$; $P(X = 6) \approx 0{,}192$ c) $k = 16$; $P(X = 16) \approx 0{,}218$ d) $k = 2$; $P(X = 2) \approx 0{,}285$

Seite 264 | Aufgabe 9

a) $\mu = 20$; $\sigma = 4$ b) $\mu = 200$; $\sigma = 10$ c) $\mu = 80$; $\sigma = 4$ d) $\mu = 1000$; $\sigma = 30$

Seite 264 | Aufgabe 10

Lunas Überlegung ist plausibel. Ihre Rechnung entspricht der Berechnung des Erwartungswerts der Zufallsgröße X, die die Anzahl der Sechsen bei 60 Würfen angibt. Mit $n = 60$ und $p = \frac{1}{6}$ ergibt sich $E(X) = 60 \cdot \frac{1}{6} = 10$.

Seite 265 | Aufgabe 11

X: Anzahl der Sechsen; $n = 10$; $p = \frac{1}{6}$ $\qquad\qquad\qquad\qquad$ $E(X) = 10 \cdot \frac{1}{6} \approx 1{,}667$

Der Spieler kann mit ungefähr 1,67 € Auszahlung rechnen. Bei einem Einsatz von 2 € macht er langfristig Verlust, das Spiel ist nicht fair.

Seite 265 | Aufgabe 12

a) Bei beiden Spielvarianten bleibt die Trefferwahrscheinlichkeit bei jedem Versuch die gleiche und man interessiert sich nur für „Treffer" oder „Nicht Treffer".

Variante A: $n = 20$, $p = \frac{1}{3}$ $\qquad\qquad\qquad\qquad$ Variante B: $n = 40$, $p = \frac{1}{6}$

b) X: Anzahl der Treffer

Variante A: $E(X) = 20 \cdot \frac{1}{3} = \frac{20}{3} \approx 6{,}67$ $\qquad$ erwartete durchschnittliche Auszahlung: $\frac{20}{3} \cdot 1{,}50\ € = 10\ €$

Variante B: $E(X) = 40 \cdot \frac{1}{6} = \frac{20}{3} \approx 6{,}67$ $\qquad$ erwartete durchschnittliche Auszahlung: $\frac{20}{3} \cdot 1{,}50\ € = 10\ €$

Die zu erwartende durchschnittliche Auszahlung entspricht bei beiden Varianten dem Einsatz. Beide Spiele sind somit fair.

c) Variante A: $\sigma = \sqrt{n \cdot p \cdot (1 - p)} = \sqrt{20 \cdot \frac{1}{3} \cdot \frac{2}{3}} \approx 2{,}11$ $\qquad$ Variante B: $\sigma = \sqrt{40 \cdot \frac{1}{6} \cdot \frac{5}{6}} \approx 2{,}36$

Die Streuung der Trefferanzahl ist bei Variante B etwas höher, da sich die beiden Varianten zwar ähneln, Variante B aber aus doppelt so vielen Versuchen besteht. Dass der Unterschied nicht höher ausfällt liegt daran, dass p bei Variante B halb so groß ist wie bei A. Ebenso ist die Streuung der Auszahlung bei Variante B größer als bei Variante A. Bei Variante B können höhere Gewinne erzielt werden.

d) Bei 15 von 36 möglichen Ergebnissen ist die Augensumme 8 oder größer:

(2; 6); (3; 5); (3; 6); (4; 4); (4; 5); (4; 6); (5; 3); (5; 4); (5; 5); (5; 6); (6; 2); (6; 3); (6; 4); (6; 5); (6; 6)

Also gilt $p = \frac{15}{36} = \frac{5}{12}$ und mit $n = 20$ folgt: $E(X) = 20 \cdot \frac{5}{12} = \frac{25}{3} \approx 8{,}33$

erwartete Auszahlung: $\frac{25}{3} \cdot 3\ € = 25\ €$; Bei einem Einsatz von 25 € ist das Spiel fair.

Seite 265 | Aufgabe 13

a) Wenn nur betrachtet wird, ob ein Schüler mit dem Bus oder nicht mit dem Bus zur Schule kommt, hat das Experiment zwei mögliche Ergebnisse. Die Wahrscheinlichkeit für einen „Treffer" (Schüler kommt mit dem Bus) muss für jeden Schüler unabhängig von den anderen dem Anteil 55 % entsprechen.

$n = 80$; $p = 0{,}55$

b) $n = 25$; Y: Anzahl der Schüler, die mit dem Fahrrad kommen

① $p = 0{,}55$ $\qquad\qquad$ $P(X \leq 15) \approx 0{,}758$

② $p = 0{,}3$ $\qquad\qquad$ $P(15 \leq Y \leq 20) = P(Y \leq 20) - P(Y \leq 14) \approx 0{,}0018$

③ $p = 0{,}3$ $\qquad\qquad$ $P(Y \geq 10) = 1 - P(Y \leq 9) \approx 0{,}189$

c) $E(X) = 80 \cdot 0{,}55 = 44$; $\sigma = \sqrt{80 \cdot 0{,}55 \cdot 0{,}45} \approx 4{,}45$

Es ist zu erwarten, dass an einem beliebigen Tag durchschnittlich 44 Schüler mit dem Bus zur Schule kommen. Die Standardabweichung ist ein Maß für die Streuung dieser Anzahl.

Seite 265 | Aufgabe 14

a) Tim hat nicht beachtet, dass „weniger als 70" genau 70 Wähler der Partei ausschließt.

Richtig ist: $P(X < 70) = P(X = 0) + P(X = 1) + \cdots + P(X = 69) \approx 0{,}799$.

b) Sabrina hat übersehen, dass sie in ihrer Rechnung die Wahrscheinlichkeit für genau 60 Wähler der Partei ausschließt.

Richtig ist: $P(60 \leq X \leq 80) = P(X \leq 80) - P(X \leq 59) \approx 0{,}744$.

c) Mit binomCdf wird $P(X \leq k)$ berechnet. Richtig ist: $P(X > 60) = 1 - P(X \leq 60) \approx 0{,}700$

Seite 265 | Aufgabe 15

a) $n = 550$, $p = 0{,}9$ $\qquad\qquad$ $P(X \leq 500) \approx 0{,}781$

Mit einer Wahrscheinlichkeit von rund 78,1 % reichen 500 Mittagessen aus.

b) $n = 450$, $p = 0{,}9$ $\qquad\qquad$ $P(X > 410) = 1 - P(X \leq 410) \approx 0{,}195 < 0{,}2$

Die Wahrscheinlichkeit, dass 410 zubereitete Essen nicht ausreichen, liegt mit rund 19,5 % unter 20 %.

Seite 266 | Aufgabe 16

a)

k	0	1	2	3	4	5	6	7	8	9	10
$P(X = k)$	0,006	0,040	0,121	0,215	0,251	0,201	0,111	0,042	0,011	0,0016	0,0001

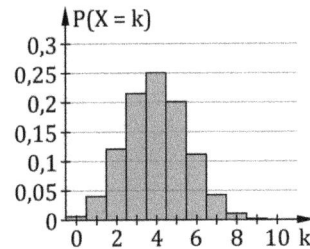

b)
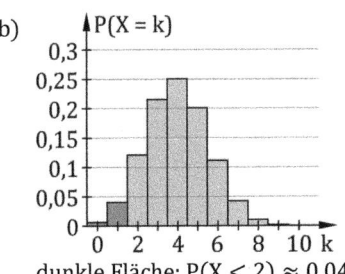

dunkle Fläche: $P(X < 2) \approx 0,046$;
helle Fläche: $P(X \geq 2) \approx 0,954$

c)
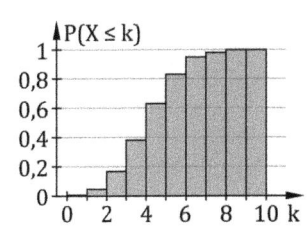

d) $E(X) = 10 \cdot 0,4 = 4$

e) $E(X) = 4$; $E(Y) = 6$; $\sqrt{V(X)} = \sqrt{V(Y)} = \sqrt{2,4} \approx 1,55$

Seite 266 | Aufgabe 17

a) arithmetisches Mittel: $\frac{1}{500} \cdot (35 \cdot 0 + 124 \cdot 1 + 191 \cdot 2 + 122 \cdot 3 + 28 \cdot 4) = 1,968$

empirische Standardabweichung:

$$\sqrt{(0 - 1,968)^2 \cdot \frac{35}{500} + (1 - 1,968)^2 \cdot \frac{124}{500} + (2 - 1,968)^2 \cdot \frac{191}{500} + (3 - 1,968)^2 \cdot \frac{122}{500} + (4 - 1,968)^2 \cdot \frac{28}{500}} = \frac{\sqrt{2490}}{50} \approx 0,997$$

b)

k	0	1	2	3	4
relative Häufigkeit	0,070	0,248	0,382	0,244	0,056
$P(X = k)$	0,062	0,250	0,375	0,250	0,062

Es ist der Unterschied zwischen Theorie und Praxis. Die Werte sind jeweils annähernd gleich bei 500 Versuchen.

c) $E(X) = n \cdot p = 4 \cdot 0,5 = 2$; $\sigma = \sqrt{n \cdot p \cdot (1 - p)} = \sqrt{4 \cdot 0,5 \cdot 0,5} = 1$

Das arithmetische Mittel und die empirische Standardabweichung aus a) stimmen etwa mit dem Erwartungswert und der theoretischen Standardabweichung überein.

Seite 266 | Aufgabe 18

Aus $E(X) = n \cdot p = 12$ und $V(X) = n \cdot p \cdot (1 - p) = 4,8$ folgt $12 \cdot (1 - p) = 4,8$ und $p = 0,6$ sowie $n = 20$.

Seite 266 | Aufgabe 19

a) $P(X = 5) = \binom{6}{5} \cdot p^5 \cdot (1 - p) = 3 \cdot \binom{6}{6} \cdot p^6 = 3 \cdot P(X = 6) \Rightarrow 6p^5(1 - p) = 3p^6 \Rightarrow 2(1 - p) = p \Rightarrow p = \frac{2}{3}$

b) $P(X = 2) = \binom{4}{2} \cdot p^2 \cdot (1 - p)^2 = 4 \cdot \binom{4}{4} \cdot p^4 = 4 \cdot P(X = 4) \Rightarrow 6p^2(1 - p)^2 = 4p^4 \Rightarrow 3(1 - p)^2 = 2p^2$

$\Rightarrow 3 - 6p + 3p^2 = 2p^2 \Rightarrow p^2 - 6p + 3 = 0$ also: $p_1 = 3 + \sqrt{6}$ und $p_2 = 3 - \sqrt{6}$

Weil p nicht größer als 1 sein kann, gilt $p = 3 - \sqrt{6} \approx 0,5505$.

Seite 266 | Aufgabe 20

a) Die Aussage ist wahr. $P(X \leq n)$ beinhaltet alle möglichen Ergebnisse.

b) Die Aussage ist falsch, da $P(X = 0) = (1 - p)^n > 0$. Richtig ist z.B.: $P(X < 0) = 0$.

c) Die Aussage ist falsch, da die linke Seite des Terms zweimal $P(X = k)$ enthält.
Richtig ist z.B.: $P(X \leq k) + P(X > k) = 1$

d) Die Aussage ist wahr. Je größer k, desto mehr Wahrscheinlichkeiten werden addiert und die Summe wird größer.

e) Die Aussage ist wahr. Je größer n, desto größer wird der Erwartungswert, und je häufiger der Versuch durchgeführt wird, desto wahrscheinlicher werden größere Trefferanzahlen.

Seite 266 | Aufgabe 21

a)

	$P(X = 0)$	$P(X = 1)$	$P(X = 2)$	$P(X = 3)$	$P(X = 4)$	$P(X = 5)$	$P(X = 6)$	$P(X = 7)$	$P(X = 8)$
$n = 7$	0,008	0,055	0,164	0,273	0,273	0,164	0,055	0,008	
$n = 8$	0,004	0,031	0,109	0,219	0,273	0,219	0,109	0,031	0,004

b) Die Histogramme sind jeweils um den Erwartungswert (3,5 bei n = 7 und 4 bei n = 8) symmetrisch.

c) Mit $\binom{n}{n-k} = \binom{n}{k}$ und $p = 1 - p$ für $p = 0,5$ gilt:
$P(X = n - k) = \binom{n}{n-k} \cdot p^{n-k} \cdot (1 - p)^{n-(n-k)} = \binom{n}{k} \cdot p^{n-k} \cdot (1 - p)^k = \binom{n}{k} \cdot (1 - p)^{n-k} \cdot p^k = P(X = k)$.

d) Die Symmetrieeigenschaft gilt nicht für $p \neq 0,5$.

Seite 266 | Aufgabe 22

$\mu = n \cdot p$; $\sigma = \sqrt{n \cdot p \cdot (1 - p)}$

a) μ vervierfacht sich; σ verdoppelt sich.

b) μ verneunfacht sich; σ verdreifacht sich.

c) μ wird auf ein Viertel verringert; σ halbiert sich.

a) ① Maximum bei k = 14; μ = 14 ② Maximum bei k = 6; μ = 6 ③ Maximum bei k = 10; μ = 10
④ Maximum bei k = 2; μ = 2,5 ⑤ Maximum bei k = 11 und k = 12; μ = 11,25 ⑥ Maximum bei k = 10; μ = 9,6

b) Ist n · p eine natürliche Zahl, so liegt das Maximum bei der Trefferanzahl k, die dem Erwartungswert entspricht.
Ist n · p keine natürliche Zahl, so liegt das Maximum bei der Trefferanzahl k, die dem Erwartungswert auf- oder abgerundet auf die nächste ganze Zahl entspricht.

a) n = 25: $\quad$ p = 0,4; σ = $\sqrt{6}$ $\qquad$ p = 0,5; σ = $\sqrt{6,25}$ $\qquad$ p = 0,6; σ = $\sqrt{6}$
n = 50: $\quad$ p = 0,4; σ = $\sqrt{12}$ $\qquad$ p = 0,5; σ = $\sqrt{12,5}$ $\qquad$ p = 0,6; σ = $\sqrt{12}$

b) Für konstantes n ist σ = $\sqrt{n \cdot p \cdot (1-p)}$ maximal, wenn p · (1 – p) maximal ist.
$f(p) = p \cdot (1-p) = -(p^2 - p) = -((p-0,5)^2 - 0,25))$
Die Parabel ist nach unten geöffnet und hat an der Stelle p = 0,5 des Scheitelpunkts ein globales Maximum.
alternativ: $f'(p) = -2p + 1 = 0$ für p = 0,5; $f''(p) = -2 < 0$, also Maximum bei p = 0,5

a) ① n = 50, p = 0,05; P(X > 5) = 1 − P(X ≤ 5) ≈ 0,038 ② n = 50, p = 0,15; P(X ≤ 5) ≈ 0,219
b) ① n = 200, p = 0,05; P(X > 20) = 1 − P(X ≤ 20) ≈ 0,0012 ② n = 200, p = 0,15; P(X ≤ 20) ≈ 0,025

a) ① $P(X = 150) = 0,95^{150} \approx 0,00046$ ② P(X > 145) ≈ 0,126 ③ P(X < 140) ≈ 0,132
b) n = 160; p = 0,95; P(X ≤ 150) ≈ 0,280

c) ①

z	0	1	2	3	4	5	6	7	8	9	10
P(Z = z)	0,280	0,127	0,143	0,142	0,123	0,090	0,055	0,027	0,010	0,0023	0,00027

② E(Z) ≈ 2,403; erwartete durchschnittliche Kosten: 2,403 · 300 € = 720,90 €
③ Gewinn bei 160 verkauften Tickets: 160 · 100 € − 720,90 € = 15 279,10 €
Gewinn bei 150 verkauften Tickets: 150 · 100 € = 15 000 €
Der Verkauf von 160 Tickets lohnt sich wirtschaftlich.

a) P(X = 2) = 0,75 · 0,25 = 0,18745; $P(X = 10) = 0,75^9 \cdot 0,25 \approx 0,019$
b) Es wird bei (k − 1) Versuchen mit einer Wahrscheinlichkeit von jeweils (1 − p) kein Treffer erzielt. Daher ist ein Faktor $(1-p)^{k-1}$. Da anschließend der erste Treffer erzielt wird, ist der zweite Faktor p.
c) Die Aussage ist richtig. Es gilt p > 0 und $(1-p)^{k-1} > 0$ für alle k ≥ 1, da p < 1.
d) Für die Wahrscheinlichkeit einer Sechs beim Spielwürfel gilt $p = \frac{1}{6}$.

k	1	2	3	10	20	30	40	50	60
P(X = k)	0,1667	0,1389	0,1157	0,0323	0,0052	0,00084	0,00014	0,000022	0,0000035
k · P(X = k)	0,1667	0,2778	0,3472	0,3230	0,1043	0,02528	0,00544	0,001099	0,0002130
1 · P(X = 1) + ... + k · P(X = k)	0,1667	0,4444	0,7917	3,4159	5,3218	5,8483	5,9687	5,9938	5,9988

Bei der Berechnung des Erwartungswerts werden die Werte k, die X annehmen kann, mit ihren Wahrscheinlichkeiten multipliziert und die Produkte k · P(X = k) addiert. In diesem Fall handelt es sich um eine unendliche Summe, da k jede natürliche Zahl größer als 0 annehmen kann. Die Tabelle verdeutlicht, dass mit zunehmendem k die Wahrscheinlichkeiten P(X = k) und die Produkte k · P(X = k) beliebig klein werden und dass die Summe gegen $6 = \frac{1}{p}$ strebt.

7.4 Parameter der Binomialverteilung

a) n = 20; p = 0,3; X: Anzahl Schüler, die mit dem Fahrrad kommen; P(X ≤ 8) ≈ 0,886 und P(X ≤ 9) ≈ 0,952
b) Je größer n wird, desto kleiner wird P(X ≤ 9) und P(X ≤ k) für jedes k mit 9 < k < n.
Je größer p wird, desto kleiner wird P(X ≤ 9) und P(X ≤ k) für jedes k mit 9 < k < n.

a)

k	20	21	22	23	24	25	26	27	28	29	30
P(X ≤ k)	0,158	0,228	0,312	0,406	0,505	0,603	0,695	0,775	0,842	0,894	0,932

b) P(X > k) = 1 – P(X ≤ k) $\quad$ ① k = 27 $\qquad$ ② k = 30 $\qquad$ ③ k = 24
c) $\qquad\qquad\qquad\qquad\qquad$ ① k = 24 $\qquad$ ② k = 21 $\qquad$ ③ k = 23

a) n = 40; p = 0,1; X: Anzahl defekter Schrauben; P(X ≤ 3) ≈ 0,423
b) P(X ≤ 8) ≈ 0,985 und P(X ≤ 9) ≈ 0,995, also k = 9

Seite 269 | Aufgabe 3

n = 350; p = 0,85; X: Anzahl der erscheinenden Dauerkartenbesitzer

a) $P(X > 300) = 1 - P(X \leq 300) \approx 1 - 0,668 = 0,332$

b) $P(X \leq k) \geq 0,95$ für k ≥ 308   Es sollten mindestens 308 Plätze freigehalten werden, damit diese zu mindestens 95 % ausreichen

   $P(X \leq k) \geq 0,9$ für k ≥ 306   Es sollten mindestens 306 Plätze freigehalten werden, damit diese zu mindestens 90 % ausreichen.

c) Der Term beschreibt die Wahrscheinlichkeit $P(X \geq k)$, dass mindestens k der 350 Dauerkarteninhaber erscheinen.

Seite 269 | Aufgabe 4

a) Da jeder Angestellte pro Stunde durchschnittlich eine Viertelstunde telefoniert, kann man von einer Wahrscheinlichkeit $p = \frac{1}{4}$ ausgehen, dass er zu einem beliebigen Zeitpunkt telefoniert. Gilt dies unabhängig für alle 10 Angestellten, liegt eine Bernoulli-Kette der Länge n = 10 vor.

b) X: Anzahl der benötigten Leitungen; $P(X \leq 3) \approx 0,776$

c) $P(X \leq 4) \approx 0,922$ Die vierte Leitung erhöht die Erreichbarkeit deutlich (von ca. 77,6 % auf ca. 92,2 %).

d) $P(X \leq k) \geq 0,98$ für k ≥ 5   Die Firma benötigt mindestens 5 Leitungen.

e) n = 15: $P(X \leq k) \geq 0,98$ für k ≥ 7   Die Firma benötigt mindestens 7 Leitungen.

Seite 269 | Aufgabe 5

a) Da nur ganzzahlige Werte bei der Binomialverteilung sinnvoll sind, ist der Graph treppenartig.

b) Die Funktion $P(X \leq x)$ nimmt für kein ganzzahliges x genau den Wert 0,75 an. Am nächsten an 0,75 liegt $P(X \leq 22) \approx 0,766$. Der Schnittpunkt bedeutet im Sachzusammenhang, dass mit einer Wahrscheinlichkeit von rund 76,6 % maximal 22 Würfe von 50 Würfen Treffer sind. 22 ist außerdem die kleinste Trefferanzahl k, sodass es mit einer Wahrscheinlichkeit von mindestens 0,75 höchstens k Treffer gibt.

Seite 271 | Aufgabe 6

a) Je größer n wird, desto niedriger werden die einzelnen Wahrscheinlichkeiten und desto weiter wird das Histogramm in k-Richtung „gestreckt", die Streuung nimmt zu. Ebenso wird der Erwartungswert größer und dadurch das gesamte Histogramm weiter nach rechts verschoben.

b) Die Beobachtungen aus a) gelten auch hier.

c) Für eine binomialverteilte Zufallsgröße gilt $\mu = n \cdot p$, also vergrößert sich mit n auch der Erwartungswert, was das „nach rechts Wandern" erklärt. Ebenso verhält es sich mit dem „Flachwerden" der Verteilung, was die mit n größer werdende Standardabweichung gemäß $\sigma = \sqrt{n \cdot p \cdot (1 - p)}$ widerspiegelt.

Seite 271 | Aufgabe 7

① $n \geq 3$ ② $n \geq \frac{\ln(0,3)}{\ln(0,85)} \approx 7,41$ ③ $n \geq \frac{\ln(0,1)}{\ln(0,7)} \approx 6,46$

Seite 271 | Aufgabe 8

X: Anzahl der Sechsen

$P(X \geq 1)$	$\geq$	$0,99$
$1 - P(X = 0)$	$\geq$	$0,99$ $\mid + P(X = 0) - 0,99$
$0,01$	$\geq$	$P(X = 0)$
$0,01$	$\geq$	$\left(\frac{5}{6}\right)^n$
$\ln(0,01)$	$\geq$	$n \cdot \ln\left(\frac{5}{6}\right)$ $\mid : \ln\left(\frac{5}{6}\right)$
$25,26$	$\leq$	n

Man muss mindestens 26-mal würfeln, um zu mindestens 99 % wenigstens eine Sechs zu würfeln.

Seite 271 | Aufgabe 9

X: Anzahl der gewonnen Preise

$P(X \geq 1)$	$\geq$	$0,9$
$1 - P(X = 0)$	$\geq$	$0,9$ $\mid + P(X = 0) - 0,9$
$0,1$	$\geq$	$P(X = 0)$
$0,1$	$\geq$	$0,999^n$
$\ln(0,1)$	$\geq$	$n \cdot \ln(0,999)$ $\mid : \ln(0,999)$
$2301,4$	$\leq$	n

Linda muss mindestens 2302 Wochen (also mehr als 44 Jahre) teilnehmen, um zu mindestens 90 % den Preis zu gewinnen.

Seite 271 | Aufgabe 10

a)

n	11	12	13	14	15	16	17	18	19	20
$P(X \leq 6)$	0,9924	0,9857	0,9757	0,9617	0,9434	0,9204	0,8929	0,861	0,8251	0,7858

n	21	22	23	24	25	26	27	28	29
$P(X \leq 6)$	0,7436	0,6994	0,6537	0,6074	0,5611	0,5154	0,4708	0,4279	0,3868

b) n = 16   c) n = 21   d) n = 29

Seite 271 | Aufgabe 11

a) $p = 0,3; P(X \geq 1) \geq 0,99 \Leftrightarrow 1 - P(X = 0) \geq 0,99 \Leftrightarrow P(X = 0) \leq 0,01 \Leftrightarrow 0,7^n \leq 0,01 \Leftrightarrow n \cdot \ln(0,7) \leq \ln(0,01)$,

also $n \geq \frac{\ln(0,01)}{\ln(0,7)} \approx 12,9$; Malte muss mindestens 13-mal schießen.

b) $P(X \geq 4) \geq 0,9 \Leftrightarrow 1 - P(X \leq 3) \geq 0,9 \Leftrightarrow P(X \leq 3) \leq 0,1$

Probieren: $F_{20;\,0,3}(3) \approx 0,107 > 0,1$; $F_{21;\,0,3}(5) \approx 0,086 < 0,1$, also $n \geq 21$

Malte muss mindestens 21-mal schießen.

c) $P(X \geq 4) \geq 0,8 \Leftrightarrow 1 - P(X \leq 3) \geq 0,8 \Leftrightarrow P(X \leq 3) \leq 0,2$

Probieren: $F_{17;\,0,3}(3) \approx 0,202 > 0,2$; $F_{18;\,0,3}(5) \approx 0,165 < 0,2$, also $n \geq 18$

Malte muss mindestens 18-mal schießen.

Seite 271 | Aufgabe 12

„Schnittpunkte": $(7 \mid 0,4)$; $(10 \mid 0,6)$; $(14 \mid 0,8)$

Die „Schnittpunkte" geben an, wie groß n sein muss, damit bei n Versuchen mit einer Wahrscheinlichkeit von etwa 40 % (60 %; 80 %) mindestens 2 Treffer vorliegen bzw. wie groß n mindestens sein muss, damit die Wahrscheinlichkeit mindestens 40 % (60 %; 80 %) beträgt.

Seite 273 | Aufgabe 13

a) Für $p = 0,5$ gilt $\mu = 0,5 \cdot 10 = 5$, daher gehört das Histogramm ① zu dieser Trefferwahrscheinlichkeit.

Für $p = 0,7$ gilt $\mu = 0,7 \cdot 10 = 7$, daher gehört das Histogramm ③ zu dieser Trefferwahrscheinlichkeit.

b) Der Erwartungswert liegt ungefähr bei 1. Dann gilt $\mu = p \cdot 10 = 1$, also $p = 0,1$.

c) Je größer p ist, desto weiter rechts liegt der Schwerpunkt (und die Maximalstelle) der Verteilung. Das Maximum wird größer, je weiter p von 0,5 entfernt ist.

Seite 273 | Aufgabe 14

a) $P(X \leq 10) \leq 0,7$; Probieren: $F_{50;\,0,18}(10) \approx 0,719 > 0,7$; $F_{50;\,0,19}(10) \approx 0,653 < 0,7$, also $p \approx 0,19$

b) Probieren: $F_{50;\,0,38}(18) \approx 0,447 > 0,4$; $F_{50;\,0,39}(18) \approx 0,390 < 0,4$, also $p \approx 0,39$

c) $P(X \leq 29) \geq 0,2$; Probieren: $F_{50;\,0,65}(29) \approx 0,186 < 0,2$; $F_{50;\,0,64}(29) \approx 0,229 > 0,2$, also $p \approx 0,64$

d) $P(X \leq 9) \geq 0,1$; Probieren: $F_{50;\,0,27}(29) \approx 0,098 < 0,1$; $F_{50;\,0,26}(29) \approx 0,128 > 0,1$, also $p \approx 0,26$

Seite 273 | Aufgabe 15

a) $n = 7; P(X \geq 1) \geq 0,9 \Leftrightarrow 1 - P(X = 0) \geq 0,9 \Leftrightarrow 1 - (1 - p)^7 \geq 0,9 \Leftrightarrow (1 - p)^7 \leq 0,1$, also $p \geq 1 - \sqrt[7]{0,1} \approx 0,280$

Der Anteil muss mindestens ca. 28,0 % betragen.

b) $n = 35; P(X \geq 5) \geq 0,95 \Leftrightarrow 1 - P(X \leq 4) \geq 0,95 \Leftrightarrow P(X \leq 4) \leq 0,05$

Probieren: $F_{35;\,0,24}(4) \approx 0,054 > 0,05$; $F_{35;\,0,25}(4) \approx 0,041 < 0,05$, also etwa $p \geq 0,25$

Der Anteil muss mindestens ca. 25 % betragen.

Seite 273 | Aufgabe 16

$n = 2000; P(X \geq 150) \geq 0,85 \Leftrightarrow 1 - P(X \leq 149) \geq 0,85 \Leftrightarrow P(X \leq 149) \leq 0,15 \Rightarrow p \approx 0,081 = 8,1 \%$

Probieren: $F_{2000;\,0,081}(149) \approx 0,153 > 0,15$; $F_{2000;\,0,082}(149) \approx 0,118 < 0,15$, also etwa $p \geq 0,082$

Der Anteil muss mindestens ca. 8,2 % betragen.

Seite 273 | Aufgabe 17

a) $n = 25; p = 0,8; P(X \geq 20) \approx 0,617$

b) Jede Wahrscheinlichkeit liegt zwischen 0 und 1, also auch die Trefferwahrscheinlichkeit p. Die Werte $p = 0$ und $p = 1$ sind bei einer Bernoulli-Kette nicht zugelassen. Je höher die Wahrscheinlichkeit p ist, dass Mark eine Scheibe trifft, desto höher ist die Wahrscheinlichkeit, dass er mindestens 20 Scheiben in 25 Versuchen trifft.

c) Wenn die Trefferwahrscheinlichkeit p, dass Mark eine Scheibe trifft 86,9 % oder mehr beträgt, trifft er mit er mit mindestens 90 % Wahrscheinlichkeit mindestens 20 von 25 Scheiben.

Seite 274 | Aufgabe 18

a) Die Werte in Spalte B sind gleich $P(X \leq k)$ für $k = $ zugehöriger Wert in Spalte A.

b) ① $k = 100$ ② $P(X > k) < 0,1$ gilt für $k \geq 110$, der größte Wert für k aus $[110; 250]$ ist 250.

c) Das Maximum liegt bei $k = 100$. Beschrieben wird dabei der Wert $P(90 \leq X \leq 110)$.

d) ① $k = 346$ ② $k = 349$ ③ $k = 341$ ④ $k = 340$

Seite 274 | Aufgabe 19

a) ① < ③ < ②; Da p gleich bleibt, verschiebt sich das Maximum der Häufigkeitsverteilung bei größerem n in Richtung größerem k.

b) Die Histogramme zeigen rechtsschiefe Verteilungen. Bei Histogramm ① ist auf den ersten Blick deutlich, dass es sich nicht um eine symmetrische Verteilung handelt. Je größer n wird, umso „undeutlicher" ist dies zu erkennen.

Seite 274 | Aufgabe 20

a) Es ist keine repräsentative Auswahl.

b) Diese Aussage ist so nicht möglich, auch wenn mehr als 50 % der Befragten sich dafür ausgesprochen haben, da die Stichprobe sehr klein und die Umfrage nicht repräsentativ ist. Außerdem ist der Rückschluss auf die Gesamtheit mit Unsicherheiten verbunden, es lassen sich nur Wahrscheinlichkeitsaussagen treffen.

Seite 274 | Aufgabe 21

a) Die Gleichung beschreibt die Wahrscheinlichkeit dafür, dass der Schütze mindestens 10-mal trifft.

b) $p = 0,85$; $P(X \geq 10) \geq 0,95 \Leftrightarrow 1 - P(X \leq 9) \geq 0,95 \Leftrightarrow P(X \leq 9) \leq 0,05$
Probieren: $F_{13;\,0,85}(9) \approx 0,118 > 0,05$; $F_{14;\,0,85}(9) \approx 0,047 < 0,05$, also $n \geq 14$
Der Schütze muss mindestens 14-mal schießen.

c) $n = 20$; $P(X \geq 10) \geq 0,95 \Leftrightarrow 1 - P(X \leq 9) \geq 0,95 \Leftrightarrow P(X \leq 9) \leq 0,05$
Probieren: $F_{20;\,0,65}(9) \approx 0,053 > 0,05$; $F_{20;\,0,66}(9) \approx 0,043 < 0,05$, also etwa $p \geq 0,66$
Die Trefferquote muss mindestens ca. 66 % betragen.

Seite 275 | Aufgabe 22

a) $P(X \geq 50) = 1 - P(X \leq 49) \approx 0,065$

b) $p = 0,42$; $P(X \geq 1) \geq 0,9 \Leftrightarrow 1 - P(X = 0) \geq 0,9 \Leftrightarrow P(X = 0) \leq 0,1 \Leftrightarrow 0,58^n \leq 0,1 \Leftrightarrow n \cdot \ln(0,58) \leq \ln(0,1)$,
also $n \geq \dfrac{\ln(0,1)}{\ln(0,58)} \approx 4,23$; Es müssen mindestens 5 Haushalte ausgesucht werden.

c) $P(X \geq 40) \geq 0,9 \Leftrightarrow 1 - P(X \leq 39) \geq 0,9 \Leftrightarrow P(X \leq 39) \leq 0,1$
Probieren: $F_{109;\,042}(39) \approx 0,111 > 0,1$; $F_{110;\,0,42}(39) \approx 0,097 < 0,1$, also $n \geq 110$
Es müssen mindestens 110 Haushalte ausgesucht werden.

Seite 275 | Aufgabe 23

a) $P(X \leq 70) \approx 0,992$ $\qquad$ $P(X \geq 60) \approx 0,911$ $\qquad$ $P(55 \leq X \leq 65) \approx 0,702$

b) $P(Y \leq 10)$ gibt die Wahrscheinlichkeit an, dass Mira von 80 Pässen höchstens zehn Fehlpässe spielt.
$n = 80$; $p = 0,15$; $P(Y \leq 10) \approx 0,330$

c) $P(Y \leq 15) \approx 0,862 < 0,9$ und $P(Y \leq 16) \approx 0,916 > 0,9$, also $k = 16$
Mit einer Wahrscheinlichkeit von über 90 % spielt Mira höchstens 16 Fehlpässe. 16 ist außerdem die kleinste Anzahl k an Fehlpässen, sodass Mira mit einer Wahrscheinlichkeit von mindestens 90 % höchstens k Fehlpässe spielt.

d) $p = 0,85$; $P(X \geq 1) \geq 0,9 \Leftrightarrow 1 - P(X = 0) \geq 0,9 \Leftrightarrow P(X = 0) \leq 0,1 \Leftrightarrow 0,15^n \leq 0,1 \Leftrightarrow n \cdot \ln(0,15) \leq \ln(0,1)$,
also $n \geq \dfrac{\ln(0,1)}{\ln(0,15)} \approx 1,21$; Mira muss mindestens 2 Pässe spielen.

e) $n = 10$; $P(X \geq 3) \geq 0,99 \Leftrightarrow 1 - P(X \leq 2) \geq 0,99 \Leftrightarrow P(X \leq 2) \leq 0,01$
Probieren: $F_{10;\,0,61}(2) \approx 0,0103 > 0,01$; $F_{10;\,0,62}(2) \approx 0,0086 < 0,01$, also etwa $p \geq 0,62$
Sinas Trefferquote muss mindestens ca. 62 % betragen.

Seite 275 | Aufgabe 24

a) Der Graph von f ist streng monoton steigend. Für $x < 0.6$ steigen die Funktionswerte langsam, sie liegen nahe bei 0, dann steigen sie stark an, bis sie ab ca. $x = 0,75$ nahe bei 1 liegen.

b) $f(x)$ gibt $P(X > 100)$ in Abhängigkeit von der Trefferwahrscheinlichkeit (x steht für p) an. Wenn die Trefferwahrscheinlichkeit, dass ein zufällig ausgewählter Passant unterschreibt, 65 % beträgt, erhält Marcel mit etwa 30 % Wahrscheinlichkeit mehr als 100 Unterschriften.

c) Die Wahrscheinlichkeit liegt nahe bei 1, sie beträgt mindestens etwa $0,986 = 98,6$ %.

d) Die Trefferwahrscheinlichkeit müsste etwa $0,72 = 72$ % betragen.

Seite 275 | Aufgabe 25

a) Erfüllt: Die Wahrscheinlichkeiten bleiben für jede Farbe bei jedem Drehen gleich.
Nicht erfüllt: Es werden bei jedem Drehen mehr als zwei Ergebnisse (nämlich drei Farben) unterschieden.

b) $\binom{10}{r}$ gibt die Anzahl der Möglichkeiten an, die r roten Ergebnisse auf die 10 Drehungen zu verteilen. Anschließend können noch die b blauen Ergebnisse auf die restlichen $(10-r)$ Drehungen verteilt werden, dafür gibt es $\binom{10-r}{b}$ Möglichkeiten.
Schließlich gibt es für die g grünen Ergebnisse noch $\binom{10-r-b}{g} = \binom{g}{g} = 1$ Möglichkeit. Der Term gibt folglich die Anzahl der verschiedenen Möglichkeiten der Farbverteilung für das beschriebene Ereignis an.

c) $\binom{10}{r} \cdot \binom{10-r}{b} \cdot \binom{10-r-b}{g} = \dfrac{10!}{r! \, (10-r)!} \cdot \dfrac{(10-r)!}{b! \, (10-r-b)!} \cdot \dfrac{(10-r-b)!}{g! \, (10-r-b-g)!} = \dfrac{10!}{r! \cdot b! \cdot g! \, (10-r-b-g)!} = \dfrac{10!}{r! \cdot g! \cdot b!}$, da $r + b + g = 10$ und $0! = 1$.

d) $\dfrac{10!}{5! \cdot 3! \cdot 2!} \cdot \left(\dfrac{1}{5}\right)^2 \cdot \left(\dfrac{3}{10}\right)^3 \cdot \left(\dfrac{1}{2}\right)^5 = 2520 \cdot \left(\dfrac{1}{5}\right)^2 \cdot \left(\dfrac{3}{10}\right)^3 \cdot \left(\dfrac{1}{2}\right)^5 \approx 0,085$

7.5 Prognosen

Seite 276 | Einstieg

a) Unions-Wähler: $p = 0,33$ $\quad$ $n = 148090$ $\quad$ $\mu \approx 48870$ $\quad$ $\sigma \approx 180,95$ $\quad$ 2σ-Umgebung: $[48508,1; 49231,9]$
SPD-Wähler: $\quad$ $p = 0,205$ $\quad$ $n = 148090$ $\quad$ $\mu \approx 30358$ $\quad$ $\sigma \approx 155,35$ $\quad$ 2σ-Umgebung: $[30047,3; 30668,7]$

b) Unions-Wähler: $P(48509 \leq X \leq 49231) \approx 0,9543$ $\quad$ SPD-Wähler: $P(30048 \leq X \leq 30668) \approx 0,9544$

c) Die Stimmanzahlen im Wahlkreis Hannover II weisen tatsächlich signifikante Abweichungen auf. Die Ergebnisse für Union und SPD liegen weit außerhalb der 2σ-Umgebungen, in denen die Ergebnisse mit mehr als 95 % Wahrscheinlichkeit liegen, wenn man von Binomialverteilungen mit dem Stimmenanteil p der gesamten Bundestagswahl ausgeht.

Seite 277 | Aufgabe 1

a) X: Anzahl der Rechtshänder im Handballverein, $n = 250$, $p = 0,88$, $\mu = 220$
Als Prognose kann man den Erwartungswert 220 angeben.

b) $\sigma = 5{,}14$

$\mu - 1{,}96\sigma \approx 209{,}93$; $\mu + 1{,}96\sigma \approx 230{,}07$ 95 %-Intervall: [209,9;230,1]

$P(210 \leq X \leq 230) \approx 0{,}9598 > 95\%$ $P(211 \leq X \leq 229) \approx 0{,}9365 < 95\%$ gesuchtes Intervall: [210;230]

$\mu - 2{,}58\sigma \approx 206{,}74$; $\mu + 2{,}58\sigma \approx 233{,}26$ 99 %-Intervall: [206,7;233,3]

$P(207 \leq X \leq 233) \approx 0{,}9915 > 99\%$ $P(208 \leq X \leq 232) \approx 0{,}9853 < 99\%$ gesuchtes Intervall: [207;233]

c) k = 215 liegt innerhalb des 95%-Intervalls. Die Anzahl der Rechtshänder weicht also nicht signifikant vom Erwartungswert 220 ab.

Seite 277 | Aufgabe 2

a) $p = 0{,}65$, $n = 80$; $E(X) = 52$, $P(X = 52) = 0{,}0932$: Es sind 52 Treffer zu erwarten. Die Wahrscheinlichkeit dafür ist gering.

b) Die Wahrscheinlichkeit, dass exakt der Erwartungswert eintrifft, ist gering. Betrachtet man jedoch ein Intervall kann man mit sehr hoher Wahrscheinlichkeit voraussagen, in welchem Bereich die Trefferanzahl liegen wird.

c) $\sigma = 4{,}27$ 95 %-Intervall: [43,6;60,4]

$P(44 \leq X \leq 60) \approx 0{,}9545 > 95\%$ $P(45 \leq X \leq 59) = 0{,}9221 < 95\%$ gesuchtes Intervall [44;60]

d) $p = 0{,}65$, $n = 100$, $\mu = 65$, $\sigma = 4{,}77$ 95 %-Intervall [55,6;74,4]   99 %-Intervall [52,7;77,3]

75 liegt außerhalb des 95%-, aber innerhalb des 99%-Intervalls. Die Zahl der Treffer weicht also signifikant ab.

Seite 278 | Aufgabe 3

a) ① $\mu = 100$, $\sigma = 7{,}75$ 95 %-Intervall: [84,8;115,2]   99 %-Intervall: [80,02;119,98]

② $\mu = 250$, $\sigma = 13{,}69$ 95 %-Intervall: [223,2;276,8]   99 %-Intervall [214,7;285,3]

③ $\mu = 80$, $\sigma = 4$ 95 %-Intervall: [72,2;87,8]   99 %-Intervall: [69,7;90,3]

b) ① signifikant: $81 \leq k \leq 84$ oder $116 \leq k \leq 119$ hochsignifikant: $k \leq 80$ oder $k \geq 120$

② signifikant: $215 \leq k < 223$ oder $277 \leq k \leq 285$ hochsignifikant: $k \leq 214$ oder $k \geq 286$

③ signifikant: $70 \leq k \leq 72$ oder $88 \leq k \leq 90$ hochsignifikant: $k \leq 69$ oder $k \geq 91$

Seite 278 | Aufgabe 4

a) $\mu = 17$, $\sigma = 3{,}73$

$\mu - 1{,}96\sigma \approx 9{,}69$; $\mu + 1{,}96\sigma \approx 24{,}31$ 95%-Intervall [9,7;24,3]

$\mu - 2{,}58\sigma \approx 7{,}38$; $\mu + 2{,}58\sigma \approx 26{,}62$ 99%-Intervall [7,4;26,6]

b) Max Ergebnis weicht im zweiten Block signifikant ab, hier hat er tatsächlich „Pech gehabt".

Seite 278 | Aufgabe 5

a) Jahrgang 5:   95 %-Intervall: [48,1;69,5]   99 %-Intervall: [44,7;72,9]

Jahrgang 6:   95 %-Intervall: [54,8;77,5]   99 %-Intervall: [51,2;81,1]

Jahrgang 7:   95 %-Intervall: [43,6;64,2]   99 %-Intervall: [40,4;67,4]

Jahrgang 8:   95 %-Intervall: [34,8;53,4]   99 %-Intervall: [31,9;56,3]

Jahrgang 9:   95 %-Intervall: [37,0;56,1]   99 %-Intervall: [34,0;59,1]

Jahrgang 10:   95 %-Intervall [32,6;50,7]   99 %-Intervall: [29,8;53,5]

b) Die Intervalle geben an, wie viele Jungen in den verschiedenen Jahrgängen zu 95 % bzw. zu 99 % zu erwarten sind.

c) Die Anzahl der Jungen weicht in den Jahrgangsstufen 6, 8, und 9 nicht signifikant vom Erwartungswert ab und in den Jahrgangsstufen 5, 7 und 10 signifikant, aber nicht hochsignifikant vom Erwartungswert ab.

d) Jahrgänge 5 bis 10: Schülerzahl n = 635, davon 303 Jungen   Anteil: $\frac{303}{635} \approx 0{,}477$

95 %-Intervall [286,5;335,8]; 99 %-Intervall [278,6;343,7]

Die Anzahl der Jungen in den Jahrgängen 5 bis 10 weicht nicht signifikant vom Erwartungswert ab.

Seite 278 | Aufgabe 6

a) Die Tabelle gibt für verschieden große Intervall um den Erwartungswert (E(X) = 50) die Wahrscheinlichkeit an, mit welcher die Trefferanzahl in diesem Intervall liegt.

mindestens 50 %: [47;53]   mindestens 30 %: [48;52]   mindestens 70 %: [45;55]

b) ① mindestens 60 %: [12;18]   mindestens 70 %: [11;19]   mindestens 80 %: [10;20]

② mindestens 60 %: [100;110]   mindestens 70 %: [99;111]   mindestens 80 %: [98;112]

③ mindestens 60 %: [176;184]   mindestens 70 %: [176;184]   mindestens 80 %: [175;185]

Seite 278 | Aufgabe 7

a) Laura hat die Funktion gezeichnet, die für jedes x die Wahrscheinlichkeit, dass die Trefferanzahl im Intervall [50 – x; 50 + x] liegt, angibt. Intervall zu mindestens 80 %: [44; 56]

b) Intervall zu mindestens 90 %: [42; 58]   Intervall zu mindestens 99 %: [37; 63]

c) $p = 0{,}1$: Intervall zu mindestens 95 % [4; 16] $p = 0{,}3$: Intervall zu mindestens 95 % [21; 39]

$p = 0{,}9$: Intervall zu mindestens 95 % [84; 96]

Je näher p an 0,5 ist, desto schwächer steigt der Graph an und desto größer ist das 95 %-Intervall. Je näher p an 1 ist, desto stärker steigt der Graph an und desto kleiner ist das 95 %-Intervall.

Seite 279 | Aufgabe 8

a) $n = 255$, $p = 0{,}2$ 95 %-Intervall: [38,5; 63,5]

b) 42 liegt innerhalb des 95 %-Intervalls und damit ist p = 0,2 verträglich mit der Stichprobe.

c) ① $n = 205$, $k = 33$ 95 %-Intervall: [29,8; 52,2]   p = 0,2 ist verträglich mit den Beobachtungen.

② $n = 310$, $k = 42$ 95 %-Intervall: [48,2; 75,8]   p = 0,2 ist nicht verträglich mit den Beobachtungen.

③ $n = 280$, $k = 71$ 95 %-Intervall: [42,9; 69,1]   p = 0,2 ist nicht verträglich mit den Beobachtungen.

Seite 279 | Aufgabe 9

a) X: Anzahl der Erdbeerbonbons, p = 0,5, n = 80   P(X = 40) = 0,0889   P(X ≥ 40) = 0,5445
Die Wahrscheinlichkeit, dass die Anzahl der Erdbeerbonbons in den zwei Familienpackungen genau dem Erwartungswert 40 entspricht, ist sehr gering. Die Wahrscheinlichkeit, dass mindestens 40 Erdbeerbonbons enthalten sind, ist etwas größer als 50 %.

b) 95 %-Intervall für n = 80 und p = 0,5: [31,2; 48,8]. Die Anzahl von 50 Erdbeerbonbons liegt nicht innerhalb des 95 %-Intervalls. p = 0,5 ist daher nicht mit der Beobachtung verträglich.

c) 99 %-Intervall für n = 80 und p = 0,5: [28,5; 51,5]. 50 liegt innerhalb des 99 %-Intervalls. Bei einer Sicherheitswahrscheinlichkeit von 99 % ist p = 0,5 mit der Beobachtung verträglich und Thomas sollte den Anteil von 50 % nicht anzweifeln.

Seite 280 | Aufgabe 10

a) n = 800, p = $\frac{1}{6}$, 95 %-Intervall: [112,7; 153,994]   Intervall zu mindestens 95 %: [113; 154]

b) Intervalle für die Anzahl an Sechsen eines „nicht idealen" Würfels. [0; 112] und [154; 800]

c) Intervall zu mindestens 80 %: [120;147]. Intervalle eines „nicht idealen" Würfels: [0; 119] und [148; 800].
Bei einer Sicherheitswahrscheinlichkeit von 80% ist die Wahrscheinlichkeit, einen Würfel als nicht ideal einzustufen, höher.

Seite 280 | Aufgabe 11

a) Die Untersuchung hat genau zwei mögliche Ergebnisse, entweder jemand leidet an einer Allergie oder nicht. Man kann annehmen, dass jeder Befragte unabhängig von den anderen mit 30 % Wahrscheinlichkeit an einer Allergie leidet.

b) p = 0,3; n = 1000; 99 %-Intervall: [262,6; 337,4]
p = 0,3 ist nur mit den Ergebnissen in Bayern, Niedersachsen, Saarland und Thüringen verträglich.

c) 617 liegt außerhalb des 99 %-Intervalls und ist daher nicht mit p = 0,3 verträglich. Dadurch, dass das Ärztezentrum auf Allergologie spezialisiert ist, ist anzunehmen, dass dort überproportional viele Allergiker befragt wurden. Daher sollte dieses Ergebnis vernachlässigt werden.

Seite 280 | Aufgabe 12

a) Die Aussage ist korrekt. Das 95 %-Intervall „lappt" quasi über die Werte des 90 %-Intervalls hinaus. Siehe Abbildung Seite 276 im Schülerbuch.

b) Diese Aussage ist richtig. Noch weiter vom Erwartungswert weg, heißt auch, dass sich dieses Ergebnis nicht im Intervall, das ja um den Erwartungswert liegt, befinden kann.

c) Der Wert von p ist nicht falsch. Das Ergebnis der Stichprobe gibt aber einen Grund dafür, die Gültigkeit des Wertes anzuzweifeln.

d) Die Aussage ist falsch. Den Wert von p kann man nicht durch das Ergebnis einer Stichprobe ermitteln.

Seite 280 | Aufgabe 13

a) E(X) = 300 · 0,075 = 22,5; In einer Stichprobe von 300 Exemplaren sind etwa 23 (oder 22) fehlerhafte Chips zu erwarten.

b) Simons Aussage ist nicht korrekt. Weicht der Anteil in einer Stichprobe von 7,5 % ab, muss nicht sofort mit einer Änderung des Anteils in der gesamten Produktion gerechnet werden. Weicht der Anteil jedoch häufiger signifikant von 7,5 % ab, sollte man den Wert p = 7,5 % anzweifeln.

c) 95 %-Intervall: [13,6; 31,4]   P(14 ≤ X ≤ 31) ≈ 0,953 > 95%   P(15 ≤ X ≤ 30) = 0,922 < 95%
kleinstmögliches Intervall mit Mittelpunkt 22,5 und mindestens 95 % Wahrscheinlichkeit: [14; 31]

d) Liegt die Anzahl der fehlerhaften Chips außerhalb des 95 %-Intervalls ist damit zu rechnen, dass sich der Anteil geändert hat. Innerhalb des Intervalls wird die Streuung um den Erwartungswert beschrieben, welche nicht darauf hindeutet, dass sich der Anteil der fehlerhaften Chips verändert hat.

Seite 281 | Aufgabe 14

Max Aussage ist nicht korrekt. Liegt das Ergebnis einer Stichprobe im 95 %-Intervall, dann ist p verträglich mit der Stichprobe zur Sicherheitswahrscheinlichkeit von 95 %.
Julias Vorgehen ist nicht zulässig. Es stimmt zwar, dass es bei der Untersuchung von vielen Stichproben auch bei korrektem p nicht verträgliche Stichprobenergebnisse geben wird. Ihr Anteil wird aber sehr gering sein. Für Schlussfolgerungen müssen alle Stichprobenergebnisse berücksichtigt werden.

Seite 281 | Aufgabe 15

a) p = 0,4, n = 200   95 %-Intervall: [66,4; 93,6]   Intervall zu mindestens 95 %: [66; 94]
Bei einer Sicherheitswahrscheinlichkeit von mindestens 95 % gilt:
Der angenommene Wert p = 0,4 wird genau dann verworfen, wenn in der Stichprobe eine Reißzwecke weniger als 66-mal oder mehr als 94-mal mit der Spitze nach oben landet.

b) 74-mal: p = 0,4 sollte nicht verworfen werden.   94-mal: p = 0,4 sollte nicht verworfen werden.

c) Die Entscheidungsregel überprüft den Wert von p „nur" mit einer Sicherheitswahrscheinlichkeit von 95 %. Es kann daher vorkommen, dass der Wert p = 0,4 verworfen wird, obwohl er gültig ist.
Außerdem kann es vorkommen, dass der Wert p = 0,4 nicht verworfen wird, obwohl er nicht gültig ist.

d) Eine Möglichkeit ist, dass der Wert von p vom wahren Wert von p abweicht. Ebenso ist es möglich, dass der Wert von p korrekt ist und das Ergebnis mit einer Wahrscheinlichkeit von 5 % signifikant vom Erwartungswert abweicht.

Seite 281 | Aufgabe 16

a) n = 360, p = 0,4
    ① [126; 162]   ② [120; 168]   ③ [129; 159]

b) Individuelle Lösungen; z.B.: Liegt der Wert immer mindestens bei 120 und maximal bei 168, dann sollte der Anteil von 40 % bestätigt werden. Liegt er jedoch mindestens einmal außerhalb dieses Bereichs, sollte er verworfen werden. Ebenso sollte der Anteil angezweifelt werden, wenn der Wert mehr als einmal außerhalb des ersten Bereichs liegt.

Seite 281 | Aufgabe 17

$n = 48, p = 0,5$ 95 %-Intervall: [17,2; 30,8]   zu mindestens 95 %: [17; 31]

18 liegt innerhalb des 95 %-Intervalls. Diese Anzahl ist also nicht signifikant abweichend. Daher sollte man die Behauptung des Supermarkts nicht anzweifeln.

Seite 281 | Aufgabe 18

a) Die Funktion liefert für jedes x den Wert $P(x \leq X \leq 1000)$ mit $p = 0,66$ und $n = 1000$. Die zweite Funktion $f2(x) = 0,05$ wird verwendet, um den Schnittpunkt zu bestimmen. Dieser Schnittpunkt liefert den Wert, ab dem die Hypothese verworfen wird.

b) Ist die Anzahl der Smartphonenutzer unter den 1000 Leuten mindestens 685, dann sollte der Anteil von $p = 0,66$ verworfen werden.

c) ① Der Anteil von $p = 0,66$ sollte verworfen werden.   ② Der Anteil von $p = 0,66$ sollte nicht verworfen werden.
③ Der Anteil von $p = 0,66$ sollte verworfen werden.

Streifzug: Geometrische Verteilung

Seite 282 | Einstieg

$\frac{1}{6} + \frac{5}{6} \cdot \frac{1}{6} + \frac{5}{6} \cdot \frac{5}{6} \cdot \frac{1}{6} = \frac{91}{216} \approx 0,421$

Seite 283 | Aufgabe 1

a) $p = \frac{7}{10}$: $P(X = 4) = \frac{7}{10} \cdot \left(\frac{3}{10}\right)^3 = 0,0189$; $P(X \leq 3) = 1 - \left(\frac{3}{10}\right)^3 = 0,973$

$p = \frac{1}{4}$: $P(X = 4) = \frac{1}{4} \cdot \left(\frac{3}{4}\right)^3 \approx 0,105$; $P(X \leq 3) = 1 - \left(\frac{3}{4}\right)^3 \approx 0,578$

b) $p = \frac{7}{10}$: $E(X) = \frac{10}{7} \approx 1,43$; $V(X) = \frac{1}{\left(\frac{7}{10}\right)^2} - \frac{1}{\frac{7}{10}} \approx 0,61$ $p = \frac{1}{4}$: $E(X) = 4$; $V(X) = \frac{1}{\left(\frac{1}{4}\right)^2} - \frac{1}{\frac{1}{4}} = 12$

c) Je größer p, desto kleiner sind Erwartungswert und Varianz.

Seite 283 | Aufgabe 2

$p = \frac{1}{3}$

a) ① $P(X = 4) = \frac{1}{3} \cdot \left(\frac{2}{3}\right)^3 \approx 0,099$ ② $P(X = 5) = \frac{1}{3} \cdot \left(\frac{2}{3}\right)^4 \approx 0,066$

③ $P(X \leq 3) = 1 - \left(\frac{2}{3}\right)^3 \approx 0,704$ ④ $P(X \leq 4) = 1 - \left(\frac{2}{3}\right)^4 \approx 0,802$

b) $E(X) = 3$; $V(X) = \frac{1}{\left(\frac{1}{3}\right)^2} - \frac{1}{\frac{1}{3}} = 6$; $\sigma(X) = \sqrt{x} \approx 2,45$

Seite 283 | Aufgabe 3

a) $P(X = 1)$ ist das Maximum der geometrischen Verteilungen. Je größer k ist, desto kleiner ist $P(X = k)$. Die Verteilungen nähern sich für größer werdendes k der Wahrscheinlichkeit 0 an.

b) Grün: $P(X = 1) = 0,8$, also ⑤   Rot: $P(X = 1) = 0,5$, also ①   Blau: $P(X = 1) = 0,2$, also ④

c) Je größer p, desto größer ist $P(X = 1) = p$ und desto stärker fällt die Säulenhöhe mit zunehmendem k ab. Je kleiner p ist, desto größer ist $P(X = k)$ für größere k.

Seite 283 | Aufgabe 4

$p = 0,5$

a) $P(X = 2) = 0,5 \cdot 0,5 = 0,25$ $P(X = 4) = 0,5 \cdot 0,5^3 = 0,0625$

b) $P_E(X = 5) = \frac{P(E \cap (X = 5))}{P(E)} = \frac{0,5 \cdot 0,5^4}{0,5^3} = 0,5^2 = 0,25$ $P_E(X = 7) = \frac{P(E \cap (X = 7))}{P(E)} = \frac{0,5 \cdot 0,5^6}{0,5^3} = 0,5^4 = 0,0625$

Es gilt $P_E(X = 5) = P(X = 2)$ und $P_E(X = 7) = P(X = 4)$.

c) $P_E(X = n + k) = \frac{P(E \cap (X = n+k))}{P(E)} = \frac{P(X = n+k)}{P(E)} = \frac{p \cdot (1-p)^{k+n-1}}{(1-p)^k} = \frac{p \cdot (1-p)^k (1-p)^{n-1}}{(1-p)^k} = p \cdot (1 - p)^{n-1} = P(X = n)$

Die geometrische Verteilung ist eine gedächtnislose Verteilung, da die Wahrscheinlichkeit, dass der erste Treffer nach n Versuchen von einem beliebigen Zeitpunkt aus gezählt erfolgt, unabhängig davon ist, wie viele Fehlversuche es vorher gegeben hat. Die Wahrscheinlichkeit, einen Treffer im nächsten Versuch nach bereits k Fehlversuchen zu erzielen, ist gleich groß wie die Wahrscheinlichkeit, einen Treffer beim ersten Versuch von Beginn an zu erzielen.

Seite 283 | Aufgabe 5

a) X: Anzahl der Versuche bis zur ersten roten Zahl; Ereignis E: "X > 6"

Gewinnwahrscheinlichkeit mit Michas Strategie: $P_E(X = 7) = \frac{P(E \cap (X = 7))}{P(E)} = \frac{0,5 \cdot 0,5^6}{0,5^6} = 0,5$

Gewinnwahrscheinlichkeit ohne seine Strategie: $P(X = 1) = 0,5$. Die Wahrscheinlichkeit, mit seiner Strategie in der nächsten Runde zu gewinnen ist gleich groß, wie die Wahrscheinlichkeit, ohne seine Strategie in der nächsten Runde zu gewinnen.

b) Die Wahrscheinlichkeit, dass siebenmal hintereinander keine rote Zahl kommt, ist zwar sehr gering, aber auch die Wahrscheinlichkeit, dass sie sechsmal hintereinander nicht kommt und dann beim siebten Mal kommt, ist sehr gering. Man muss die bedingte Wahrscheinlichkeit untersuchen mit der Bedingung, dass sechsmal hintereinander keine rote Zahl gekommen ist. Unter dieser Bedingung ist die Wahrscheinlichkeit für eine rote Zahl 0,5 wie sie auch sonst immer 0,5 ist, dass beim nächsten Versuch eine rote Zahl kommt.

7.6 Abiturtraining

Seite 284 | Aufgabe 1

a) $P(X \leq 4)$ beschreibt die Wahrscheinlichkeit dafür, dass maximal vier Elfmeter von den fünf geschossenen verwandelt werden.
$P(X > 2)$ beschreibt die Wahrscheinlichkeit dafür, dass mehr als zwei von den fünf Schützen ein Tor erzielen.

b) Mit Term ② wird die Wahrscheinlichkeit für genau 3 Treffer bestimmt. Mit Term ③ wäre dies auch möglich, wenn man für p die „Nichttreffer"-Wahrscheinlichkeit wählt, also die Wahrscheinlichkeit, dass ein Elfmeter nicht verwandelt wird.

c) Nicht jeder der Spieler verwandelt mit derselben Wahrscheinlichkeit den Elfmeter. Ebenso spielt beim Elfmeterschießen die Reihenfolge und die Psyche der Spieler eine Rolle.

Seite 284 | Aufgabe 2

a) Die Zufallsgröße X kann als binomialverteilt angenommen werden, wenn jeder Schüler unabhängig von den anderen mit der gleichen Wahrscheinlichkeit mit dem Fahrrad zur Schule kommt.

b) ① $P(X = 3)$ Es fahren genau 3 Schüler des Mathematikkurses mit dem Fahrrad zur Schule.
   ② $P(X > 0)$ Es fährt mindestens ein Schüler des Kurses mit dem Fahrrad zur Schule.
   ③ $P(3 \leq X \leq 10)$ Es fahren mindestens 3 und maximal 10 Schüler des Kurses mit dem Fahrrad zur Schule.

c) Der Term bestimmt für $n = 15$ und $p = 0,3$ die Wahrscheinlichkeit, dass maximal 13 Treffer erzielt werden.
Experiment: Es werden 15 Schüler der Schule befragt, ob sie mit dem Fahrrad zur Schule kommen; Ereignis: Es kommen maximal 13 der 15 befragten Schüler mit dem Fahrrad zur Schule.

Seite 284 | Aufgabe 3

a) $P(X = 5) = \binom{6}{5} \cdot 0,6^5 \cdot 0,4$

b) Das Gegenereignis lautet „mehr als ein Treffer". Der Term ① gibt die Wahrscheinlichkeit dieses Ereignisses an.

c) $P(3 \leq X \leq 5)$ Es werden mindestens drei, aber maximal fünf Treffer erzielt.

d) Abbildung ③ stellt die Wahrscheinlichkeitsverteilung von X dar, da $E(X) = 6 \cdot 0,6 = 3,6$ gilt.

Seite 285 | Aufgabe 4

a) ① $p = 0,5$; $E(X) = 50$; $\sigma = 5$ ② $p = 0,8$; $E(X) = 80$; $\sigma = 4$

b) 95,5 %: ① [40; 60]   ② [35; 65]
   99,7 %: ① [72; 88]   ② [68; 92]

Seite 285 | Aufgabe 5

a) ① $n = 50$, $p = 0,1$; $P(X \geq 5) = 1 - P(X \leq 4) \approx 0,569$
   ② $n = 400$, $p = 0,1$; $E(X) = 400 \cdot 0,1 = 40$; untere Grenze: $40 \cdot 0,8 = 32$, obere Grenze: $40 \cdot 1,2 = 48$
   $P(32 \leq X \leq 48) = P(X \leq 48) - P(X \leq 31) \approx 0,844$

b) $P(X \geq 1) \geq 0,99 \Leftrightarrow 1 - P(X = 0) \geq 0,99 \Leftrightarrow P(X = 0) \leq 0,01 \Leftrightarrow 0,9^n \leq 0,01 \Leftrightarrow n \cdot \ln(0,9) \leq \ln(0,01)$,
   also $n \geq \frac{\ln(0,01)}{\ln(0,9)} \approx 43,7$
   Mia muss noch mindestens 44 Überraschungseier kaufen, um zu mindestens 99 % eine weitere EM-Figur zu bekommen.

c) $n = 25$; $p = 0,1$; $P(X = 0) \approx 0,0718$
   Erwartungswert für den Gewinn pro Palette in €: $5 - 0,0718 \cdot 50 = 1,41$.
   Der erwartete mittlere Gewinn pro Palette beträgt ca. 1,41 €.

d) $n = 50$; $p = 0,1$; $\mu = 5$, $\sigma \approx 2,12$ 95 %-Intervall: [0,8; 9,2]
   $P(1 \leq X \leq 9) \approx 0,970 > 95\%$ $P(2 \leq X \leq 8) \approx 0,908 < 95\%$ gesuchtes Intervall: [1; 9]

e) $n = 10$; $P(X \geq 1) \geq 0,99 \Leftrightarrow 1 - P(X = 0) \geq 0,99 \Leftrightarrow 1 - (1 - p)^{10} \geq 0,99 \Leftrightarrow (1 - p)^{10} \leq 0,01$, also $p \geq 1 - \sqrt[10]{0,01} \approx 0,369$
   Der Anteil der EM-Eier an den Überraschungseiern muss mindestens ca. 36,9 % betragen, damit die Kunden mit wenigstens 99%iger Wahrscheinlichkeit erwarten können, in zehn gekauften Eiern wenigstens eine EM-Figur zu finden.

8. Abiturvorbereitung

8.2 Aufgaben ohne Hilfsmittel

Aufgaben zur Analysis

Seite 293 | Aufgabe 1

a) Nullstelle: $x = 5 \cdot \ln\left(\frac{2}{5}\right)$ $\qquad$ $f'(x) = e^{\frac{x}{5}}$ $\qquad$ Steigung der Tangente im Punkt P(0|3): $f'(0) = 1$

b) Tangentengleichung: $t(x) = x + 3$ $\qquad$ Die Tangente schneidet die x-Achse an der Stelle $x = -3$.
   Die Strecken zwischen den Punkten (0|0) und P(0|3) bzw. zwischen (0|0) und (-3|0) sind gleich lang (3 LE).

c) Tangentengleichung: $t_a(x) = x + 5 - a$.
   Die Tangente schneidet die x-Achse im Punkt (a − 5|0). Die Strecken zwischen den Punkten (0|0) und P_a(0|5− a) bzw.
   zwischen (0|0) und (a − 5|0) sind gleich lang (|5 − a| LE) und das Dreieck ist gleichschenklig.

Seite 293 | Aufgabe 2

a) Der Graph von f ist eine nach unten geöffnete Parabel, die nur zwischen ihren Nullstellen 2 und 4 positive Werte hat, also findet nur in diesem Intervall Zufluss statt.

b) Das abfließende Volumen entspricht der Fläche $A = \left|\int_0^2 f(t)\, dt\right|$ und diese ist kleiner als das Dreieck mit den Eckpunkten (0|0), (0|−8) und (2|0). Dieses Dreieck hat den Flächeninhalt 8.

c) ① falsch, dort ist ein Maximum des Zuflusses.
   ② wahr, denn bis t = 2 fließt Wasser ab, danach wieder zu.

d) $20 + \int_0^3 f(t)\, dt$

Seite 293 | Aufgabe 3

a) $3x - x^3 = 0 \Leftrightarrow x(3 - x^2) = 0 \Leftrightarrow x = 0$ oder $(3 - x^2) = 0$ $\qquad$ Nullstellen: $x = 0$ oder $x = \sqrt{3}$ oder $x = -\sqrt{3}$

b) $F(x) = \frac{3}{2}x^2 - \frac{1}{4}x^4$ ist Stammfunktion zu f. Also ist $A = F(\sqrt{3}) - F(0) = \frac{9}{2} - \frac{9}{4} = 2{,}25$.
   A beschreibt den Flächeninhalt zwischen dem Graphen der Funktion und der x-Achse auf dem Intervall $[0, \sqrt{3}]$.

c) Wegen der Punktsymmetrie zum Ursprung des Graphen von f gilt: $\left|\int_{-\sqrt{3}}^0 f(x)\, dx\right| = \int_0^{\sqrt{3}} f(x)\, dx = A$
   Der Flächeninhalt der eingeschlossenen Fläche beträgt 2A.

Seite 293 | Aufgabe 4

a) allgemeine Form: $f(x) = ax^3 + bx^2 + cx + d$ $\quad$ $a, b, c, d \in \mathbb{R}$; $b = d = 0$ (Punktsymmetrie)
   $f'(x) = 3ax^2 + c$ $\qquad$ Bedingungen: $f(1) = 0$ und $f'(1) = 2$ $\qquad$ Gleichungen $a + c = 0$ und $3a + c = 2$
   Lösungen: $a = 1$ und $b = -1$. Damit folgt: $f(x) = x^3 - x$

b) W(0|0) Wendepunkt (Punktsymmetrie)
   $f'(x) = 3x^2 - 1$; $f'(0) = -1$ $\qquad$ Gleichung der Wendetangente: $t(x) = -x$

Seite 294 | Aufgabe 5

a) $f_a'(x) = 4a - 4x$; $f_a''(x) = -4$ $\qquad$ $f_a'(x) = 0 \Leftrightarrow 4a - 4x = 0 \Leftrightarrow x = a$
   Da $f_a''(x) = -4 < 0$ für alle a, ist bei $x = a$ ein Hochpunkt.
   $f_a(a) = 2a^2 = 162$ ergibt $a = 9$, da $a > 0$.

b) Nullstellenberechnung: $f_a(x) = 0 \Leftrightarrow 4ax - 2x^2 = 0 \Leftrightarrow 2x(2a - x) = 0 \Leftrightarrow x = 0$ oder $x = 2a$
   Integral bestimmen: $F_a(x) = 2ax^2 - \frac{2}{3}x^3$ $\qquad$ $A(a) = F_a(2a) - F_a(0) = \frac{8}{3}a^3$

c) $A(a) = 72 \Leftrightarrow \frac{8}{3}a^3 = 72 \Leftrightarrow a^3 = 27$, also $a = 3$

Seite 294 | Aufgabe 6

a) $F'(x) = (2x - 2) \cdot e^x + (x^2 - 2x - 15) \cdot e^x = (x^2 - 17) \cdot e^x = f(x)$

b) $\int_0^u f(x)\, dx = 15 \Leftrightarrow F(u) - F(0) = 15 \Leftrightarrow (u^2 - 2u - 15) \cdot e^u - (-15) = 15 \Leftrightarrow (u^2 - 2u - 15) = 0 \Leftrightarrow u = 5$ oder $u = -3$

Seite 294 | Aufgabe 7

a) $F'(x) = (2x + 1) \cdot e^{-x} + (x^2 + x + 1) \cdot (-1) \cdot e^{-x} = (2x + 1 - x^2 - x - 1) \cdot e^{-x} = (x - x^2) \cdot e^{-x} = f(x)$

b) Nullstellen: $x_1 = 0$ und $x_2 = 1$ $\qquad$ Flächeninhalt: $A = F(1) - F(0) = 3e^{-1} - 1$

c) F(x) hat in $x = 0$ ein Minimum, da dort ein Vorzeichenwechsel von f von − nach + vorliegt.
   F(x) hat in $x = 1$ ein Maximum, da dort ein Vorzeichenwechsel von f von + nach − vorliegt.

Seite 294 | Aufgabe 8

a) $\lim\limits_{x \to \infty} (2x - 4)\, e^{-x} = 0$ $\qquad$ $\lim\limits_{x \to -\infty} (2x - 4)\, e^{-x} = -\infty$

b) $f'(x) = (2 - (2x - 4))\, e^{-x} = (6 - 2x)\, e^{-x}$ $\qquad$ $f'(x) = 0 \Leftrightarrow x = 3$
   Da e^{-x} für alle x positiv ist, ist das Vorzeichen von $f'(x)$ gleich dem von $(6 - 2x)$. Diese Klammer ist für $x < 3$ positiv, für $x > 3$ negativ. Also steigt der Graph von f für $x < 3$ streng monoton, und fällt für $x > 3$. Damit ist bei $x = 3$ ein globales Maximum.

c) $f'(4) = -2e^{-4}$; Tangente: $t(x) = -2e^{-4}x + 12e^{-4}$

a) $f'(x) = -2e^x < 0$ für alle x; f ist streng monoton fallend.
b) $f'(0) = -2$ und $f(0) = -2$; Tangente: $t(x) = -2x - 2$ mit Nullstelle $x = -1$; $A = \frac{1}{2} \cdot 1 \cdot 2 = 1$

a) Fehler im 1. Druck des Schülerbuchs. Korrekt ist $h(x) = 2e^{-x}$.

   Graph I: f   Graph II: h   Graph III: g

   Der Graph I geht aus dem Graphen von k durch Verschiebung um 2 Einheiten nach oben hervor.
   Der Graph II geht aus dem Graphen von k durch Spiegelung an der y-Achse und an der x-Achse hervor.
   Wird der Graph von k an der y-Achse gespiegelt und entlang der y-Achse um den
   Faktor 2 gestreckt, ergibt sich der Graph III.
b) $f'(x) = e^x$; Der blaue Graph stellt die Ableitung von f dar.
   $g'(x) = e^{-x}$; Der rote Graph stellt die Ableitung von g dar.
   $h'(x) = -2e^{-x}$

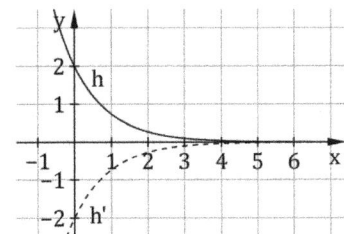

Aufgaben zur analytischen Geometrie

a) $\begin{pmatrix} 1 & 2 & -3 & | & -3 \\ 0 & 1 & 5 & | & 4 \\ 0 & 2 & 6 & | & 4 \end{pmatrix} \rightarrow \begin{pmatrix} 1 & 2 & -3 & | & -3 \\ 0 & 1 & 5 & | & 4 \\ 0 & 0 & -4 & | & -4 \end{pmatrix}$ $x_3 = 1, x_2 = -1, x_1 = 2$
b) Für $a = 10$ sind die Koeffizienten der 3. Zeile doppelt so groß wie die der 2. Zeile, aber die Konstante ist nicht auch
   verdoppelt. Somit erhält man eine Widerspruchszeile.

a) $\vec{a} = \begin{pmatrix} 0 \\ 4 \\ 0 \end{pmatrix}$ $\vec{b} = \begin{pmatrix} -3 \\ 0 \\ 0 \end{pmatrix}$ $\vec{c} = \begin{pmatrix} 0 \\ 0 \\ 2 \end{pmatrix}$

   $\vec{v_1} = \begin{pmatrix} 0 \\ 4 \\ 0 \end{pmatrix} + \begin{pmatrix} -3 \\ 0 \\ 0 \end{pmatrix} = \begin{pmatrix} -3 \\ 4 \\ 0 \end{pmatrix}$ $\vec{v_2} = \begin{pmatrix} 0 \\ 4 \\ 0 \end{pmatrix} - \begin{pmatrix} 0 \\ 0 \\ 2 \end{pmatrix} = \begin{pmatrix} 0 \\ 4 \\ -2 \end{pmatrix}$ $\vec{v_3} = \begin{pmatrix} 0 \\ 4 \\ 0 \end{pmatrix} - \begin{pmatrix} -3 \\ 0 \\ 0 \end{pmatrix} + \begin{pmatrix} 0 \\ 0 \\ 2 \end{pmatrix} = \begin{pmatrix} 3 \\ 4 \\ 2 \end{pmatrix}$ $\vec{v_4} = \begin{pmatrix} 0 \\ 4 \\ 0 \end{pmatrix} - \begin{pmatrix} -3+0 \\ 0+0 \\ 0+2 \end{pmatrix} = \begin{pmatrix} 3 \\ 4 \\ -2 \end{pmatrix}$

b) $\vec{BD} = \vec{BA} + \vec{AD} = \begin{pmatrix} -3 \\ -4 \\ 0 \end{pmatrix}$ $|\vec{BD}| = \sqrt{(-3)^2 + (-4)^2 + 0^2} = \sqrt{25} = 5$

c) $\vec{OS} = \vec{OE} + \frac{1}{2}(\vec{AB} + \vec{AD}) + 2{,}5 \begin{pmatrix} 0 \\ 0 \\ 1 \end{pmatrix} = \begin{pmatrix} -1{,}5 \\ 2 \\ 4{,}5 \end{pmatrix}$ $S(-1{,}5|2|4{,}5)$

d) Quader: $V_Q = 4 \cdot 3 \cdot 2 = 24$; Pyramide: $V_P = \frac{1}{3} \cdot 4 \cdot 3 \cdot 2{,}5 = 10$; Haus: $V = 34$

a) $h: \vec{x} = \begin{pmatrix} 3 \\ 2 \\ -3 \end{pmatrix} + s \begin{pmatrix} -2 \\ 0 \\ -2 \end{pmatrix}$ b) $\begin{pmatrix} 4 \\ 4 \\ -1 \end{pmatrix} + r \begin{pmatrix} 1 \\ 2 \\ 2 \end{pmatrix} = \begin{pmatrix} 3 \\ 2 \\ -3 \end{pmatrix} + s \begin{pmatrix} -2 \\ 0 \\ -2 \end{pmatrix}$ wird erfüllt für $r = -1$ und $s = 0$; Schnittpunkt: $S(3|2|-3)$

c) Für den Winkel α zwischen den Richtungsvektoren $\vec{u} = \begin{pmatrix} 1 \\ 2 \\ 2 \end{pmatrix}$ von g und $\vec{v} = \begin{pmatrix} 2 \\ 0 \\ 2 \end{pmatrix}$ von h gilt: $\cos(\alpha) = \frac{\vec{u} \cdot \vec{v}}{|\vec{u}| \cdot |\vec{v}|} = \frac{6}{3\sqrt{8}} = \frac{1}{\sqrt{2}}$

   Es folgt $\alpha = 45°$.

a) Flugbahn: $g: \vec{x} = \begin{pmatrix} 4 \\ -1 \\ 5 \end{pmatrix} + t \begin{pmatrix} 3 \\ 4 \\ 0 \end{pmatrix}$ Position nach 2 Minuten: $P(10|7|5)$; Position nach 10 Minuten: $P(34|39|5)$

b) $\begin{pmatrix} 1 \\ 5 \\ 0 \end{pmatrix} = \begin{pmatrix} 4 \\ -1 \\ 0 \end{pmatrix} + t \begin{pmatrix} 3 \\ 4 \\ 0 \end{pmatrix}$ hat keine Lösung   Q liegt nicht unter der Flugbahn.

   $\begin{pmatrix} -0{,}5 \\ -7 \\ 0 \end{pmatrix} = \begin{pmatrix} 4 \\ -1 \\ 0 \end{pmatrix} + t \begin{pmatrix} 3 \\ 4 \\ 0 \end{pmatrix}$ hat die Lösung $t = -\frac{3}{2}$.   R liegt unter der Flugbahn.

c) Der Richtungsvektor liegt in der x_1x_2-Ebene. Die Gerade verläuft demnach parallel zur x_1x_2-Ebene und berührt diese nie.
d) $|\vec{v}| = \sqrt{3^2 + 4^2} = 5$ (km/min). Also bewegt sich das Flugzeug mit $60 \cdot 5 = 300$ km/h.

a) $g: \vec{x} = \begin{pmatrix} 1 \\ -1 \\ 6 \end{pmatrix} + r \begin{pmatrix} -3 \\ 6 \\ -6 \end{pmatrix}$ $\begin{pmatrix} 2 \\ y \\ 4 \end{pmatrix} = \begin{pmatrix} 1 \\ -1 \\ 6 \end{pmatrix} + r \begin{pmatrix} -3 \\ 6 \\ -6 \end{pmatrix}$ ergibt $y = -3$.

b) $\vec{CA} = \begin{pmatrix} 1 \\ -1 \\ 6 \end{pmatrix} - \begin{pmatrix} 4 \\ 5 \\ 0 \end{pmatrix} = \begin{pmatrix} -3 \\ -1 \\ 6 \end{pmatrix}$ und $\vec{CB} = \begin{pmatrix} 10 \\ 8 \\ 6 \end{pmatrix} - \begin{pmatrix} 4 \\ 5 \\ 0 \end{pmatrix} = \begin{pmatrix} 6 \\ 3 \\ 6 \end{pmatrix}$ $\vec{CA} \cdot \vec{CB} = 0$ und $|\vec{CA}| = |\vec{CB}| = 9$; Die Seiten sind gleich lang.

c) $\frac{81}{2} = 40{,}5$ FE

d) $\vec{OD} = \vec{OC} + \vec{CA} + \vec{CB} = \begin{pmatrix} 4 \\ 5 \\ 0 \end{pmatrix} + \begin{pmatrix} -3 \\ -6 \\ 6 \end{pmatrix} + \begin{pmatrix} 6 \\ 3 \\ 6 \end{pmatrix} = \begin{pmatrix} 7 \\ 2 \\ 12 \end{pmatrix}$ $D(7|2|12)$

Seite 296 | Aufgabe 16

a) $\begin{pmatrix} 0 \\ 0 \\ 0 \end{pmatrix} = \begin{pmatrix} 3 \\ 2 \\ 2 \end{pmatrix} + r\begin{pmatrix} 0 \\ 2 \\ 1 \end{pmatrix} + s\begin{pmatrix} 3 \\ 0 \\ 1 \end{pmatrix}$ wird erfüllt für $s = r = -1$.

b) g hat mit E den Ursprung gemeinsam und einen Richtungsvektor.

c) $\begin{pmatrix} 2 \\ 3 \\ a \end{pmatrix} \cdot \begin{pmatrix} 0 \\ 2 \\ 1 \end{pmatrix} = 0 \Leftrightarrow 6 + a = 0$, $\begin{pmatrix} 2 \\ 3 \\ a \end{pmatrix} \cdot \begin{pmatrix} 3 \\ 0 \\ 1 \end{pmatrix} = 0 \Leftrightarrow 6 + a = 0$, also $a = -6$

d) Die Gerade h verläuft parallel zur Ebene E, weil der Richtungsvektor von h auch Richtungsvektor von E ist. Der Stützpunkt von h ist Q_{-6}, also ist sein Ortsvektor senkrecht zu E. Dann ist sein Betrag gleich dem Abstand von h und E:
$|\overrightarrow{OQ_{-6}}| = \sqrt{4 + 9 + 36} = 7$

Seite 296 | Aufgabe 17

a) $S(9|2|5)$; Strahl durch S: $g: \vec{x} = \begin{pmatrix} 9 \\ 2 \\ 5 \end{pmatrix} + r\begin{pmatrix} -1 \\ 1 \\ -1 \end{pmatrix}$ Für $r = 5$ erhält man $S'(4|7|0)$.

b) $|\overrightarrow{PS'}| = \left| \begin{pmatrix} -9+4 \\ -2+7 \\ 0+0 \end{pmatrix} \right| = \left| \begin{pmatrix} -5 \\ 5 \\ 0 \end{pmatrix} \right| = \sqrt{50}$

c) $g_{PS}: \vec{x} = \begin{pmatrix} 9 \\ 2 \\ 0 \end{pmatrix} + r\begin{pmatrix} 0 \\ 0 \\ 1 \end{pmatrix}$ Schnittbedingung: $\begin{pmatrix} 5 \\ 3 \\ 5 \end{pmatrix} + t\begin{pmatrix} 4 \\ -1 \\ -3 \end{pmatrix} = \begin{pmatrix} 9 \\ 2 \\ 0 \end{pmatrix} + r\begin{pmatrix} 0 \\ 0 \\ 1 \end{pmatrix}$

In den ersten beiden Koordinaten muss $t = 1$ gelten. Dann erhält man in der x_3-Koordinate: $5 - 3 = r$, also $r = 2$. Wegen $0 \le r \le 5$ schneidet g die Antenne.

Seite 296 | Aufgabe 18

a) $g: \vec{x} = \begin{pmatrix} 3 \\ 1 \\ 2 \end{pmatrix} + r\begin{pmatrix} 0 \\ 1 \\ 0 \end{pmatrix}$

b) $\begin{pmatrix} 3 \\ 1+t \\ 2 \end{pmatrix} = \begin{pmatrix} 3 \\ 1 \\ 2 \end{pmatrix} + r\begin{pmatrix} 0 \\ 1 \\ 0 \end{pmatrix}$ wir erfüllt für $r = t$.

c) $|\overrightarrow{PQ_t}| = \left| \begin{pmatrix} 4 \\ t \\ 3 \end{pmatrix} \right| = \sqrt{25 + t^2} \ge \sqrt{25} = 5$

d) Der Abstand von Q_t und Q_0 beträgt $|t|$.
$10 = \frac{1}{2} |\overrightarrow{PQ_0}| \cdot |t| = \frac{1}{2} \cdot 5|t| \Leftrightarrow |t| = 4$ Man erhält $A_1(3|5|2)$ oder $A_2(3|-3|2)$.

Seite 296 | Aufgabe 19

a) $\begin{pmatrix} x \\ 1 \\ z \end{pmatrix} = \begin{pmatrix} 1 \\ 2 \\ 2 \end{pmatrix} + s\begin{pmatrix} 2 \\ -1 \\ 2 \end{pmatrix}$. Die 2. Koordinate ergibt $s = 1$, damit ist $x = 1 + 2 = 3$ und $z = 2 + 2 = 4$. $P(3|1|4)$

b) $\begin{pmatrix} 3 \\ 1 \\ 4 \end{pmatrix} + r\begin{pmatrix} 1 \\ 4 \\ 1 \end{pmatrix} = \begin{pmatrix} 1 \\ 2 \\ 2 \end{pmatrix} + s\begin{pmatrix} 2 \\ -1 \\ 2 \end{pmatrix}$. Für $s = 1$ erhält man in der Parametergleichung von g_2 den Stützvektor von g_1, also $S(3|1|4)$.

Wegen $\begin{pmatrix} 1 \\ 4 \\ 1 \end{pmatrix} \cdot \begin{pmatrix} 2 \\ -1 \\ 2 \end{pmatrix} = 2 - 4 + 2 = 0$ verlaufen g_1 und g_2 senkrecht zueinander.

c) $E: \vec{x} = \begin{pmatrix} 3 \\ 1 \\ 4 \end{pmatrix} + r\begin{pmatrix} 1 \\ 4 \\ 1 \end{pmatrix} + s\begin{pmatrix} 2 \\ -1 \\ 2 \end{pmatrix}$

d) Rechteck SACB mit A auf g_1 und B auf g_2:
$\overrightarrow{OA} = \begin{pmatrix} 3 \\ 1 \\ 4 \end{pmatrix} + \begin{pmatrix} 1 \\ 4 \\ 1 \end{pmatrix} = \begin{pmatrix} 4 \\ 5 \\ 5 \end{pmatrix}$ $\overrightarrow{OB} = \begin{pmatrix} 3 \\ 1 \\ 4 \end{pmatrix} + \begin{pmatrix} 2 \\ -1 \\ 2 \end{pmatrix} = \begin{pmatrix} 5 \\ 0 \\ 6 \end{pmatrix}$ $\overrightarrow{OC} = \begin{pmatrix} 3 \\ 1 \\ 4 \end{pmatrix} + \begin{pmatrix} 1 \\ 4 \\ 1 \end{pmatrix} + \begin{pmatrix} 2 \\ -1 \\ 2 \end{pmatrix} = \begin{pmatrix} 6 \\ 4 \\ 7 \end{pmatrix}$
Eckpunkte des Rechtecks: $S(3|1|4)$, $A(4|5|5)$, $B(5|0|6)$, $C(6|4|7)$

Seite 296 | Aufgabe 20

a) Grundfläche: $A = \frac{1}{2} \cdot 4 \cdot 6 = 12$; $V = 32 = \frac{1}{3} \cdot 12 \cdot x_3 \Leftrightarrow x_3 = 8$ $S(0|0|8)$

b) $E: \vec{x} = \begin{pmatrix} 4 \\ 0 \\ 0 \end{pmatrix} + r\begin{pmatrix} -4 \\ 6 \\ 0 \end{pmatrix} + s\begin{pmatrix} -4 \\ 0 \\ 8 \end{pmatrix}$

c) $\begin{pmatrix} 0 \\ 3 \\ 4 \end{pmatrix} = \begin{pmatrix} 4 \\ 0 \\ 0 \end{pmatrix} + r\begin{pmatrix} -4 \\ 6 \\ 0 \end{pmatrix} + s\begin{pmatrix} -4 \\ 0 \\ 8 \end{pmatrix}$ wird erfüllt für $r = s = \frac{1}{2}$.

d) $\begin{pmatrix} 3 \\ 2 \\ a \end{pmatrix} \cdot \begin{pmatrix} -4 \\ 6 \\ 0 \end{pmatrix} = 0$ für alle a. $\begin{pmatrix} 3 \\ 2 \\ a \end{pmatrix} \cdot \begin{pmatrix} -4 \\ 0 \\ 8 \end{pmatrix} = 0 \Leftrightarrow -12 + 8a = 0 \Leftrightarrow a = 1,5$

$\vec{n} = 2\begin{pmatrix} 3 \\ 2 \\ 1,5 \end{pmatrix} = \begin{pmatrix} 6 \\ 4 \\ 3 \end{pmatrix}$ und $g: \vec{x} = \begin{pmatrix} 0 \\ 3 \\ 4 \end{pmatrix} + s\begin{pmatrix} 6 \\ 4 \\ 3 \end{pmatrix}$

Aufgaben zur Stochastik

Seite 297 | Aufgabe 21

a) Das zweimalige Werfen des Würfels ist ein Laplace-Experiment, da die Zahlen 0,1 und 2 gleich oft vorkommen. Die Wahrscheinlichkeit für jede 2er-Kombination ist $\frac{1}{9}$. Damit erhält man die Wahrscheinlichkeiten für die Produkte der Augenzahlen.

x	0	1	2	4
$P(X=x)$	$\frac{5}{9}$	$\frac{1}{9}$	$\frac{2}{9}$	$\frac{1}{9}$

b) $P(E) = P(X = 1) = \frac{1}{9}$; $P(F) = P(X \ge 2) = P(X = 2) + P(X = 4) = \frac{2}{9} + \frac{1}{9} = \frac{1}{3}$

c) Die Wahrscheinlichkeiten für die Gewinne 0 €, 9 €, 18 € stehen in der Tabelle.
Der Erwartungswert ist $E(X) = 0 \cdot \frac{2}{3} + 9 \cdot \frac{2}{9} + 18 \cdot \frac{1}{9} = 4$.
Das Spiel ist bei einem Einsatz von 4 € fair.

Gewinn	0 €	9 €	18 €
$P(X=x)$	$\frac{2}{3}$	$\frac{2}{9}$	$\frac{1}{9}$

Seite 297 | Aufgabe 22

a) Es gilt $P(A \cap B) = P(A) \cdot P_A(B) = \frac{1}{20}$.

Daraus folgt $P_A(B) = \frac{1}{20} : \frac{1}{4} = \frac{1}{5}$. Weiter gilt: $P(\overline{A}) = \frac{3}{4}$; $P_{\overline{A}}(\overline{B}) = \frac{2}{3}$.

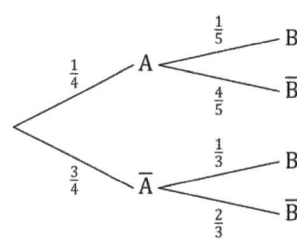

b) – $P(\overline{A} \cap B) = \frac{1}{4}$

– $P_{\overline{A}}(B) = \frac{1}{3}$

– $P(B) = P(\overline{A} \cap B) + P(A \cap B) = \frac{1}{20} + \frac{1}{4} = \frac{3}{10}$

– $P_B(A) = \frac{P(A) \cdot P_A(B)}{P(B)} = \frac{1}{4} \cdot \frac{1}{5} \cdot \frac{10}{3} = \frac{1}{6}$

Seite 297 | Aufgabe 23

a) $\overline{A}$: Nach zweimaligem Ziehen wurde kein Joker gezogen.

$\overline{B}$: Unter den drei gezogenen Karten befinden sich genau 2 Buben.

b) $P(A) = \frac{17}{22}$ $P(B) = P(\overline{\text{Bube}}, \text{Bube}, \text{Bube}) + P(\text{Bube}, \overline{\text{Bube}}, \text{Bube}) + P(\text{Bube}, \text{Bube}) = 3 \cdot \frac{1}{66} = \frac{1}{22}$

Seite 298 | Aufgabe 24

a) $q = 0{,}8$ ist die Wahrscheinlichkeit, dass jemand keine Leitung benötigt.

0,01 ist etwa die Wahrscheinlichkeit, dass gerade keine Leitung benötigt wird.

Auf lange Sicht wird $480 \cdot 0{,}01 = 4{,}8 \approx 5$ Minuten am Tag keine Leitung benötigt.

b) X: Anzahl der benötigten Leitungen   Anzahl durchschnittlich benötigter Leitungen: $E(X) = n \cdot p = 20 \cdot 0{,}2 = 4$

c) Der Term gibt die Wahrscheinlichkeit für bis zu 3 Treffer an, also dafür, dass maximal 3 Leitungen benötigt werden.

Seite 298 | Aufgabe 25

a) Die 74-fache Durchführung des Spiels entspricht einer binomialverteilten Zufallsgröße X mit $n = 74$ und $p = \frac{1}{16}$.

$E(X) = n \cdot p = \frac{74}{16} = 4{,}625$. Das Spiel wird also bei 74 Durchgängen knapp fünfmal gewonnen.

b) Zur Festsetzung der fairen Gewinnhöhe hilft die nebenstehende Tabelle.

Für ein faires Spiel soll gelten: $E(G) = x \cdot \frac{1}{16} + (-2) \cdot \frac{15}{16} = 0$

Also muss der Gewinn für „vier mal Kopf" 30 € sein, wenn das Spiel fair sein soll.

Gewinn G in €	x	−2
Wahrscheinlichkeit	$\frac{1}{16}$	$\frac{15}{16}$

c) Die Zufallsgröße X ist diesmal eine Binomialverteilung mit $n = 30$ und $p = \frac{1}{16}$.

① beschreibt die Wahrscheinlichkeit für $P(X = 0)$.

② berechnet aus ① den Exponenten n, also die Anzahl der Durchführungen, die notwendig sind damit diese Wahrscheinlichkeit den Wert 0,05 annimmt. Dieser Wert für n ist größer als 30. Mit der gleichen Anzahl von Durchführungen gilt für das Gegenereignis $P(X \geq 1) = 1 - P(X = 0) = 0{,}95$ Hannes hat recht.

Seite 298 | Aufgabe 26

a) Die Anzahl an Kunden, die einen Berliner mit Senf bekommen, kann als binomialverteilte Zufallsgröße X mit den Parametern $n = 10$ und $p = 0{,}05$ beschrieben werden.

Ereignis A: $(1 - 0{,}05)^2 = 0{,}95^2$

Ereignis B: $P(X = 2) = \binom{10}{2} \cdot 0{,}05^2 \cdot 0{,}95^8$

Ereignis C: $P(X \geq 2) = 1 - (P(X = 0) + P(X = 1)) = 1 - (0{,}95^{10} + 10 \cdot 0{,}05 \cdot 0{,}95^9) = 1 - 1{,}45 \cdot 0{,}95^9$

b) Die erste Abbildung stellt die Wahrscheinlichkeitsverteilung für die Zufallsgröße X dar.

Die dritte Abbildung stellt die Verteilung die Anzahl der Kunden mit einem Marmeladen-Berliner dar ($n = 10$ und $p = 0{,}95$), da diese symmetrisch bezüglich der Vertikalen bei $k = 5$ zur 1. Abbildung ist.

Seite 298 | Aufgabe 27

a) $\mu = 20$.   Aus $20 = 25 \cdot p$ folgt $p = \frac{20}{25} = \frac{4}{5} = 0{,}8$.

$\sigma = \sqrt{0{,}8 \cdot 0{,}2 \cdot 25} = \sqrt{4} = 2$

b) $0{,}11 + 0{,}16 + 0{,}2 + 0{,}19 + 0{,}14 = 0{,}80$

Seite 298 | Aufgabe 28

a) ① beschreibt die Wahrscheinlichkeit für $P(X = 0)$ für $n = 3$.

② beschreibt die Wahrscheinlichkeit für $P(X = 5)$.

③ beschreibt die Wahrscheinlichkeit für $P(X \geq 2)$, da

$P(X = 0) = (1 - p)^n$ und $P(X = 1) = n \cdot p \cdot (1 - p)^{n-1}$ und $P(X \geq 2) = 1 - (P(X = 0) + P(X = 1))$.

b) $\mu = n \cdot p = 20$ und $\sigma = \sqrt{n \cdot p \cdot (1 - p)} = 2$. Es gilt $n \cdot p \cdot (1 - p) = 4$.

Aus $\mu = n \cdot p = 20$ folgt: $20 \cdot (1 - p) = 4 \Leftrightarrow 1 - p = \frac{1}{5} \Leftrightarrow p = \frac{4}{5}$. Damit ist $n = 25$.

8.3 Aufgaben mit Hilfsmitteln

Aufgaben zur Analysis

Seite 299 | Aufgabe 1

a) Nullstellen: $t_1 = 0$; $t_2 = 6$.; Gesamtdauer: 6 Sekunden; Downloadgeschwindigkeit: $f(2) = 2 \left(\frac{MB}{s}\right)$

$f'(t) = -\frac{3}{8}t^2 + \frac{3}{2}t$; $f''(t) = -\frac{3}{4}t + \frac{3}{2}$; $f'(t_0) = 0 \Leftrightarrow -\frac{1}{8}t_0^2 + \frac{3}{2}t_0 = 0 \Leftrightarrow t_0 = 0$ oder $t_0 = 4$.

$f''(4) = -3 + \frac{3}{2} = -1{,}5 < 0$. An der Stelle $t_0 = 4$ liegt also ein Maximum vor. Die Übertragungsrate ist dort am höchsten.

Es ist $f'(2) = -\frac{3}{2} + \frac{3}{2} = 0$ und $f'''(t) = -\frac{3}{4} \neq 0$; f hat also bei $t = 2$ eine Wendestelle. Ab dieser Stelle verlangsamt sich der Zuwachs der Übertragungsrate.

b) $F(t) = -\frac{1}{32}t^4 + \frac{1}{4}t^3$ ist eine Stammfunktion zu f; insgesamt heruntergeladen: $F(6) - F(0) = 13{,}5$ (MB)

Nach 2 s sind es $F(2) - F(0) = F(2) = 1{,}5$ (MB). Dies entspricht einem Anteil von ca. 11 %, also weniger als 12,5 %.

Nach 5 s sind es $F(5) \approx 11{,}72$ (MB). Dies entspricht einem Anteil von ca. 86,82 %, also mehr als 85 %.

Gesucht ist ein $a > 0$ mit $F(a) = -\frac{1}{32}a^4 + \frac{1}{4}a^3 = 6{,}75$. Mit dem GTR ergeben sich die Näherungslösungen $a_1 \approx 3{,}69$ und $a_2 \approx 7{,}48$. Nur die Lösung a_1 liegt zwischen die Nullstellen von f. Nach etwa 3,7 Sekunden wurden 50 % heruntergeladen.

c) Es gilt: $f(x + 2) - 2 = -\frac{1}{8}(x + 2)^3 + \frac{3}{4}(x + 2)^2 - 2 = (x + 2)^2 \left(-\frac{1}{8}(x + 2) + \frac{3}{4}\right) - 2 = -\frac{1}{8}x^3 + \frac{3}{2}x = h(x)$

Da $h(x) = f(x + 2) - 2$, hat h bei $x = 2 - 2 = 0$ eine Wendestelle. Die Funktion h ist punktsymmetrisch zum Ursprung und damit ist die Funktion f punktsymmetrisch zum Punkt $(2|2)$, da die Verschiebung den Verlauf des Graphen nicht ändert.

d) $f(x) - h(x) = \frac{3}{4}x^2 - \frac{3}{2}x = 0$ ergibt $x_1 = 0$ und $x_2 = 2$.

$A = \left| \int_0^2 (f(x) - h(x))\, dx \right| = \left| \int_0^2 (\frac{3}{4}x^2 - \frac{3}{2}x)\, dx \right| = \left| \left[\frac{1}{4}x^3 - \frac{3}{4}x^2\right]_0^2 \right| = |-1| = 1$

$f'(x) = -\frac{3}{8}x^2 + \frac{3}{2}x$; $f'(6) = -4{,}5$ \qquad Tangentengleichung: $t(x) = -4{,}5x + 27$

Fläche zwischen dem Graphen von f und Tangente t:

$A = \left| \int_0^6 (f(x) - t(x))\, dx \right| = \left| \int_0^6 (-\frac{1}{8}x^3 + \frac{3}{4}x^2 + 4{,}5x - 27)\, dx \right| = \left| \left[-\frac{1}{32}x^4 + \frac{1}{4}x^3 + \frac{9}{4}x^2 - 27x\right]_0^6 \right| = 67{,}5$

Geradengleichung: $g(x) = x$ \qquad Schnittpunkt von Tangente t und Gerade g: $S\left(\frac{54}{11}\Big|\frac{54}{11}\right)$

Flächeninhalt der dreieckigen Teilfläche an der x-Achse: $\frac{1}{2} \cdot 6 \cdot \frac{54}{11}$

Flächeninhalt der dreieckigen Teilfläche an der y-Achse: $\frac{1}{2} \cdot 27 \cdot \frac{54}{11}$

Teilungsverhältnis: $27 : 6 = 4{,}5 : 1$

Seite 300 | Aufgabe 2

a) Ansatz: $f(t) = at^3 + bt^2 + ct + d$, mit $a, b, c, d \in \mathbb{R}$.

Bedingungen: (I) $f(0) = 0$; (II) $f(6) = 9$; (III) $\frac{f(t+1)-f(t)}{t-1} = 1{,}5$; Der Kran bewegt sich mit einer Geschwindigkeit von $1{,}5\,\frac{m}{s}$.

Aus (I) folgt $d = 0$.

Aus (III): $f'(t)(t) = 3at^2 + 2bt + c$ und $f'(0) = 0$, da der Kran im Ausgangspunkt still steht. Damit ist auch $c = 0$.

Also ist: $f(t) = at^3 + bt^2$, mit $a, b \in \mathbb{R}$; $f'(t) = 3at^2 + 2bt$, mit $a, b \in \mathbb{R}$

Eingesetzt in (II): $216a + 36b = 9$ und $f'(6) = 108a + 12b = 1{,}5$

$216a + 36b = 9 \Leftrightarrow b = \frac{1}{4} - 6a \implies 108a + 3 - 72a = \frac{3}{2} \Leftrightarrow a = -\frac{1}{24} \implies b = \frac{1}{2}$

① $\frac{f(5)-f(3)}{5-3}$ bestimmt die durchschnittliche Geschwindigkeit des Krans zwischen der 3-ten und 5-ten Sekunde.

② $\frac{f(t)-f(3)}{t-3}$; $t \geq 3$ bestimmt die durchschnittliche Geschwindigkeit des Krans auf dem Zeitintervall $[3, t]$.

③ $\lim\limits_{h \to 0} \frac{f(3+h)-f(3)}{h}$ gibt die Geschwindigkeit an, die der Kran zum Zeitpunkt $t = 3$ hat.

$f(t) = -\frac{1}{24}t^3 + \frac{1}{2}t^2$; $f'(t) = -\frac{1}{8}t^2 + t$; $f''(t) = -\frac{1}{4}t + 1$; $f'''(t) = -\frac{1}{4}$

Bei 8 Sekunden ist die Entfernung zum Ausgangspunkt am größten. Der Kran kehrt nach 12 Sekunden zurück.

$f'''(t) = f'''(4) = -\frac{1}{4} \neq 0$. $t = 4$ ist also Wendestelle von f. Der Zeitpunkt, an dem sich der Kran am schnellsten bewegt, bestimmt sich über das Maximum der Ableitung. Gesucht ist ein t mit: $f''(t) = 0 \wedge f'''(t) < 0$. Das kennen wir schon: $t = 4$.

b) $f_a(x) = -\frac{1}{6}x^3 + \frac{a}{2}x^2$ \qquad $f_a'(x) = -\frac{1}{2}x^2 + ax$; $f_a''(x) = a - x$; $f_a'''(x) = -1$

$f_a'(x) = 0 \Leftrightarrow -\frac{1}{2}x^2 + ax = 0 \Leftrightarrow x = 0$ oder $x = 2a$

$f_a''(0) = a > 0$, da $a > 0$ \qquad An der Stelle $x = 0$ liegt ein Tiefpunkt $T(0|0)$ für alle a.

$f_a''(2a) = -a < 0$, da $a > 0$ \qquad An der Stelle $x = 2a$ liegt ein Hochpunkt $H_a\left(2a, \frac{2}{3}a^3\right)$.

Wegen $f_a(x) \to \infty$ für $x \to -\infty$ liegt bei H_a kein globales Maximum.

Die Gleichung der Wendetangente ist $t_W = \frac{1}{2}a^2 + \frac{1}{3}a^3$. Es soll a so gewählt werden, dass Fläche $A = \int_0^a f(x)\, dx = 703{,}125$.

Es ist $F(x) = -\frac{1}{24}x^4 + \frac{a}{6}x^3$; $F(a) = \frac{1}{24}a^4 + \frac{a^4}{6} = 703{,}125 \Leftrightarrow a \approx \pm 8{,}66$. Da $a > 0$, ist die Lösung $a \approx 8{,}66$.

c) $f_2(x) = -\frac{1}{6}x^3 + x^2$; $F_2(x) = -\frac{1}{24}x^4 + \frac{1}{3}x^3$ ist Stammfunktion zu f_2.

$g(x) = \frac{1}{6}x^3 - 3x^2 + 12x + 40 = f_2(x) + (-4x^2 + 12x + 40)$. $G(x) = F_2(x) + H(x)$

Die Schnittpunkte von f_2 und g ergeben sich aus $f_2(x) = g(x) \Leftrightarrow g(x) - f_2(x) = 0$

$\Leftrightarrow h(x) = 0 \Leftrightarrow x_1 = -2; x_2 = 5$

Die Größe der Fläche, die von den Graphen zu f_2 und g eingeschlossen wird ist

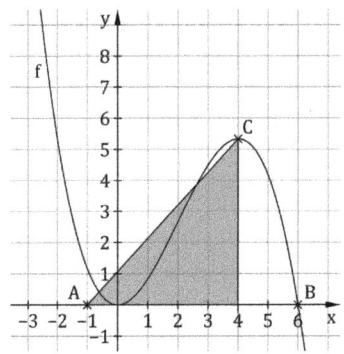

$A = |\int_{-2}^{5} h(x)dx| = 228{,}67$

Der Flächeninhalt des Dreiecks ABC ist

$A(u) = \frac{1}{2} f_2(u)(u+1) = \frac{1}{2}\left(-\frac{1}{6}u^4 + u^3 - \frac{1}{6}u^3 + u^2\right) = -\frac{1}{12}u^4 + \frac{5}{12}u^3 + \frac{1}{2}u^2$.

Der Flächeninhalt A(u) ist maximal, wenn $f_2(u)$ maximal ist. u = 4 ist ein Maximum von f_2. Der maximale Flächeninhalt des Dreiecks ist A(4)=13,33 FE.

Seite 301 | Aufgabe 3

a) Gleichung der Geraden durch B und C: y = 2x

Die Funktionsgleichung der Parabel g ergibt sich aus der Nullstellengleichung $(x-1)(x-3) = x^2 - 4x + 3$.

Die Parabel g ist achsensymmetrisch zum Scheitelpunkt $(-1|2)$. D. h. auch die Tangente im Punkt B, y = 2x, wird an der y-Achse gespiegelt. Dadurch ändert sich das Vorzeichen der Steigung.

b) Gerade durch C und B: $h(x) = 2x - 6$ Fläche: $A = 2\left|\int_0^1 (f(x) - h(x))dx\right| + 2\left|\int_1^3 (g(x) - h(x))dx\right| = 17{,}73$

Es werden also 6 Liter gebraucht. Da $6 \cdot 199$ € knapp unter 1200 € ist, reicht das Budget aus.

c) Für a = 1 gilt: $f_1(x) = x^4 - 3x^2 + 2 = f(x)$

$f_a(-2) = a \cdot (16 - (2 + \frac{1}{a}) \cdot 4 + (1 + \frac{1}{a})) = 9a - 3$ $9a - 3 = 24$ ergibt a = 3.

Die Funktion f_a hat nur gerade Exponenten und ist daher achsensymmetrisch zur y-Achse.

Hochpunkt auf der y-Achse, da $f'(0) = 0$ und das Vorzeichen wechselt von +nach −.

$f_a'(x) = a\left(4x^3 - 2\left(2 + \frac{1}{a}\right)x\right)$ Für x = 1, dem x-Wert von E ist $f_a'(1) = a\left(4 - 4 - \frac{2}{a}\right) = -2$.

Der Flächeninhalt von diesem Dreieck ist 18. Es reicht das a so zu bestimmen, dass die rechte Hälfte der blau gefärbten Fläche den Wert 9 annimmt, da das Logo symmetrisch ist. Aus $\int_0^a f_a(x)dx = 9$ f folgt mit dem GTR a = 2.

Seite 302 | Aufgabe 4

a) Ansatz $f(t) = S - (S - a) \cdot e^{-k \cdot t}$. $a = 85°$ ist die Anfangstemperatur des Wassers, $S = 30°$ ist die Grenze.

Weiter ist $f(30) = 30 + 55 \cdot e^{-k \cdot 30}$. Diese Gleichung wird nach k aufgelöst: $k = \frac{\ln\left(\frac{18}{55}\right)}{-30} \approx 0{,}037$

$f(60) \approx 35{,}9735$.   Nach einer Stunde ist die Temperatur rund 35,97 °C.

$f(t) = 40$ gilt für $t = -\frac{1}{0{,}037}\ln\left(\frac{10}{55}\right) \approx 46{,}07$.   Nach rund 46,1 min ist die Temperatur 40 °C.

Die prozentuale Abweichung 36 °C von 35,9735 °C ist rund 0,074 %.

$f'(t) = -2{,}035 \cdot e^{-0{,}037t}$; $f'(45) \approx -0{,}385$ Nach 45 min nimmt die Temperatur mit der Geschwindigkeit $0{,}385\frac{°C}{min}$ ab.

Für $t \to \infty$ gilt $-0{,}037t \to -\infty$ und $e^{-0{,}037t} \to 0$ sowie $f'(t) \to 0$.

Für $t \to \infty$ strebt die Abnahmegeschwindigkeit gegen 0 und die Temperatur bleibt näherungsweise konstant.

b) $\lim_{x \to \infty} f(x) = \lim_{x \to \infty}(x^2 - 1) \cdot \lim_{x \to \infty} e^{-x} = \infty \cdot 0 = 0$ und $\lim_{x \to -\infty} f(x) = \lim_{x \to -\infty}(x^2 - 1) \cdot \lim_{x \to -\infty} e^{-x} = \infty \cdot \infty = \infty$.

$F'(x) = -(2(x+1) \cdot e^{-x} + (-e^{-x}) \cdot (x+1)^2) = e^{-x} \cdot (-2(x+1) + (x+1)^2) = e^{-x}(x+1)(x-1) = e^{-x} \cdot (x^2 - 1) = f(x)$

Eine weitere Stammfunktion ist $F(X) + c$; $c \in \mathbb{R}$ beliebig.

Nullstellen von f: $x_1 = -1$ und $x_2 = 1$ Fläche: $A = |\int_{-1}^1 f(x)\,dx| = F(1) - F(-1) = -\frac{4}{e}$

c) Die gesuchte Funktion hat höchstens 2 Nullstellen. Es folgt: $g(x) = (x-1)(x+1) = x^2 - 1$

Es ist $G(X) = \frac{1}{2}x^3 - x$.   Der gesuchte Flächeninhalt ist $A = |\int_{-1}^1 (f(x) - g(x))dx| \approx 0{,}41$.

Seite 303 | Aufgabe 5

a) $f(10) \approx 60{,}653$ $f(30) \approx 60{,}939$; Der Grenzwert wird überschritten.

$f'(t) = (-0{,}5t + 10) \cdot e^{-0{,}05t}$;

$f'(10) \approx 3{,}033$, 10 Minuten nach der Zündung nimmt die Feinstaubkonzentration pro Minute um ca. $3\frac{\mu g}{m^3}$ zu.

b) $\frac{f(10) - f(0)}{10 - 0} \approx 6{,}065$

Mögliche Extremstellen von f sind die Nullstellen von f': $f'(t) = 0 \Leftrightarrow t = 20$

Untersuchung auf Vorzeichenwechsel: $f'(10) \approx 3$ und $f'(30) \approx -1$, also lokales Maximum $f(20) \approx 73{,}576$

Wegen $f(0) = 0 < f(20)$ und $f(120) = 2{,}975 < f(20)$ ist dies auch das absolute Maximum von f

Nach 20 Minuten ist die Konzentration am höchsten.

$f''(x) = (0{,}025t - 1) \cdot e^{-0{,}05t}$; mögliche Extremstellen von f sind die Nullstellen von f'': $f''(t) = 0 \Leftrightarrow t = 40$

Untersuchung auf Vorzeichenwechsel: $f''(0) \approx -1$ und $f''(50) \approx 0{,}02$, also lokales Minimum $f'(40) \approx -1{,}353$

Wegen $f'(0) = 10 > f'(40)$ und $f'(120) \approx -1{,}24 > f'(40)$ ist dies auch das absolute Minimum von f

Nach 40 Minuten wird die Feinstaubkonzentration am stärksten reduziert.

Die Feinstaubkonzentration nimmt mit dem Moment der Zündung am stärksten zu.

c) $F'(t) = -200 \cdot e^{-0{,}05t} + (-200t - 4000) \cdot e^{-0{,}05t} \cdot (-0{,}05) = (-200 + 10t + 200) \cdot e^{-0{,}05t} = f(t)$

$\int_0^{120} f(t)dt \approx 4078{,}3$ $\frac{1}{120}\int_0^{120} f(t)dt \approx 33{,}9$ gibt die mittlere Feinstaubkonzentration in den ersten 120 Minuten an.

d) Mit f(40) = 400 e^{-2} und m = f'(40) = $-10e^{-2}$ ergibt sich die Tangente g(t) = -10 e^{-2} · (t − 80)
Nach diesem Modell ist der Feinstaub also nach 80 Minuten abgebaut.
Gesucht ist also der Punkt Q (t| f(t)) auf dem Graphen von f, für den die Verbindungsstrecke zum Punkt (125| 0) die Steigung
m = f'(t) hat: $\frac{0-f(t)}{125-t}$ = f'(t) liefert t = 25 oder t = 100. Da der lineare Verlauf später einsetzen soll, ist nur t = 100 richtig.

Seite 304 | Aufgabe 6

a) f(10) = 3000 · e$^{-0,05t}$ + 35 ≈ 1854,6;
10 Minuten nach dem Jahreswechsel beträgt die Feinstaubkonzentration ca. 1855 $\frac{\mu g}{m^3}$.
f'(t) = (− 15 t + 300) · e$^{-0,05t}$ f''(t) = (0,75 t − 30) · e$^{-0,05t}$
f'(5) = 225 · e$^{-0,25t}$ ≈ 175,2
5 Minuten nach dem Jahreswechsel nimmt die Konzentration pro Minute um ca. 175 $\frac{\mu g}{m^3}$ zu.

b) Mögliche Extremstellen von f sind die Nullstellen von f': f'(t) = 0 ⇔ t = 20
f'(20) = 0 und f''(20) = $-15 \cdot e^{-1}$< 0; lokales Maximum f (20) = 6000 · e^{-1}+ 35
20 Minuten nach dem Jahreswechsel erreicht die Konzentration ihren höchsten Wert von ca. 2242 $\frac{\mu g}{m^3}$.
Das Maximum ist global, da es das einzige lokale Maximum ist und f(0) = 35 sowie f(t) → 35 für t → ∞ gilt.
Mögliche Wendestellen von f sind die Nullstellen von f'':
f''(t) = 0 ⇔ t = 40, f''(30) ≈ $-1,7$ und f''(50) ≈ 0,6, also ist 40 Nullstelle von f' mit Vorzeichenwechsel von + nach −
und somit Wendestelle von f mit lokal minimaler Steigung: f '(40) = $-300 \cdot e^{-2}$ ≈ $-40,6$
40 Minuten nach dem Jahreswechsel wird die Konzentration am stärksten reduziert, und zwar pro Minute um ca. 41 $\frac{\mu g}{m^3}$.

c) F'(t) = (-6000) · e$^{-0,05t}$ + (-6000 t $-$ 120 000) · e$^{-0,05t}$ · ($-0,05$) + 35 = (-6000 + 300 t + 6000) · e$^{-0,05t}$ + 35 = f(t)
Die mittlere Feinstaubkonzentration beträgt zwischen 0:00 und 2:00 Uhr ca. 1018 $\frac{\mu g}{m^3}$.

d) Der lineare Abbau nach 2 Stunden wird näherungsweise durch die Tangente g an den Graphen von f im Punkt (120 | f (120)) beschrieben.
Mit f(120) = 36 000 · e^{-6}+ 35 und f'(120) = -1500 · e^{-6} ergibt sich g(t) = -1500 · e − 6 · t + 216 000 · e − 6 + 35.
144 Minuten nach dem Jahreswechsel erhält man g(144) = 35.
Eine Stammfunktion G zu g ist: G (t) = -750 · e^{-6} · t^2 + 216 000 · e^{-6} · t + 35 t, man erhält also:
[G (t)]$_{120}^{144}$ = 432 000 · e − 6 + 840
Die mittlere Feinstaubkonzentration für die ersten 144 Minuten nach dem Jahreswechsel beträgt:
$\frac{1}{144}\left[\int_0^{120} f(t)dt + \int_{120}^{144} g(t)dt\right]$ ≈ 861,3

Aufgaben zur analytischen Geometrie

Seite 305 | Aufgabe 7

a) $\overrightarrow{OF} = \overrightarrow{OE} + \overrightarrow{AB} = \begin{pmatrix}9\\5\\0\end{pmatrix} + \begin{pmatrix}-8\\4\\0\end{pmatrix} = \begin{pmatrix}1\\9\\0\end{pmatrix}$; F(1|9|0)

Rechter Winkel bei A: $\overrightarrow{AE} \cdot \overrightarrow{AB} = \begin{pmatrix}3\\6\\0\end{pmatrix} \cdot \begin{pmatrix}-8\\4\\0\end{pmatrix}$ = 0. Also ist AEFB ist ein Rechteck.

Trapez: $\overrightarrow{DC} = \begin{pmatrix}-4\\2\\0\end{pmatrix} = \frac{1}{2}\overrightarrow{AB}$; Mit einem Paar paralleler Seiten ist ABCD ein Trapez, und da die gegenüberliegenden Seiten $\overline{DC}$
und $\overline{AB}$ nicht gleich lang sind, ist es kein Parallelogramm.

$\overrightarrow{AD} = \begin{pmatrix}-6\\-7\\5\end{pmatrix}$; $\overrightarrow{BC} = \begin{pmatrix}2\\-9\\5\end{pmatrix}$ Das Trapez ABCD ist gleichschenklig, denn $|\overrightarrow{AD}| = \sqrt{36 + 49 + 25} = \sqrt{110} = \sqrt{4 + 81 + 25} = |\overrightarrow{BC}|$.

b) E$_{ABD}$: $\vec{x} = \begin{pmatrix}6\\-1\\0\end{pmatrix} + r\begin{pmatrix}-6\\-7\\5\end{pmatrix} + s\begin{pmatrix}-8\\4\\0\end{pmatrix}$; A und B liegen auf E$_{ABD}$ und auf der x$_1$x$_2$-Ebene, also ist g = g$_{AB}$ und g: $\vec{x} = \begin{pmatrix}6\\-1\\0\end{pmatrix} + s\begin{pmatrix}-8\\4\\0\end{pmatrix}$.

c) Fehler im 1. Druck des Schülerbuchs: Es soll gezeigt werden, dass S' im Trapez ABCD liegt.
Schattengerade g$_S$ durch S: g$_S$: $\vec{x} = \begin{pmatrix}3\\3\\7\end{pmatrix} + k\begin{pmatrix}-1\\-2\\-1,5\end{pmatrix}$; Der Schnitt mit E$_{ABC}$ führt zu einem LGS mit der Matrix:

$\begin{array}{ccc} s & r & k \\ \end{array}$
$\left(\begin{array}{ccc|c}-8 & -6 & 1 & -3 \\ 4 & -7 & 2 & 4 \\ 0 & 5 & 1,5 & 7\end{array}\right)$ Man erhält k = 3, r = $\frac{1}{2}$, s = $\frac{3}{8}$ und S'(0|-3|2,5).

Wegen 0 ≤ r, s ≤ 1 liegt S' im Parallelogramm, welches von A aus durch $\overrightarrow{AD}$ und $\overrightarrow{AB}$ aufgespannt wird. Es liegt dann im
Trapez, wenn es außerdem in dem Parallelogramm liegt, welches von B aus durch $\overrightarrow{BA}$ und $\overrightarrow{BC}$ aufgespannt wird. Das ist der
Fall, denn $\overrightarrow{OS'} = \begin{pmatrix}0\\-3\\2,5\end{pmatrix} = \begin{pmatrix}-2\\3\\0\end{pmatrix} + r\begin{pmatrix}8\\-4\\0\end{pmatrix} + s\begin{pmatrix}-2\\-9\\5\end{pmatrix}$ hat die Lösung s = $\frac{1}{2}$ und r = $\frac{3}{8}$, also 0 ≤ r, s ≤ 1.

Insgesamt liegt S' damit im Trapez ABCD.
Punktprobe für T' und g: $\begin{pmatrix}2\\1\\0\end{pmatrix} = \begin{pmatrix}6\\-1\\0\end{pmatrix} + k\begin{pmatrix}-8\\4\\0\end{pmatrix}$ wird erfüllt für k = $\frac{1}{2}$.

Schattengerade für T: g$_T$: $\vec{x} = \begin{pmatrix}2\\1\\0\end{pmatrix} + r\begin{pmatrix}-1\\-2\\-1,5\end{pmatrix}$
Da T auf dem Mast liegt, muss gelten T(3|3|z). Daraus ergibt sich r = -1 und somit T(3|3|1,5).
$\overrightarrow{RT'} = \begin{pmatrix}-1\\-2\\0\end{pmatrix}$; $\overrightarrow{T'S'} = \begin{pmatrix}-2\\-4\\2,5\end{pmatrix}$ Schattenlänge in m: $|\overrightarrow{RT'}| + |\overrightarrow{T'S'}| = \sqrt{5} + \sqrt{26,25}$ ≈ 7,4

d) $g_{RT'}$ senkrecht zu g: $\begin{pmatrix} -1 \\ 2 \\ 0 \end{pmatrix} \cdot \begin{pmatrix} -8 \\ 4 \\ 0 \end{pmatrix} = 0$ $\qquad\qquad$ $g_{T'S'}$ senkrecht zug: $\begin{pmatrix} -2 \\ -4 \\ 2,5 \end{pmatrix} \cdot \begin{pmatrix} -8 \\ 4 \\ 0 \end{pmatrix} = 0$

Der Winkel zwischen den Dachflächen ist gleich dem Winkel zwischen $g_{RT'}$ und $g_{T'S'}$:

$$\cos(\alpha) = \frac{\left| \begin{pmatrix} -1 \\ 2 \\ 0 \end{pmatrix} \cdot \begin{pmatrix} -2 \\ -4 \\ 2,5 \end{pmatrix} \right|}{\sqrt{5} \cdot \sqrt{26,25}} = \frac{10}{\sqrt{5} \cdot \sqrt{26,25}} \approx 0,873 \qquad\qquad \alpha \approx 29,2°$$

Nimmt man T' als Fußpunkt der Höhe des Trapezes, dann ist der Endpunkt der Höhe auf g_{DC} der Punkt von $g_{T'S'}$, dessen x_3-Koordinate gleich 5 ist.

Man sieht, dass dazu k = 2 bei $g_{T'S'}$: $\vec{x} = \begin{pmatrix} 2 \\ 1 \\ 0 \end{pmatrix} + k \begin{pmatrix} -2 \\ -4 \\ 2,5 \end{pmatrix}$ gelten muss. Demnach ist die Höhe h = $\left| 2 \begin{pmatrix} -2 \\ -4 \\ 2,5 \end{pmatrix} \right| = 2\sqrt{26,25}$.

Die Parallelen des Trapezes haben die Längen a = $|\overrightarrow{AB}| = 4\sqrt{5}$ und c = $|\overrightarrow{DC}| = 2\sqrt{5}$.

Fläche: A = $\frac{1}{2}\left(4\sqrt{5} + 2\sqrt{5}\right) \cdot 2\sqrt{26,25} \approx 68,74$

Seite 306 | Aufgabe 8

Fehler im 1. Druck des Schülerbuchs: Der Punkt N lautet korrekt N(–15|–9|82).

a) g: $\vec{x} = \begin{pmatrix} -33 \\ -18 \\ 118 \end{pmatrix} + t \begin{pmatrix} 18 \\ 9 \\ -36 \end{pmatrix} = \begin{pmatrix} -33 \\ -18 \\ 118 \end{pmatrix} + 9t \begin{pmatrix} 2 \\ 1 \\ -4 \end{pmatrix}$

$|\overrightarrow{MN}| = \left| 9 \begin{pmatrix} 2 \\ 1 \\ -4 \end{pmatrix} \right| = 9\sqrt{21} \approx 41,24$

Der Meteorit bewegt sich also mit etwa 41,24 km/s = 148 464 km/h.

b) Ebene F: $\vec{x} = \begin{pmatrix} 1 \\ 2 \\ 1 \end{pmatrix} + r \begin{pmatrix} 4 \\ 0 \\ 1 \end{pmatrix} + s \begin{pmatrix} 9 \\ 4 \\ 2 \end{pmatrix}$

S auf g: $\begin{pmatrix} 23 \\ 10 \\ 6 \end{pmatrix} = \begin{pmatrix} -33 \\ -18 \\ 118 \end{pmatrix} + 9t \begin{pmatrix} 2 \\ 1 \\ -4 \end{pmatrix} \Leftrightarrow \begin{pmatrix} 56 \\ 28 \\ -112 \end{pmatrix} = 9t \begin{pmatrix} 2 \\ 1 \\ -4 \end{pmatrix}$ $\qquad$ Man erhält t = $\frac{28}{9}$, S liegt auf g.

S auf F: $\begin{pmatrix} 23 \\ 10 \\ 6 \end{pmatrix} = \begin{pmatrix} 1 \\ 2 \\ 1 \end{pmatrix} + r \begin{pmatrix} 4 \\ 0 \\ 1 \end{pmatrix} + s \begin{pmatrix} 9 \\ 4 \\ 2 \end{pmatrix} \Leftrightarrow \begin{pmatrix} 22 \\ 8 \\ 5 \end{pmatrix} = r \begin{pmatrix} 4 \\ 0 \\ 1 \end{pmatrix} + s \begin{pmatrix} 9 \\ 4 \\ 2 \end{pmatrix}$

Die mittlere Zeile ergibt s = 2 und dann ist r = 1. S liegt auf F, ist also Schnittpunkt von g und F.

Der Meteorit schlägt zum Zeitpunkt t = $\frac{28}{9}$ auf, also nach $3\frac{1}{9}$ Sekunden.

c) Probe für Q: $\begin{pmatrix} -93 \\ -48 \\ z_1 \end{pmatrix} = \begin{pmatrix} -33 \\ -18 \\ 118 \end{pmatrix} + 9t \begin{pmatrix} 2 \\ 1 \\ -4 \end{pmatrix} \Leftrightarrow \begin{pmatrix} -60 \\ -30 \\ z_1-118 \end{pmatrix} = 9t \begin{pmatrix} 2 \\ 1 \\ -4 \end{pmatrix}$

Die ersten beiden Zeilen werden für 9t = –30, also für t = $-\frac{10}{3}$ erfüllt. In der 3. Zeile ist dann $z_1 - 118 = 120$, damit liegt Q(–93|–48|238) auf der Flugbahn. Der Zeitpunkt der Beobachtung liegt ca. 3,33 s vor Erreichen des Punktes M (bei t = 0).

Probe für R: $\begin{pmatrix} -51 \\ -9 \\ z_2 \end{pmatrix} = \begin{pmatrix} -33 \\ -18 \\ 118 \end{pmatrix} + 9t \begin{pmatrix} 2 \\ 1 \\ -4 \end{pmatrix} \Leftrightarrow \begin{pmatrix} -18 \\ 9 \\ z_2-118 \end{pmatrix} = 9t \begin{pmatrix} 2 \\ 1 \\ -4 \end{pmatrix}$

Die ersten beiden Zeilen sind unerfüllbar (Vorzeichen!), also kann – bei geradlinigem Flug – der Meteorit nicht in R beobachtet worden sein.

d) $\overrightarrow{AS} = \begin{pmatrix} 22 \\ 8 \\ 5 \end{pmatrix}$ $\qquad\qquad$ $\overrightarrow{BS} = \begin{pmatrix} 18 \\ 8 \\ 4 \end{pmatrix}$ $\qquad\qquad$ $\overrightarrow{CS} = \begin{pmatrix} 13 \\ 4 \\ 3 \end{pmatrix}$

Da jede Koordinate von $\overrightarrow{CS}$ kleiner ist als die entsprechenden Koordinaten von $\overrightarrow{AS}$ bzw. $\overrightarrow{BS}$, liegt der Punkt C am nächsten am Aufschlagpunkt S.

e) Flugbahn des Flugzeuges: h: $\vec{x} = \begin{pmatrix} 1 \\ 3 \\ 9 \end{pmatrix} + t_m \begin{pmatrix} 16 \\ 4,8 \\ 0,8 \end{pmatrix}$; t_m entspricht der Zeit in Minuten.

Matrix zur Schnittbedingung: $\begin{array}{cc} 9t & t_m \\ \begin{pmatrix} 2 & -16 \\ 1 & -4,8 \\ -4 & -0,8 \end{pmatrix} & \left|\begin{array}{c} 34 \\ 21 \\ -109 \end{array}\right. \end{array}$ $\qquad$ Man erhält $t_m = \frac{1}{0,8} = 1,25$ und t = 3.

Der Meteorit ist nach 3 Sekunden am Schnittpunkt der Flugbahnen, das Flugzeug nach 75 Sekunden.

Winkel: $\cos(\alpha) = \frac{\begin{pmatrix} 2 \\ 1 \\ -4 \end{pmatrix} \cdot \begin{pmatrix} 16 \\ 4,8 \\ 0,8 \end{pmatrix}}{\sqrt{12} \cdot \sqrt{279,68}} = \frac{33,6}{\sqrt{12} \cdot \sqrt{279,68}} \approx 0,438 \qquad\qquad \alpha \approx 64,0°$

f) $\left[\begin{pmatrix} -34 \\ -21 \\ 109 \end{pmatrix} + t \begin{pmatrix} 18 \\ 9 \\ -36 \end{pmatrix} \right] \cdot \begin{pmatrix} 2 \\ 1 \\ -4 \end{pmatrix} = -525 + 189t = 0 \Leftrightarrow t = \frac{525}{189} = \frac{25}{9} = 2\frac{7}{9}$

$\vec{u}_{\frac{25}{9}} = \begin{pmatrix} -34 \\ -21 \\ 109 \end{pmatrix} + \frac{25}{9} \begin{pmatrix} 18 \\ 9 \\ -36 \end{pmatrix} = \begin{pmatrix} 16 \\ 4 \\ 9 \end{pmatrix}$ $\qquad\qquad$ $\left| \vec{u}_{\frac{25}{9}} \right| = \sqrt{256 + 16 + 81} = \sqrt{353} \approx 18,8$

Der Betrag von $\vec{u}_{\frac{25}{9}}$ ist die Länge des Lotes von T auf g und entspricht dem Abstand von T zur Flugbahn g.

g) Bis zum Aufschlag des Meteoriten bewegt sich das Flugzeug von T aus nur um $3\frac{1}{9} \cdot \frac{1}{60} \begin{pmatrix} 16 \\ 4,8 \\ 0,8 \end{pmatrix}$, ist also maximal

$\frac{28}{540}\sqrt{279,68}$ km $\approx 0,87$ km von T entfernt. T selbst ist mindestens 18,8 km vom Meteoriten entfernt. Damit bleibt das Flugzeug mindestens 18,8 km – 0,87 km $\approx$ 18 km vom Meteoriten entfernt. Der Meteorit stellt also keine Gefahr für das Flugzeug dar.

Seite 307 | Aufgabe 9

a) $\overrightarrow{OD} = \overrightarrow{OA} + \overrightarrow{BC} = \begin{pmatrix} -2 \\ -4 \\ 3 \end{pmatrix} + \begin{pmatrix} -6 \\ 3 \\ 3 \end{pmatrix} = \begin{pmatrix} -8 \\ -1 \\ 6 \end{pmatrix}$; $D(-8|-1|6)$ $\qquad$ Rechter Winkel bei B: $\overrightarrow{BA} \cdot \overrightarrow{BC} = \begin{pmatrix} -2 \\ -4 \\ 0 \end{pmatrix} \cdot \begin{pmatrix} -6 \\ 3 \\ 3 \end{pmatrix} = 12 - 12 = 0$

$A'(-2|-4|0)$ $\qquad$ $B'(0|0|0)$ $\qquad$ $C'(-6|3|0)$ $\qquad$ $D'(-8|-1|0)$ $\qquad$ $F(1|-3|0)$

$|\overrightarrow{SF}| = 8$ LE; Länge der Stange: $8 \cdot 0{,}3$ m $= 2{,}4$ m

b) B ist Stützpunkt von E. Mit $r = 1$ und $s = 0$ erhält man die Koordinaten von A, mit $r = -\frac{1}{2}$ und $s = 5$ erhält man die Koordinaten von S.

$E': \vec{x} = \begin{pmatrix} -6 \\ 3 \\ 6 \end{pmatrix} + r \begin{pmatrix} -2 \\ -4 \\ 0 \end{pmatrix} + s \begin{pmatrix} 0 \\ -1 \\ 1 \end{pmatrix}$

c) $\overrightarrow{OM} = \frac{1}{2} \begin{pmatrix} -2 \\ -4 \\ 3+3 \end{pmatrix} = \begin{pmatrix} -1 \\ -2 \\ 3 \end{pmatrix}$ $\qquad\qquad\qquad\qquad$ $\overrightarrow{MS} = \begin{pmatrix} 2 \\ -1 \\ 5 \end{pmatrix}$

$\overrightarrow{MS} \cdot \overrightarrow{BA} = \begin{pmatrix} 2 \\ -1 \\ 5 \end{pmatrix} \cdot \begin{pmatrix} -2 \\ -4 \\ 0 \end{pmatrix} = -4 + 4 = 0$ $\qquad\qquad$ $\overrightarrow{MS} \cdot \overrightarrow{BC} = \begin{pmatrix} 2 \\ -1 \\ 5 \end{pmatrix} \cdot \begin{pmatrix} -6 \\ 3 \\ 3 \end{pmatrix} = -12 - 3 + 15 = 0$

Fläche des Dreiecks ABS: $A = \frac{1}{2} |\overrightarrow{BA}| \cdot |\overrightarrow{MS}| = \frac{1}{2} \sqrt{20} \cdot \sqrt{30} = 5\sqrt{6} \approx 12{,}24$ (LE^2)

d) $\overrightarrow{BS} \cdot \overrightarrow{BC} = \begin{pmatrix} 1 \\ -3 \\ 5 \end{pmatrix} \cdot \begin{pmatrix} -6 \\ 3 \\ 3 \end{pmatrix} = 0$ $\qquad$ Volumen: $V = G \cdot h = 5\sqrt{6} \cdot |\overrightarrow{BC}| = 5\sqrt{6} \cdot \sqrt{54} = 90$ LE^3 $= 90 \cdot (0{,}3$ m$)^3 = 2{,}43$ m^3

e) $\cos(\alpha) = \dfrac{\left| \begin{pmatrix} -6 \\ 3 \\ 3 \end{pmatrix} \cdot \begin{pmatrix} -6 \\ 3 \\ 0 \end{pmatrix} \right|}{\sqrt{6^2+3^2+3^2} \cdot \sqrt{6^2+3^2+0^2}} = \dfrac{45}{\sqrt{54} \cdot \sqrt{45}} \approx 0{,}913$ $\qquad$ $\alpha \approx 24{,}1°$

f) Schnitt von $g_{BC}: \vec{x} = \begin{pmatrix} 0 \\ 0 \\ 3 \end{pmatrix} + k \begin{pmatrix} -6 \\ 3 \\ 3 \end{pmatrix}$ und $g: \vec{x} = \begin{pmatrix} 1 \\ -3 \\ 0 \end{pmatrix} + t \begin{pmatrix} -1 \\ 1 \\ 1 \end{pmatrix}$ ergibt $k = \frac{2}{3}$ und $t = 5$. Damit ist $P(-4|2|5)$.

Wegen $0 \le k \le 1$ liegt P auf der Strecke $\overline{BC}$. Teilungsverhältnis: $|\overline{BP}| : |\overline{PC}| = 2 : 1$

g) $g_{AB}: \vec{x} = \begin{pmatrix} -2 \\ -4 \\ 3 \end{pmatrix} + s \begin{pmatrix} 2 \\ 4 \\ 0 \end{pmatrix}$ $\qquad$ h sei die Gerade, die parallel zu $\overline{AB}$ unter $\overline{AB}$ liegt und g schneidet: $h: \vec{x} = \begin{pmatrix} -2 \\ -4 \\ z \end{pmatrix} + s \begin{pmatrix} 2 \\ 4 \\ 0 \end{pmatrix}$

Schnitt von h und g: $\begin{pmatrix} -2 \\ -4 \\ z \end{pmatrix} + s \begin{pmatrix} 2 \\ 4 \\ 0 \end{pmatrix} = \begin{pmatrix} 1 \\ -3 \\ 0 \end{pmatrix} + t \begin{pmatrix} -1 \\ 1 \\ 1 \end{pmatrix}$ ergibt $s = \frac{2}{3}$; $t = \frac{5}{3}$ und $z = \frac{5}{3}$ mit dem Schnittpunkt $Q(-\frac{2}{3}|-\frac{4}{3}|\frac{5}{3})$.

Die x_3-Koordinate von Q ist $\frac{5}{3}$ und somit befindet sich der Punkt Q um $3 - \frac{5}{3} = \frac{4}{3}$ Längeneinheiten, also $\frac{4}{3} \cdot 0{,}3$ m $= 0{,}4$ m unterhalb der Strecke $\overline{AB}$. Das Kind müsste 40 cm nach unten reichen.

h) Der Punkt der Stange mit der kürzesten Entfernung zu $\overline{AB}$ befindet sich in der Höhe $x_3 = 3$, also bei $S_1(1|-3|3)$.

Lotgerade von S_1 auf $\overline{AB}$: $g_1: \vec{x} = \begin{pmatrix} 1 \\ -3 \\ 3 \end{pmatrix} + r \begin{pmatrix} -2 \\ 1 \\ 0 \end{pmatrix}$

Schnitt von g_1 und g_{AB}: $\begin{pmatrix} 1 \\ -3 \\ 3 \end{pmatrix} + r \begin{pmatrix} -2 \\ 1 \\ 0 \end{pmatrix} = \begin{pmatrix} -2 \\ -4 \\ 3 \end{pmatrix} + s \begin{pmatrix} 2 \\ 4 \\ 0 \end{pmatrix}$ wird erfüllt für $r = 1$ und $s = \frac{1}{2}$, der Schnittpunkt ist $M(-1|-2|3)$.

Distanz der Stange zu $\overline{AB}$: $\left| 1 \cdot \begin{pmatrix} -2 \\ 1 \\ 0 \end{pmatrix} \right| = \sqrt{5}$ LE $= 0{,}3 \cdot \sqrt{5}$ m $\approx 0{,}67$ m

Seite 308 | Aufgabe 10

a) $\overrightarrow{AC} = \begin{pmatrix} -42 \\ 6 \\ 0 \end{pmatrix} = 6 \begin{pmatrix} -7 \\ 1 \\ 0 \end{pmatrix}$ $\qquad$ $\overrightarrow{CF} = \begin{pmatrix} 24 \\ 18 \\ 30 \end{pmatrix} = 6 \begin{pmatrix} 4 \\ 3 \\ 5 \end{pmatrix}$ $\qquad$ $\overrightarrow{AF} = \begin{pmatrix} -18 \\ 24 \\ 30 \end{pmatrix} = 6 \begin{pmatrix} -3 \\ 4 \\ 5 \end{pmatrix}$

Man sieht sofort $|\overrightarrow{CF}| = |\overrightarrow{AF}|$. Weiter gilt $|\overrightarrow{AC}| = 6\sqrt{50} = |\overrightarrow{CF}|$, also sind alle drei Seiten gleich lang.

$E_{ACF}: \vec{x} = \begin{pmatrix} 20 \\ -4 \\ -10 \end{pmatrix} + r \begin{pmatrix} -7 \\ 1 \\ 0 \end{pmatrix} + s \begin{pmatrix} -3 \\ 4 \\ 5 \end{pmatrix}$

b) $g: \vec{x} = \begin{pmatrix} -3 \\ -15 \\ 15 \end{pmatrix} + k \begin{pmatrix} 1 \\ 7 \\ -5 \end{pmatrix}$ mit E_{ACF} schneiden, ergibt: $\begin{pmatrix} \overset{r}{-7} & \overset{s}{-3} & \overset{k}{-1} & | & -23 \\ 1 & 4 & -7 & | & -11 \\ 0 & 5 & 5 & | & 25 \end{pmatrix}$ $\qquad$ Man erhält $k = 3$; $s = r = 2$; $S(0|6|0)$.

rechtwinkliges Schneiden: $\begin{pmatrix} -7 \\ 1 \\ 0 \end{pmatrix} \cdot \begin{pmatrix} 1 \\ 7 \\ -5 \end{pmatrix} = 0$ und $\begin{pmatrix} -3 \\ 4 \\ 5 \end{pmatrix} \cdot \begin{pmatrix} 1 \\ 7 \\ -5 \end{pmatrix} = 0$

c) $\overrightarrow{AP_k} = \begin{pmatrix} -23+k \\ -11+7k \\ 25-5k \end{pmatrix}$; $\overrightarrow{CP_k} = \begin{pmatrix} 19+k \\ -17+7k \\ 25-5k \end{pmatrix}$ $\qquad$ $|\overrightarrow{AP_k}|^2 = 1275 - 450k + 75k^2 = 75(17 - 6k + k^2) = |\overrightarrow{CP_k}|^2$

d) Es muss gelten $|\overrightarrow{AP_k}|^2 = |\overrightarrow{AC}|^2 = (6\sqrt{50})^2 = 1800$, also:

$75(17 - 6k + k^2) = 1800 \Leftrightarrow k^2 - 6k + 17 = 24 \Leftrightarrow k^2 - 6k - 7 = 0 \Leftrightarrow (k - 7)(k + 1) = 0$

Man erhält $P_7(4|34|-20)$ und $P_{-1}(-4|-22|20)$.

e) Die Grundfläche ist ein gleichseitiges Dreieck ACF mit Seitenlänge $a = |\overrightarrow{AC}| = 6\sqrt{50} = 30\sqrt{2}$

Mit der Formel für den Flächeninhalt eines gleichseitigen Dreiecks: $A = \frac{a^2}{4}\sqrt{3} = \frac{1800}{4}\sqrt{3}$

Die Lotgerade g durch $H(-4|-22|20)$ schneidet E_{ACF} in $S(0|6|0)$.

Für die Höhe h der Pyramide gilt dann $h = |\overrightarrow{HS}| = \left| \begin{pmatrix} 4 \\ 28 \\ -20 \end{pmatrix} \right| = \left| 4 \begin{pmatrix} 1 \\ 7 \\ -5 \end{pmatrix} \right| = 4\sqrt{75} = 20\sqrt{3}$.

Volumen: $V = \frac{1}{3} \cdot \frac{1800}{4}\sqrt{3} \cdot 20\sqrt{3} = 9000$

f) $M_{AF}(11|8|5)$; $M_{FC}(-10|11|5)$; $M_{CH}(-13|-10|5)$; $M_{HA}(8|-13|5)$

$\overrightarrow{M_{AF}M_{HA}} = \overrightarrow{M_{FC}M_{CH}} = \begin{pmatrix} -3 \\ -21 \\ 0 \end{pmatrix}$ und $\overrightarrow{M_{AF}M_{FC}} = \overrightarrow{M_{HA}M_{CH}} = \begin{pmatrix} -21 \\ 3 \\ 0 \end{pmatrix}$

Die Mittelpunkte bilden eine Raute und wegen $\begin{pmatrix} -3 \\ -21 \\ 0 \end{pmatrix} \cdot \begin{pmatrix} -21 \\ 3 \\ 0 \end{pmatrix} = 0$ ein Quadrat.

g) $\overrightarrow{OB} = \overrightarrow{OA} + \frac{1}{2}\overrightarrow{AC} + \frac{1}{2}\overrightarrow{HF} = \begin{pmatrix} 20 \\ -4 \\ -10 \end{pmatrix} + \frac{1}{2}\begin{pmatrix} -42 \\ 6 \\ 0 \end{pmatrix} + \frac{1}{2}\begin{pmatrix} 6 \\ 42 \\ 0 \end{pmatrix} = \begin{pmatrix} 2 \\ 20 \\ -10 \end{pmatrix}$ $\qquad$ $B(2|20|-10)$

Aufgaben zur Stochastik

a) $P(X = 1) = \frac{3}{5} \cdot \frac{1}{2} \cdot \frac{1}{3} + \frac{2}{5} \cdot \frac{3}{4} \cdot \frac{1}{3} + \frac{2}{5} \cdot \frac{1}{4} \cdot 1 = \frac{3}{10} = 0,3$

$P(X = 2) = \frac{3}{5} \cdot \frac{1}{2} \cdot \frac{2}{3} + \frac{3}{5} \cdot \frac{1}{2} \cdot \frac{2}{3} + \frac{2}{5} \cdot \frac{3}{4} \cdot \frac{2}{3} = \frac{3}{5} = 0,6$

$P(X = 3) = \frac{3}{5} \cdot \frac{1}{2} \cdot \frac{1}{3} = \frac{1}{10} = 0,1$

b) Der Erwartungswert der Variante 1 ist $E(X_1) = 0,3 \cdot 7,50\ € + 0,6 \cdot 3\ € + 0,1 \cdot 10\ € = 2,25\ € + 1,80\ € + 1\ € = 5,05\ €$.

Der durchschnittliche Nettogewinn beträgt bei einem Einsatz von 5€ pro Spiel also 0,05 €

Für den Erwartungswert der Variante 2 soll ebenfalls gelten $E(X) = 5,05$. Zu lösen ist also:

$E(X_2) = 0,3 \cdot 5\ € + 0.6 \cdot 0,50\ € + 0.1 \cdot a\ € = 5,05\ € \Leftrightarrow a = 32,50\ €$.

Gesucht ist eine Auszahlungsvariante so, dass der Erwartungswert $E(X) = 4,90\ €$. Man setzt z.B. die Auszahlung bei $k = 1$ variabel x. Dann ist die folgende Gleichung zu lösen: $E(X_1) = 0.3 \cdot x\ € + 1,80\ € + 1\ € = 4,90\ € \Leftrightarrow x = 7\ €$.

Setzt man die Auszahlung bei $k = 1$ in der Variante 1 auf 7 €, und behält die anderen Auszahlungsbeträge bei, ist langfristig mit einem Verlust von 0,10 € zu rechnen.

c) Damit die Verteilungen Y und Z binomialverteilt sind, wird bei jedem Spiel nur zwischen „Treffer" (hier „drei Richtige") und „kein Treffer" unterschieden und die Spielwiederholungen müssen unabhängig voneinander sein. Ein Treffer tritt bei jedem Spiel mit der gleichen Wahrscheinlichkeit (hier 0,1) auf.

Es gilt $Y \sim B_{100;0,1}$ und $Z \sim B_{10.000;0,1}$. Der Term $\binom{100}{8} \cdot 0,1^8 \cdot 0,9^{92}$ beschreibt die Wahrscheinlichkeit $P(Y = 8)$.

① $P(Y > 10) = 1 - P(Y \leq 10) \approx 0,417$

② $P(950 \leq Z \leq 1050) = P(Z \leq 1050) - P(Z \leq 949) \approx 0,908$

③ $P(Z < 1000) = P(Z \leq 999) \approx 0,495$

④ $P(Y = 10) \cdot P(Y < 10) = P(Y = 10) \cdot P(Y \leq 9) \approx 0,132 \cdot 0,451 \approx 0,060$

Gesucht ist der kleinste Wert c mit $P(1000 - c \leq Z \leq 1000 + c) \geq 0,75$. Mit dem GTR erhält man $c = 35$.

Es gilt $P(965 \leq Z \leq 1035) \approx 0,763$ und $P(966 \leq Z \leq 1034) \approx 0,7499$.

d) Bei Anbieter A liegt die Anzahl an Spielern mit drei Richtigen unter 5 oder über 15.

a) X ist binomialverteilt mit $n = 60$ und $p = 0,9$.

① $P(X = 58) \approx 0,039$

② $P(X > 58) \approx 0,014$

③ $P(55 < X \leq 58) \approx 0,257$

b) Es sind $60 \cdot 350 - 19000$ die Einnahmen abzüglich der Kosten. Davon wird der Erwartungswert der Entschädigungen abgezogen. Darin ist jeder Summand das Produkt aus der Wahrscheinlichkeit für k Entschädigungen und dem k-Fachen von 500. Es sind eine (59 Personen wollen die Reise antreten) oder zwei (alle 60 Personen wollen die Reise antreten) Überbuchungen möglich. Man erhält mit dem Term als Erwartungswert des Gewinns bei 60 Buchungen 1992,21 €.

Gewinn bei 58 Buchungen in €: $58 \cdot 350 - 19\,000 = 1300$

Nun sei X binomialverteilt mit $n = 61$ und $p = 0,9$.

erwarteter Gewinn bei 61 Buchungen in €:

$61 \cdot 350 - 19000 - 1 \cdot 500 \cdot P(X = 59) - 2 \cdot 500 \cdot P(X = 60) - 3 \cdot 500 \cdot P(X = 61)$

$= 2350 - 500 \cdot (0,0365 + 0,022 + 0,0048) = 2318,35$

Bei 61 angenommenen Buchungen ist der zu erwartende Gewinn pro Reise am höchsten.

c) ① $P(X \geq 59) \approx 0,049$

② Der Schnittpunkt der beiden Graphen ist die Lösung der Gleichung $P_{61;\,p}(X \geq 59) = 0,014$, die x-Koordinate ist p.

Für $p < 0,875$ ist die Wahrscheinlichkeit von Abweisungen kleiner als 1,4 %.

d) $P_{800;\,0,875}(X \geq 706)$ ist die Wahrscheinlichkeit dafür, dass, obwohl der tatsächliche Anteil der wahrgenommenen Buchungen mit $p = 0,875$ unter 90 % liegt, der Testausgang oberhalb der Entscheidungsgrenze liegt. 28 % beträgt also das Risiko, dass der Unternehmer nicht davon ausgeht, dass p kleiner als 90 % ist, obwohl $p = 87,5\ \%$ gilt.

a) ① durchschnittlicher Nietendurchmesser in 0,1 mm: $\bar{x} = \frac{57 \cdot 1 + 58 \cdot 4 + 59 \cdot 9 + 60 \cdot 12 + 61 \cdot 10 + 62 \cdot 2 + 63 \cdot 2}{40} = 60$

durchschnittlicher Bohrungsdurchmesser in 0,1 mm: $\bar{x} = \frac{60 \cdot 6 + 61 \cdot 9 + 62 \cdot 4 + 63 \cdot 1}{20} = 61$

② Nietendurchmesser: $s^2 = \frac{(57-60)^2 \cdot 1 + (58-60)^2 \cdot 4 + (59-60)^2 \cdot 9 + (60-60)^2 \cdot 12 + (61-60)^2 \cdot 10 + (62-60)^2 \cdot 2 + (63-60)^2 \cdot 2}{40} = 1,75;\ s \approx 1,32$

Bohrungsdurchmesser: $s^2 = \frac{(60-61)^2 \cdot 6 + (61-61)^2 \cdot 9 + (62-61)^2 \cdot 4 + (63-61)^2 \cdot 1}{20} = 0,7;\ s \approx 0,84$

Die Bohrlöcher wurden präziser gefertigt als die Nieten.

③ X: Bohrungsdurchmesser in 0,1 mm; Y: Nietendurchmesser in 0,1 mm

Wahrscheinlichkeit, dass der Bohrdurchmesser $60 \cdot 0,1$ mm beträgt: $P(X = 60) = \frac{6}{20}$

Wahrscheinlichkeit, dass die Niete in die Bohrung mit Durchmesser $60 \cdot 0,1$ mm passt: $P(Y \leq 59) = \frac{1+4+9}{40}$

$P(X = 60 \text{ und } Y \leq 59) = P(X = 60) \cdot P(Y \leq 59) = \frac{6}{20} \cdot \frac{1+4+9}{40}$

④ $P(X = 60) \cdot P(Y \leq 59) + P(X = 61) \cdot P(Y \leq 60) + P(X = 62) \cdot P(Y \leq 61) + P(X = 63) \cdot P(Y \leq 62)$

$= \frac{6}{20} \cdot \frac{14}{40} + \frac{9}{20} \cdot \frac{26}{40} + \frac{4}{20} \cdot \frac{36}{40} + \frac{1}{40} \cdot \frac{38}{40} = 0,625$

b) X: Anzahl der gelingenden Montagevorgänge; n = 5000
   ① Für p = 0,84 gilt: $P(X \geq 4251) \approx 0,025$
   ② Für p = 0,84 gilt: $P(X \leq 4200) \approx 0,506$
   ③ $E(X) = 5000 \cdot p = 4400$ ergibt p = 0,88.
c) X: Anzahl der gelingenden Montagevorgänge; n = 1000
   ① Für p = 0,84 gilt: $P(X \geq 860) \approx 0,044$
   ② Für p = 0,88 gilt: $P(X \leq 859) \approx 0,025$

Seite 312 | Aufgabe 14

a) ① $P(\text{krank} \cap \text{positiv}) = 0,1 \cdot 0,72 = 0,072$
   ② $P(\text{gesund} \cap \text{negativ}) = 0,9 \cdot 0,73 = 0,657$
   ③ $P_{\text{positiv}}(\text{krank}) = \dfrac{P(\text{krank} \cap \text{positiv})}{P(\text{positiv})} = \dfrac{0,1 \cdot 0,72}{0,1 \cdot 0,72 + 0,9 \cdot 0,27} \approx 0,229$
   ④ $P_{\text{negativ}}(\text{gesund}) = \dfrac{P(\text{gesund} \cap \text{negativ})}{P(\text{negativ})} = \dfrac{0,9 \cdot 0,73}{0,1 \cdot 0,28 + 0,9 \cdot 0,73} \approx 0,959$

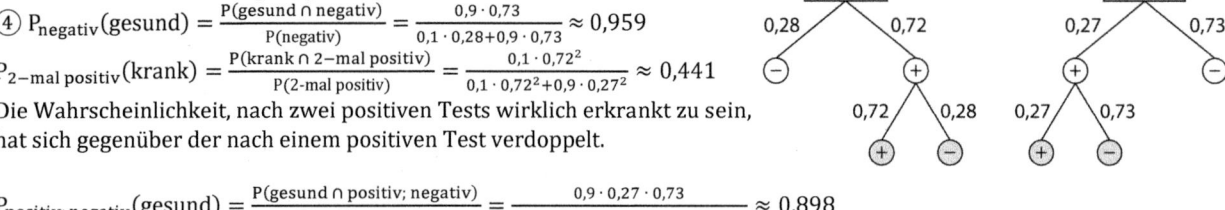

b) $P_{2-\text{mal positiv}}(\text{krank}) = \dfrac{P(\text{krank} \cap 2-\text{mal positiv})}{P(2\text{-mal positiv})} = \dfrac{0,1 \cdot 0,72^2}{0,1 \cdot 0,72^2 + 0,9 \cdot 0,27^2} \approx 0,441$

Die Wahrscheinlichkeit, nach zwei positiven Tests wirklich erkrankt zu sein, hat sich gegenüber der nach einem positiven Test verdoppelt.

$$P_{\text{positiv; negativ}}(\text{gesund}) = \dfrac{P(\text{gesund} \cap \text{positiv; negativ})}{P(\text{positiv; negativ})} = \dfrac{0,9 \cdot 0,27 \cdot 0,73}{0,1 \cdot 0,72 \cdot 0,28 + 0,9 \cdot 0,27 \cdot 0,73} \approx 0,898$$

c) ① Da der Stichprobenumfang n = 5000 gegenüber der Grundgesamtheit sehr klein ist, wirkt sich das Ziehen ohne Zurücklegen so gut wie nicht auf die Wahrscheinlichkeit aus, einen Erkrankten anzutreffen. Damit kann auf allen Stufen des Zufallsversuchs mit gleichem p = 0,1 gerechnet werden. Es handelt sich also um eine Bernoulli-Kette.
   ② $E(X) = 5000 \cdot 0,1 = 500$; Mit dem GTR erhält man das gesuchte Intervall [458; 542].
     Es gilt $P(458 \leq X \leq 542) \approx 0,955$ und $P(459 \leq X \leq 541) \approx 0,9496$.
   ③ $2 \cdot 2\sigma = 84 \Leftrightarrow \sqrt{n \cdot 0,1 \cdot 0,9} = 21 \Leftrightarrow 0,09n = 441 \Leftrightarrow n = 4900$

d) $P_{5000;\,0,1}(X \leq 464) = 4,6\,\%$ gibt das Risiko an, dass man anhand der Stichprobe auch dann mediterrane Ernährung für vorteilhaft in Bezug auf Diabetes hält, wenn dies in Wirklichkeit nicht der Fall ist.